미적분학 제3개정판

김홍종 지음

2

서울대학교출판문화원

머리말

자연은 수학이라는 언어로 쓰여 있다.
— 갈릴레오(Galileo Galilei, 1564–1642)

미적분학(微積分學, Calculus)은 뉴턴(I. Newton, 1643–1727)과 라이프니츠(G. Leibniz, 1646–1716)에 의하여 발견된 **미분법**(differential calculus)과 고대 그리스의 에우독소스(Eudoxus, 408–355(?) BCE)나 시라큐스의 아르키메데스(Archimedes, 287–212 BCE) 등에 의하여 발견된 **적분법**(integral calculus, methods of exhaustion)이 **현대적으로 발전**하게 된 수학[1]—자연과학도와 공학도 및 경제학도들에게는 필수적인 수학이요, 일반 대중에게도 **삶의 지혜**를 주는 수학—을 뜻한다.

미적분학을 서울대학교에서 가르치기 시작한 지 벌써 50여 년이 되었다. 1988년에는 당시 수학과 학과장이시던 박세희 교수의 권유로, 고영소·김도한·김홍종의 微積分學이 만들어지기 시작하였고, 그것은 1990년부터 사용되었다. 그러나 이들의 교재는 대학출판부의 낙후한 인쇄 기술과, 참신한 내용의 결여로, 좋은 책이 되지 못하였다. 이 책에 대한 여러 가지 개선될 점들이 지적되었지만, 새로운 작업에 많은 시간을 투자하는 것이, 고양이 목에 방울을 다는 것처럼 쉽지 않았다. "좋고 값비싼 외국 교재를 수입하여 쓰면 될걸 교재 개발에 수년간 헌신할 필요가 무엇인가?"라고 말하는 이도 있었다.

"미적분학에서 어떠한 것을 가르쳐야 하는가?"에 대하여는 사람과 전공에 따라 다소 다른 견해가 있다. 어떤 이는 ϵ-δ 나 **무한소**의 개념을 강조할 필요가 있다고 생각하고, 또 어떤 이는 "추상 벡터공간"과 "미분 형식"을 많이 다루는 것이 좋다고 느끼며, 간단한 미분방정식 이론을 다루거나, 컴퓨터와 관련지어 교육하는 것이 좋다고 말하고, 미적분학의 응용에 관하여 더 많이 취급하여야 하고, 연습문제가 더 있어야 한다고 주장한다. 그러나 모두 "수학 시간이 즐거워야 하고, 수학을 공부하고 나서 그것이 유익하고 쓸모 있게 느껴져야 한다"는 것에는 동의하는 것 같다.

[1] 뉴턴이나 라이프니츠 당시의 미적분학은 불완전한 것으로, 그 후에 많은 발전이 이루어졌다. "Calculus"는 라틴어로 "셈을 하기 위해 쓰이는 조약돌"이라는 뜻이다. 그러므로 미적분학은 "셈법"이라 할 수 있다.

넓게 보면, 수학은 나라의 앞날에 커다란 영향을 끼치는 학문이므로,[2] 그것을 잘 가르치는 것은 너무나 중요한 일이다. 그러나 젊은 교수들이 첨단 학문 연구에 몰두하지 못하고, 교재 개발이나 여러 가지 잡무에 시간을 한없이 빼앗긴다면 그것은 안타까운 일이다.[3]

현재 우리 사회는 곳곳에 엉터리들이 판치고 궤변이 난무하는 시기에 놓여 있다. 저자의 바람이 있다면, "미적분학"을 접한 이들이 이러한 것들에 현혹되지 말고 "**건전하고 정직한 사회**"를 만드는 데 크게 이바지하였으면 좋겠다는 것이다.

읽는 법

이 책은 지수함수와 로그함수 및 삼각함수의 미분·적분법을 이미 알고 있는 이공계 학생들과 교수들을 위하여 만들어졌다.

전체의 구성은 다음과 같이 크게 여섯 부로 나누어져 있는데, 처음 세 부는 첫 학기에, 다음 세 부는 둘째 학기에 다루기 적합하도록 만들어졌다.

제	I	부	급수와 테일러 전개
제	II	부	벡터와 행렬
제	III	부	곡선
제	IV	부	다변수함수와 미분법
제	V	부	다중적분과 그린 정리
제	VI	부	면적분과 발산 정리 및 스토크스 정리

각 장의 처음에는 간단하게 그 장에 대한 전반적인 소개를 약간 작은 글자체로 하였다. 각 장에는 세 가지 종류의 연습문제가 있는데, 본문에는 기초적인 **기본연습문제**들이 있고, 각 절의 마지막에는 평범한 **연습문제** 가 있으며, 각 장의 마지막에는 다소 오랜 시간 동안 생각할 것을 요하는 **탐구문제** 가 있다. 탐구문제들은 이 책을 한 번만 읽을 독자들은 읽지 않기를 권한다. "스스로 연습문제를 풀어 보는 것"은 수학을 이해하는 데 가장 필수적인 부분 중의 하나이다. 가끔 연습문제의 풀이나 도움말이 등장하는데, 이러한 것들을 미리 보는 것을 습관화하는 것은 좋은 일이라고 말하기 어렵다. 답을 몰라 답답하더라도 생각하는 데 쓰인 시간은 실력을 키워 주고 앞으로 다가올 역경을 이겨내는 데 크게 도움이 된다. 연습문제가 잘 풀리지 않을 때에는 본문에서 제대로 이해하지 못한 부분이 있는지를 먼저 생각한다.

---

[2]바르게 생각하고, 창의적인 사고력과 판단력을 길러 주며, 남을 이해하는 마음을 키워 주는, 실용적이고 구체적인 학문이지만, 이런 것 못지않게 더 중요한 점은 정직하고, 겸손한 학문이라 할 수 있다.

[3]予 爲此憫然 新制二十八字 欲使人人易習 便於日用耳 (내가 이를 딱하게 여기고 새로 스물여덟 자를 만드니, 이는 사람들로 하여금 쉽게 익혀 나날이 쓰기에 편하도록 하고자 할 따름이니라.)

— 訓民正音

처음 나타나는 용어는 주로 **굵은 글꼴**을 써서 나타내고, 괄호 속에 한자나 유럽어에 대응되는 것을 참고로 표시하였다. 그러나 독자들이 한자나 유럽어를 익히기를 요구하는 것은 아니다.

본문에 나타나는 용어 중에서 자세히 설명하지 못한 것은 가끔 부록의 "수학사전"에 실어 두었다.[4]

이 책에서 사용하는 **로그함수**[5]는 "자연로그"함수이다. 자연로그함수는 $\ln x$ 로도 표현하지만, 우리는 $\log x$ 로 쓰기로 한다. 자연로그함수의 도함수는 $\frac{1}{x}$ 이지만, 상용로그함수의 도함수는 $\frac{d}{dx}\log_{10} x = \frac{\log_{10} e}{x}$ 이다.[6] 수학자는 아름다운 식을 좋아한다. 자연로그함수의 밑으로 쓰이는 상수

$$e = \lim_{n\to\infty}\left(1 + \frac{1}{n}\right)^n$$

는 중요한 상수임에도 불구하고, 좋은 이름을 가지고 있지 않다. 이 책에서는 e 를 **자연상수**라고 부르기로 한다.[7] 자연상수가 고유한 기호를 가지고 있지 않다는 것 또한 "수학의 자유로움"을 잘 나타낸다. 자연상수를 "e" 대신에 "e"로 쓰는 이도 있지만, 우리는 혼란을 주는 e 를 그냥 사용하기로 한다. 모든 **지수함수**는 이 자연상수를 밑으로 하는 지수함수 $\exp(x) := e^x$ 를 뜻한다.

본문에 사용하는 기호에 대하여 언급하면, $\mathbb{R}, \mathbb{Q}, \mathbb{Z}, \mathbb{N}, \mathbb{C}$ 는 각각 실수(<u>R</u>eal number), 유리수(<u>Q</u>uotient of integers, RATIOnal number), 정수(<u>Z</u>ahl), 자연수(<u>N</u>atural number) 및 복소수(<u>C</u>omplex number) 전체집합을 나타내었고, a/b 는 $\dfrac{a}{b}$ 가 차지하는 공간을 줄이기 위하여, 부등호 $\leq$ 와 $\geq$ 는 $\leqq$ 와 $\geqq$ 가 사용하는 잉크의 양을 줄이기 위하여 쓰였다. 부록에는 이 책에서 사용한 기호들을 모아 두었다.

항등행렬은 I 로, 정의역이 X 인 항등사상은 id_X 또는 1_X 로 나타내었다. 특별한 언급이 없으면, 함수

$$x$$

는 실수체에서의 항등함수를 뜻한다.

되도록이면 스칼라(scalar)는 기울어진 로마자 작은 글꼴 "$a, b, c, \ldots$" 등을 사용하여 나타내었고, 벡터(vector)는 "$\mathbf{a}, \mathbf{b}, \mathbf{c}, \ldots$" 등으로, 행렬은 큰 글꼴 "$A, B, C, \ldots$" 등을 이용하여 서로 구별이 되도록 하였다. 벡터장은 주로 굵은 글꼴 "$\mathbf{A}, \mathbf{B}, \mathbf{C}, \ldots$" 등을 써서 나타내었다. 이러한 표현은 눈으로 읽기에는 좋지만, 판서를 하거나 또는 받아쓰거나 할 때에는 조판할 때처럼 약간 속을 썩이는 부분이다.

---

[4]예를 들어 수학사전의 용어 "구간"을 참고하라는 뜻으로 [[구간]]으로 나타내었다.

[5]로그(log, 對數)함수 이론은 스코틀랜드 수학자인 네이피어(John Napier, 1550–1617)에 의하여 탄생되었다고 말하지만, 사실 역사는 그리 간단하지 않다.

[6]이 식으로부터도 자연상수를 도입하는 것이 필연적이라는 것을 정당화할 수 있다.

[7]이 상수에 e 라는 기호를 도입한 오일러(Leonhard Euler, 1707–1783)의 이름을 따서 "오일러 상수"라고 부르기에는, 오일러의 업적이 너무나 많다. $1/e$ 와 상당히 가까운 $(1-10^{-7})^{10^7}$ 을 발견(?)한 사람의 이름을 따서 "네이피어 수"라고 부르는 이도 있다 [Conway, Guy].

또 "$a := b$"와 "$b =: a$"는 "a를 b로 정의한다"는 뜻이고, 논리 기호 "$\forall a$"는 "임의의 a에 대하여"라는 뜻으로 사용하였다.

수학적 명제들 중에는 우리말법과 잘 어울리지 않는 것들이 있다.[8] 예를 들어

$$a \in A \text{가 존재하여 성질 } p(a) \text{가 성립한다}$$

는 것은 "A의 원소 가운데 성질 $p(a)$를 만족시키는 원소 a가 존재한다"는 뜻으로 사용하였다. 논리 기호로 "a가 존재한다"는 "$\exists a$"로 나타낸다. 논리 기호 "$\exists$"는 **존재성**(Existence)을 뜻한다.

찾아보기에서 외국 사람의 이름은 원명으로 표기하려고 노력하였다.

참고문헌은 이 책의 뒷부분에 별도로 간추려 두었다. 간혹 본문에 나오는 참고문헌은 큰 괄호 [ ] 속에 저자 이름을 써 두었다. 예를 들어 최근 100년 동안의 미적분학 발전에 관심이 있으면 [Apostol et al.]을 참고하면 된다.

읽지 않는 법

문장에는 가끔 주석이 붙은 것들이 있는데, 이러한 것들은 크게 두 가지 종류로 나눌 수 있다. 한 가지는 주석의 내용이 하찮은[9] 것이어서 읽지 않아도 될 것들이고, 또 한 가지는 무척 중요한 내용의 주석이기는 하지만 처음 공부하는 이들이나 지적 호기심이 약한 이들은 읽지 않아도 되는 것들이다.

연습문제에도 가끔 풀이나 도움글들이 붙어 있는데, 이러한 것들을 독자들이 미리 읽지 않기를 바란다. 또 각 장의 "부록"과 "탐구문제"도 이 책을 한 번만 읽을 독자들은 보지 않기를 바란다.

증명의 마지막에는, 기원전 300년경에 알렉산드리아에서 강의를 하던 유클리드(Euclid, Eukleides)의 **원론**(原論, Stoicheia, Elements)[10] 이후에 전통적으로 사용되던 라틴어 **Q.E.D.** (quod erat demonstrandum) 대신에 정사각형 기호 □를 두어 "증명을 마침"을 표시하였다. 따라서 증명 과정을 알고 싶지 않은 이들은 □를 찾으면, 증명에서 빨리 벗어날 수 있다.

---

[8]다른 보기로는 "점 $O = (0,0)$을 원점이라 한다"라는 문장을 보자. 문학을 하는 사람들이 이런 표현을 싫어하는 (더 나아가 수학을 싫어하는) 까닭 중의 하나는 이 문장 속의 등호(=)를 술어로 이해하고, 따라서 '$O = (0,0)$'을 문장으로 이해하기 때문이다. 하지만 문학적 소양이 부족한 몇몇 수학자들은 등호를 술어로 쓰기도 하지만, 이 경우에는 명사를 수식하는 뜻이거나 또는 "즉"으로 해석하여 "점 O, 즉 $(0,0)$을 원점이라 한다"라는 뜻으로 사용한다. 함수를 "$y = f(x)$"로 나타내는 데에서도 문학적이지 않은 표현을 볼 수 있다.

[9]**행복**은 하찮은 것들로 가득 차 있다.

[10]유클리드의 "원론"은 모두 열세 권으로 되어 있다.

선생님을 위하여

저자에 따라서는 처음에 역함수이론을 도입하고, 역함수 미분법, 적분법 등을 다룬 뒤에, 함수

$$\log x := \int_1^x \frac{dt}{t}$$

의 역함수를 지수함수 $\exp x$ 로 정의하기도 하지만, 이러한 정의는 부자연스러울 뿐 아니라, 책의 처음이 "거꿀 함수"로 시작되는 것 또한 바람직하게 여겨지지 않는다. 일변수 **역함수 정리**(inverse function theorem)는 arctan 함수의 거듭제곱급수 전개를 다루는 가운데에 살짝 집어 넣었다.

다변수함수론에서 "**미분가능함수**의 개념을 다루지 말고, **일급미분가능함수**만을 다룰까?" 하고 생각해 보기도 하였으나, 실천하지 않았다. "쉬운 수학"의 요구를 저버리지 않기를 바란다.

이 책이 고영소·김도한·김홍종의 "微積分學"과 크게 다른 점은 다음 것들이다.

- 볼록함수에 대하여 많이 다루지 못하였다.
- 코시 평균값 정리와 로피탈의 정리는 테일러 전개를 다루는 장에서 다루었다.
- 부정적분(不定積分, indefinite integral)을 구하는 여러 가지 기교들을 많이 생략하였다. 공학도들은 이 부분에 대해서 섭섭하게 생각할 수도 있다. 그러나 부분분수법은 멱급수에서 약간 언급하였다.[11] 그리고 특이 적분은 급수의 적분판정법에서 약간 언급하였다.
- 작은 $o(x)$ 는 다루었지만 큰 $O(x)$ 는 탐구문제에만 나타난다.
- 테일러 전개에서 n 차 나머지 항의 첨자를 하나씩 올려, 기존에 R_{n+1} 이라고 부르던 것을 R_n 으로 나타내었다. 그 이유는 $R_n(x) = o(x^n)$ 이 되도록 하기 위해서이다.
- 미분방정식이론을 체계적으로 다루지는 않았지만, 벡터장과 동력계를 다루는 과정 등 곳곳에 미분방정식이 나타난다.
- 벡터와 행렬 부분은
  - 아핀공간을 생략하였다.
  - 대칭행렬에 대한 체계적인 이론을 다루지 않았고, 정사각행렬의 고유값과[12] 고유벡터도 다루지 않았다.
  - 행렬의 지수함수는 부록에서 다루었다. 행렬의 음양은 극대·극소를 다루는 부분에서 약간 언급한다.

[11] 2000 년 개정판에서 중요한 "형식 멱급수"가 빠지면서 부분분수법도 같이 빠졌다. "멱급수"는 2016 년 개정판에서 "거듭제곱급수"가 되었다.

[12] 이 글은 한글맞춤법이 개정되기 전에 쓰여졌는데, 당시에는 사이시옷에 대한 견해가 다양하였다.

- 벡터 $\mathbf{v}$에 대하여 함수 f의 방향미분 $D_{\mathbf{v}}f$를 다룰 때, $\mathbf{v}$가 단위벡터라는 것을 가정하지 않았다. 이로써 "**v**-방향미분"이라는 말을 자유롭게 사용하였다. 굵은 기호는 책에서 보기는 편하지만 칠판에 쓸 때에는 편리하지 않다. 칠판에 쓸 때는 "**v**" 대신에 "$\vec{v}$"로 사용하여도 될 것 같다. 판서에 대한 얘기가 나온 김에 한 마디 더 하고 싶은 것은 학생들에게 "칠판에 쓰여진 글"과 "고사 답안지, 보고서나 논문에 쓰는 글"은 같은 형식이 아니라는 것을 한 번 알려 주시기 바란다.
- 미분형식을 약간 소개하였다.
- 가능하면 우리말을 사용하려고 노력하였다. "potential function"은 "잠재함수"로, "gradient vector"는 "기울기 벡터"로 불렀다. 또 도함수가 연속인 함수, 즉 $\mathcal{C}^1$ 함수를 "일급(미분가능)함수"라고 불렀다. 물론 "이급함수", . . . , "무한급함수" 등의 용어도 사용하였다.

각 장에 등장하는 "기본연습문제"를 강의 시간에 모두 다룰 필요는 없다고 본다. 학생들의 이해가 부족하면 이 문제들을 다룰 수 있고, 학생들의 이해가 빠르면 생략할 수 있는 부분이다. 주석에 나타나는 사항은 강의 시간에 강조하거나 시험 범위에 넣을 필요가 없다.

연습시간의 조수를 위하여

연습시간을 도와주는 조수들은 다음 사항을 항상 염두에 두면 학생들의 학습 효과를 높일 수 있다.

- 학생들이 잘 이해하지 못한 부분이 있으면, 질문을 할 수 있도록 유도한다.
- 면담시간을 두어, 학생들이 자유롭게 활용할 수 있도록 한다.
- 연습문제의 중요한 점을 보충 설명하고, 비슷한 문제를 풀 수 있는 다양한 기법을 소개한다. 또 "답안 작성 요령"과[13] 출제 빈도가 높은 유형의 문제들을 강조한다.
- 강의실에서는
  - 학생들과 인사를 나누는지, 학생들의 이름을 기억하는지
  - 목소리의 크기가 알맞은지, 말이 너무 빠르거나, 단조로운지
  - 판서가 명확한지, 칠판은 바르게 지우는지
  - 분필은 적합한 것을 사용하는지, 색이 있는 분필을 사용하는지
  - 조명이 적합한지
  - 복장과 신발이 단정한지
  - 해학(諧謔)이 있는지

  등에 신경을 쓴다.

[13]바른 글이고, 명확하고, 아름다운 좋은 글이라야 한다. 결론을 유도하는 정직한 과정이 있어야만 높은 점수를 얻는다.

감사의 말

바르지 않은 글과 아름답지 않은 글을 지적하여 주시고, 생각하는 바를 거리낌 없이 말씀하여 주신 서울대학교 수학과의 여러 교수들에게 감사드린다. 강석진, 고영소, 김성기, 김창호, 윤옥경, 윤재한, 이인석, 이현구, 지동표, 최서영, 최형인, 황준묵 교수는 바쁜 가운데에서도 정성으로 초고를 읽어 주셨다. 특히 정재명 학과장님의 꾸준한 격려와 채찍 및 도움 말씀이 없었다면 이 책이 나오지 못하였을 것이다.

연습문제를 일일이 풀어 보고, 잘못을 지적하여 주신 김경희, 김일형, 신동준, 염용진, 오종원, 윤양동, 최소남, 최인송, 하길찬 선생을 비롯한 여러 강사 및 연습 조수들에게도 감사드린다. 이름을 일일이 언급하지 못한 분들께도 감사드린다.[14]

저자가 본의 아니게 표현을 바꾸거나 삭제하여야 하였던 부분도 있었지만 잘못된 부분은 물론 저자의 책임이다. 조금 변명을 하자면, 자주 바뀌는 제도·정책과 씨름하기 힘들고, 부족한 부분이 많다는 것을 알지만 시간에 쫓겨서 원고를 제출하여야 하였다는 점이다. 어쩌면 더 이상 주어진 시간이 없다는 것에 크게 고마워하여야 할 것이다.

그림이 많이 등장하는데, 이것들을 만드는 방법도 다양하였다. TeX Cad, GnuPlot, MATHEMATICA 3.0, Maple V, Mdraw 등을 이용하기도 하고, 어떤 때에는 손으로 그리거나 스캐너를 사용하기도 하였다. 이러한 방법이 모두 가능하도록 TeX을 만들어 준 Knuth 교수와 한글TeX을 보급하여 준 고기형, 차재춘, 조진환, 은광희 등 여러 분들께도 감사드린다.

이중적분을 다루는 과정에서 평면영역의 그림에 메르카도르 도법의 한반도를 사용하였다. 이 지도는 739각형인데 그 좌표를 일일이 구하여 주며 밤 깊은 시간에도 한결같이 기다려 주던 이에게도 물론 . . . .

1999 년 정월, 관악산

[14]고영소, 김상문, 김성기, 김도한, 이사계, 정재명, 최재경 교수님께서 2000년 개정판 때에 많은 지적을 하여 주셨고, 정경훈, 최형규 박사도 여러 곳을 지적하여 주셨다. 소병창 군이 바로잡아 준 라틴어는 2016년 개정판에 반영하였다. 여러 분들이 격려해 주셔서 정말 고맙게 여긴다. 하지만 일일이 그 존함을 다 나열하지 못한 분께는 죄송하게 여긴다.

2016 년 개정판을 내면서

여러 그림들을 비롯하여 부족한 곳들을 조금 손질하였다. 사이시옷 등과 관련된 개정된 한글 맞춤법을 따르려고 노력하였고, "멱"이라는 용어를 "거듭제곱"으로 바꾸었고, "벡터의 외적"이라는 용어 대신 "벡터곱"이라는 용어를 사용하였다. 고양이를 쫓아가는 강아지 문제를 추가하고 케플러의 운동법칙을 조금 더 설명하였지만, 전반적으로 학습량을 줄여, 쉽고 재미가 있도록 노력하였다.

개정판을 준비하는 동안 쾌적한 환경을 마련하여 주신 동료들과 김인원 교수에게 감사드린다.

또 개정판을 내면서

대한민국의 중고등학교 교과과정에서는 수학을 배우지 않는다(수학의 역사에 대한 이해나 증명하는 훈련을 통하여 수학의 신비함과 아름다움과 새로운 세계를 발견하는 기쁨을 맛보지 않으므로)는 점을 감안하여, 이전 판보다 훨씬 쉬운 책이 되도록 노력하였다. "코시의 평균값 정리", "행성에 관한 케플러의 운동법칙"과 "곡선의 곡률"을 과감하게 부록으로 옮겨 학습량을 줄였다. 제 12 장에서 사용하였던 "음함수"(implicit function)라는 용어를 강혜정 교수의 의견에 따라 "은(隱)함수"라 부르고, 이에 따라 "양함수"(explicit function)를 "현(顯)함수"라 부르게 되었다.

쉬운 공부만 하다 보면 공부할 때에는 모든 것을 다 알아야 한다는 생각에 빠질 수도 있는데, 지금 모든 것을 다 알 필요는 없다. 성숙해지면 더 멀리 볼 수 있다.

개정판을 준비하는 동안 많은 오류를 바로잡아 준 박경동, 박정필 교수와, 여러 오타와 애매한 표현들을 고쳐준 출판문화원을 비롯하여 그동안 격려해 주신 많은 분들께 감사드린다.

차 례

제IV부

다변수함수와 미분법

제 10 장

다변수함수

"What is the use of a book," thought Alice, "without pictures or conversations."
— 캐롤(Lewis Caroll, 1832–1898)의 *Alice's Adventures in Wonderland* 에서

지금까지 미분법에서 공부한 함수는 주로 변수가 하나인 함수, 즉 **일변수함수**들이었다. 이 장에서는 변수가 여럿인 함수의 미분법을 공부하고, 이때 각 점에서의 미분은 기울기 벡터로 표현됨을 이해한다. 또 합성함수의 미분법인 연쇄법칙을 공부하고, 기울기 벡터가 등위면에 수직임을 살펴본다.

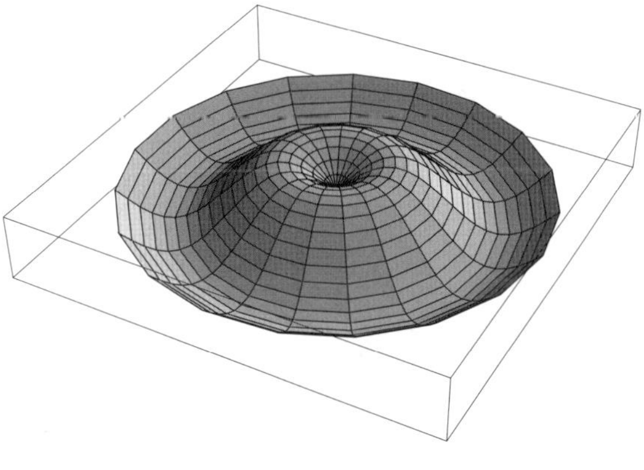

제 1 절 그래프와 등위면

1.1 다변수함수

이제까지 살펴본 함수들은 정의역이 주로 실수체이거나 또는 그 부분집합인 함수들이었다. 그러나 수직선 $\mathbb{R}$ 의 두 점 x, y 에 대하여 이들 사이의 거리를 재는 함수

$$d(x, y) := |x - y|$$

는 정의역이 실수쌍 (x, y) 전체로 이루어진 집합, 즉 좌표평면 $\mathbb{R}^2$ 이다.

이와 같이 두 개의 **변수**(變數, variable)에 의존하는 함수를 **이변수함수**라고 부른다. 이 장에서는 변수가 여러 개인 함수들의 성질을 공부한다.

n-공간의 부분집합 U 에서 정의된 함수

$$f : U \to \mathbb{R}$$

가 주어졌다고 하자. 즉, U 의 각 점 $X = (x_1, x_2, \ldots, x_n)$ 에 대하여 실수 $f(X) = f(x_1, x_2, \ldots, x_n)$ 이 대응된다고 하자.[1] 이때 함수 f 를 n **변수함수**라 하고, n 이 2 이상이면 **다변수함수**라고도 한다.

1.1.1 기본연습문제

좌표평면에서 세 점마다 그 점들을 꼭짓점으로 하는 삼각형의 넓이를 대응시키는 것은 몇 변수 함수인가?

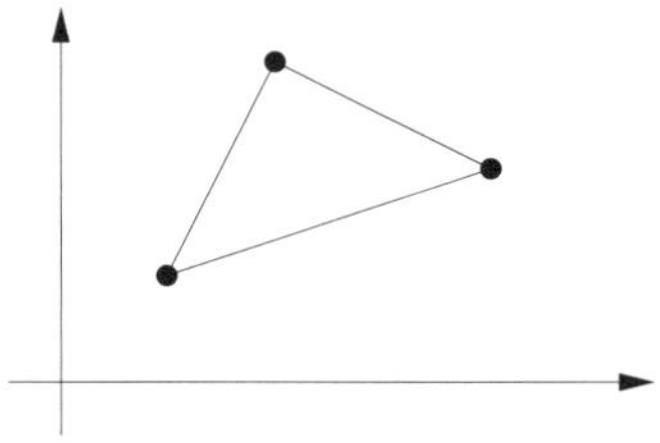

[1] 점 $(x_1, \ldots, x_n)$ 에서 함수 f 의 값을 $f((x_1, \ldots, x_n))$ 으로 표시하는 경우는 아주 드물다. 그러나 점 X 에서 함수 f 의 값을 fX 로 쓰는 경우는 가끔 있다. 어떤 학자는 "두 함수의 합성"을 위해서는 fX 보다 Xf 로 쓰는 것이 좋다고 생각한다. 기호 $f(X)$ 에서 쓰이는 괄호는 크게 중요하지 않지만, $(x_1, \ldots, x_n)$ 에 쓰이는 괄호는 "순서가 주어진 집합"임을 나타내는 기호이다. 컴퓨터 프로그램에서는 $f(X)$ 등의 괄호가 중요한 역할을 한다.

1.2 함수와 그래프

n-공간의 부분집합 U에서 정의된 다변수함수 f를 이해하는 방법 중의 하나가 그래프를 그려 보는 것인데, 이때 f의 **그래프**는

$$\{(x_1, x_2, \ldots, x_n, z) \in \mathbb{R}^{n+1} \mid (x_1, x_2, \ldots, x_n) \in U,\ z = f(x_1, x_2, \ldots, x_n)\}$$

으로 정의한다.

1.2.1 보기

좌표평면에서 함수

$$f(x, y) = 1 - x - y$$

의 그래프는 식

$$z = 1 - x - y$$

로 표현된 평면이다.

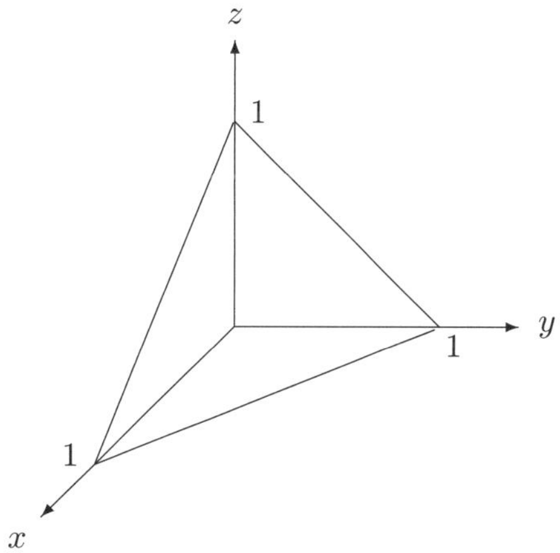

그림: $x + y + z = 1$

1.2.2 보기

이변수함수 $f(x, y) = x^2 + y^2$ 의 그래프는 방정식

$$z = x^2 + y^2$$

으로 표현된 **회전포물면**이다.[2]

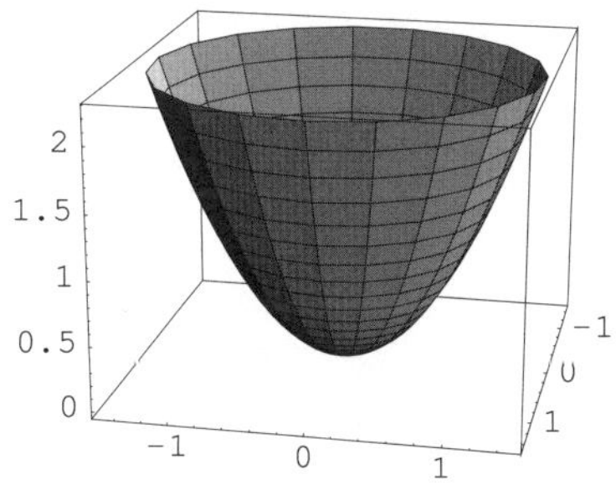

그림: 회전포물면 $z = x^2 + y^2$

---

[2]이때 z좌표가 양의 상수인 평면 $z = c$와 f의 그래프의 공통 부분은 중심이 z-축 위에 있는 (반지름이 $\sqrt{c}$인) 원이므로, f의 그래프는 z-축 주위로 회전된 회전면이다. 또 $x = 0$인 평면, 즉 yz-평면에서는 f의 그래프가 $z = y^2$으로 표현된 포물선이니, f의 그래프는 포물선을 회전시킨 회전포물면이다.

1.3 일차함수의 기울기

일변수함수에서는 **일차함수**가

$$y = ax + b$$

의 꼴이고, 이때 함수(의 그래프)의 **기울기**는

$$\frac{\Delta y}{\Delta x} = \frac{(a(x+\Delta x)+b)-(ax+b)}{\Delta x} = a$$

이다.[3]

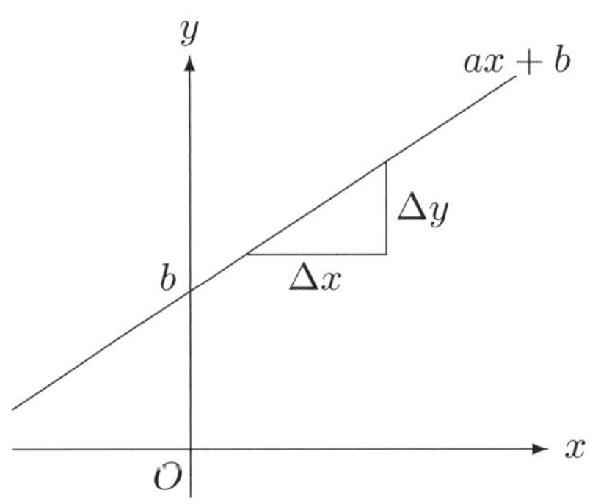

이변수함수에서는 일차함수가

$$z = z(x,y) = ax + by + c$$

로 표현된다. 이때 xy-평면에서 x-축과 나란한 직선 위에서만 함수의 그래프를 조사하면 그 기울기가

$$\frac{z(x+\Delta x, y) - z(x,y)}{\Delta x} = \frac{\big(a(x+\Delta x)+by+c\big)-(ax+by+c)}{\Delta x} = a$$

이다.[4]

[3]일차함수의 기울기는 x나 Δx와 상관없이 모든 점에서 똑같다. 특히 $\Delta x = 1$로 두어도 좋다. 다시 말하면, 일차함수의 기울기는 변수가 1만큼 증가할 때, 함숫값이 변화한 양이다 (기울기의 "단위"를 무시한다면...).

[4]또는, 변수가 x-축 방향으로 1만큼 변할 때, 함숫값이 증가하는 양이라고 보아도 좋다.

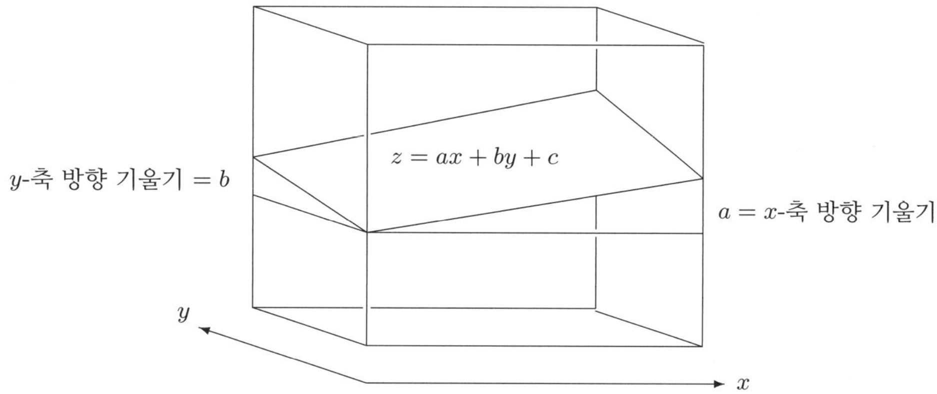

마찬가지로 y 축과 나란한 직선 위에서 함수의 그래프를 조사하면 그 기울기는

$$\frac{z(x, y + \Delta y) - z(x, y)}{\Delta y} = b$$

이다.

이변수 일차함수 $z = ax + by + c$ 의 **기울기**는 "x 축 방향 기울기"와 "y 축 방향 기울기"로 이루어진 벡터

$$(a, b) = a\,\mathbf{i} + b\,\mathbf{j}$$

로 나타낸다. 이 벡터를 일차함수 $z = ax + by + c$ 의 **기울기 벡터**라고 부른다.[5]

보기 1.2.1 의 함수

$$z = 1 - x - y$$

는 x 축 방향과 y 축 방향의 기울기가 모두 -1 이고, 따라서 이 함수의 기울기 벡터는 $(-1, -1)$ 이다.

1.3.1 기본연습문제

함수 $z = x+2y+3$ 에서 x 축 방향 기울기와 y 축 방향 기울기를 구하고, 그 의미를 설명하라. 또 이 함수의 기울기 벡터를 구하라.

n 변수함수의 경우에 일차함수는, $\mathbf{a} = (a_1, \ldots, a_n)$, $\mathbf{x} = (x_1, \ldots, x_n)$ 과 실수 c 에 대하여,

$$z = z(\mathbf{x}) = a_1 x_1 + \cdots + a_n x_n + c = \mathbf{a} \cdot \mathbf{x} + c$$

[5] 일차함수가 아닌 일반 함수의 기울기 벡터는 3.2 절에서 다룬다.

로 표현되고, 이때 "첫 번째 축 방향의 기울기"는

$$\frac{z(\mathbf{x}+t\mathbf{e}_1)-z(\mathbf{x})}{t}=\frac{(\mathbf{a}\cdot(\mathbf{x}+t\mathbf{e}_1)+c)-(\mathbf{a}\cdot\mathbf{x}+c)}{t}=\mathbf{a}\cdot\mathbf{e}_1=a_1$$

이다. 이 기울기는 함수의 그래프를 x_1z-평면에서 살펴본 직선의 기울기이다. 마찬가지로 "마지막 축 방향의 기울기"는 a_n 이고, 이 기울기는 함수의 그래프를 x_nz-평면에서 살펴본 것이다.

정리 1.3.2 *단위벡터* $\mathbf{v}=(v_1,\ldots,v_n)$ *에 대하여, 일차함수*

$$z=\mathbf{a}\cdot\mathbf{x}+c=a_1x_1+\cdots+a_nx_n+c$$

의 $\mathbf{v}$*-방향 기울기는*

$$\mathbf{a}\cdot\mathbf{v}=a_1v_1+\cdots+a_nv_n$$

이다.

증명. 일차함수 z 의 $\mathbf{v}$-방향 기울기는

$$\frac{z(\mathbf{x}+t\mathbf{v})-z(\mathbf{x})}{t}=\frac{(\mathbf{a}\cdot(\mathbf{x}+t\mathbf{v})+c)-(\mathbf{a}\cdot\mathbf{x}+c)}{t}=\mathbf{a}\cdot\mathbf{v}$$

이므로 원하는 결론을 얻는다.[6] □

1.3.3 기본연습문제

일차함수

$$f(x,y)=x+2y+3$$

에 대하여 $(\frac{3}{5},\frac{4}{5})$-방향 기울기를 구하라. 또 점 (x,y) 에서 점 $(x,y)+(3,4)$ 까지 변화하면 함숫값은 얼마만큼 증가하는가? [7]

---

[6] "일차함수의 경우에는" $\mathbf{v}$-방향 기울기가 그것을 측정하는 점 $\mathbf{x}$ 와 변화량 t 에 의존하지 않고 단위벡터 $\mathbf{v}$ 에만 의존한다.

[7] 답: 구하는 방향의 기울기는 $(1,2)\cdot(\frac{3}{5},\frac{4}{5})=1\cdot\frac{3}{5}+2\cdot\frac{4}{5}=\frac{11}{5}$ 이다. 또 함숫값의 변화는 $5\cdot\frac{11}{5}=11$ 이다.

1.4 등위면

n-공간의 한 부분집합 U 에서 정의된 다변수함수 $f : U \to \mathbb{R}$ 와 실수 c 에 대하여, f 에 대한 c 의 **역상**(inverse image)

$$f^{-1}(c) := \{X \in U \mid f(X) = c\}$$

를 f 의 c-**등위면**(等位面, level surface) 또는 c-**등가면**(等價面)이라고 부른다.[8] 즉, 등위면은 함숫값이 같은 점들의 모임이다.

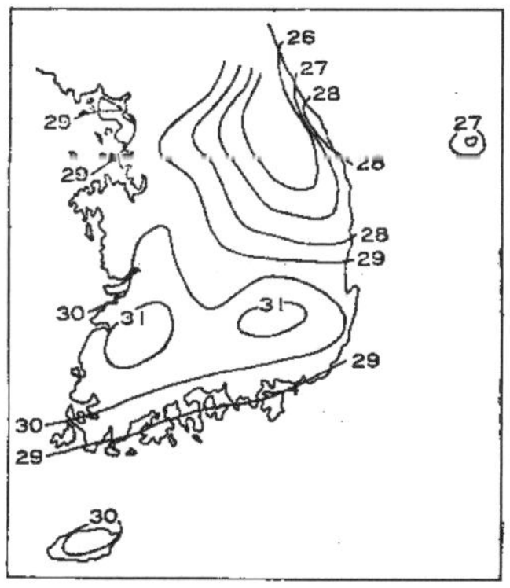

함수의 그래프를 그리기 위해서는 정의역보다 높은 차원이 필요하지만, 차원을 높이지 않고 함수의 정의역에 등위면을 그리면 함숫값을 바로 알 수 있다.

1.4.1 보기

함수 $f(x, y, z) = x^2 + y^2 + z^2$ 에 대하여 등위면 $f^{-1}(c)$ 는,

$c > 0$ 이면 반지름이 $\sqrt{c}$ 인 구면이고,

$c = 0$ 이면 "한점집합"이며,

$c < 0$ 이면 공집합이다.

[8] $n = 2$ 일 때에는 **등위선**이라고도 한다. 이때 f 가 온도, 고도 또는 압력을 나타내면, **등온선**, **등고선** 또는 **등압선**이라고 부른다.

1.4.2 기본연습문제

1. 다음 그림은 함수 $f(x,y) = x^2 - y^2$ 의 그래프 $z = x^2 - y^2$ 과 등위선 그림이다. 등위선 그림에서 함숫값이 양인 부분과 음인 부분을 지적하라.

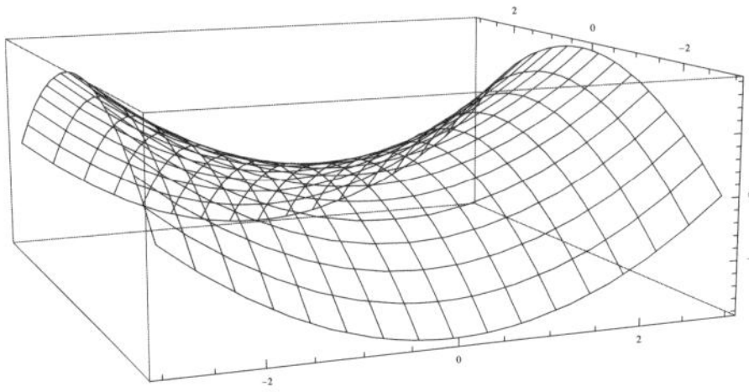

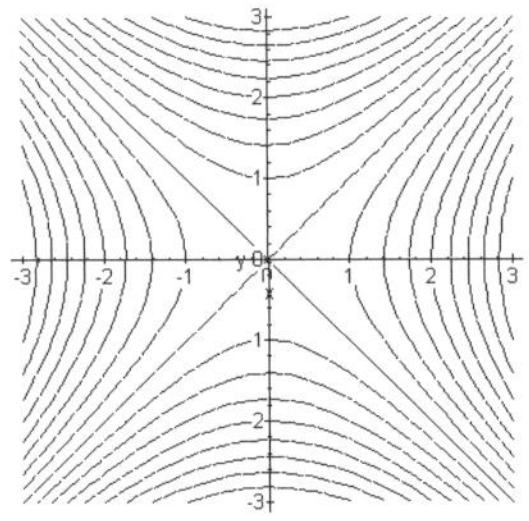

2. 다음 함수들의 등위선 또는 등위면을 그리라. (등위선이나 등위면은 한 가지만 있는 것이 아니므로, 유한개의 알맞은 실숫값에 대하여 그리면 된다.)

   (1) $f(x,y) = x + y$ (2) $f(x,y) = \dfrac{x^2}{9} + \dfrac{y^2}{4}$

   (3) $g(x,y) = \sin x + \sin y$ (4) $h(x,y,z) = x^2 + y^2 - z^2$

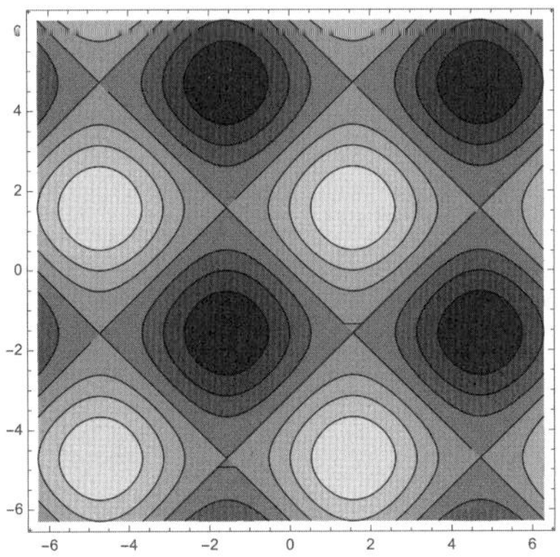

3. 함수 $z = f(x,y)$ 의 그래프는 함수 $F(x,y,z) = f(x,y) - z$ 의 0-등위면과 같음을 설명하라.

연습문제: 제 10 장 1 절

1. 좌표공간 $\mathbb{R}^3$ 에서 다음 함수는 몇 변수 함수인가?

   (1) 각 점마다 그 점에서 원점까지의 거리를 대응시키는 함수

   (2) 두 점마다 그 점들 사이의 거리를 대응시키는 함수

   (3) 세 점마다 그 점들의 중심과 원점 사이의 거리를 대응시키는 함수

   (4) 네 점마다 그들을 꼭짓점으로 하는 사면체의 부피를 대응시키는 함수

2. 다음 함수의 그래프를 "종이와 연필"을 이용하여 그리라. 또 컴퓨터 프로그램을 이용하여 그리라.

   (1) $f(x,y) = \sqrt{x^2+y^2}$ (2) $f(x,y) = \sqrt{1+x^2+y^2}$

3. 삼차원 좌표공간의 yz-평면에서

$$z = f(y), \qquad y \ge 0$$

   의 그래프를 z축 둘레로 회전시켜 얻은 곡면의 식은 $z = f\left(\sqrt{x^2+y^2}\right)$ 임을 설명하라.

4. 다음 함수의 그래프를 그리라. (여기에서 $r = \sqrt{x^2+y^2}$ 이다.)

   (1) $(\sin \pi r)/\pi r$ (2) $2r^2 e^{-r^2}$

5. $c = -1, 0, 1, 2, 3$ 에 대하여 다음 함수의 c-등위선 또는 등위면을 그리라.

   (1) $f(x,y) = x - y$ (2) $f(x,y) = xy$

   (3) $f(x,y) = x^2 + y^2$ (4) $f(x,y) = -x^2 + y^2$

   (5) $f(x,y,z) = x^2 + y^2 - z^2$ (6) $f(x,y,z) = x^2 - y^2 - z^2$

6. 다음 함수에서 점 P 와 등위인 집합을 그리라.

   (1) $f(x,y) = x + y$, $P = (1,1)$

   (2) $f(x,y) = x^3 + x^2 - y^2$, $P = (0,0)$

   (3) $f(x,y,z) = x^2 + y^2 - z^2$, $P = (1,0,0)$

   (4) $f(x,y,z) = x^2 - y^2 - z^2$, $P = (1,0,0)$

   (5) $f(x,y,z) = x^2 + 4y^2 + 9z^2$, $P = \left(\frac{1}{\sqrt{3}}, \frac{1}{2\sqrt{3}}, \frac{1}{3\sqrt{3}}\right)$

7. 일차함수 $f(x,y,z) = x + 2y + 3z + 4$ 와 단위벡터 $\mathbf{v} = (1,1,1)/\sqrt{3}$ 에 대하여 f 의 $\mathbf{v}$-방향 기울기를 구하라.

제 2 절 연속함수

n-공간의 부분집합 U 에서 정의된 함수 $f: U \to \mathbb{R}$ 와 U 의 한 점 P 에 대하여

$$\lim_{X \to P} f(X) = f(P) \tag{1}$$

일 때, f 는 점 P 에서 **연속**이라고 정의한다. 식 (1) 의 뜻을 다시 살펴보면,

U 의 점 X 가 P 에 충분히 가까우면, $f(X)$ 도 $f(P)$ 에 가깝다[9]

는 것이다.

식 (1) 이 성립한다는 것을 보이기 위해서는 P 에 수렴하는 어느 한 수열 (X_i) 에 대하여[10]

$$\lim_{i \to \infty} f(X_i) = f(P) \tag{2}$$

를 보이는 것만으로는 부족하고, P 에 수렴하는 모든 수열 (X_i) 에 대하여 식 (2)가 성립한다는 것을 보여야 한다.

2.0.1 기본연습문제

좌표평면에서 정의된 함수

$$f(x,y) = \begin{cases} \dfrac{x^2 \quad y^2}{x^2 + y^2}, & (x,y) \neq (0,0) \\ 0, & (x,y) = (0,0) \end{cases}$$

에 대하여, 다음 극한이 존재하면 그 극한값을 구하라. 또 $f(x,y)$ 가 원점에서 연속인 함수인지를 판정하라.[11]

1. $\lim_{x \to 0} f(x,y)$
2. $\lim_{y \to 0} f(x,y)$
3. $\lim_{t \to 0} f(t,t)$
4. $\lim_{y \to 0} \left(\lim_{x \to 0} f(x,y) \right)$
5. $\lim_{x \to 0} \left(\lim_{y \to 0} f(x,y) \right)$
6. $\lim_{(x,y) \to (0,0)} f(x,y)$

---

[9] 달리 말하면,

$$\lim_{X \to P} |f(X) - f(P)| = 0$$

이라는 뜻이다. 이 식에서 "절댓값 기호"는 크게 중요하지 않지만, f 가 벡터함수일 때에는 절댓값 기호를 쓰면 도움이 된다. "점 X 가 점 P 에 가깝다"는 것은 "실수 $|X - P|$ 가 0 에 가깝다"는 뜻이다. $X = (x_1, \ldots, x_n)$ 이 $P = (p_1, \ldots, p_n)$ 에 **수렴**(converge)하면, X 의 각 성분 x_i 가 P 의 각 성분 p_i 에 수렴한다. 또 그 역도 성립한다.

[10] **점열**이라고 부르는 것이 정확한 표현이다. 그러나 "함수의 열", "집합의 열", "공간의 열", "행렬의 열" 등을 그저 **수열** 또는 **서열**이라고 부르기도 한다.

[11] $\lim_{t \to 0} g(t) = l$ 이라는 것은 $t \neq 0$ 이지만 t 의 절댓값이 아주 작으면 $g(t)$ 와 l 의 차가 임의로 작다는 것을 뜻한다. 답: 1. $y \neq 0$ 이면 -1, $y = 0$ 이면 1 ; 2. $x \neq 0$ 이면 1, $x = 0$ 이면 -1 ; 3. 0 ; 4. -1 ; 5. 1 ; 6. 이 극한값은 존재하지 않는다. 따라서 $f(x,y)$ 는 원점에서 연속이 아니다.

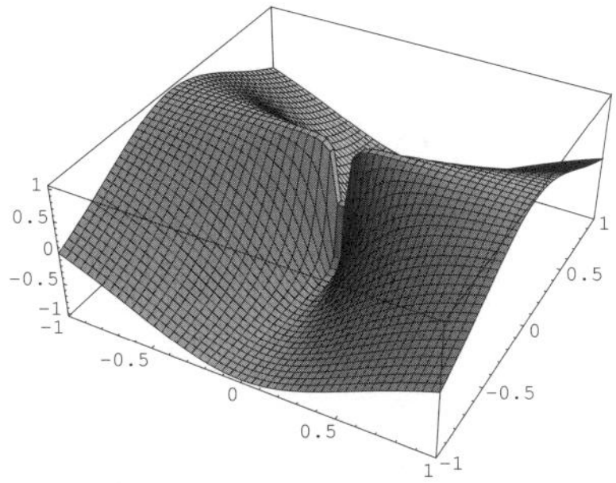

그림: 함수 $f(x,y) = \dfrac{x^2 - y^2}{x^2 + y^2}$ 의 그래프[12]

2.1 연속함수

함수 $f : U \to \mathbb{R}$ 가 정의역 U 의 모든 점에서 연속이면, f 를 **연속함수**라고 한다.

2.1.1 보기

n-공간의 한 점 Q 를 고정하고 임의의 점 X 와 Q 사이의 거리를 재는 함수

$$f(X) := |X - Q|$$

가 연속함수임을 보여 보자.

임의의 점 P 에 대하여

$$|f(X) - f(P)| = \big||X - Q| - |P - Q|\big| \le |X - P|$$

이므로

$$\lim_{X \to P} |f(X) - f(P)| = 0$$

이다. 그러므로

$$\lim_{X \to P} f(X) = f(P)$$

이고, 따라서 f 는 연속함수이다.

[12] 극좌표계로 표현하면 $f(x,y) = \cos^2\theta - \sin^2\theta = \cos 2\theta$ 이다.

2.1.2 연속함수 전체의 집합

수학에서 항상 그러하듯이, 어떤 개념이 소개되고 나면, 그 개념을 가진 한 개체뿐 아니라 *그러한 개념을 가지는 총체의 집합이 어떠한 성질을 가지는가*를 살펴보는 것이 그 개념을 이해하는 데 크게 도움이 된다. 일변수의 경우와 마찬가지로, 다변수의 경우에도

상수함수는 연속함수이고,

두 연속함수의 합과 곱은 연속함수이다.

또 두 연속함수의 합성도 연속함수이다.

특히, f, g 가 모두 연속함수이고, g 가 영이 되지 않으면, $\frac{f}{g} = f \cdot \frac{1}{g}$ 도 연속함수이다.[13]

2.1.3 기본연습문제

1. 정사영

$$(x_1, x_2, \ldots, x_n) \mapsto x_k \qquad (k = 1, 2, \ldots, n)$$

는 모두 연속함수임을 보이라. 또 **선형함수**

$$(x_1, x_2, \ldots, x_n) \mapsto a_1x_1 + a_2x_2 + \cdots + a_nx_n$$

도 연속함수임을 보이라.

2. 다항함수 $f(x, y, z) = x^3y^2z + xy^3 + yz^2$ 은 연속함수임을 설명하라.

3. 좌표평면 $\mathbb{R}^2$ 에서 정의된 함수

$$f(x,y) = \begin{cases} \dfrac{xy}{\sqrt{x^2+y^2}}, & (x,y) \neq (0,0) \\ 0, & (x,y) = (0,0) \end{cases}$$

는 연속함수임을 보이라.[14]

4. 함수

$$f(x,y) = \begin{cases} \dfrac{xy}{x^2+y^2}, & (x,y) \neq (0,0) \\ 0, & (x,y) = (0,0) \end{cases}$$

는 연속함수가 아님을 보이라.[15]

---

[13] $1/g$ 는 함수 g 와 "연속함수" $x \mapsto x^{-1}$ 의 합성이다.

[14] 도움글: 산술평균과 기하평균 사이의 관계식 $|xy| \leq \frac{1}{2}(x^2 + y^2)$ 을 이용하라.

[15] 직선 $y = tx$ 를 따라 (x, y) 가 원점에 가까이 가면, $f(x, y)$ 는 $\frac{t}{1+t^2}$ 에 수렴함을 보이면 된다. 또는 극좌표계를 써서 (x, y) 가 원점이 아니면 $f(x, y) = \sin\theta\cos\theta$ 임을 보여도 좋다.

2.2 최대최소 정리

자연현상이나 사회현상, 경제현상, 생리현상 등에서 발견되는 흥미로운 문제 중에는 최댓값 또는 최솟값을 구하는 문제들이 많다. 이러한 문제에서는 다음 세 가지를 아는 것이 중요하다:

존재성: 과연 주어진 문제는 해를 가지는가?

유일성: 문제가 해를 가지면 얼마나 많은 해를 가지는가?

찾는 법: 문제의 구체적인 답을 어떻게 효율적으로 구하는가?

"최대최소 정리"는 *해의 존재를 보장하는* 중요한 정리이다.[16] "임의의 각을 삼등분하는 작도법"이나, "오차방정식의 근의 공식"처럼 해의 **존재**가 보장되지 않는 문제[17]를 풀려고 한다면, 그러한 노력은 헛된 것이 된다.

2.2.1 유계인 닫힌 집합

최대최소 정리는 "좋은 영역"에서 정의된 연속함수는 항상 최댓값과 최솟값을 가진다는 것, 즉 해의 존재를 말하여 준다.

여기에서 "좋은 영역"이란 어떤 집합을 뜻하는지 알아본다.

먼저, "열린 공"과 "닫힌 공"이라는 용어를 도입한다. 양수 r에 대하여 n-공간의 한 점 P를 중심으로 하고 반지름이 r인 **열린 공**(open ball)은

$$\mathbb{B}^n(P, r) := \{X \in \mathbb{R}^n \mid |X - P| < r\}$$

를 뜻한다. 또 n-공간에서 점 P를 중심으로 하고, 반지름이 r인 **닫힌 공**(closed ball)은

$$\overline{\mathbb{B}}^n(P, r) := \{X \in \mathbb{R}^n \mid |X - P| \leq r\}$$

를 뜻한다.

[16] 존재를 보장하는 정리와 구체적인 해를 구하는 방법은 서로 다른 문제이다.

[17] 이탈리아의 카르다노(Girolamo Cardano, 1501–1576)는 타르탈리아(Tartaglia, 말더듬이)라는 별명을 가진 폰타나(Niccolò Fontana, 1500–1557)에게서 삼차다항식의 근의 공식을 배웠는데, 그와 한 약속을 어기고 1545년 저서 "Ars Magna(위대한 예술)"에서 삼차다항식의 근의 공식을 발표하였다. 사차방정식의 근의 공식은 카르다노의 제자인 페라리(Ferrari, 1522–1565)에 의하여 알려졌다. 그러나 '차수가 5 이상인 다항식에 대한 일반적인 근의 공식은 존재하지 않는다'는 것은 노르웨이의 아벨(Niels H. Abel, 1802–1829)이 밝혔고 프랑스의 갈루아(Évariste Galois, 1811–1832)는 "대칭이론"을 개발하여 근을 구할 수 있는 것과 없는 것을 구분하는 법을 밝혔다.

열린 공 또는 닫힌 공을 그냥 **공**이라고 한다.[18]
물론, 일차원 공은 **구간**이고, 이차원 공은 **원판**(圓板, disk)이다.

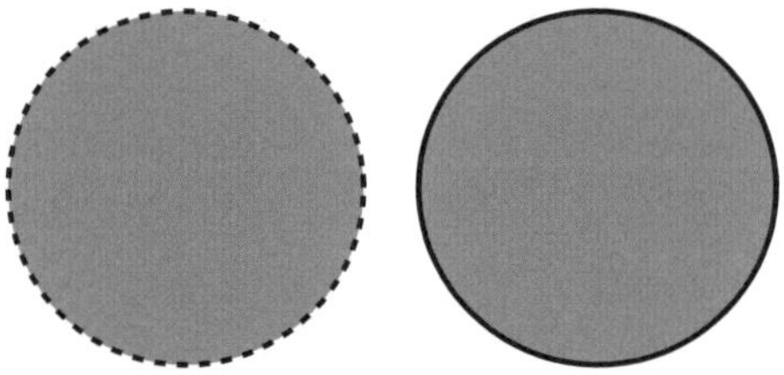

그림: 열린 원판 $\mathbb{B}^2$ 와 닫힌 원판 $\overline{\mathbb{B}}^2$

n-공간의 부분집합 U 가 **유계**(有界, bounded)라는 것은 U 를 포함하는 공이 존재한다는 뜻이다.[19]

또 n-공간에서 **경계**를 포함하는 부분집합을 **닫힌 집합**이라고 부른다.[20] 실수체에서 닫힌 구간은 닫힌 집합의 보기이다.

최대최소 정리에서 "좋은 영역"이란 "유계인 닫힌 집합"을 뜻한다.

> **정리 2.2.2 (최대최소 정리)** *n-공간의 유계인 닫힌 집합에서 정의된 연속 함수는 최댓값과 최솟값을 가진다.*

이 정리는 일변수인 경우[21]의 확장으로, 그 증명도 유사하게 할 수 있다.[22] 최대최소 정리의 대략적인 증명은 "수학사전"에 두었다.

---

[18]수학적 용어가 뜻하는 바는 일상에서 사용하는 것과 다를 수 있다.

[19]즉, U 의 지름이 유한하다는 뜻이다 (cf. 7.2.14). n-공간의 부분집합 U 가 유계 집합이라는 것과 함수

$$U \to \mathbb{R}, \quad X \mapsto |X|$$

가 **유계 함수**라는 것은 동치이다.

[20]닫힌 집합과 경계에 대하여 부록에서 간단히 다루었다.

[21]유계인 닫힌 구간에서 정의된 연속함수는 최댓값과 최솟값을 가진다.

[22]이 정리를 이용하면, "차수가 1 이상인 (복소 계수) 다항식은 (복소수체 안에서) 반드시 근을 가진다"는 **대수학의 기본정리**(代數學 基本定理, fundamental theorem of algebra)를 증명할 수 있다. 이 정리의 증명은 "수학사전"에 둔다.

연습문제: 제 10 장 2 절

1. 다음 극한값이 존재하면, 그 값을 구하라.

$$\text{(1)} \quad \lim_{(x,y)\to(0,0)} \frac{1}{1-\log(x^2+y^2)} \qquad \text{(2)} \quad \lim_{(x,y)\to(0,0)} \frac{e^{-1/(x^2+y^2)}}{x^2+y^2}$$

2. 다음 함수의 연속성을 조사하라.

$$\text{(1)} \ \ f(x,y) = \begin{cases} xy^2/(x^2+y^4), & (x,y) \neq (0,0) \\ 0, & (x,y) = (0,0) \end{cases}$$

$$\text{(2)} \ \ f(x,y) = \begin{cases} (x^2-y^3)/(x^2+y^2), & (x,y) \neq (0,0) \\ 0, & (x,y) = (0,0) \end{cases}$$

$$\text{(3)} \ \ f(x,y) = \begin{cases} (x^2y-xy^2)/(x^2+y^2), & (x,y) \neq (0,0) \\ 0, & (x,y) = (0,0) \end{cases}$$

3. 좌표평면에서 정의된 함수

$$f(x,y) := \begin{cases} \dfrac{x^2y}{x^4+y^2}, & (x,y) \neq (0,0) \\ 0, & (x,y) = (0,0) \end{cases}$$

는 원점을 지나는 임의의 직선에 제한하면 연속함수이지만, 원점을 지나는 포물선 $y = x^2$ 에 제한하면 연속함수가 아님을 보이라.[23]

4. 함수 $f : \mathbb{R}^2 \to \mathbb{R}$ 가 모든 $y \in \mathbb{R}$ 에 대하여 $x \mapsto f(x,y)$ 가 연속함수이고, 모든 $x \in \mathbb{R}$ 에 대하여 $y \mapsto f(x,y)$ 가 연속함수이면, f 는 연속함수인가?

5. 원점을 제외한 좌표평면에서

$$f(x,y) := \frac{ax+by}{\sqrt{x^2+y^2}}$$

로 정의된 함수에 대하여 원점에서의 함숫값을 잘 정하면 $f(x,y)$ 가 원점에서 연속함수가 되는 실수 a, b 의 값을 모두 구하라.

6. 좌표공간의 부분집합이 "유계"라는 것은 무슨 뜻인가?

7. 좌표공간의 부분집합에서 정의된 연속함수가 최댓값을 가지지 않는 경우는 어떠한 경우인가?

---

[23]따라서 $f(x,y)$ 는 원점에서 연속이 아니다.

제 3 절 방향미분과 편미분

다변수함수의 변화율을 구하기 위해서는 변수가 변화하는 방향을 먼저 설정하여야 한다. 일변수의 경우에는 변수가 변화할 수 있는 방향이 본질적으로 하나뿐[24]이지만, 다변수의 경우에는 변화의 방향이 무수히 많이 있다. 영이 아닌 벡터들이 **방향**을 결정한다.

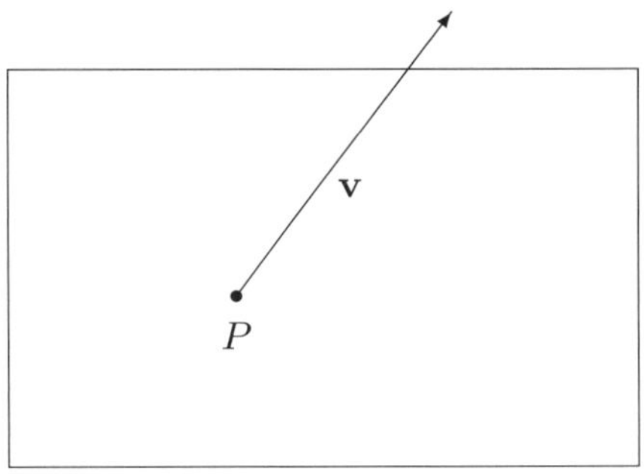

한편 함수의 변화를 조사하려면, 함수가 한 점에서 정의될 뿐 아니라, 그 점 **근방**에서 정의되어야 한다. 따라서 미분법에서는 함수의 정의역이 "한 점을 포함하면, 그 점의 조그만 근방이 모두 포함되는 집합"이기를 요구한다. 이러한 성질의 집합을 **열린 집합**이라고 부른다. 열린 집합에 대해서는 부록에서 조금 더 다룬다. 열린 집합은 "경계를 포함하지 않는 집합"이다.

이제 n-공간의 열린 집합 U 에서 정의된 함수

$$f : U \to \mathbb{R}$$

와 U 의 한 점 P 및 벡터[25] $\mathbf{v}$ 에 대하여, 극한값

$$D_{\mathbf{v}} f(P) := \lim_{t \to 0} \frac{f(P + t\mathbf{v}) - f(P)}{t} = \left.\frac{d}{dt}\right|_0 f(P + t\mathbf{v})$$

가 존재하면 이 값을 점 P 에서 f 의 **$\mathbf{v}$-방향미분계수** 또는 $\mathbf{v}$-방향 **순간변화율**이라고 한다.[26] 단위벡터 $\mathbf{v}$ 에 대하여 $\mathbf{v}$-방향미분계수의 기하학적 의미는 함수 f 의

---

[24] 변수가 증가하는 방향은 하나뿐.

[25] 여기서 벡터는 점 P 를 시점으로 하는 벡터를 뜻한다. 이러한 벡터를 점 P 에서의 **접벡터**(tangent vector)라고도 부른다. 이 벡터는 함수를 그 방향으로 미분하는 법을 유도한다. 현대적인 **미분기하학**(微分幾何學, differential geometry)에서는 벡터와 "미분작용소"를 같은 것으로 본다. 이와 같이 많은 개념들은 그 자체로도 중요하지만, 그것과 다른 개념 사이의 관계로 그 개념을 정의하기도 한다. 마치 행렬을 선형사상으로 보고, 공간의 기저를 좌표계로 볼 수 있듯이.

[26] 사실 단위벡터들을 **방향**이라고 부르는 것이 바르지만, 우리의 "방향"은 "크기를 가진 방향"을 뜻하기로 한다. 저자에 따라서 "방향미분"이라는 용어를 단위벡터에 한정하여 쓰기도 한다.

그래프를 직선 $P + t\mathbf{v}$ 위에 한정하여 그렸을 때, 점 $(P, f(P))$ 에서 f 의 그래프 **기울기**를 뜻한다.

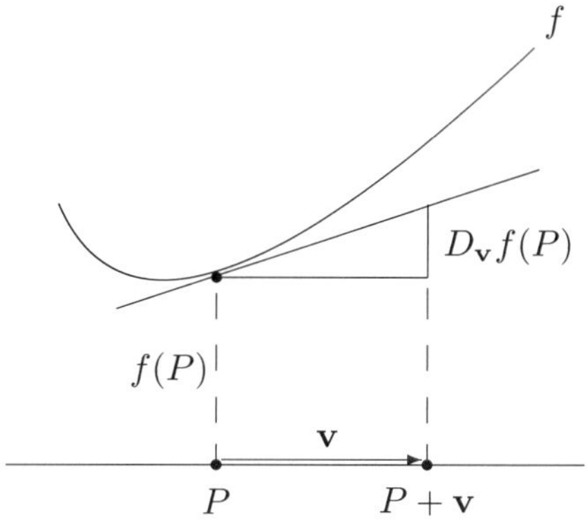

3.0.1 보기

함수 $f(x, y) = x^2 + y^2$ 에 대하여 점 $P = (0, 1)$ 에서 $(2, 3)$-방향미분계수를 구하면

$$\left.\frac{d}{dt}\right|_0 f\big((0,1)+t(2,3)\big) = \left.\frac{d}{dt}\right|_0 f(2t, 1+3t) = \left.\frac{d}{dt}\right|_0 \big((2t)^2 + (1+3t)^2\big) = 6$$

이다.

3.0.2 기본연습문제

n-공간의 열린 집합 U 에서 정의된 두 함수 f 와 g 가 점 $P \in U$ 에서 $\mathbf{v}$-방향미분이 존재하면,

$$D_{c\mathbf{v}}f(P) = cD_{\mathbf{v}}f(P) = D_{\mathbf{v}}(cf)(P), \quad \forall c \in \mathbb{R}$$
$$D_{\mathbf{v}}(f+g)(P) = D_{\mathbf{v}}f(P) + D_{\mathbf{v}}g(P)$$
$$D_{\mathbf{v}}(fg)(P) = D_{\mathbf{v}}f(P) \cdot g(P) + f(P) \cdot D_{\mathbf{v}}g(P)$$

임을 보이라.[27]

또 $h : \mathbb{R} \to \mathbb{R}$ 가 미분가능하면 $D_{\mathbf{v}}(h \circ f)(P) = h'(f(P))D_{\mathbf{v}}f(P)$ 임을 보이라.

---

[27] 예를 들면, 처음 등식이 의미하는 것은 "f 의 $c\mathbf{v}$-방향미분이 존재하고, 이것은 $\mathbf{v}$-방향미분의 c 배이다"이다. 수식에는 "읽는 법"이 있다. 위 식들을 간단히 쓰면 다음과 같다:

$$D_{c\mathbf{v}}f = cD_{\mathbf{v}}f = D_{\mathbf{v}}(cf), \quad D_{\mathbf{v}}(f+g) = D_{\mathbf{v}}f + D_{\mathbf{v}}g, \quad D_{\mathbf{v}}(fg) = (D_{\mathbf{v}}f) \cdot g + f \cdot (D_{\mathbf{v}}g).$$

3.1 편도함수

n-공간에는 특별한 n 개의 방향이 있다. 즉, n 개의 축 방향의 단위벡터인 표준단위벡터

$$\mathbf{e}_1 := (1, 0, \ldots, 0), \quad \ldots, \quad \mathbf{e}_n := (0, 0, \ldots, 1)$$

을 말한다. 앞으로 점 $P = (p_1, \ldots, p_n)$ 에서 함수 $f : U \to \mathbb{R}$ 의 $\mathbf{e}_k$-방향미분계수 $D_{\mathbf{e}_k} f(P)$ 를 단순히

$$D_k f(P)$$

로 쓰고, 점 P 에서 f 의 k 번째 **편미분계수**라고 한다. 좌표의 성분을 써서 표시하면,

$$D_k f(P) = \left.\frac{d}{dt}\right|_0 f(p_1, \ldots, p_k + t, \ldots, p_n)$$

이다. 이 값은 $P = (p_1, \ldots, p_n)$ 의 k 번째 성분만 변화시켜 얻은 변화율이다. 이런 뜻에서 $D_k f(P)$ 를 $\frac{\partial f}{\partial x_k}(P)$ 로 쓰기도 한다:[28]

$$\frac{\partial f}{\partial x_k} := D_k f.$$

함수 f 의 k 번째 편미분계수 $\frac{\partial f}{\partial x_k}$ 는 k 번째 성분만을 변수로 하고, 나머지 변수는 상수로 보았을 때 얻은 미분계수이다.

3.1.1 보기

점 $P = (1, 2, 3)$ 에서 함수 $f(x, y, z) = x^2 y^3 + z$ 의 편미분계수들은

$$D_1 f(P) = \frac{\partial f}{\partial x}(P) = 2xy^3(P) = 16$$

$$D_2 f(P) = \frac{\partial f}{\partial y}(P) = 3x^2 y^2(P) = 12$$

$$D_3 f(P) = \frac{\partial f}{\partial z}(P) = 1$$

이다.[29]

---

[28] $\frac{df}{dx}$ 는 함수 f 가 변수 x 에 따라 변할 때 쓰는 기호이다. 그러나 함수 f 가 변수 x 에만 의존하는 것이 아니라, 또 다른 변수에도 의존할 때에는 보통 d 대신에 "둥근 d"인 ∂ 를 사용하여 $\frac{\partial f}{\partial x}$ 라고 쓴다. 예를 들어 이변수 함수 $f(x, y)$ 에 대하여 $\frac{\partial f}{\partial x}$ 를 구하려면, 변수 y 를 고정하여야 한다. 다시 말해서 기호 $\frac{\partial}{\partial x}$ 는 x 에만 의존하는 것이 아니라 "좌표계" (x, y) 전체에 의존한다. 이러한 뜻에서 보면, 기호 $\frac{\partial}{\partial x}$ 는 편미분의 기호로 썩 적합한 것이 아니다.

[29] 삼차원 좌표공간에서 x-축, y-축, z-축으로 정사영하는 "함수"를 각각

$$x, y, z : \mathbb{R}^3 \to \mathbb{R}$$

로 두는 것이 보통이다. 제 4 장 4 절 참고.

3.1.2

함수 f 가 정의역 U 의 모든 점에 대하여 k 번째 편미분계수를 가지면 함수

$$D_k f : U \to \mathbb{R}, \qquad P \mapsto D_k f(P)$$

를 f 의 k 번째 **편도함수**라고 한다.

3.1.3 보기

함수 $r(x_1, \ldots, x_n) := \sqrt{{x_1}^2 + \cdots + {x_n}^2}$ 에서 $r^2 = {x_1}^2 + \cdots + {x_n}^2$ 이므로, 양변을 편미분하여 (3.0.2 참고)

$$\boxed{\frac{\partial r}{\partial x_i} = \frac{x_i}{r}} \qquad (1 \leq i \leq n)$$

을 얻는다.

3.1.4 기본연습문제

다음 함수의 모든 편도함수를 구하라.

1. $f(x, y, z) = \sqrt{x^2 + y^2 + z^2}$
2. $f(x, y, z) = xe^{-yz}$
3. $f(x, y, z) = x^{yz}$
4. $f(x, y, z) = \sin(xyz)$

3.1.5 보기

미적분학 기본정리에 의하면 연속함수 $g(t)$ 에 대하여

$$\left.\frac{d}{dx}\right|_{x_0} \int_a^x g(t)\, dt = g(x_0), \qquad \left.\frac{d}{dy}\right|_{y_0} \int_y^b g(t)\, dt = -g(y_0)$$

이다.

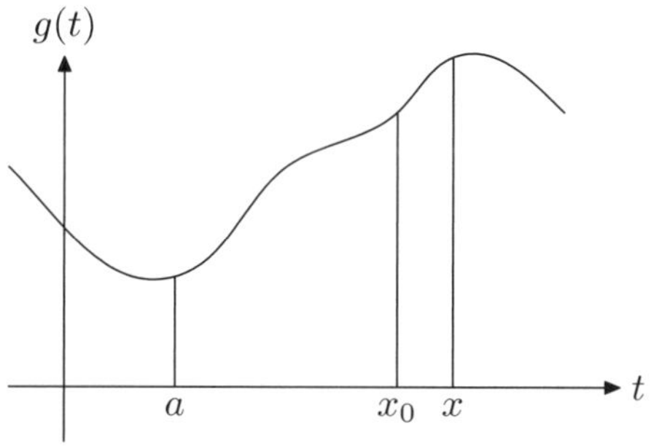

이제 "정규분포함수"[30] e^{-t^2} 에서 구간 $[y,x]$ 사이의 넓이를

$$f(x,y) := \int_y^x e^{-t^2}\,dt$$

로 두면

$$\frac{\partial f}{\partial x} = e^{-x^2}, \qquad \frac{\partial f}{\partial y} = -e^{-y^2}$$

을 얻는다.

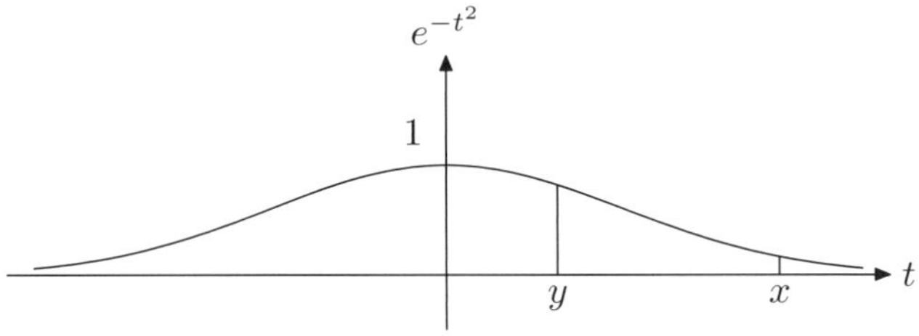

3.2 기울기 벡터

n 변수함수 f 의 모든 편미분계수가 점 P 에서 존재할 때, f 는 점 P 에서 **편미분 가능**하다고 말한다. 이때 벡터

$$\mathrm{grad}\, f(P) := (D_1 f(P), \ldots, D_n f(P))$$

를 P 에서 f 의 **그레이디언트 벡터**(gradient vector) 또는 **기울기 벡터**라고 한다.[31]

일변수함수 $f(x)$ 의 그래프에서 접선의 기울기가 바로 $f'(x)$ 이듯이, 다변수함수 $f(X)$ 의 그래프에서 "접평면"의 기울기 벡터가 바로 $\mathrm{grad}\, f(P)$ 이다.

3.2.1 보기

원점 $O = (0,0,0)$ 에서 함수

$$f(x,y,z) = \exp(x+yz)$$

의 기울기 벡터를 구하여 보자.

[30]상수가 생략되었다.

[31]일변수함수 $y = ax+b$ 의 "그래프"에서 "기울기"가 a 이듯이 다변수함수 $y = a_1x_1 + \cdots + a_nx_n + b$ 의 "그래프"에서 "기울기 벡터"는 $(a_1, \ldots, a_n)$ 이다. $\mathrm{grad}\, f$ 를 ∇f 로 쓰기도 한다. 즉

$$\nabla = (D_1, \ldots, D_n) = \left(\frac{\partial}{\partial x_1}, \ldots, \frac{\partial}{\partial x_n}\right)$$

이다. 기호 "∇"는 "del" 또는 "nabla"라고 읽는다. $\mathrm{grad}\, f(P)$ 는 항상 $(\mathrm{grad}\, f)(P)$ 를 뜻한다.

먼저 $f(O) = 1$ 임을 안다. 또

$$D_1 f(x, y, z) = f(x, y, z), \quad D_2 f(x, y, z) = z f(x, y, z), \quad D_3 f(x, y, z) = y f(x, y, z)$$

에서

$$D_1 f(O) = 1, \quad D_2 f(O) = 0, \quad D_3 f(O) = 0$$

을 얻는다. 따라서 $\operatorname{grad} f(O) = (1, 0, 0)$ 이다.

3.2.2 보기

n-공간의 점 $A = (a_1, \ldots, a_n)$ 에 대하여 함수

$$f(X) = \frac{1}{2}|X - A|^2 = \frac{1}{2}(x_1 - a_1)^2 + \cdots + \frac{1}{2}(x_n - a_n)^2 \qquad (X \in \mathbb{R}^n)$$

의 기울기 벡터를 구하여 보자.

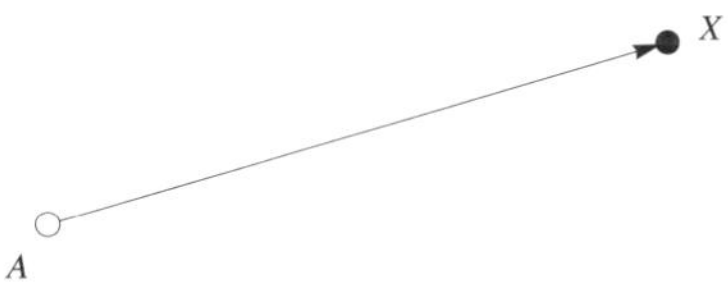

먼저

$$\frac{\partial f}{\partial x_1} = x_1 - a_1, \quad \ldots, \quad \frac{\partial f}{\partial x_n} = x_n - a_n$$

이므로 $\operatorname{grad} f(X) = (x_1 - a_1, \ldots, x_n - a_n) = X - A$ 이다.

3.2.3 기본연습문제

1. 공간의 한 점 P 와 벡터 $\mathbf{v}$ 에 대하여, 각 점 X 에서 함수 $f(X) = (X - P) \cdot \mathbf{v}$ 의 기울기 벡터를 구하라.

2. 공간의 두 점 P, Q 에 대하여

$$f(X) := \frac{1}{2}\left(|X - P|^2 + |X - Q|^2\right)$$

라 할 때, 점 X 에서 함수 f 의 기울기 벡터를 구하라.

3. n-공간에서

$$\mathbf{r}(x_1, \ldots, x_n) = (x_1, \ldots, x_n), \qquad r := |\mathbf{r}| = \sqrt{{x_1}^2 + \cdots + {x_n}^2}$$

으로 둘 때, 원점을 제외한 곳에서 함수 r 의 기울기 벡터는

$$\boxed{\operatorname{grad} r = \frac{\mathbf{r}}{r}}$$

임을 보이라.

연습문제: 제 10 장 3 절

1. $f(x,y,z) = x^2y^3 + z$ 에 대하여 $\operatorname{grad} f(1,2,3)$ 을 구하라.

2. 점 P 에서 다음 함수의 $\mathbf{v}$-방향 미분계수를 구하라.

   (1) $f(x,y) = x^2 + y^3$, $P = (-1,3)$, $\mathbf{v} = (1,2)$

   (2) $f(x,y) = 2x^2 + xy - y^2$, $P = (3,-2)$, $\mathbf{v} = (1,-1)$

   (3) $f(x,y) = e^x \log y$, $P = (0,e)$, $\mathbf{v} = (2,1)$

   (4) $f(x,y) = e^x \sin y$, $P = (0,\pi/4)$, $\mathbf{v} = (2,1)$

   (5) $f(x,y) = \log\sqrt{x^2+y^2}$, $P = (1,1)$, $\mathbf{v} = (2,1)$

3. n-공간의 열린 집합 U 에서 정의된 **편미분가능한 함수** f, g 에 대하여

$$\operatorname{grad}(f+g) = \operatorname{grad} f + \operatorname{grad} g$$
$$\operatorname{grad}(cf) = c\operatorname{grad} f, \qquad c \in \mathbb{R}$$
$$\operatorname{grad}(fg) = f\operatorname{grad} g + g\operatorname{grad} f$$

   임을 보이라. 또 $h : \mathbb{R} \to \mathbb{R}$ 가 미분가능함수이면 임의의 $P \in U$ 에 대하여

$$\operatorname{grad}(h \circ f)(P) = h'(f(P))\operatorname{grad} f(P)$$

   임을 보이라.

4. n-공간의 점 P 와 항등사상 $X = (x_1, \ldots, x_n) : \mathbb{R}^n \to \mathbb{R}^n$ 에 대하여

$$\operatorname{grad}|X - P| = \frac{X - P}{|X - P|}$$

   임을 보이라. 또 공간의 두 점 P, Q 에 대하여

$$f(X) := |X - P| + |X - Q|$$

   라 할 때, 점 X 에서 함수 f 의 기울기 벡터를 구하라.

5. n-공간에서

$$\operatorname{grad}\frac{1}{|X|} = -\frac{X}{|X|^3}$$

   임을 보이라.[32] 또 임의의 실수 k 에 대하여

$$\operatorname{grad}|X|^k = k\,|X|^{k-1}\,\frac{X}{|X|}$$

   임을 보이라.

[32] 중력장이 거리의 제곱에 반비례하듯이.

6. n-공간에서 $r = |X|$ 라 할 때 점 X 에서 다음 함수들의 기울기 벡터를 구하라.

   (1) $f(X) = \log r$ (2) $f(X) = e^{-r^2}$ (3) $f(X) = re^{-r}$

7. 함수 $f(x, y) = xy^2$ 에서

$$\frac{\partial f}{\partial x}(1,1) = D_1 f(1,1) = 1$$

   이지만, 함수 $g(y, x) = yx^2$ 에서

$$\frac{\partial g}{\partial x}(1,1) = D_2 g(1,1) = 2$$

   임을 설명하라. 또 $f = g$ 인가?

8. 좌표평면의 극좌표계 (r, θ) 에서 $r = \sqrt{x^2 + y^2}$ 이므로

$$\frac{\partial r}{\partial x} = \frac{x}{r} = \cos\theta$$

   이고, 또 $x = r\cos\theta$ 에서

$$\frac{\partial x}{\partial r} = \cos\theta$$

   임을 보이라. 이로부터

$$\frac{\partial r}{\partial x} \cdot \frac{\partial x}{\partial r} \neq 1$$

   임을 보이라.[33]

9. 의사, 특히 소아과 의사들은 종종 환자 피부의 넓이를 알아야 할 때가 있다. 예를 들면, 이 넓이는 투약할 약의 용량을 정하거나 콩팥 기능 검사의 결과를 분석할 때 쓰인다. 통계적 자료에 의하면, 몸무게가 W 킬로그램이고, 키가 H 센티미터인 사람의 피부 면적 A 제곱미터는 대략 다음과 같이 나타난다:[34]

$$A = 0.007\, W^{0.425} H^{0.725}.$$

   이제 $W = 54$, $H = 165$ 일 때 $\dfrac{\partial A}{\partial W}$ 와 $\dfrac{\partial A}{\partial H}$ 를 구하고, 그 의미를 설명하라.

   또, 몸무게와 키가 각각 1%씩 늘어나면, 피부 면적은 몇 % 정도 늘어나는가?

   (단, $54^{0.425} \approx 5.4$, $54^{-0.575} \approx 0.10$, $165^{0.725} \approx 40.5$, $165^{-0.275} \approx 0.25$.)

---

[33]두 함수가 다르다는 것을 보이려면 정의역의 한 점에서 함숫값이 서로 다르다는 것을 보이면 된다.

[34]등식 $A = kW^a H^b$ 이 의미 있으려면 닮은꼴인 두 사람에 적용하였을 때 바른 식이 되어야 한다. 두 사람의 닮음비가 c 인 경우, 키와 피부 면적과 몸무게의 비는 각각 c, c^2, c^3 이다. 그러므로 $3a + b = 2$ 라야만 의미 있는 등식이다. 한편 실측과 **최소자승법** (제11장 4절 연습문제 2 참고) 등을 사용하여

$$\log A = \log k + a \log W + b \log H$$

의 계수들을 적절하게 정할 수 있다.

제 4 절 미분가능함수

이 절에서는 n-공간의 열린 집합에서 정의된 함수 f에 대하여 "미분가능하다"는 개념을 소개한다. 앞 절에서는 함수의 방향미분계수를 정의하였다. 이제 우리가 정의하고자 하는 "f가 점 P에서 미분가능하다"는 개념은 "점 P에서 모든 벡터 $\mathbf{v}$에 대한 방향미분계수 $D_{\mathbf{v}}f(P)$가 존재한다"가 아님에 주의하기 바란다.

이 장의 탐구문제에서는 모든 방향미분계수가 존재하지만 연속함수가 아닌 함수의 보기를 소개한다. 앞으로 "미분가능함수"는 항상 연속함수임을 알게 된다.[35]

먼저 $n = 1$일 때, "함수 $f(x)$가 점 p에서 미분가능하다"는 개념을 상기하여 보자. 기하학적으로 이 뜻은 함수 f의 그래프가 점 $(p, f(p))$에서 (기울기가 무한대가 아닌) **접선**을 가진다는 뜻이다.

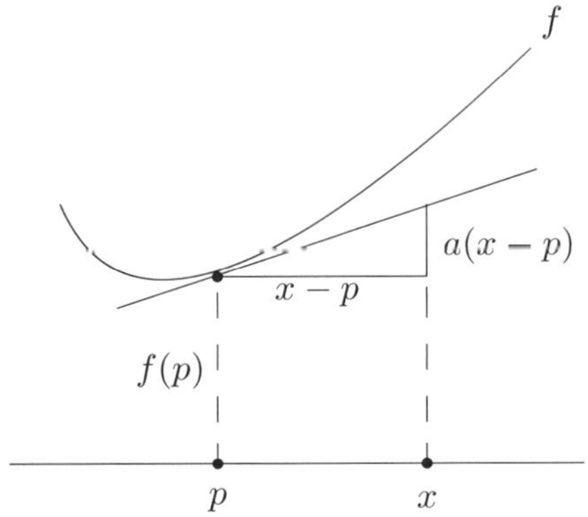

점 $(p, f(p))$를 지나는 직선의 방정식은

$$y = f(p) + a(x - p) \tag{3}$$

로 표현된다.[36] 이 직선이 $x = p$일 때 $y = f(x)$와 **접한다**는 뜻은 $f(x)$와 $f(p) + a(x - p)$의 차가 0에 접근하는 것이 x가 p에 접근하는 것보다 훨씬 빠르다는 뜻이다. 즉,

$$\lim_{x \to p} \frac{f(x) - f(p) - a(x - p)}{x - p} = 0$$

[35] 정의가 성질을 만들듯이 성질이 정의를 만든다.

[36] 미분가능성을 따질 때에는 y축에 나란한 직선, 즉 기울기가 무한대인 직선은 제외한다. 순간변화율이 ∞인 함수는 조심해서 다루어야 한다.

이라는 뜻이다.[37] 이 식을 달리 쓰면

$$f'(p) := \lim_{x\to p} \frac{f(x) - f(p)}{x - p} = a$$

이다. 즉, 접선의 기울기 a가 $f'(p)$이다.

n-공간에서도 함수 f가 점 P에서 **미분가능**하다는 뜻은 함수 $y = f(x_1, \ldots, x_n)$의 그래프가 점 $(P, f(P)) \in \mathbb{R}^n \times \mathbb{R} = \mathbb{R}^{n+1}$에서 (기울기가 무한대가 아닌) **접평면**을 가진다는 뜻이다. 점 $(P, f(P))$를 지나는 평면의[38] 방정식은

$$y = f(P) + \mathbf{a} \cdot (X - P)$$

로 표현된다. 이제 이 평면이 점 $(P, f(P))$에서 $y = f(X)$에 접한다는 것은

$$\lim_{X\to P} \frac{f(X) - f(P) - \mathbf{a} \cdot (X - P)}{|X - P|} = 0$$

을 뜻한다. 이때 $X = P + \mathbf{v}$로 두면

$$\lim_{\mathbf{v}\to \mathbf{0}} \frac{f(P + \mathbf{v}) - f(P) - \mathbf{a} \cdot \mathbf{v}}{|\mathbf{v}|} = 0 \tag{4}$$

을 얻는다. 이 식을 간단히

$$f(P + \mathbf{v}) - f(P) - \mathbf{a} \cdot \mathbf{v} = o(\mathbf{v})$$

또는

$$f(P + \mathbf{v}) = f(P) + \mathbf{a} \cdot \mathbf{v} + o(\mathbf{v}) \tag{5}$$

로 쓰기도 한다.[39]

위에서 말한 것을 정리하면 다음과 같다.

---

[37] 이때 $x = p + v$로 두면,

$$\lim_{v\to 0} \frac{1}{v}\left(f(p + v) - f(p) - av\right) = 0,$$

즉 $f(p + v) - f(p) = av + o(v)$이다.

[38] 여기에서 평면이란 차원이 높은 평면, 즉 **초평면**(超平面, hyperplane)을 뜻한다. 일반적으로 점 $(P, y_0) \in \mathbb{R}^n \times \mathbb{R}$를 지나는 (기울기가 유한인) 초평면의 방정식은

$$y = y_0 + \mathbf{a} \cdot (X - P)$$

로 표현된다. 여기에서 벡터 $\mathbf{a} = (a_1, \ldots, a_n)$은 초평면의 **기울기**이다.

[39] n-공간의 원점 근방에서 정의된 두 함수 $g(\mathbf{v}), h(\mathbf{v})$에 대하여 $g(\mathbf{v}) = o(h(\mathbf{v}))$라는 것은 다음을 뜻한다: 임의로 주어진 $\epsilon > 0$에 대하여 $\mathbf{v}$가 원점에 아주 가까우면 $|g(\mathbf{v})| \le \epsilon |h(\mathbf{v})|$이다. 이러한 기호 "$g(\mathbf{v}) = o(h(\mathbf{v}))$"의 정의는 g, h가 "벡터함수"일 때에도 적용된다. 이때 $g = o(h)$라는 것은

4.0.1 정의

n-공간의 열린 집합 U에서 정의된 함수 $f : U \to \mathbb{R}$와 U의 점 P에 대하여 식 (4)를 만족시키는 벡터 $\mathbf{a}$가 존재하면 f는 **점 P에서 미분가능하다**고 한다.

만약 f가 정의역의 모든 점에서 미분가능하면 f는 **미분가능하다**고 한다.

정리 4.0.2 *n-공간의 열린 집합 U에서 정의된 함수 $f : U \to \mathbb{R}$가 점 $P \in U$에서 미분가능하면*

(i) *f는 점 P에서 연속이다.*

(ii) *f는 점 P에서 모든 방향의 방향미분계수를 가지고*

$$D_{\mathbf{v}}f(P) = \operatorname{grad} f(P) \cdot \mathbf{v} \qquad (\mathbf{v} \in \mathbb{R}^n)$$

이다.

(iii) *식 (4)를 만족시키는 벡터 $\mathbf{a}$는 $\operatorname{grad} f(P)$ 이다.*

증명. (i) 식 (5)에서

$$\lim_{\mathbf{v}\to\mathbf{0}} f(P+\mathbf{v}) = \lim_{\mathbf{v}\to\mathbf{0}} \big(f(P) + \mathbf{a}\cdot\mathbf{v} + o(\mathbf{v})\big) = f(P)$$

를 얻는다.

(ii), (iii) 식 (4)에 의하면, 단위벡터 $\mathbf{v}$에 대하여

$$0 = \lim_{|t\mathbf{v}|\to 0} \frac{f(P+t\mathbf{v}) - f(P) - \mathbf{a}\cdot t\mathbf{v}}{|t\mathbf{v}|},$$

즉,

$$0 = \lim_{t\to 0} \frac{f(P+t\mathbf{v}) - f(P) - \mathbf{a}\cdot t\mathbf{v}}{t} = \left(\lim_{t\to 0} \frac{f(P+t\mathbf{v}) - f(P)}{t}\right) - \mathbf{a}\cdot\mathbf{v}$$

이다. 따라서 방향미분 $D_{\mathbf{v}}f(P)$가 존재하고

$$D_{\mathbf{v}}f(P) = \lim_{t\to 0} \frac{f(P+t\mathbf{v}) - f(P)}{t} = \mathbf{a}\cdot\mathbf{v}$$

$|g| = o(|h|)$ 라는 것과 동치이다. 보기를 들어 항등함수 $\mathbf{v} : \mathbb{R}^n \to \mathbb{R}^n$ 에 대하여 $g(\mathbf{v}) = o(\mathbf{v})$ 라는 것은 임의로 주어진 $\epsilon > 0$ 에 대하여

$$|\mathbf{v}| \ll 1 \quad \Rightarrow \quad |g(\mathbf{v})| \le \epsilon|\mathbf{v}|$$

임을 뜻한다.

이다. $\mathbf{v}$가 단위벡터가 아닌 경우에는 $\mathbf{v}/|\mathbf{v}|$를 이용하여 위 등식이 참임을 안다.[40]

이제 $\mathbf{a} = (a_1, \ldots, a_n)$으로 두면

$$D_i f(P) = D_{\mathbf{e}_i} f(P) = \mathbf{a} \cdot \mathbf{e}_i = a_i$$

이고

$$\operatorname{grad} f(P) = \big(D_1 f(P), \ldots, D_n f(P)\big) = (a_1, \ldots, a_n) = \mathbf{a}$$

이다. 따라서

$$D_{\mathbf{v}} f(P) = \mathbf{a} \cdot \mathbf{v} = \operatorname{grad} f(P) \cdot \mathbf{v}$$

이다. □

위 정리로부터 함수 f가 점 P에서 미분가능할 필요충분조건은

(i) $\operatorname{grad} f(P)$가 존재하고

(ii) $f(P + \mathbf{v}) - f(P) = \operatorname{grad} f(P) \cdot \mathbf{v} + o(\mathbf{v})$

임을 안다. 이러한 뜻에서 기울기 벡터 $\operatorname{grad} f(P)$를 "점 P에서 f의 **미분계수**"라 하고, $f'(P)$ 또는 $Df(P)$로 쓰기도 한다:

$$\operatorname{grad} f(P) = f'(P) = Df(P).$$

다변수함수의 미분계수는 더 이상 실수가 아니고 벡터이다.[41]

미분가능한 함수에서는 기울기 벡터, 즉 각 축 방향의 함수의 기울기만 알면 방향미분을 구하는 것은 아주 쉬운 일이다. 그 이유는

$$D_{\mathbf{v}} f(P) = \operatorname{grad} f(P) \cdot \mathbf{v} \tag{6}$$

이기 때문이다.[42] 이 식으로부터

$$\boxed{D_{\mathbf{v}+\mathbf{w}} f(P) = D_{\mathbf{v}} f(P) + D_{\mathbf{w}} f(P)}$$

임을 안다.

---

[40] $\mathbf{v} \neq \mathbf{0}$일 때에는 $D_{\mathbf{v}} f(P) = |\mathbf{v}|\, D_{\mathbf{v}/|\mathbf{v}|} f(P) = |\mathbf{v}|\,(\mathbf{a} \cdot \mathbf{v}/|\mathbf{v}|) = \mathbf{a} \cdot \mathbf{v}$이다 (기본연습문제 3.0.2).

[41] 사실 다변수함수의 미분계수 $\operatorname{grad} f(P)$는 벡터라기보다는 선형사상

$$\mathbf{v} \mapsto \operatorname{grad} f(P) \cdot \mathbf{v}$$

라고 보는 것이 좋다.

[42] 이 식은 좌표를 이용하여 쓰면 $D_{\mathbf{v}} f = v_1 \dfrac{\partial f}{\partial x_1} + \cdots + v_n \dfrac{\partial f}{\partial x_n}$ 또는 간단히

$$D_{\mathbf{v}} = v_1 \frac{\partial}{\partial x_1} + \cdots + v_n \frac{\partial}{\partial x_n}$$

이다.

4.0.3 기본연습문제

1. 원점에서 미분가능한 함수 $f(x,y)$ 의 $(1,1)$-방향 미분계수가 1 이고, $(1,2)$-방향 미분계수가 2 라고 하자. 이때 $(2,3)$-방향 미분계수는 얼마인가?[43]

2. 벡터 $\mathbf{a} \in \mathbb{R}^n$ 에 대하여

$$\mathbf{a}^*(\mathbf{x}) := \mathbf{a} \cdot \mathbf{x} \qquad (\mathbf{x} \in \mathbb{R}^n)$$

로 정의된 **선형함수** $\mathbf{a}^*$ 는 미분가능한 함수임을 보이라. 또

$$\text{grad } \mathbf{a}^*(\mathbf{x}) = \mathbf{a}, \qquad \forall \mathbf{x} \in \mathbb{R}^n$$

임을 보이라.

3. n-공간의 한 열린 집합에서 정의된 미분가능함수 전체의 집합은 함수의 덧셈과 곱셈

$$f + g, \qquad f \cdot g$$

에 대하여 닫혀 있음을 보이라.[44]

4. 앞의 두 연습문제로부터 모든 **다항함수**(多項函數, polynomial function)는 미분가능함수임을 보이라.

변수	x	x, y	x, y, z
1차식	x	x, y	x, y, z
2차식	x^2	x^2, xy, y^2	$x^2, y^2, z^2, xy, yz, zx$
3차식	x^3	x^3, x^2y, xy^2, y^3	$x^3, y^3, z^3, x^2y, x^2z, y^2x, y^2z, z^2x, z^2y, xyz$

표: 다항함수와 기저

[43] $(2,3) = (1,1) + (1,2)$ 를 알면, 답이 3 이라는 것은 자명하다.

[44] 실수는 **상수함수**로 이해한다. 따라서 미분가능함수에 실수곱을 한 것도 여전히 미분가능함수이다.

4.1 기울기 벡터와 함수의 변화율

식 (6)에서 $\mathbf{v}$ 가 단위벡터이고, $\mathbf{v}$ 와 grad$f(P)$ 가 이루는 각의 크기가 θ 이면,

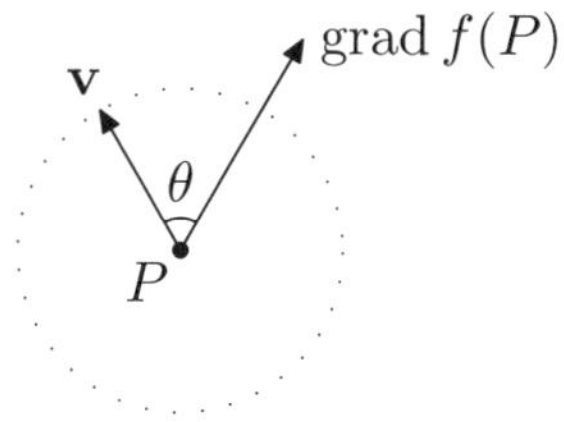

$$D_{\mathbf{v}}f(P) = \mathrm{grad}\, f(P) \cdot \mathbf{v} = |\mathrm{grad}\, f(P)| \cos\theta$$

임을 안다.

따라서 $D_{\mathbf{v}}f(P)$ 가 최대가 되는 단위벡터 $\mathbf{v}$ 는 바로 $\cos\theta = 1$ 인 벡터, 즉 grad$f(P)$ 와 같은 방향의 단위벡터이다. 이때 grad $f(P)$ 의 크기가 $\mathbf{v}$-방향 변화율이다.[45]

또 $D_{\mathbf{v}}f(P)$ 가 최소가 되는 단위벡터 $\mathbf{v}$ 는 $\cos\theta = -1$ 인 벡터, 즉 $\mathbf{v}$ 가 $-$grad$f(P)$ 와 같은 방향의 단위벡터임을 안다.

같은 이유에서 grad$f(P)$ 와 수직인 방향으로의 순간변화율은 0 이다.

4.1.1 보기

좌표평면에서 각 점의 온도 분포가

$$f(x,y) = 273\, e^{-2x^2-3y^2} \qquad \text{(K)}$$

으로 주어졌다고 하자.[46] 이때 위치 (0, 1) 에서 온도가 가장 빨리 증가하는 방향은 어느 방향인가? 또, 그 방향으로의 온도변화율을 구하라. (이 문제에서 "방향은 단위벡터"를 뜻한다.)

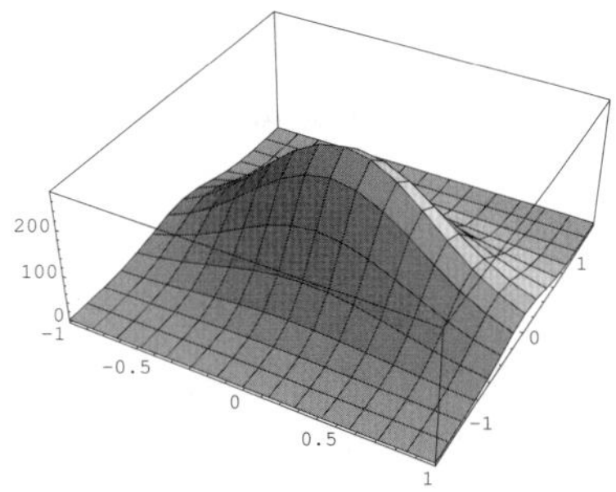

풀이. 함수 f 의 기울기 벡터는

$$\mathrm{grad}\, f(x,y) = 273\, e^{-2x^2-3y^2}(-4x, -6y)$$

이다. 따라서

$$\mathrm{grad}\, f(0,1) = 273\, e^{-3}(0, -6)$$

이다. 그러므로, 주어진 점에서 온도가 가장 빨리 증가하는 방향은 "따뜻한 남쪽", 즉 $(0, -1)$ 방향이고, 이때의 온도변화율은 $|\mathrm{grad}\, f(0,1)| = 273\, e^{-3} \cdot 6 \approx 81.6$ 이다.

---

[45] 이러한 원리에서 grad $f(P) = \left(\dfrac{\partial f}{\partial x_1}(P), \ldots, \dfrac{\partial f}{\partial x_n}(P)\right)$ 는 좌표계의 선택과 무관함을 알 수 있다. 탐구문제 6 번 참고.

[46] Kelvin 은 절대온도의 단위이다. Kelvin 경에 대하여 알고 싶으면, 제 18 장에서 William Thomson 을 찾아볼 것.

4.1.2 기본연습문제

n-공간의 점 P 근방에서 정의된 미분가능함수 f 가 임의의 단위벡터 $\mathbf{v}$ 에 대하여 방향미분계수 $D_{\mathbf{v}}f(P)$ 가 일정하다고 할 때, 이 값은 얼마인가?

4.2 일급미분가능함수

어떤 함수가 미분가능한 함수인지를 판정할 때 잘 쓰이는 정리를 소개하기 위하여 우선 용어를 하나 소개한다.

4.2.1 정의

n-공간의 한 열린 집합에서 정의된 함수 $f(x_1, \ldots, x_n)$ 의 각 편도함수

$$\frac{\partial f}{\partial x_1}, \quad \ldots, \quad \frac{\partial f}{\partial x_n}$$

이 모두 연속함수이면, f 를 **일급함수** 또는 $\mathcal{C}^1$ **함수**라고 한다.

정리 4.2.2 *n-공간의 열린 집합에서 정의된 일급함수는 미분가능함수이다.*

이 정리의 증명은 어렵지는 않지만, 부록에 싣는다.[47]

주어진 함수가 미분가능한 함수인지를 알기 위하여 정의에 충실하게 따진다면 약간 복잡할 수 있지만, 일급함수인지를 먼저 알아보면 문제가 조금 쉬워진다.

4.2.3 보기

함수 $e^{xy}\sin z + \log(1 + x^2 + y^2)$ 은 일급함수이고, 따라서 미분가능함수이다.

---

[47] "즉흥적인 것만 좋아하고 이론이나 원리에 무심한 사람은 마치 키와 나침반도 없는 배를 타고 자기가 어디로 가는 줄도 모르는 선원과 같다."

레오나르도(Leonardo da Vinci, 1452–1519)

연습문제: 제 10 장 4 절

1. 좌표평면에 온도 분포가 함수

$$f(x,y) = x^2y + xy^2 \qquad (^\circ\text{C})$$

으로 주어졌을 때, 점 $(2,3)$ 에 위치한 길동이는

(1) 어느 방향으로 움직여야 빨리 시원해질까? 이때의 온도의 순간변화율은 얼마인가?

(2) 가장 빨리 뜨거워지는 방향은 어느 방향인가? 또 이 방향의 온도의 순간변화율은 얼마인가?

(3) 순간변화율이 영인 방향은 어느 방향인가?

2. 좌표평면에서 정의된 미분가능함수 $f(x,y)$ 가 원점에서, $(1,2)$-방향 미분계수가 1 이고 $(2,3)$-방향 미분계수가 2 라고 하자. 원점에서 이 함수의 $(3,5)$-방향 미분계수는 얼마인가? 또 기울기 벡터 $\operatorname{grad} f(O)$ 를 구하라.

3. **동차**(同次, homogeneous) 다항함수

$$a_0x^n + a_1x^{n-1}y + \cdots + a_{n-1}xy^{n-1} + a_ny^n$$

은 일급함수인가? 또 이것은 미분가능함수인가? 모든 다항함수는 일급함수인가? 두 다항식의 몫으로 주어지는 **유리함수**(有理函數, rational function)는 (정의역에서) 일급함수인가?

4. 직사각형 $(a,b)\times(c,d)\subset\mathbb{R}^2$ 에서 정의된 미분가능함수 $f(x,y)$, $g(x,y)$ 가 항등적으로

$$\frac{\partial f}{\partial x} = \frac{\partial g}{\partial x}$$

이면

$$f(x,y) = g(x,y) + h(y)$$

를 만족시키는 미분가능함수 $h:(c,d)\to\mathbb{R}$ 가 존재함을 설명하라.

5. 좌표평면의 원점 근방에서 정의된 미분가능함수 $f(x,y)$ 에 대하여 $D_1f(O) = 1$, $D_2f(O) = -2$ 라 하자. 이때 함숫값의 변화가 거의 없는 방향은 어느 방향인가?

6. 삼차원 좌표공간에서 단위벡터들 전체의 집합을 $\mathbb{S}^2$ 로 나타낸다. 이때 점 P 근방에서 정의된 미분가능함수 f 에 대하여 집합 $\{(D_{\mathbf{v}}f(P))\mathbf{v} \mid \mathbf{v}\in\mathbb{S}^2\}$ 는 지름이 $|\operatorname{grad} f(P)|$ 인 구면임을 밝히라.

7. 공간의 점 P 근방에서 정의된 미분가능함수 f 에 대하여 $m := \max\{D_{\mathbf{v}}f(P) \mid \mathbf{v}\in\mathbb{S}^2\}$ 라 하자. 이때 서로 다른 단위벡터 $\mathbf{u},\mathbf{w}$ 에 대하여 $D_{\mathbf{u}}f(P) = m = D_{\mathbf{w}}f(P)$ 이면 $\operatorname{grad} f(P) = \mathbf{0}$ 임을 밝히라.

제 5 절 연쇄법칙

연쇄법칙(chain rule)이란 합성함수의 미분법을 말한다. 일변수의 경우에 미분가능함수 $f:(a,b)\to(c,d)$ 와 $g:(c,d)\to\mathbb{R}$ 의 합성함수

$$g\circ f:(a,b)\to\mathbb{R}$$

의 도함수는

$$\boxed{(g\circ f)'(x)=g'(f(x))\cdot f'(x)}$$

이다. 즉, 합성함수 $g\circ f$ 의 순간변화율은 g 의 순간변화율과 f 의 순간변화율의 곱이다.

5.0.1 기본연습문제

함수

$$f(x):=\int_0^{x^2}\sin e^t\,dt$$

의 도함수 $f'(x)$ 를 구하라. 또 일반적으로 연속함수 $h(t)$ 와 미분가능함수 $g(x)$ 에 대하여

$$\frac{d}{dx}\int_0^{g(x)}h(t)\,dt=h(g(x))g'(x)$$

임을 보이라.

일변수 연쇄법칙의 원리는 다변수인 경우에도 성립한다.

정리 5.0.2 (연쇄법칙) *n-공간의 열린 집합 U 에서 정의된 미분가능한 함수 f 와 구간 I 에서 정의된 미분가능한 곡선 $X:I\to U$ 에 대하여 다음이 성립한다:*

$$\frac{d}{dt}f(X(t))=\operatorname{grad}f(X(t))\cdot X'(t),\quad \forall t\in I.$$

증명. 먼저 $t\in I$ 를 고정하면, 절댓값이 아주 작은 실수 Δt 에 대하여

$$\begin{aligned}
&f\big(X(t+\Delta t)\big)-f\big(X(t)\big)\\
=\;&\operatorname{grad}f\big(X(t)\big)\cdot\big(X(t+\Delta t)-X(t)\big)+o(|X(t+\Delta t)-X(t)|)\\
=\;&\operatorname{grad}f\big(X(t)\big)\cdot\big(X'(t)\Delta t+o(\Delta t)\big)+o(\Delta t)\\
=\;&\operatorname{grad}f\big(X(t)\big)\cdot X'(t)\Delta t+o(\Delta t)
\end{aligned}$$

이므로 원하는 결론을 얻는다.[48] □

어떤 함수 f 의 정의역의 한 점 P 에서 $\mathbf{v}$-방향 순간변화율을 구하려면,

$$X(0) = P, \qquad X'(0) = \mathbf{v}$$

인 **직선** $X(t)$ 를 따라 f 의 순간변화율을 구하면 된다:

$$D_{\mathbf{v}} f(P) = \left.\frac{d}{dt}\right|_0 f(X(t)). \tag{7}$$

연쇄법칙은 $X(t)$ 가 직선이 아니고 곡선이라도 식 (7)이 성립함을 말한다.

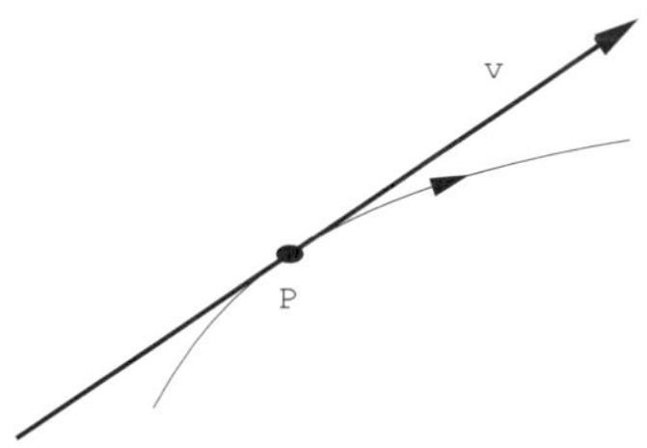

연쇄법칙을 좌표의 성분을 써서 표현하면

$$\boxed{\frac{d}{dt} f\big(x_1(t), \ldots, x_n(t)\big) = \frac{\partial f}{\partial x_1}\frac{dx_1}{dt} + \cdots + \frac{\partial f}{\partial x_n}\frac{dx_n}{dt}}$$

이다. 연쇄법칙이라는 이름은 이처럼 공식이 사슬처럼 이어져 있는 데에서 유래하였다.

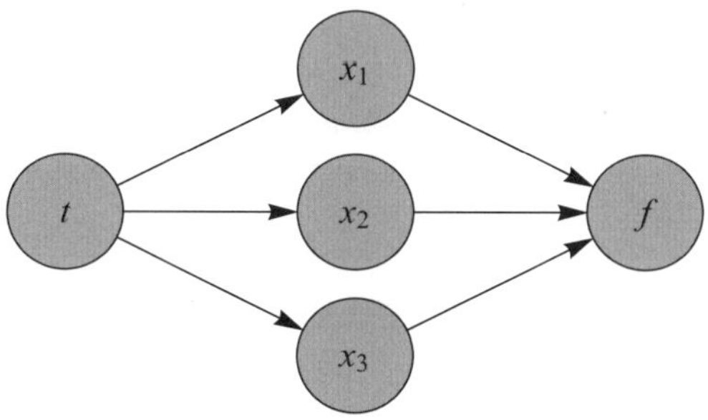

[48] $X(t+\Delta t) - X(t) = X'(t)\Delta t + o(\Delta t)$ 이므로 어떤 함수 $h(\Delta t)$ 가 $o(|X(t+\Delta t) - X(t)|)$ 이면 $h(\Delta t) = o(\Delta t)$ 이다.

만약 $X = (x_1, \ldots, x_n)$ 이 두 개의 변수 s, t 에 의존하면, 연쇄법칙은

$$\frac{\partial}{\partial s} f(x_1(s,t), \ldots, x_n(s,t)) = \frac{\partial f}{\partial x_1}\frac{\partial x_1}{\partial s} + \cdots + \frac{\partial f}{\partial x_n}\frac{\partial x_n}{\partial s}$$

$$\frac{\partial}{\partial t} f(x_1(s,t), \ldots, x_n(s,t)) = \frac{\partial f}{\partial x_1}\frac{\partial x_1}{\partial t} + \cdots + \frac{\partial f}{\partial x_n}\frac{\partial x_n}{\partial t}$$

로 표현된다.

5.0.3 보기

평면에서 정의된 함수 f 를, 표준 직교좌표계 (x, y) 를 써서 나타낼 때에는 보통 $f(x, y)$ 로 나타내고, 극좌표계 (r, θ) 를 써서 나타낼 때에는 $f(r, \theta)$ 로 표현하기도 한다.[49] 그러면 연쇄법칙에서

$$\frac{\partial f}{\partial r} = \frac{\partial f}{\partial x}\frac{\partial x}{\partial r} + \frac{\partial f}{\partial y}\frac{\partial y}{\partial r} = \cos\theta\,\frac{\partial f}{\partial x} + \sin\theta\,\frac{\partial f}{\partial y}$$

$$\frac{\partial f}{\partial \theta} = \frac{\partial f}{\partial x}\frac{\partial x}{\partial \theta} + \frac{\partial f}{\partial y}\frac{\partial y}{\partial \theta} = -r\sin\theta\,\frac{\partial f}{\partial x} + r\cos\theta\,\frac{\partial f}{\partial y}$$

를 얻는다. 기호를 간단하게 하기 위하여

$$\partial_x := \frac{\partial}{\partial x}, \qquad \partial_y := \frac{\partial}{\partial y}, \qquad \partial_r := \frac{\partial}{\partial r}, \qquad \partial_\theta := \frac{\partial}{\partial \theta}$$

로 두고 공통적으로 들어 있는 f 를 생략하면,

$$\partial_r = \cos\theta\,\partial_x + \sin\theta\,\partial_y, \qquad \partial_\theta = r\,(-\sin\theta\,\partial_x + \cos\theta\,\partial_y)$$

를 얻는다.[50]

[49]논리를 고집하자면, 함수 $f : \mathbb{E}^2 \to \mathbb{R}$ 와 좌표계 $(x, y) : \mathbb{E}^2 \to \mathbb{R}^2$ 및 $(r, \theta) : \mathbb{E}^2 \dashrightarrow \mathbb{R}^2$ 에 대하여

$$f(x, y) := f \circ (x, y)^{-1}, \qquad f(r, \theta) := f \circ (r, \theta)^{-1}$$

로 이해한다.

[50]앞에서도 언급하였지만, 방향미분은 벡터와 다를 것이 없다. 말하자면 "편미분 x"(∂_x)는 벡터(장) $\mathbf{i}$ 를 뜻하고, "편미분 y"(∂_y)는 벡터(장) $\mathbf{j}$ 를 뜻한다. 위 등식은 벡터(장) ∂_r 와 ∂_θ 를 벡터장 $\mathbf{i}$ 와 $\mathbf{j}$ 의 일차결합으로 표현한 것이다. 벡터장 ∂_r 와 ∂_θ 는 서로 수직이다.

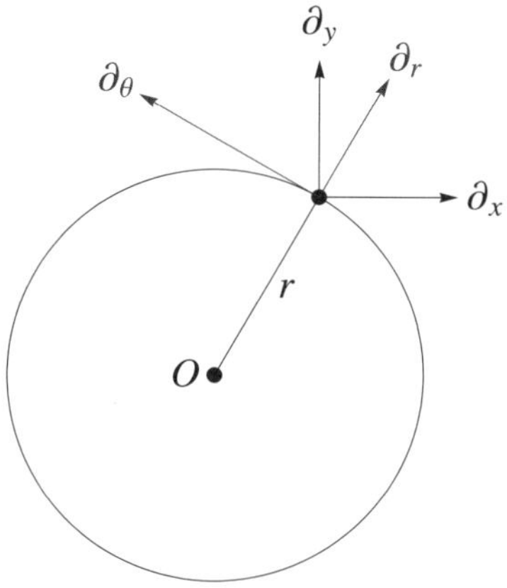

5.0.4 기본연습문제

지점 $(x_0, y_0) = (3, 4)$ 근방에서 안개의 짙고 옅음을 알려주는 기계 장치에서 바늘이 가리키는 눈금을 $f(x, y)$ 라 하자.

이때 $D_1 f(x_0, y_0) = -0.1$, $D_2 f(x_0, y_0) = 0.2$ 임을 알았다고 하자.[51] 만약 차를 몰고 원운동

$$x(t) = 5\cos t, \qquad y(t) = 5\sin t$$

를 하면서 지점 (x_0, y_0) 을 지날 때 f 의 순간변화율은 얼마인가? 또 차를 몰고 직선운동

$$x(t) = tx_0, \qquad y(t) = ty_0$$

을 할 때의 f 의 순간변화율은 얼마인가?[52]

[51] 이런 함수의 한 가지 보기로는 $f(x, y) = -x^2/60 + y^2/40$ 을 들 수 있다.

[52] 원운동을 할 때에는 $\frac{d}{dt}\Big|_{t_0} f(x(t), y(t)) = r_0(-\sin t_0, \cos t_0) \cdot \left(\dfrac{\partial f}{\partial x}, \dfrac{\partial f}{\partial y}\right) = 5(-\frac{4}{5}, \frac{3}{5}) \cdot (-0.1, 0.2) = 5(0.08 + 0.12) = 1$ 이다. 또 직선운동을 할 때의 순간변화율은 $(3, 4) \cdot (-0.1, 0.2) = -0.3 + 0.8 = 0.5$ 이다.

연습문제: 제 10 장 5 절

1. 좌표평면의 표준 직교좌표계 (x, y) 와 극좌표계 (r, θ) 에 대하여

$$\partial_x = (\cos\theta)\partial_r - \frac{\sin\theta}{r}\partial_\theta$$
$$\partial_y = (\sin\theta)\partial_r + \frac{\cos\theta}{r}\partial_\theta$$

임을 보이라. 또 이로부터

$$|\mathrm{grad}\, f|^2 = \left(\frac{\partial f}{\partial r}\right)^2 + \frac{1}{r^2}\left(\frac{\partial f}{\partial \theta}\right)^2$$

을 유도하라.[53]

2. (**오일러 공식**) 주어진 자연수 k 에 대하여 함수 $f(x_1, \ldots, x_n)$ 이 항등식

$$f(tx_1, \ldots, tx_n) = t^k f(x_1, \ldots, x_n), \qquad \forall\, t, x_i \in \mathbb{R}$$

을 만족시킨다고 하자.[54] 이때 f 가 미분가능한 함수이면,

$$x_1 D_1 f(x_1, \ldots, x_n) + \cdots + x_n D_n f(x_1, \ldots, x_n) = k f(x_1, \ldots, x_n)$$

임을 보이라.

3. $w = x^3 f(y/x, z/x)$ 일 때, $x\dfrac{\partial w}{\partial x} + y\dfrac{\partial w}{\partial y} + z\dfrac{\partial w}{\partial z} - 3w$ 임을 보이라.

4. 미분가능함수 $f(\mathbf{x})$ 가 임의의 실수 t 와 임의의 $\mathbf{x} \in \mathbb{R}^n$ 에 대하여 $f(t\mathbf{x}) = tf(\mathbf{x})$ 이면

$$f(\mathbf{x}) = \mathbf{a} \cdot \mathbf{x}$$

를 만족시키는 벡터 $\mathbf{a}$ 가 존재함을 보이라.

5. 미분가능함수 f 에 대하여 $z = f\left(\frac{x-y}{y}\right)$ 로 두면,

$$x\frac{\partial z}{\partial x} + y\frac{\partial z}{\partial y} = 0$$

임을 보이라.

6. 함수

$$f(x, y) := \int_{xy}^{x^2+y^2} e^{-(t-1)^2}\, dt$$

의 편미분계수 $\dfrac{\partial f}{\partial x}(1, 0)$ 과 $\dfrac{\partial f}{\partial y}(0, 1)$ 을 구하라.

---

[53] 탐구문제 6 번 참고.

[54] 이러한 조건을 만족시키는 함수의 보기로는 동차다항함수

$$f(x_1, \ldots, x_n) = a_1 {x_1}^k + \cdots + a_n {x_n}^k$$

등이 있다. k 가 짝수이면, 함수 $f(x_1, \ldots, x_n) := \left(\sum_i {a_i}^2 {x_i}^{2k}\right)^{1/2}$ 도 위 조건을 만족시킨다.

7. 연속함수 $g(t)$ 와 일급함수 $a(x,y)$, $b(x,y)$ 에 대하여, 함수

$$f(x,y) := \int_{a(x,y)}^{b(x,y)} g(t)\,dt$$

의 편도함수 $D_1 f(x,y)$, $D_2 f(x,y)$ 를 구하라.

8. 변수 x 에 대한 함수 y 가 방정식

$$f(x,y) = 0$$

을 만족시킬 때,

$$D_1 f(x,y) + D_2 f(x,y)\frac{dy}{dx} = 0$$

임을 보이라. (이 문제에서 함수 y 와 f 가 모두 미분가능하다고 가정한다.)

9. $x^2 + y^2 = 1$ 이고 $y \neq 0$ 일 때, $dy/dx = -x/y$ 임을 보이라.

10. $x^3 + x^2y + xy^2 + y^3 = 1$ 일 때, $\frac{dy}{dx}(1)$ 을 구하라.

11. 독도 근방의 바다에서 (경도,위도)-좌표를 (x,y) 라 하자. 어느 날 이 근방의 해수 온도가 $f(x,y)$ (°C) 이다. 이때 바다 지점 (x_0, y_0) 에서 동쪽으로 움직일 경우 순간온도변화율이 +1 (°C/rad) 이고, 북쪽으로 움직일 경우 순간온도변화율이 −1 (°C/rad) 라고 하자. 독도 근방을

$$x(t) = x_0 + 2(t - t_0), \qquad y(t) = y_0 + 3\sin(t - t_0)$$

과 같이 배회하는 선박이 지점 (x_0, y_0) 을 지날 때의 순간온도변화율은 얼마인가?

12. 다음 함수에서 x, y 에 대한 편도함수를 구하라.

(1) $f(u,v) = (u-v)e^u, \quad u = xy, \quad v = x^2 - y^2$

(2) $f(u,v) = u\log v + v\log u, \quad u = \dfrac{y}{2} + \dfrac{2}{y}, \quad v = xe^y$

(3) $f(u,v) = u\log v, \quad u = x\sin y + y\sin x, \quad v = x\cos y + y\cos x$

(4) $f(u,v) = (u+v)/(1-uv), \quad u = \sin 2x, \quad v = \cos(3x - y)$

13. $w = f(x-y, y-x)$ 일 때, $\dfrac{\partial w}{\partial x} + \dfrac{\partial w}{\partial y} = 0$ 임을 보이라.

14. $g(x,y) = f(x+y, x-y)$ 이고 $x + y = u$, $x - y = v$ 라 하자. 이때

$$\frac{\partial g}{\partial x} \cdot \frac{\partial g}{\partial y} = \left(\frac{\partial f}{\partial u}\right)^2 - \left(\frac{\partial f}{\partial v}\right)^2$$

임을 보이라.

15. 상수 θ 에 대하여 $x = u\cos\theta - v\sin\theta$, $y = u\sin\theta + v\cos\theta$ 라고 하자. $f(x,y) = g(u,v)$ 일 때

$$\left(\frac{\partial g}{\partial u}\right)^2 + \left(\frac{\partial g}{\partial v}\right)^2 = \left(\frac{\partial f}{\partial x}\right)^2 + \left(\frac{\partial f}{\partial y}\right)^2$$

임을 보이라.

16. 미분가능한 함수 $g : (0, \infty) \to \mathbb{R}$ 에 대하여 함수

$$f(X) := g(|X|) \qquad (X \in \mathbb{R}^3 - \{O\})$$

의 기울기 벡터 $\operatorname{grad} f(X)$ 는 위치벡터 X 와 나란함을 보이라.

17. n-공간에서 미분가능한 함수 $f(X)$ 의 기울기 벡터가 위치벡터 X 와 나란하다고 하자. 즉,

$$\operatorname{grad} f(X) = h(X)X$$

인 함수 $h(X)$ 가 존재한다고 하자. 이때 $f(X)$ 는 원점을 중심으로 하는 임의의 구면에서 상수임을 보이라.

18. "오차(Error) 함수" $E(z_1, z_2) = \frac{1}{2}\left(z_1 - \frac{1}{2}\right)^2 + \frac{1}{2}\left(z_2 - \frac{1}{2}\right)^2$ 에서

$$z_i = \frac{1}{1 + e^{-y_i}}, \qquad y_i = \sum_{j=1}^{3} a_{ij} x_j \qquad (i = 1, 2)$$

라고 하자.[55] "출력"이 $z_1 = \frac{2}{5}$, $z_2 = \frac{3}{5}$ 일 때, 기울기 벡터

$$\left(\frac{\partial E}{\partial x_1}, \frac{\partial E}{\partial x_2}, \frac{\partial E}{\partial x_3}\right)$$

을 "입력 벡터" $\mathbf{a}_1 := (a_{11}, a_{12}, a_{13})$ 과 $\mathbf{a}_2 := (a_{21}, a_{22}, a_{23})$ 의 일차결합으로 나타내라.

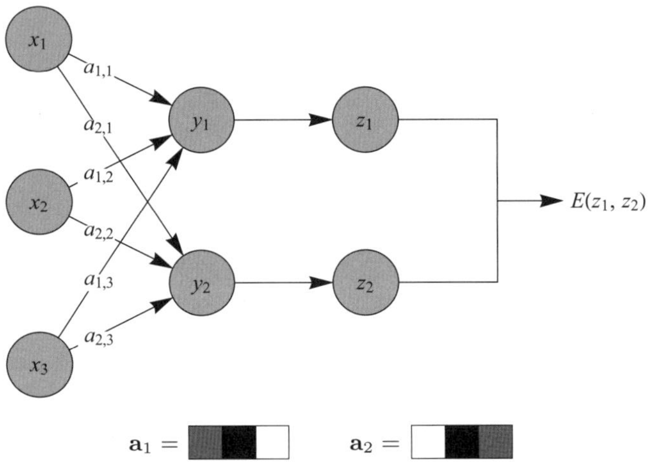

[55]함수 $z = 1/(1 + e^{-y})$ 는 "로지스틱(logistic) 미분방정식" $z' = z(1 - z)$ 를 만족시키고, 그 그래프는 S 자 모양 곡선으로, $0 < z < 1$ 이고, $z' = z(1 - z) > 0$ 이므로 순증가함수이다. (쌍곡탄젠트 함수 tanh 도 비슷한 성질의 함수이다.) 이 보기는 기계 학습(machine learning)에서 주요하게 쓰이는 기법이다.

제 6 절 기울기 벡터와 등위면

n-공간의 열린 집합 U 에서 정의된 일급함수 f 에 대하여 점 P 에서 기울기 벡터 $\operatorname{grad} f(P)$ 의 기하학적 성질은 다음과 같다:

> $\operatorname{grad} f(P)$ 는 점 P 가 속하는 등위면 $S := \{X \in U \mid f(X) = f(P)\}$ 에 수직이다.[56]

이것은 다음과 같이 알 수 있다.

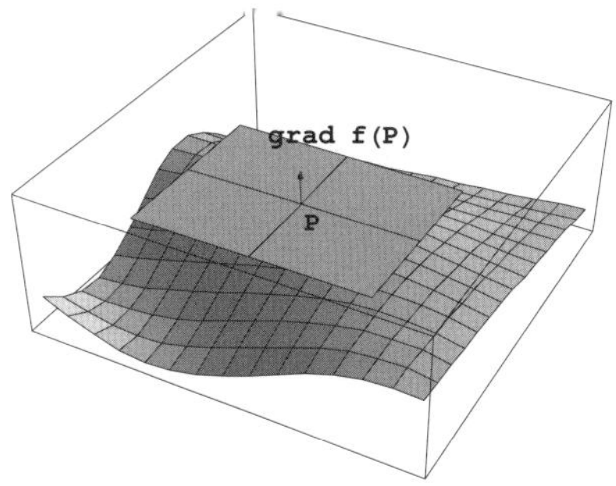

점 P 에서 등위면 S 의 접평면은 P 를 지나는 S 속의 곡선의 접선들로 이루어져 있다. 다시 말하면 미분가능한 곡선

$$X : \mathbb{R} \to S, \quad X(0) = P$$

에 대하여 속도벡터 $X'(0)$ 은 점 P 에서 S 의 접평면에 속하고, 역으로 접평면의 원소들은 모두 이러한 방법으로 얻어진다.[57] 따라서 이러한 곡선 X 에 대하여

$$\operatorname{grad} f(P) \cdot X'(0) = 0$$

임을 보이면 된다. 그런데 $X(t) \in S$ 이므로 $f(X(t)) = f(P)$ 이다. 이를 t 에 대하여 미분하면, 연쇄법칙 덕분에 $\operatorname{grad} f(X(t)) \cdot X'(t) = 0$ 임을 안다. 이제 $t = 0$ 을 대입하여 원하는 결론을 얻는다.

6.0.1 기본연습문제

등고선이 가득 그려진 지도를 보고 어느 방향이 가파른 방향인지를 설명하라. 또 등압선이 가득 그려진 지도를 보고 바람이 부는 방향을 말하라. 등압선이 촘촘한 곳은 기울기 벡터가 크게 나타나고, 이때 바람이 강하게 분다는 것을 설명하라.

---

[56] 주어진 점에서 어떤 벡터가 곡면에 수직이라는 것은 그 점에서 곡면의 접평면에 수직이라는 뜻이다. 곡면에 수직인 벡터를 **법**(法, normal)**벡터**라고 한다. 기울기 벡터 $\operatorname{grad} f(P)$ 가 $\mathbf{0}$ 일 때에는 흥미 없는 경우이므로, 기울기 벡터가 $\mathbf{0}$ 이 아니라고 가정한다.

[57] 제 12 장에 나오는 **은함수 정리**의 결과라는 것을 설명할 기회가 있다면 좋겠는데 ....

6.0.2 보기

xy-평면에서 데카르트 곡선[58]

$$x^3 + y^3 = 3xy$$

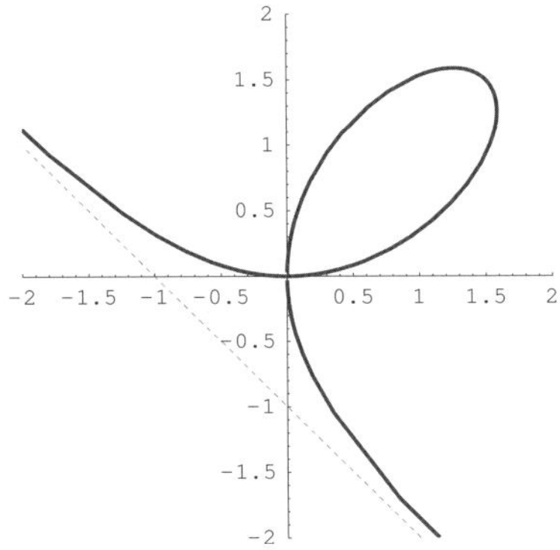

의 점 $P = \left(\frac{3}{2}, \frac{3}{2}\right)$ 에서 접선을 구하여 보자.

데카르트 곡선은 함수

$$f(x, y) = x^3 + y^3 - 3xy$$

의 0-등위선이다. 한편 $f(x, y)$ 의 기울기 벡터는

$$\operatorname{grad} f(x, y) = 3(x^2 - y, y^2 - x)$$

이고, 따라서 점 P 에서의 기울기 벡터는 벡터 $(1, 1)$ 과 나란하다. 그러므로 접선은 $(1, 1)$ 에 수직이고, 원하는 접선의 방정식은 $1(x - 3/2) + 1(y - 3/2) = 0$ 이다. 이 방정식을 간단히 하면

$$x + y = 3$$

이 된다.

6.0.3 보기

타원면(ellipsoid)

$$\frac{x^2}{2} + \frac{y^2}{3} + \frac{z^2}{4} = 1 \tag{8}$$

의 한 점 $P := \frac{1}{3}(2, 3, 4)$ 에서 접평면의 방정식을 구하여 보자.

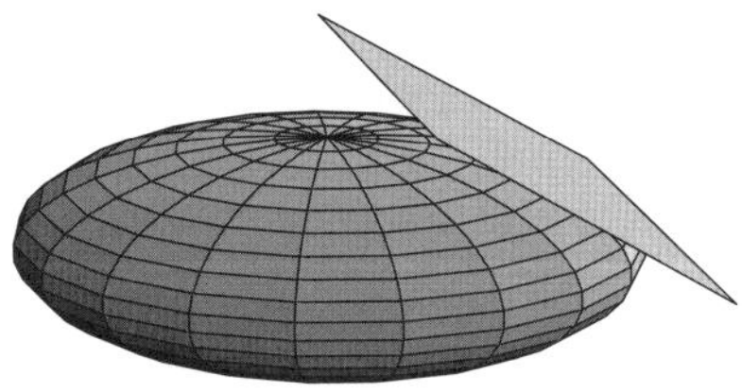

[58]제 9 장 참고.

이 타원면은 함수

$$f(x,y,z) = \frac{x^2}{2} + \frac{y^2}{3} + \frac{z^2}{4}$$

의 한 등위면이다. 그러므로 점 P에서 이 등위면에 수직인 벡터는

$$\operatorname{grad} f\left(\frac{1}{3}(2,3,4)\right) = 2\left(\frac{\frac{2}{3}}{2}, \frac{1}{3}, \frac{\frac{4}{3}}{4}\right) = \frac{2}{3}(1,1,1)$$

이다. 따라서 점 P에서의 접평면은 벡터 $\mathbf{N} = (1,1,1)$에 수직이고, 방정식

$$x + y + z = \frac{1}{3}(2+3+4) = 3$$

으로 표현된다.

6.0.4 보기

공간의 점 $Q = (2,3,4)$에서 타원면 (8)의 중심을 향하여 쏜 빛이 타원면에 반사되어 나가는 방향을 구하라.

풀이. 일반적으로 벡터 $\mathbf{v}$ 방향으로 진행하던 빛이 벡터 $\mathbf{N}$에 수직인 평면(또는 곡면)에 반사되어 진행하는 방향은

$$\mathbf{v}_* := \mathbf{v} - 2\frac{\mathbf{v}\cdot\mathbf{N}}{\mathbf{N}\cdot\mathbf{N}}\mathbf{N}$$

이다.[59]

주어진 문제에서 점 Q에서 빛을 쏜 방향은 $\mathbf{v} = -(2,3,4)$이고,[60] 이 빛이 타원면과 만나는 점은 $P := \frac{1}{3}(2,3,4)$이다. 따라서 점 P에서 타원면의 접평면은 벡터 $\mathbf{N} = (1,1,1)$에 수직임을 앞의 보기에서 알고 있다. 그러므로 구하는 방향은

$$\mathbf{v}_* = \mathbf{v} - 2\frac{\mathbf{v}\cdot\mathbf{N}}{\mathbf{N}\cdot\mathbf{N}}\mathbf{N} = -(2,3,4) - 2\times\frac{-9}{3}(1,1,1) = (4,3,2)$$

이다.

---

[59] 벡터 $\mathbf{v}$는 접평면에 수직인 성분 $\frac{\mathbf{v}\cdot\mathbf{N}}{\mathbf{N}\cdot\mathbf{N}}\mathbf{N}$과 접평면과 나란한 성분 $\mathbf{v} - \frac{\mathbf{v}\cdot\mathbf{N}}{\mathbf{N}\cdot\mathbf{N}}\mathbf{N}$의 합이다. 벡터가 반사할 때에는 접평면에 수직인 성분은 되돌아가지만 접평면과 나란한 성분은 그대로 진행한다. 따라서 반사하는 방향은

$$\mathbf{v}_* = \left(-\frac{\mathbf{v}\cdot\mathbf{N}}{\mathbf{N}\cdot\mathbf{N}}\mathbf{N}\right) + \left(\mathbf{v} - \frac{\mathbf{v}\cdot\mathbf{N}}{\mathbf{N}\cdot\mathbf{N}}\mathbf{N}\right) = \mathbf{v} - 2\cdot\frac{\mathbf{v}\cdot\mathbf{N}}{\mathbf{N}\cdot\mathbf{N}}\mathbf{N}$$

이다 (제 5 장 3절 참고). 이 원리는 (제 11 장 6절) 라그랑주 승수법으로도 설명할 수 있다.

[60] 원한다면 단위벡터를 사용하여도 좋다.

6.0.5 기본연습문제

1. 타원면
$$\frac{x^2}{a^2}+\frac{y^2}{b^2}+\frac{z^2}{c^2}=1$$
의 점 (x_0, y_0, z_0) 에서 접평면의 방정식은
$$\frac{x_0x}{a^2}+\frac{y_0y}{b^2}+\frac{z_0z}{c^2}=1$$
임을 보이라.

2. 점 $(1,1,1)$ 에서 타원면 $x^2+y^2+2z^2=1$ 을 향하여 $\mathbf{v}=(-1,-1,-1)/\sqrt{3}$ 방향으로 쏜 빛이 타원면에서 반사되어 나가는 방향을 구하라. (단위벡터로 답[61]할 것)

6.0.6 보기

평면에서 타원은 두 초점 F_1, F_2 까지의 거리의 합이 일정한 점들의 집합이다. 그러므로 타원은 함수
$$f(X) := |X-F_1|+|X-F_2|$$
의 등위선이다.[62] 이때
$$\mathbf{u}_1(X) := \frac{X-F_1}{|X-F_1|}, \qquad \mathbf{u}_2(X) := \frac{X-F_2}{|X-F_2|}$$
로 두면,
$$N(X) := \operatorname{grad} f(X) = \mathbf{u}_1(X)+\mathbf{u}_2(X)$$
는 타원의 점 X 에서 타원에 수직인 방향의 벡터, 즉 법벡터이다.

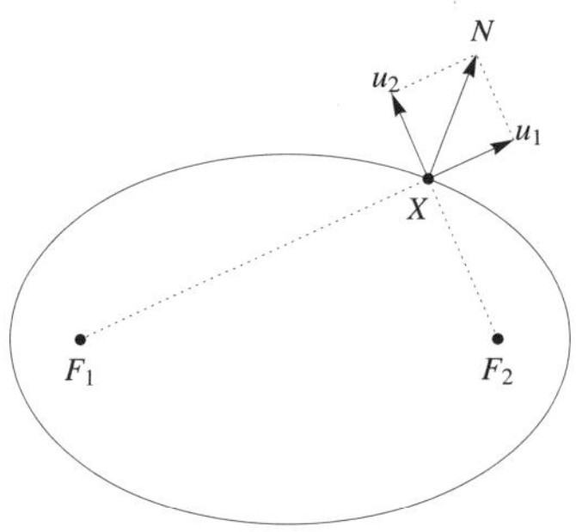

[61]타원면과 만나는 점은 $P=(\frac{1}{2},\frac{1}{2},\frac{1}{2})$ 이고 이 점에서 타원면에 수직인 방향은 $\mathbf{N}=(1,1,2)$ 이다. 그러므로 $\mathbf{v}_*=\mathbf{v}-2\frac{\mathbf{v}\cdot\mathbf{N}}{\mathbf{N}\cdot\mathbf{N}}\mathbf{N}=(1,1,5)/3\sqrt{3}$ 이다.

[62]공간에서는 주어진 두 점까지의 거리의 합이 일정한 점들의 모임은 **회전타원면**이다.

이때 마름모의 대각선은 이웃하는 두 변 사이의 각을 이등분하므로 N 과 $\mathbf{u}_1$ 사이의 각과 N 과 $\mathbf{u}_2$ 사이의 각이 같음을 알 수 있다. 그러므로 타원의 한 초점에서 타원의 한 점 X 를 향하여 나아가는 직선의 입사각은 점 X 에서 다른 초점을 향하여 나아가는 직선의 반사각과 일치함을 알 수 있다.[63] 그러므로 *타원의 한 초점을 지나는 빛이 타원에서 반사하면, 다른 초점을 향하여 반사된다.*

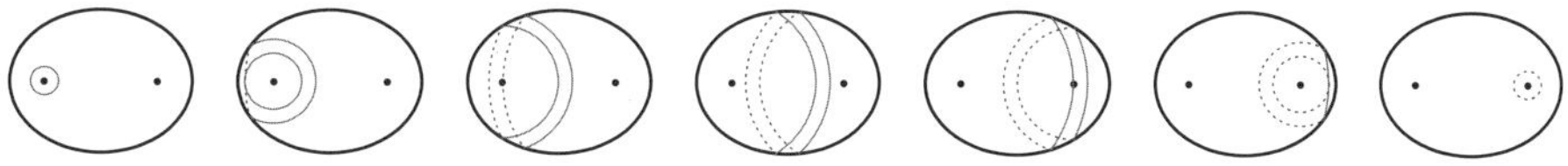

6.0.7 기본연습문제

평면에서 쌍곡선의 한 초점에서 발사한 빛이 쌍곡선에서 반사되면 다른 초점에서 벗어나는 방향으로 나아감을 설명하라.

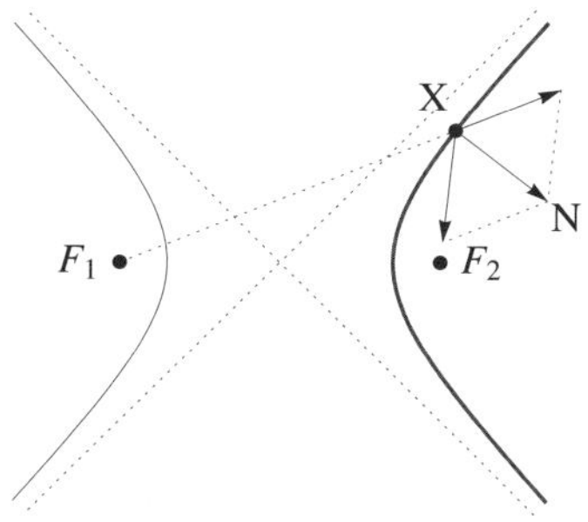

또 포물선의 한 초점에서 발사한 빛은 포물선에서 반사되면 어떻게 움직이는가?[64]

[63] 평면 곡선의 한 점 X 에서 그 곡선의 법선을 N 이라 하자. 이때 X 를 지나는 직선 l 과 법선 N 사이의 각을 직선의 향에 따라 **입사각** 또는 **반사각**이라 한다.

[64] 평면에서 한 직선 l 과 이 직선 밖의 한 점 F 에 대하여 이들까지의 거리가 같은 점들의 모임이 포물선이다. 이때 직선 l 과 점 F 를 각각 포물선의 **준선**과 **초점**이라 한다. 또 l 의 한 점 P 에서 l 에 수직이고 포물선이 (또는 F 가) 있는 쪽을 가리키는 단위벡터를 $\mathbf{n}$ 이라 하면, 포물선은 함수

$$f(X) = |X - F| - (X - P) \cdot \mathbf{n}$$

의 0-등위선이다. 이때 $\operatorname{grad} f(X) = \frac{X-F}{|X-F|} - \mathbf{n}$ 이다.

연습문제: 제10장 6절

1. 타원

$$\frac{x^2}{a^2} + \frac{y^2}{b^2} = 1$$

의 점 (x_0, y_0) 에서 접선의 방정식은

$$\frac{x_0 x}{a^2} + \frac{y_0 y}{b^2} = 1$$

임을 보이라.

2. 쌍곡선

$$\frac{x^2}{a^2} - \frac{y^2}{b^2} = 1$$

의 점 (x_0, y_0) 에서 접선의 방정식은

$$\frac{x_0 x}{a^2} - \frac{y_0 y}{b^2} = 1$$

임을 보이라.

3. 다음 식으로 주어진 곡면의 점 P 에서 접평면의 방정식을 구하라.

(1) $8x^2 + y^2 + 8z^2 = 16,\quad P = (1, 2, 1/\sqrt{2})$

(2) $x^2 + y^2 - z^2 = 4,\quad P = (2, 1, 1)$

(3) $x^2 + \frac{1}{4}y^2 - \frac{1}{9}z^2 = 1,\quad P = (1, 2, 3)$

(4) $\sin xy + \sin yz + \sin zx = 1,\quad P = (1, \pi/2, 0)$

(5) $z - e^x \sin y = 0,\quad P = (\log 3, 3\pi/2, -3)$

(6) $2y - z^3 - 3xz = 0,\quad P = (1, 7, 2)$

(7) $x^3 - 2y^2 + z^2 = 0,\quad P = (1, 1, 1)$

4. 일엽쌍곡면

$$\frac{x^2}{a^2} + \frac{y^2}{b^2} - \frac{z^2}{c^2} = 1$$

의 점 (x_0, y_0, z_0) 에서 접평면의 방정식을 구하라.

또 이엽쌍곡면

$$\frac{x^2}{a^2} + \frac{y^2}{b^2} - \frac{z^2}{c^2} = -1$$

의 접평면의 방정식은 어떻게 표현되는가?

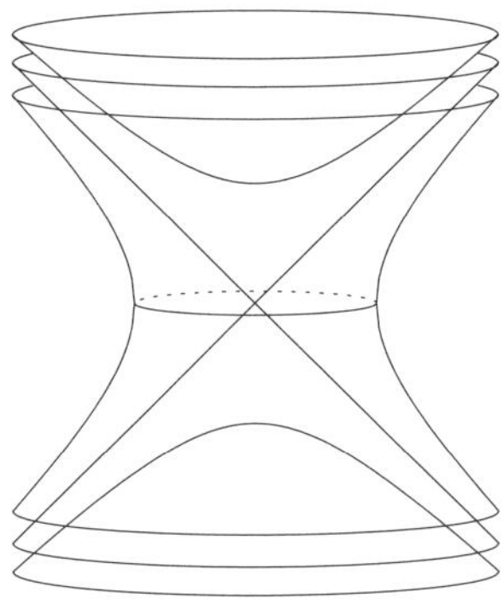

일엽쌍곡면, 원뿔면, 이엽쌍곡면

제 7 절 부록: 일급함수, 열린 집합, 닫힌 집합, 유계인 집합

7.1 일급함수와 미분가능성

이 절에서는 앞에서 다룬 정리를 증명한다.

> **정리 7.1.1 (정리 4.2.2)** *n-공간의 열린 집합에서 정의된 일급함수는 미분가능함수이다.*

증명. 먼저 $n = 2$인 경우의 증명을 살펴보자. 주어진 일급함수를 f라 하고, f의 정의역의 한 점 $X = (x, y)$를 고정한다. 이제 아주 작은 벡터 $\Delta X = (\Delta x, \Delta y)$에 대하여 등식

$$\begin{aligned} & f(X + \Delta X) - f(X) \\ = \;& f(x + \Delta x, y + \Delta y) - f(x, y) \\ = \;& \big(f(x + \Delta x, y + \Delta y) - f(x, y + \Delta y)\big) + \big(f(x, y + \Delta y) - f(x, y)\big) \\ = \;& \Delta x \, \frac{\partial f}{\partial x}(x^*, y + \Delta y) + \Delta y \, \frac{\partial f}{\partial y}(x, y^*) \end{aligned}$$

를 만족시키는 x^*, y^*가 구간 $[x, x + \Delta x]$, $[y, y + \Delta y]$ 사이에 각각 존재한다.[65] 따라서

$$\begin{aligned} & f(X + \Delta X) - f(X) - \mathrm{grad} f(X) \cdot \Delta X \\ = \;& \left(\Delta x \frac{\partial f}{\partial x}(x^*, y + \Delta y) + \Delta y \frac{\partial f}{\partial y}(x, y^*)\right) - \left(\Delta x \frac{\partial f}{\partial x}(x, y) + \Delta y \frac{\partial f}{\partial y}(x, y)\right) \\ = \;& \Delta x \left(\frac{\partial f}{\partial x}(x^*, y + \Delta y) - \frac{\partial f}{\partial x}(x, y)\right) + \Delta y \left(\frac{\partial f}{\partial y}(x, y^*) - \frac{\partial f}{\partial y}(x, y)\right) \end{aligned}$$

가 $o(\Delta X)$라는 것은, $\dfrac{\partial f}{\partial x}$와 $\dfrac{\partial f}{\partial y}$가 연속함수라는 조건에서 바로 안다. 이로써 $n = 2$일 때의 증명을 마친다.

---

[65] 이것은 평균값 정리의 결과이다. 구간 $[a, b]$를 나타내는 기호는 보통 $a < b$일 때에 사용하지만, $a > b$일 때에는 $[a, b] := [b, a]$로 이해하고, $a = b$일 때에는 **한점집합**(singleton)으로 이해한다.

일반적인 n 의 경우에는

$$\begin{aligned} & f(X+\Delta X)-f(X) \\ = \ & f(x_1+\Delta x_1, x_2+\Delta x_2, \ldots, x_n+\Delta x_n)-f(x_1, x_2, \ldots, x_n) \\ = \ & f(x_1+\Delta x_1, x_2+\Delta x_2, \ldots, x_n+\Delta x_n)-f(x_1, x_2+\Delta x_2, \ldots, x_n+\Delta x_n) \\ & + f(x_1, x_2+\Delta x_2, \ldots, x_n+\Delta x_n)-f(x_1, x_2, x_3+\Delta x_3, \ldots, x_n+\Delta x_n) \\ & + \cdots \\ & + f(x_1, \ldots, x_{n-1}, x_n+\Delta x_n)-f(x_1, \ldots, x_{n-1}, x_n) \end{aligned}$$

으로 변형하고, 각 단계에 평균값 정리를 적용하면, 앞에서와 같은 방법으로 증명된다. □

7.1.2 기본연습문제

1. n-공간의 열린 집합 U 에서 정의된 함수 f 가 일차독립인 벡터 $\mathbf{v}_1, \ldots, \mathbf{v}_n$ 에 대하여 방향도함수

$$D_{\mathbf{v}_1} f, \ \ldots, \ D_{\mathbf{v}_n} f \ : U \to \mathbb{R}$$

가 모두 연속함수이면, f 는 일급함수임을 보이라.

2. 연결된 곡면 $S \subset \mathbb{R}^3$ 의 각 점에서 일급함수 $f(x, y, z)$ 의 기울기 벡터가 S 의 접평면에 수직이라고 하자. 이때 f 는 S 에서 상수함수임을 보이라.

7.2 열린 집합, 닫힌 집합, 유계인 집합

미분법에서는 함수의 변화율을 측정하는 것이 필요한데, 그러기 위해서는 정의역의 한 점에서의 함숫값뿐만 아니라, 그 점 근방에서 함숫값이 정의되어야 한다. 정의역이 이러한 성질을 가질 때 "열려 있다"라고 말한다.

한편, 연속함수가 "최댓값 또는 최솟값을 가지는가?"라는 문제나 연속함수의 적분을 위해서는 함수의 정의역이 "닫혀 있는 것"이 편리하다.

7.2.1 내부, 외부 그리고 경계

n-공간의 부분집합 U 는 n-공간의 점 P 를 다음 세 가지로 분류한다.

(i) P 를 중심으로 하고 U 에 포함되는 공이 존재하면, P 를 U 의 **내점**(內點, interior point)이라고 부른다.

(ii) P 를 중심으로 하고 U 와 만나지 않는 공이 존재하면, P 를 U 의 **외점**(外點, exterior point)이라고 부른다.

(iii) P 를 중심으로 하는 임의의 공이 U 와도 만나고 U 의 **여집합**(餘集合, complement) $U^{\mathsf{C}} := \mathbb{R}^n - U$ 와도 만나면, P 를 U 의 **경계점**(境界點, frontier point, boundary point)이라고 부른다. 즉, U 의 내점도 아니고 외점도 아닌 점이 U 의 경계점이다.

앞으로 n-공간의 부분집합 U 의 내점 전체의 집합을 U 의 **내부**(內部, interior), 외점 전체의 집합을 U 의 **외부**(外部, exterior), 경계점 전체의 집합을 U 의 **경계**(frontier, boundary)라고 부른다.

7.2.2 보기

좌표평면에서 열린 단위원판

$$\mathbb{B}^2 := \{X \in \mathbb{R}^2 \mid |X| < 1\}$$

의 내부는 $\mathbb{B}^2$ 자신이고, 외부는

$$\{X \in \mathbb{R}^2 \mid |X| > 1\}$$

이며, 경계는 (표준) 단위원

$$\mathbb{S}^1 := \{X \in \mathbb{R}^2 \mid |X| = 1\}$$

이다.

7.2.3 기본연습문제

닫힌 단위원판

$$\overline{\mathbb{B}}^2 := \{X \in \mathbb{R}^2 \mid |X| \leq 1\}$$

의 내부, 외부 및 경계를 구하라.

일반적으로, n-공간에서 점 P 를 중심으로 하고, 반지름이 r 인 n 차원 공의 경계는 $n-1$ 차원 **구면**(球面, sphere)

$$\mathbb{S}^{n-1}(P, r) := \{X \in \mathbb{R}^n \mid |X - P| = r\}$$

이다.[66]

7.2.4 기본연습문제

좌표평면에서 다음 두 정사각형

$$S := \{(x, y) \mid \max\{|x|, |y|\} < 1\}, \qquad \overline{S} := \{(x, y) \mid \max\{|x|, |y|\} \le 1\}$$

의 내부, 외부 및 경계를 각각 구하라.

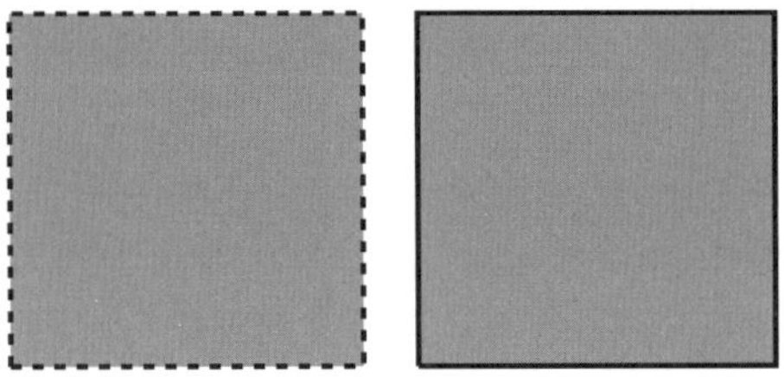

7.2.5 근방

n-공간의 점 P가 n-공간의 부분집합 U의 내점이면, U를 P의 **이웃** 또는 **근방**(近傍, neighborhood)이라고 부른다.

7.2.6 기본연습문제

실수체에서 다음 집합 U가 원점의 근방인지 아닌지를 판정하라.

(1) $U = \{x \mid x > 0\}$ (2) $U = \{x \mid x \ge 0\}$ (3) $U = \mathbb{R}$

7.2.7 열린 집합

n-공간의 한 부분집합 U의 모든 점이 U의 내점이면, U를 **열린 집합**(開集合, open (sub)set)이라고 한다. 다시 말하면, n-공간의 부분집합 U가 열린 집합이라는 것은 "U에 포함되는 점이 있으면, 그 점뿐 아니라, 그 점의 조그만 **근방**이 모두 U에 포함된다"는 성질이 있다는 뜻이다.[67] U가 열린 집합이면 U의 경계점은 U에 속하지 않고, 역으로 경계점을 포함하지 않는 집합은 열린 집합이다.

---

[66] 일차원 구면은 **원**(圓, circle)이라고 부른다.

[67] 공간의 열린 부분집합 전체로 이루어진 집합을 그 공간의 **위상**(topology)이라고 부른다. 공간의 위상을 연구하는 학문을 **위상수학**(位相數學, topology)이라고 부른다.

7.2.8 기본연습문제

좌표평면에서 열린 원판은 열린 집합임을 보이라.

7.2.9 닫힌 집합

n-공간의 부분집합 U 의 모든 경계점이 U 에 속하면, U 는 n-공간에서 **닫혀 있다**고 말한다. **닫힌 집합**은 **폐집합**(閉集合, closed (sub)set)이라고도 한다.

7.2.10 기본연습문제

좌표평면에서 닫힌 원판은 닫힌 집합임을 보이라.

7.2.11

열려 있거나 닫혀 있다는 것은 **상대적인 것**이다. 예를 들면, 열린 구간 $I := (0,1)$ 은 $\mathbb{R}$ 의 부분집합으로 보아서는 열려 있다. 그러나 I 를 "$\mathbb{R}$ 을 'x 축으로' 포함하는" $\mathbb{R}^2$ 의 부분집합으로 보면 열려 있지 않다.[68]

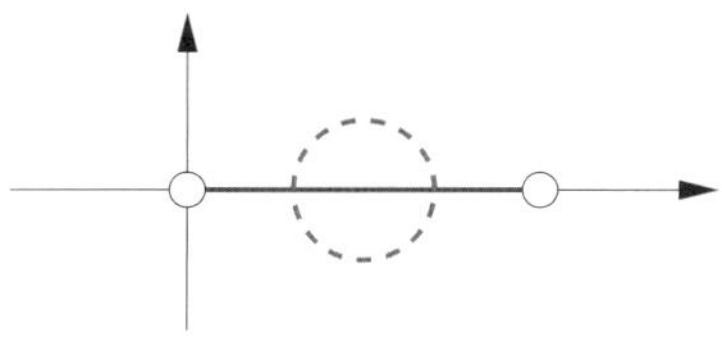

n-공간의 부분집합은 열려 있거나 닫혀 있는 것 중 하나일 필요는 없다. 보기를 들면, 구간 $[0,1)$ 은 $\mathbb{R}$ 속에서 열려 있지도 닫혀 있지도 않다.

공간 자신은 자신 속에서 열려 있고, 동시에 닫혀 있다.

정리 7.2.12 *n-공간에서 정의된 연속함수 $f : \mathbb{R}^n \to \mathbb{R}$ 의 등위면은 모두 닫힌 집합이다.*

[68]이와 같은 입장에서 보면, "열린 집합"이나 "닫힌 집합"이라는 용어보다 "열린 부분집합"과 "닫힌 부분집합"이라는 용어가 더 논리적이다. 그럼에도 불구하고, 우리는 비논리적인 용어를 사용하기로 한다. 논리를 알고 나면, 논리로부터 자유로워진다.

증명. 먼저 상수 c를 고정하자. 그러면 우리가 보여야 할 것은, f의 c-등위면

$$f^{-1}(c) = \{X \in \mathbb{R}^n \mid f(X) = c\}$$

가 n-공간의 닫힌 집합이라는 것이다. 따라서 만약 n-공간의 점 P가 c 등위면의 한 경계점이면, P가 여전히 c-등위면의 점이라는 것을 보이면 된다. 한편 P가 경계점이므로

$$\lim_{i\to\infty} X_i = P$$

인 수열 $(X_i \in f^{-1}(c) \mid i = 1, 2, 3, \ldots)$이 존재한다 (연습문제 2번 참조). 한편 f의 연속성에서

$$f(P) = \lim_{i\to\infty} f(X_i) = c$$

를 얻고, 따라서 $P \in f^{-1}(c)$이다. □

7.2.13 기본연습문제

삼차원 좌표공간에서 방정식

$$x^2 + 3y^4 + 4z^6 = 1$$

을 만족시키는 점 전체의 집합은 닫힌 집합인가?

7.2.14 유계 집합

n-공간의 부분집합 U의 **지름**(diameter)은 그 집합에 속하는 임의의 두 점 사이의 거리들의 상한을 뜻한다. 이때 집합 U의 지름을 $\operatorname{diam} U$로 나타내기로 한다. 즉,

$$\operatorname{diam} U := \sup\{|P - Q| \mid P \in U,\ Q \in U\} \in [0, \infty]$$

로 정의한다.[69]

앞으로 지름이 유한인 집합을 **유계 집합**이라고 부른다. 유계인 집합은 큰(?) 공에 포함되며, 역으로 어떤 공에 포함되는 집합은 유계이다.

7.2.15 기본연습문제

1. n-공간에서 공의 지름은 반지름의 두 배임을 보이라.
2. n-공간의 두 부분집합 U, V 사이에 포함관계 $U \subset V$가 있으면,

$$\operatorname{diam} U \le \operatorname{diam} V$$

임을 보이라.

[69]특별한 언급이 없으면, 공집합이 아닌 집합을 다룬다. 공집합의 지름은 0으로 이해한다.

7.2.16 보기

집합

$$U := \{(x, y) \in \mathbb{R}^2 \mid |x| + |y| \leq 1\}$$

의 지름을 구하여 보자.

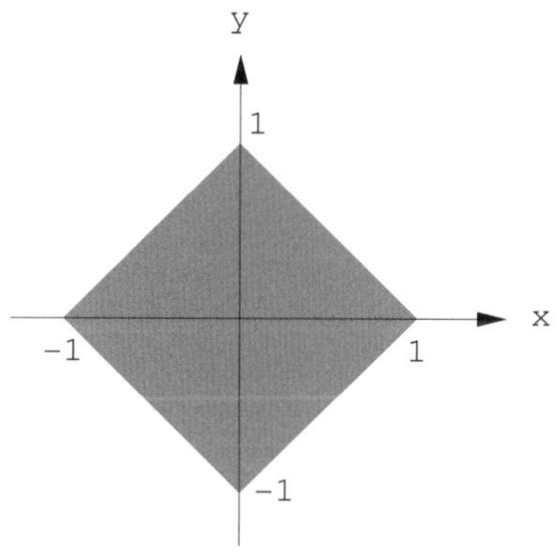

먼저 U 는 단위 원판

$$\overline{\mathbb{B}}^2 := \{(x, y) : x^2 + y^2 \leq 1\}$$

에 포함되는 것을 알 수 있다. 따라서

$$\operatorname{diam} U \leq \operatorname{diam} \overline{\mathbb{B}}^2 = 2$$

이다. 한편 U 의 두 점 $(1, 0)$, $(-1, 0)$ 사이의 거리가 2 이므로

$$\operatorname{diam} U \geq 2$$

를 얻는다. 이 두 부등식에서

$$\operatorname{diam} U = 2$$

이다.

7.2.17 보기

좌표평면에서 **제일사분면**

$$\{(x, y) \in \mathbb{R}^2 \mid x > 0,\ y > 0\}$$

은 유계가 아니다.

연습문제: 제 10 장 7 절

1. 실수체 $\mathbb{R}$ 에서 유리수체[70] $\mathbb{Q}$ 의 내부, 외부 및 경계를 구하라.

2. n-공간에서 점 P 가 집합 U 의 경계점이면,

$$\lim_{i \to \infty} X_i = P$$

   인[71] 수열 $(X_i \in U \mid i = 1, 2, 3, \ldots)$ 이 존재함을 설명하라.

3. n-공간의 부분집합 U 가 열린 집합일 필요충분조건은 그 여집합

$$U^{\mathsf{C}} = \mathbb{R}^n - U$$

   가 닫힌 집합임을 보이라.

4. n-공간의 부분집합 U 가 닫힌 집합일 필요충분조건은 U 에 속하지 않는 모든 점이 U 의 외점임을 보이라.

5. 두 열린 집합의 합집합과 교집합은 모두 열린 집합임을 보이라.

6. 두 닫힌 집합의 합집합과 교집합은 모두 닫힌 집합임을 보이라.

7. 좌표평면에서 다음 집합의 지름을 구하라.

   (1) $\{(x, y) \mid |x|^{1/3} + |y|^{1/3} - 1\}$ (2) $\{(x, y) \mid |x|^{1/3} + |y|^{1/3} \le 1\}$

8. 좌표평면에서 다음 식으로 주어지는 집합의 경계점을 서술하고, 열림, 닫힘, 유계, 지름을 조사하라.

   (1) $|x| + |y| < 1$ (2) $\max\{|x|, |y|\} < 1$

   (3) $\min\{x + y, x - y\} \ge 1$ (4) $-\sqrt{1 - x^2} < y \le \sqrt{1 - x^2}$

9. 연속함수 $f, g : \mathbb{R}^n \to \mathbb{R}$ 에 대하여 집합 $\{X \in \mathbb{R}^n \mid f(X) = 0 = g(X)\}$ 는 닫힌 집합인가?

10. n-공간의 부분집합 중에서 경계를 가지지 않는 집합이 있는가?

---

[70] **체**(體, field, Körper)라는 것은 가감승제에 대하여 닫혀 있는 집합을 뜻한다.

[71] 즉, $\lim_{i \to \infty} |X_i - P| = 0$ 인.

제 10 장 탐구문제

1. 좌표평면에서 정의된 함수 (cf. 기본연습문제 2.1.3.4)

$$f(x,y)=\begin{cases}\dfrac{xy}{x^2+y^2}, & (x,y)\neq(0,0)\\ 0, & (x,y)=(0,0)\end{cases}$$

에 대하여 다음을 밝히라.

(1) 점 (x_0, y_0) 에 대하여 함수 $g(x) := f(x, y_0)$ 와 $h(y) := f(x_0, y)$ 는 모두 연속함수이다.

(2) $f(x, y)$ 는 모든 점에서 편도함수 $D_1 f(x, y)$, $D_2 f(x, y)$ 가 존재한다.

(3) 함수 f 는 미분가능한 함수가 아니다.

2. 좌표평면에서 정의된 다음 함수는 연속함수인가?

$$f(x,y)=\begin{cases}\dfrac{y^3}{x^2+y^2}, & (x,y)\neq(0,0)\\ 0, & (x,y)=(0,0)\end{cases}$$

이 함수는 원점에서 모든 방향미분계수를 가지는가? 또 f 는 미분가능한 함수인가?

3. 다음 함수는 원점에서 연속은 아니지만 모든 방향미분계수가 존재함을 보이라.

$$f(x,y)=\begin{cases}\dfrac{xy}{x^2-y}, & x^2\neq y\\ 0, & x^2=y\end{cases}$$

4. 다음 함수는 원점에서 연속이고 모든 방향미분계수가 0 이지만, 미분가능함수가 아님을 보이라.

$$f(x,y)=\begin{cases}\dfrac{x^2y\sqrt{x^2+y^2}}{x^4+y^2}, & (x,y)\neq(0,0)\\ 0, & (x,y)=(0,0)\end{cases}$$

5. 다음 함수의 미분가능성을 조사하라.

(1) $$f(x,y)=\begin{cases}\left(x^3+y^3\right)/\left(x^2+y^2\right), & (x,y)\neq(0,0)\text{일 때}\\ 0, & (x,y)=(0,0)\text{일 때}\end{cases}$$

(2) $$f(x,y,z)=\begin{cases}\dfrac{x^3+y^3+z^2}{x^2+y^2+z^2}, & (x,y,z)\neq(0,0,0)\text{ 일 때}\\ 0, & (x,y,z)=(0,0,0)\text{ 일 때}\end{cases}$$

6. n-공간의 정규직교기저 $\mathbf{v}_1, \mathbf{v}_2, \ldots, \mathbf{v}_n$ 과 미분가능함수 $f(x_1, \ldots, x_n)$ 에 대하여

$$\operatorname{grad} f(P) = \sum_{i=1}^{n} D_{\mathbf{v}_i} f(P)\, \mathbf{v}_i$$

임을 보이라.[72]

7. 좌표공간의 한 닫힌 집합 U 에서 정의된 연속함수 $f : U \to \mathbb{R}$ 가 $\lim_{P\to\infty} f(P) = \infty$ 를 만족시키면, f 는 최솟값을 가짐을 보이라.[73]

8. 연속함수 $f : \mathbb{R}^n \to \mathbb{R}$ 가 $f(O) = 1$ 이고 $\lim_{X\to\infty} f(X) = 0$ 이라 하자. 이때 f 는 최댓값을 가짐을 밝히라.

9. 원기둥 좌표계 $(x, y, z) = G(r, \theta, z) = (r\cos\theta, r\sin\theta, z)$ 에서

$$\mathbf{e}_r := \frac{\partial G}{\partial r} \Big/ \left|\frac{\partial G}{\partial r}\right|, \qquad \mathbf{e}_\theta := \frac{\partial G}{\partial \theta} \Big/ \left|\frac{\partial G}{\partial \theta}\right|, \qquad \mathbf{e}_z := \frac{\partial G}{\partial z} \Big/ \left|\frac{\partial G}{\partial z}\right|$$

라고 두자. 이때 임의의 일급함수 $f(x, y, z)$ 에 대하여 다음을 보이라.

$$\operatorname{grad} f = \frac{\partial f}{\partial r}\,\mathbf{e}_r + \frac{1}{r}\frac{\partial f}{\partial \theta}\,\mathbf{e}_\theta + \frac{\partial f}{\partial z}\,\mathbf{e}_z$$

10. 구면좌표계

$$(x, y, z) = G(\rho, \varphi, \theta) = (\rho\sin\varphi\cos\theta, \rho\sin\varphi\sin\theta, \rho\cos\varphi)$$

에서

$$\mathbf{e}_\rho := \frac{\partial G}{\partial \rho} \Big/ \left|\frac{\partial G}{\partial \rho}\right|, \qquad \mathbf{e}_\varphi := \frac{\partial G}{\partial \varphi} \Big/ \left|\frac{\partial G}{\partial \varphi}\right|, \qquad \mathbf{e}_\theta := \frac{\partial G}{\partial \theta} \Big/ \left|\frac{\partial G}{\partial \theta}\right|$$

라고 두자. 이때 임의의 일급함수 $f(x, y, z)$ 에 대하여 다음을 보이라.

$$\operatorname{grad} f = \frac{\partial f}{\partial \rho}\,\mathbf{e}_\rho + \frac{1}{\rho}\frac{\partial f}{\partial \varphi}\,\mathbf{e}_\varphi + \frac{1}{\rho\sin\varphi}\frac{\partial f}{\partial \theta}\,\mathbf{e}_\theta$$

11. 좌표공간의 표준좌표계 (x, y, z) 에서 얻은 벡터장 $(\partial_x, \partial_y, \partial_z)$ 와 구면좌표계 (ρ, φ, θ) 에서 얻은 벡터장 $(\partial_\rho, \partial_\varphi, \partial_\theta)$ 에 대하여 다음을 보이라 [참고 (5.0.3)].

$$\begin{aligned}
\partial_x &= \sin\varphi\cos\theta\,\partial_\rho + \frac{\cos\varphi\cos\theta}{\rho}\,\partial_\varphi - \frac{\sin\theta}{\rho\sin\varphi}\,\partial_\theta \\
\partial_y &= \sin\varphi\sin\theta\,\partial_\rho + \frac{\cos\varphi\sin\theta}{\rho}\,\partial_\varphi + \frac{\cos\theta}{\rho\sin\varphi}\,\partial_\theta \\
\partial_z &= \cos\varphi\,\partial_\rho - \frac{\sin\varphi}{\rho}\,\partial_\varphi
\end{aligned}$$

---

[72] n-공간에서 벡터 $\mathbf{w}$ 를 서로 수직인 단위벡터들 $\mathbf{v}_1, \ldots, \mathbf{v}_n$ 에 각각 정사영 한 것을 $\mathbf{w}_1, \ldots, \mathbf{w}_n$ 이라 하면 $\mathbf{w} = \mathbf{w}_1 + \cdots + \mathbf{w}_n$ 이다.

[73] "$P \to \infty$"는 "$|P| \to \infty$"라는 뜻이다.

제 11 장

최대최소 문제와 고계미분

미분하십시오!

— 천싱선(陳省身, S.-S. Chern, 1911–2004)

미분을 한 번 하면 일계미분, 두 번 하면 이계미분(second order derivative), 여러 번 하면 고계미분이라고 부른다. 이 장에서는 미분법이 최댓값과 최솟값을 구하는 문제에 어떻게 이용되는지를 살펴보고, 제한된 함수의 최대최소 문제를 풀기 위하여 라그랑주 승수법을 공부한다. 또 테일러 전개를 이용한 근삿값 이론을 살펴보고, 다변수함수의 최대최소 문제에 이계미분이 어떻게 쓰이는지를 살펴본다.

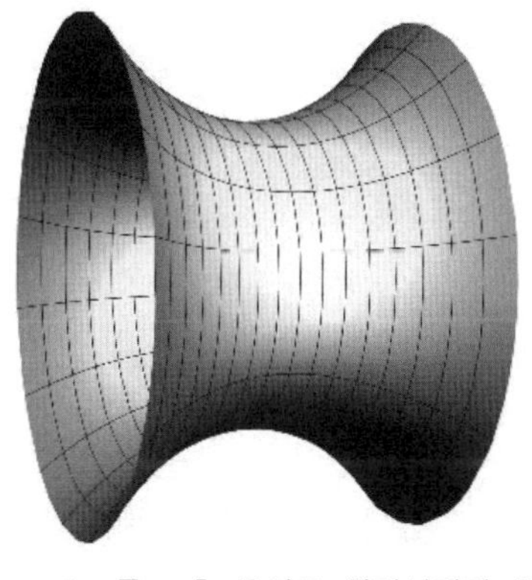

그림: 현수선 $y = \cosh x$를 x축 주위로 회전시키면 현수면을 얻는다.
현수면이 극소곡면임은 오일러-라그랑주 방정식이 알려 준다.

제 1 절 적분기호 속의 미분법

라이프니츠는 직사각형 $[a, b] \times [c, d]$ 에서 정의된 일급함수 $f(x, y)$ 에 대하여 등식

$$\boxed{\frac{d}{dx}\int_c^d f(x,y)\,dy = \int_c^d \frac{\partial f}{\partial x}(x,y)\,dy}$$

가 성립한다는 것을 발견하였다. 이 정리를 **라이프니츠 정리**라고 부르기로 한다.[1]

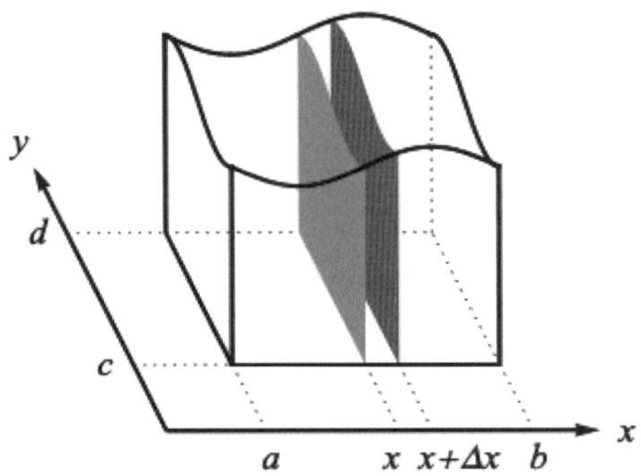

이 공식이 자연스럽다는 것은 다음과 같이 살펴볼 수 있다.

정적분은 유한한 합의 극한이다:

$$\int_c^d f(x,y)\,dy \sim \sum_{i=1}^{n} f(x, y_i)\,\Delta y_i \qquad (c = y_0 < \cdots < y_n = d).$$

그런데 미분 연산은 선형사상, 즉 합의 미분은 미분의 합과 같으므로, 미분이 정적분과 서로 교환가능하다는 것은 아주 자연스러운 현상이다.

라이프니츠 정리의 증명은 부록에다 두었다. 이 정리에서 다음 사실도 바로 알 수 있다.

$$\boxed{\frac{d}{dy}\int_a^b f(x,y)\,dx = \int_a^b \frac{\partial f}{\partial y}(x,y)\,dx}$$

[1]유명한 물리학자 파인만(R. Feynman, 1918–1988)은 이 공식이 유용하다는 것을 여러 번 강조하였다 [Feynman, 1985, p. 72, p. 93]. 두 함수의 곱의 미분법

$$(f \cdot g)' = f' \cdot g + f \cdot g'$$

을 **라이프니츠 법칙**이라고도 부르지만, 적분기호 속의 미분법과는 관련이 없는 공식이다.

1.0.1 보기

양수 x 에 대하여 적분

$$\int_1^2 \frac{1}{y} e^{-xy^2}\, dy$$

를 살펴보자. 이 값은 x 에 따라 변하는 값이지만, 이 적분을 구체적으로 구하는 것은 불가능함이 알려져 있다. 다시 말하면, 함수 $\frac{1}{y}e^{-ay^2}$ 의 원시함수를 **초등함수**(elementary function)로 표현하는 것은 불가능하다는 뜻이다.[2] 초등함수란 다항함수나 유리함수, 지수함수나 로그함수, 삼각함수나 역삼각함수, 또는 이들의 합과 곱, 이들의 합성이나 역함수 등으로 표현되는 함수를 뜻한다. 프랑스 수학자인 리우빌(Joseph Liouville, 1809–1882)은 주어진 함수가 초등함수라 하더라도, 그 함수의 원시함수는 초등함수가 아닌 것이 존재함을 발견하였다.[3] 그러한 보기 중의 하나가 바로 우리가 보기로 들고 있는 함수이다.

그러나 라이프니츠의 정리를 이용하면, 미분값은 쉽게 구할 수 있다:

$$\begin{aligned} \frac{d}{dx}\int_1^2 \frac{1}{y}e^{-xy^2}\, dy &= \int_1^2 \frac{\partial}{\partial x}\left(\frac{1}{y}e^{-xy^2}\right) dy = \int_1^2 -ye^{-xy^2}\, dy \\ &= \left[\frac{1}{2x}e^{-xy^2}\right]_{y=1}^2 \\ &= \frac{1}{2x}\left(e^{-4x} - e^{-x}\right) \end{aligned}$$

를 얻는다.

1.0.2 기본연습문제

다음 미분을 구하라.[4]

$$\frac{d}{dy}\int_1^\pi \frac{\sin xy}{x}\, dx$$

---

[2]이 말을 함수 $\frac{1}{y}e^{-ay^2}$ 이 적분불가능하다는 뜻으로 오해하지 않기를 바란다. 모든 연속함수는 적분가능, 즉 **원시함수**를 가진다.

[3]정규분포 곡선 $k\,e^{-ax^2}$ 의 원시함수도 초등함수로 표현할 수 없다. 부록의 [수학사전] 참고.

[4]구하는 함수를 $f(y)$ 라 하면, 라이프니츠 정리에서

$$f(y) = \int_1^\pi \cos xy\, dx = \begin{cases} (\sin \pi y - \sin y)/y & (y \neq 0) \\ \pi - 1 & (y = 0). \end{cases}$$

연습문제: 제 11 장 1 절

1. $x > 0$ 일 때 다음 미분을 구하라.

$$\frac{d}{dx}\int_{x^2}^{x^3} \frac{1}{y} e^{xy^2}\, dy.$$

2. 일급함수 $a(x)$, $b(x)$, $g(x,y)$ 에 대하여

$$\frac{d}{dx}\int_{a(x)}^{b(x)} g(x,y)\, dy = g(x,b(x))b'(x) - g(x,a(x))a'(x) + \int_{a(x)}^{b(x)} D_1 g(x,y)\, dy$$

임을 보이라.

3. $k < 1$ 일 때 함수

$$f(k) := \int_0^{\pi/2} \frac{dx}{\sqrt{1 - k\cos^2 x}}$$

는 k 에 대한 증가함수임을 보이라. 또 $k = 0$ 일 때의 순간변화율은 얼마인가?

4. 반장축의 길이가 1이고, 이심률이 ε 인 타원의 둘레는

$$E(\varepsilon) := \int_0^{2\pi} \sqrt{1 - \varepsilon^2\cos^2 x}\, dx \qquad (0 \le 0 < 1)$$

이다. $\varepsilon = 0$ 일 때 E 의 순간변화율은 얼마인가?

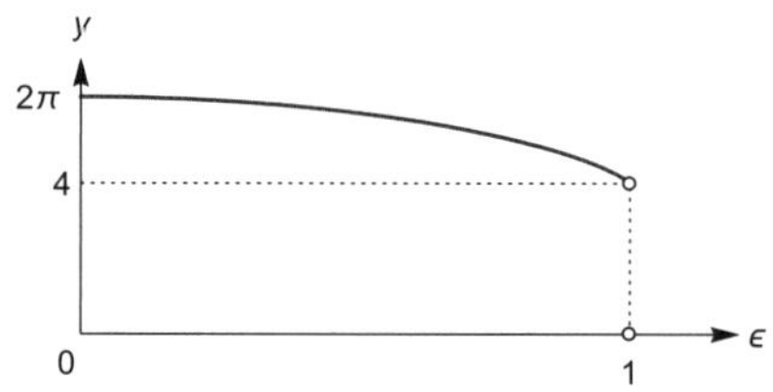

y = E(ϵ)

제 2 절 이계미분

n-공간의 열린 집합 U 에서 정의된 미분가능함수 f 의 일계 편도함수

$$D_1 f,\ \ldots,\ D_n f\ :\ U \to \mathbb{R}$$

가 모두

(i) 미분가능함수이면, f 를 두 번 미분가능한 함수[5]

(ii) 일급함수이면, f 를 **이급함수** 또는 $\mathcal{C}^2$ 함수[6]

라고 한다. 물론 이급함수는 두 번 미분가능한 함수이다.

이때 f 는 점 $P \in U$ 에서 모두 n^2 개의 **이계 편미분계수**

$$D_i D_j f(P) = \frac{\partial^2 f}{\partial x_i \partial x_j}(P) \qquad (1 \le i, j \le n)$$

를 가진다. 앞으로 $D_i D_i f$ 는 줄여서 ${D_i}^2 f$ 로 쓰기로 한다.

2.0.1 보기

함수 $f(x,y) := x^2 \sin y$ 에서

$$D_1 f(x,y) = 2x \sin y, \qquad D_2 f(x,y) = x^2 \cos y$$

이므로

$$\begin{aligned}
{D_1}^2 f(x,y) &= D_1\big(2x \sin y\big) = 2 \sin y \\
D_2 D_1 f(x,y) &= D_2\big(2x \sin y\big) = 2x \cos y \\
D_1 D_2 f(x,y) &= D_1\big(x^2 \cos y\big) = 2x \cos y \\
{D_2}^2 f(x,y) &= D_2\big(x^2 \cos y\big) = -x^2 \sin y
\end{aligned}$$

이다. 여기에서

$$D_1 D_2 f(x,y) = D_2 D_1 f(x,y)$$

임을 발견하는데, 이러한 현상은 일반적이다.

---

[5]일반적으로 모든 일계 편도함수가 k 번 미분가능한 함수를 $k+1$ 번 미분가능한 함수라고 부른다.

[6]일반적으로 모든 일계 편도함수가 k 급인 함수를 $k+1$ 급함수 또는 $\mathcal{C}^{k+1}$ 함수라고 부른다. 또 모든 자연수 k 에 대하여 k 급인 함수를 **무한급**함수 또는 $\mathcal{C}^{\infty}$ 함수라고 부른다.

오일러는 1734 년 유체역학을 연구하던 중 다음 사실을 발견하였다.[7]

정리 2.0.2 (편미분 교환법칙) *n-공간의 열린 집합에서 정의된 이급함수 f 와 정의역의 임의의 점 P 에 대하여*

$$D_iD_jf(P) = D_jD_if(P) \qquad (1 \le i, j \le n)$$

이다.

증명. 우리가 조사하는 것은 i 번째 변수와 j 번째 변수 사이의 관계이므로 이변수함수 $f(x,y)$ 에 대하여 밝히면 된다.

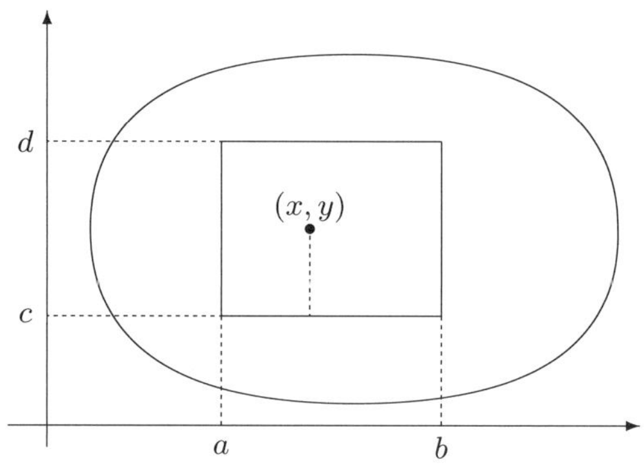

먼저 정의역에 포함되는 조그만 직사각형 $[a,b]\times[c,d]$ 속에서

$$\begin{aligned}\int_c^y D_1D_2f(x,t)\,dt &= \frac{\partial}{\partial x}\int_c^y D_2f(x,t)\,dt \\ &= \frac{\partial}{\partial x}\big(f(x,y)-f(x,c)\big) \\ &= D_1f(x,y)-D_1f(x,c)\end{aligned}$$

를 얻는다. 한편 이 식의 왼쪽 항이 y 에 대하여 미분가능하고, 따라서 오른쪽 항도 y 에 대하여 미분가능하며, 이로부터 양변을 y 로 미분하면 $D_1D_2f(x,y) = D_2D_1f(x,y)$ 를 얻는다. □

[7] 이 정리는 "두 번 미분가능한 함수"에 대하여도 성립한다 [Dieudonné, Th. 8.12.3]. 오일러의 "편미분 교환법칙"에서 라이프니츠의 "적분기호 속의 미분법"을 유도할 수도 있다. 프랑스의 클레로 (Alexis Clairaut, 1713–1765)는 1740 년에 편미분 교환법칙의 증명을 발표하였고, 독일의 슈바르츠 (Hermann Schwarz, 1843–1921)는 1873 년에 엄밀한 증명을 하였다. 편미분 교환법칙을 클레로 정리 또는 슈바르츠 정리라고도 부른다 [Marsden, Tromba].

2.0.3 기본연습문제

함수 $f(x,y,z) = e^{xy} + z\cos x$ 에 대하여 다음을 확인하라.

$$\frac{\partial^2 f}{\partial x \partial y} = \frac{\partial^2 f}{\partial y \partial x}, \qquad \frac{\partial^2 f}{\partial x \partial z} = \frac{\partial^2 f}{\partial z \partial x}, \qquad \frac{\partial^2 f}{\partial y \partial z} = \frac{\partial^2 f}{\partial z \partial y}$$

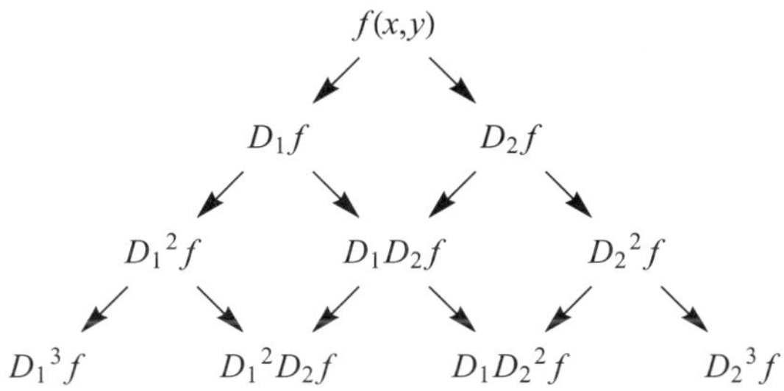

만약 $f(x,y)$가 삼급함수이면, $D_2 f$는 이급함수이고, 따라서 오일러의 편미분 교환법칙에서 $D_1D_2(D_2f) = D_2D_1(D_2f)$ 임을 안다. 한편 $D_2D_1(D_2f) = D_2(D_1D_2f) = D_2(D_2D_1f)$ 이므로

$$D_1{D_2}^2 f, \qquad D_2D_1D_2 f, \qquad {D_2}^2 D_1 f$$

가 모두 같다는 것을 알 수 있다.

마찬가지로 $f(x,y,z)$가 사급함수이면

$${D_1}^2 D_2 D_3 f, \quad D_2 {D_1}^2 D_3 f, \quad D_2 D_3 {D_1}^2 f, \quad \ldots, \quad D_1 D_2 D_3 D_1 f$$

등이 모두 일치한다.

2.0.4 기본연습문제

다음 함수에서 $\frac{\partial^3 f}{\partial x \partial y \partial z} := \frac{\partial}{\partial x}\frac{\partial}{\partial y}\frac{\partial}{\partial z} f$ 와 $\dfrac{\partial^3 f}{\partial z \partial y \partial x}$ 가 같음을 확인하라. 또 $\frac{\partial^3 f}{\partial x^2 \partial y} := \left(\frac{\partial}{\partial x}\right)^2 \frac{\partial}{\partial y} f$ 와 $\dfrac{\partial^3 f}{\partial y \partial x^2}$ 가 같음을 보이라.

1. $f(x,y,z) = x^2yz$
2. $f(x,y,z) = \sin(x+y+z)$
3. $f(x,y,z) = \log(x^2 - yz) + e^{xyz}$
4. $f(x,y,z) = 1/(x^2+y^2+z^2)$

일반적으로 다음 정리를 얻는다.

따름정리 2.0.5 *n-공간의 열린 집합에서 정의된 k급함수 f 의 고계편도함수*

$$D_{i_1} D_{i_2} \cdots D_{i_k} f \qquad (1 \le i_1, i_2, \ldots, i_k \le n)$$

는 $D_{i_1}, D_{i_2}, \ldots, D_{i_k}$ 의 순서를 바꾸어도 변화가 없다.

2.1 방향미분작용소

우리는 일급함수 $f(x_1, \ldots, x_n)$ 와 벡터 $\mathbf{v} = v_1\mathbf{e}_1 + \cdots + v_n\mathbf{e}_n$ 에 대하여

$$D_{\mathbf{v}} f = \mathbf{v} \cdot \operatorname{grad} f = (v_1 D_1 + \cdots + v_n D_n) f$$

임을 알고 있다. 이 식을

$$\boxed{D_{\mathbf{v}} = v_1 D_1 + \cdots + v_n D_n}$$

으로 쓰기로 한다.[8]

이제 f 가 이급이면

$$D_{\mathbf{v}}{}^2 f := D_{\mathbf{v}} (D_{\mathbf{v}} f) = \sum_{i=1}^{n} v_i D_i \left(\sum_{j=1}^{n} v_j D_j f \right) = \sum_{i,j=1}^{n} v_i v_j D_i D_j f$$

이다. 즉,

$$D_{\mathbf{v}}{}^2 = \left(\sum_{i=1}^{n} v_i D_i \right)^2 = \sum_{i,j=1}^{n} v_i v_j D_i D_j$$

이다.[9]

이차원에서는 벡터 $\mathbf{v} = a\,\mathbf{i} + b\,\mathbf{j} = (a, b)$ 에 대하여

$$\boxed{D_{(a,b)}{}^2 = a^2\, D_1{}^2 + 2ab\, D_1 D_2 + b^2\, D_2{}^2}$$

[8]방향미분작용소 $D_{\mathbf{v}}$ 는 일급함수를 대입하면 연속함수를 만들고, 이급함수를 대입하면 일급함수를 만들어 내며, 일반적으로 k 급함수를 대입하면 $(k-1)$ 급함수를 만들어 낸다. "함수 공간"들 사이에서 정의된 함수를 "작용소"(operator)라고 부른다. 방향미분작용소에 무한급함수를 대입하면 무한급함수가 생긴다.

[9]$D_{\mathbf{v}}{}^2$ 는 방향미분작용소 $D_{\mathbf{v}}$ 와 자신을 합성한 미분작용소이다.

을 얻는다.

보기로 $f(x,y) = x^2y^3$ 이면 벡터 $\mathbf{v} = (a,b)$ 에 대하여

$$D_{\mathbf{v}}{}^2 f(x,y) = 2a^2\, y^3 + 12ab\, xy^2 + 6b^2\, x^2 y$$

이고, 특히

$$D_{(1,2)}{}^2 f(1,1) = 2 + 12\cdot 2 + 6\cdot 2^2 = 2 + 24 + 24 = 50$$

이다.

일변수함수의 (일계)미분계수는 함수의 순간변화율 또는 "기울기"를 나타내고, **이계미분계수**는 함수의 **오목·볼록성**을 알려 준다.[10] 다변수함수인 경우에도 주어진 $\mathbf{v}$-방향의 오목·볼록성은 **이계미분계수**

$$D_{\mathbf{v}}{}^2 f(P)$$

로 판정할 수 있다 (제5절 참고).

도움정리 2.1.1 *n-공간의 열린 집합에서 정의된 이급함수 f 와 정의역의 임의의 점 P 및 벡터 $\mathbf{v}$ 에 대하여*

$$\left.\frac{d^2}{dt^2}\right|_0 f(P+t\mathbf{v}) = D_{\mathbf{v}}{}^2 f(P)$$

이다.[11]

---

[10]일변수함수 $f(x)$ 에서 $f''(x_0) > 0$ 이면 이 함수는 $x = x_0$ 에서 (아래로) **볼록**하고, $f''(x_0) < 0$ 이면 이 함수는 $x = x_0$ 에서 **오목**하다. 아래 그림에서 처음 세 개는 볼록함수의 그래프이고, 나머지 세 개는 오목함수의 그래프이다.

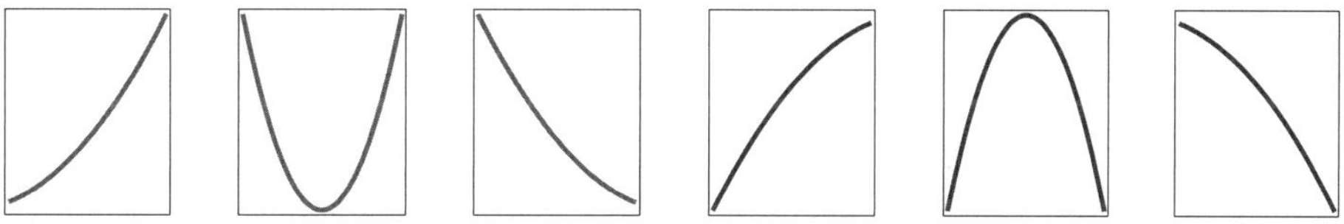

닫힌 구간에서 정의된 볼록함수는 최댓값이 항상 경계에서 생기고, 오목함수는 최솟값이 항상 경계에서 생긴다. 이러한 원리를 **최대원리**(maximum principle)라고 부른다. 볼록함수의 정의는 [수학사전 1]에 두었다.

증명. 연쇄법칙에서

$$\frac{d}{dt}f(P+t\mathbf{v}) = \operatorname{grad} f(P+t\mathbf{v})\cdot\mathbf{v} = D_{\mathbf{v}}f(P+t\mathbf{v})$$

임을 안다. 따라서

$$\frac{d^2}{dt^2}f(P+t\mathbf{v}) = \frac{d}{dt}\left(D_{\mathbf{v}}f\right)(P+t\mathbf{v}) = D_{\mathbf{v}}\left(D_{\mathbf{v}}f\right)(P+t\mathbf{v})$$

이다. 이제 $t=0$ 으로 두면 원하는 결론을 얻는다. □

이 정리에서

$D_{\mathbf{v}}{}^2 f(P) > 0$ 이면, f 는 점 P 에서 $\mathbf{v}$ 방향으로 **볼록**

$D_{\mathbf{v}}{}^2 f(P) < 0$ 이면, f 는 점 P 에서 $\mathbf{v}$ 방향으로 **오목**

함을 안다.

보기로 함수

$$f(x,y) = x^2 - y^2$$

에서 벡터 $\mathbf{v} = a\mathbf{i} + b\mathbf{j}$ 에 대하여

$$D_{\mathbf{v}}{}^2 f(x,y) = 2(a^2-b^2)$$

이므로 함수 f 는 임의의 점에서 벡터 (a,b) 의 방향으로

$|a| > |b|$ 이면 볼록하고,

$|a| < |b|$ 이면 오목하다.

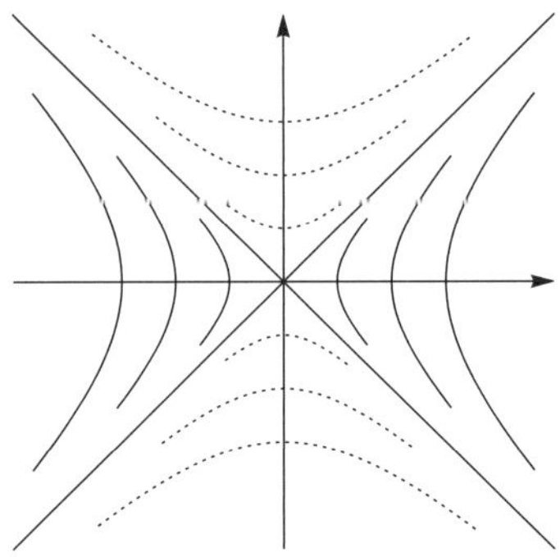

그림: 함수 x^2-y^2 의 등위선

예를 들어 직선

$$X(t) = (x_0,y_0) + t(a,b) = (x_0+ta, y_0+tb)$$

를 따라

$$f(X(t)) = (x_0+ta)^2 - (y_0+tb)^2 = t^2(a^2-b^2) + 2t(ax_0 - by_0) + x_0^2 - y_0^2$$

이므로 $f(X(t))$ 의 오목·볼록을 바로 알 수 있다.

[11] t-변수 함수의 이계미분 $\left(\frac{d}{dt}\right)^2$ 을 간단히 $\frac{d^2}{dt^2}$ 으로 나타낸다.

2.2 고계미분계수

함수 $f(x, y)$ 가 삼급함수이면 벡터 $\mathbf{v} = a\,\mathbf{i} + b\,\mathbf{j}$ 에 대하여

$$\begin{aligned} D_{\mathbf{v}}{}^3 f &:= D_{\mathbf{v}}\left(D_{\mathbf{v}}{}^2 f\right) \\ &= (aD_1 + bD_2)\left(a^2 D_1{}^2 f + 2abD_1D_2 f + b^2 D_2{}^2 f\right) \\ &= a^3\, D_1{}^3 f + 3a^2 b\, D_1{}^2 D_2 f + 3ab^2\, D_1 D_2{}^2 f + b^3\, D_2{}^3 f \end{aligned}$$

이다.

2.2.1 기본연습문제

1. 함수 $f(x, y) = xy^3$ 에서 $D_{(a,b)}{}^3 f(x, y)$ 를 구하라.
2. 삼급함수 f 는 정의역의 임의의 점 P 와 벡터 $\mathbf{v}$ 에 대하여

$$\left.\frac{d^3}{dt^3}\right|_0 f(P + t\mathbf{v}) = D_{\mathbf{v}}{}^3 f(P)$$

   임을 보이라.

일반적으로, 함수 $f(x, y)$ 가 k 급함수이면

$$D_{(a,b)}{}^k f = \sum_{i+j=k} \binom{k}{i} a^i b^j D_1{}^i D_2{}^j f$$

이다.[12]

2.2.2 기본연습문제

함수 $f(x, y) = xy^3 + \sin x + \cos y$ 에서 $D_{(a,b)}{}^4 f(x, y)$ 를 구하라.

[12] 여기에서 이항전개의 계수 $\binom{k}{i} = {}_k\mathrm{C}_i = \dfrac{k!}{(k-i)!i!}$ 은 k 개 중에서 i 개를 뽑는 가짓수를 뜻한다.

연습문제: 제 11 장 2 절

1. 다음 함수에서 $D_1D_2f = D_2D_1f$ 가 성립하는지를 조사하라.
   (1) $2x^2y^3 - x^3y^5$ (2) $\cos^7 x - \sin^2 y$
   (3) $\arctan(xy)$ (4) $\log \dfrac{x-1}{y-1}$
2. 함수 $f(x,y) = xy^2 + ye^{-x}\sin(x-y)$ 의 모든 이계 편도함수를 구하라.
3. $z = \sin(x+ct) + \cos(2x+2ct)$ 일 때
$$\frac{\partial^2 z}{\partial t^2} = c^2 \frac{\partial^2 z}{\partial x^2}$$
   임을 보이라.[13]
4. 함수 $f(x,y)$ 가 이급이면, 정의역의 각 점에서 임의의 벡터 $\mathbf{v}$ 에 대하여 $\mathbf{v}$-방향 이계 미분계수와 $(-\mathbf{v})$-방향 이계미분계수가 같은가?
5. 원점 근방에서 정의된 삼급함수 $f(x,y)$ 가 원점에서 $\mathbf{v}$-방향 이계미분계수가 1 이라고 하자. 이때 $2\mathbf{v}$-방향 이계미분계수는 얼마인가? 또 $f(x,y)$ 가 원점에서 $\mathbf{v}$-방향 삼계 미분계수가 1 이면 $2\mathbf{v}$-방향 삼계미분계수는 얼마인가?
6. 곡선 $(x_1(t),\ldots,x_n(t))$ 와 함수 $f(x_1,\ldots,x_n)$ 에 대하여,
$$\frac{d^2}{dt^2} f(x_1,\ldots,x_n) = \sum_{i,j=1}^{n} \frac{\partial^2 f}{\partial x_i \partial x_j}\frac{dx_i}{dt}\frac{dx_j}{dt} + \sum_{k=1}^{n} \frac{\partial f}{\partial x_k}\frac{d^2 x_k}{dt^2}$$
   임을 보이라.
7. n-공간에서 미분작용소
$$\nabla^2 := {D_1}^2 + \cdots + {D_n}^2$$
   을 **라플라스 작용소**라고 부른다.[14] 좌표평면에서 극좌표계로 라플라스 작용소를 표현하면,
$${\partial_x}^2 + {\partial_y}^2 = {\partial_r}^2 + \frac{1}{r}\partial_r + \frac{1}{r^2}{\partial_\theta}^2$$
   임을 보이라.
8. **라플라스 방정식** $\nabla^2 f = 0$ 을 만족시키는 함수 f 를 **조화함수**라고 한다. 다음 함수들이 조화함수임을 보이라.
   (1) $f(x,y) = \log(x^2+y^2)$ (2) $f(x,y) = e^x \sin y$
   (3) $f(x,y,z) = x^2+y^2-2z^2$ (4) $f(x,y,z) = 1/\sqrt{x^2+y^2+z^2}$

---

[13] 이러한 미분방정식을 **파동방정식**(波動方程式, wave equation)이라 한다.

[14] 라플라스는 중력에 관한 연구를 하면서 1782 년부터 라플라스 방정식의 해를 연구하였다. 라플라스 방정식은 오일러의 1752 년 논문에서 처음으로 나타난다. 라플라스 작용소 ∇^2 을 Δ 로 쓰기도 한다.

9. $\left(\frac{\partial}{\partial x}+x\frac{\partial}{\partial y}\right)^2$ 과 $\left(\frac{\partial}{\partial x}\right)^2+2x\frac{\partial^2}{\partial x\partial y}+x^2\left(\frac{\partial}{\partial y}\right)^2$ 은 같은가?

10. 함수 $f(x,y)=\log(1+xy)$ 에서 ${D_{\mathbf{v}}}^2 f$, ${D_{\mathbf{v}}}^3 f$ 를 구하라. 그리고 점 $(1,1)$ 에서 $\mathbf{v}=(1,2)$ 방향으로 볼록인지 또는 오목인지 조사하라.

11. 좌표평면에서 정의된 연속함수

$$f(x,y)=\begin{cases}\dfrac{xy(x^2-y^2)}{x^2+y^2}, & (x,y)\neq(0,0)\\ 0, & (x,y)=(0,0)\end{cases}$$

를 생각하자. 이때 임의의 벡터 $\mathbf{v}$ 에 대하여 $D_{\mathbf{v}}f(0,0)=0$ 임을 보이라.[15]

또 원점에서 $\frac{\partial^2 f}{\partial x\partial y}$ 와 $\frac{\partial^2 f}{\partial y\partial x}$ 가 존재하지만

$$\frac{\partial^2 f}{\partial x\partial y}(0,0)\neq\frac{\partial^2 f}{\partial y\partial x}(0,0)$$

임을 보이라. 이때 왜 오일러의 편미분 교환법칙 (2.0.2)가 성립하지 않는지를 설명하라.

12. n-공간의 한 열린 집합 U 에서 정의된 무한급함수 전체의 집합을 $\mathcal{C}^\infty(U)$ 라고 두자. 그러면 임의의 두 벡터 $\mathbf{v},\mathbf{w}$ 에 대하여 방향미분작용소

$$D_{\mathbf{v}},\ D_{\mathbf{w}}\ :\ \mathcal{C}^\infty(U)\to\mathcal{C}^\infty(U)$$

들은 서로 교환가능함, 즉

$$D_{\mathbf{v}}\circ D_{\mathbf{w}}=D_{\mathbf{w}}\circ D_{\mathbf{v}}$$

임을 보이라.[16]

13. 함수 $f(x_1,\ldots,x_n)$ 이 k 급함수이면, 임의의 벡터 $\mathbf{v}=\sum_{i=1}^n v_i\,\mathbf{e}_i$ 에 대하여

$${D_{\mathbf{v}}}^k f=\sum_{i_1,\ldots,i_k=1}^{n} v_{i_1}\cdots v_{i_k}D_{i_1}\cdots D_{i_k}f$$

임을 보이라.

---

[15] 이때 원점을 **임계점**이라고 부른다.

[16] 두 행렬이 언제 교환가능한지가 아주 중요한 문제이듯이, 두 작용소가 언제 교환가능한지도 아주 중요한 문제이다. 연산이 순서와 상관없을 때 **가환**(commutative)이라고 한다.

제 3 절 테일러 전개와 근삿값 이론

함수 $f(x_1, \ldots, x_n)$ 이 정의역의 한 점 P 에서 미분가능하다고 하자. 이때 벡터 $\mathbf{v}$ 의 크기가 작으면,

$$f(P+\mathbf{v}) \approx f(P) + \operatorname{grad} f(P) \cdot \mathbf{v}$$

이다. 여기에서

$$f(P) + \operatorname{grad} f(P) \cdot \mathbf{v}$$

를 점 P 에서 $f(P+\mathbf{v})$ 의 **일차근삿값**이라고 부른다.

3.0.1 보기

$\left(0.99\, e^{0.02}\right)^8$ 의 근삿값을 구하라.

풀이. 먼저 $f(x,y) := (xe^y)^8 = x^8 e^{8y}$ 으로 두면, 구하는 것은

$$\left(0.99\, e^{0.02}\right)^8 = f(0.99, 0.02) = f((1,0) + (-0.01, 0.02))$$

의 근삿값이다. 한편 $\operatorname{grad} f(x,y) = 8x^7 e^{8y}(1,x)$ 이고

$$f(1,0) = 1, \qquad \operatorname{grad} f(1,0) = (8,8)$$

이므로

$$f(0.99, 0.02) \approx f(1,0) + (8,8)\cdot(-0.01, 0.02) = 1 + 0.08 = 1.08$$

이다.[17]

3.0.2 기본연습문제

1. 미분가능함수 f 의 정의역에서 점 P 가 $\mathbf{v}$ 만큼 변화하면, 처음 함숫값 $f(P)$ 에 대한 f 의 변화율 $\dfrac{f(P+\mathbf{v}) - f(P)}{f(P)}$ 는 대략 $\dfrac{\operatorname{grad} f(P)\cdot \mathbf{v}}{f(P)}$ 임을 설명하라.
2. 밑면은 반지름이 r 인 원이고 높이는 h 인 원기둥에서, 밑면의 반지름이 1% 늘어나면 부피는 대략 몇 % 늘어나는가? 이 원기둥에서 높이가 1% 늘어나면 부피는 대략 몇 % 늘어나는가? 또 밑면의 반지름과 높이가 각각 1% 씩 늘어나면 부피는 대략 몇 % 늘어나는가?[18]

---

[17] 실제로 $\left(0.99\, e^{0.02}\right)^8 \approx 1.082850933$ 이다.

[18] 원기둥의 부피는 $V = \pi r^2 h$ 이고 따라서 $\Delta V \approx \pi(2rh\Delta r + r^2 \Delta h)$ 이다. 그러므로

$$\frac{\Delta V}{V} \approx 2\frac{\Delta r}{r} + \frac{\Delta h}{h}$$

이고, 답은 2%, 1%, 3% 이다.

3. 어떤 공장에서 숙련공 x 명과 미숙련공 y 명이 작업을 하면, 하루 생산량이 $f(x,y) = 10x^2y$ 라고 하자. 현재 이 공장에는 숙련공 20 명과 미숙련공 40 명이 근무하고 있다. 여기에 숙련공 한 명을 더 추가하면 생산량이 대략 몇 % 증가하는가? 만일 미숙련공 한 명을 더 추가하면 생산량은 대략 몇 % 증가하는가? 만일 숙련공 한 명과 미숙련공 한 명을 더 추가하면 생산량이 대략 몇 % 증가하는가?[19]

다음에 소개하는 정리는 함수의 근삿값과 그 오차의 한계를 알아내는 데에 자주 이용된다.

정리 3.0.3 (테일러-라그랑주 정리) *n-공간의 열린 집합 U 에서 정의된 k 번 미분가능한 함수 f 가 주어져 있다. 이때 U 의 한 점 P 와 벡터 $\mathbf{v}$ 에 대하여 선분 $[P, P+\mathbf{v}] := \{P + t\mathbf{v} \mid 0 \le t \le 1\}$ 이 U 에 포함된다고 하자. 그러면*

$$\begin{aligned} f(P+\mathbf{v}) &= f(P) + D_{\mathbf{v}}f(P) + \frac{1}{2!}{D_{\mathbf{v}}}^2 f(P) + \cdots \\ &\quad + \frac{1}{(k-1)!}{D_{\mathbf{v}}}^{k-1} f(P) + \frac{1}{k!}{D_{\mathbf{v}}}^{k} f(P + t^*\mathbf{v}) \end{aligned}$$

를 만족시키는 t^* 가 0 과 1 사이에 존재한다.

증명. 앞 절의 도움정리 (2.1.1) 과 연습문제 (2.2.1) 에서 살펴보았듯이, 함수

$$g(t) := f(P + t\mathbf{v})$$

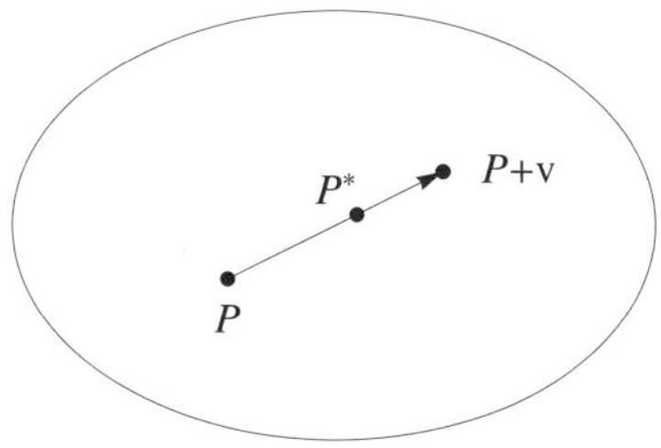

에 대하여

$$g^{(i)}(t) = {D_{\mathbf{v}}}^i f(P + t\mathbf{v}), \qquad i = 0, 1, \ldots, k$$

임을 (수학적) 귀납법을 사용하여 알 수 있다.[20]

[19]답: 이 문제에서 요구하는 것은 $\dfrac{\operatorname{grad} f(20,40)\cdot(n,m)}{f(20,40)}$ 을 구하는 것이다. 근삿값은 각각 10%, 2.5%, 10% + 2.5% = 12.5% 이다. 참값은 10.25%, 2.5%, 13.00625%.

[20]여기에서 사용한 귀납법은 "유한 귀납법"으로 자연수 전체에 대하여 적용하는 것은 아니다. 먼저 $i = 0$ 일 때에는 당연히 성립함을 알 수 있다. 그리고 귀납법 가정에 의하여

$$g^{(i+1)}(t) = \frac{d}{dt}(g^{(i)}(t)) = \frac{d}{dt}({D_{\mathbf{v}}}^i f)(P + t\mathbf{v}) = \big(D_{\mathbf{v}}({D_{\mathbf{v}}}^i f)\big)(P + t\mathbf{v})$$

이므로 원하는 결론을 얻는다.

이제 $g(t)$ 에 일변수 테일러 전개를 응용하면

$$g(t) = g(0) + g'(0)t + \cdots + \frac{g^{(k-1)}(0)}{(k-1)!}t^{k-1} + \frac{g^{(k)}(t^*)}{k!}t^k$$

을 만족시키는 $t^* \in (0,t)$ 의 존재를 안다. 여기서 $t = 1$ 로 두면 증명이 끝난다. □

보기를 들어, 위 정리는 $f(x,y)$ 가 두 번 미분가능하면,

$$\begin{aligned} & f(x_0+a, y_0+b) \\ = \;& f(x_0,y_0) + D_{\mathbf{v}}f(x_0,y_0) + \frac{1}{2}D_{\mathbf{v}}{}^2 f(x^*,y^*) \qquad (\mathbf{v} := a\,\mathbf{i} + b\,\mathbf{j}) \\ = \;& f(x_0,y_0) + \left(a\frac{\partial f}{\partial x}(x_0,y_0) + b\frac{\partial f}{\partial y}(x_0,y_0)\right) \\ & + \frac{1}{2}\left(a^2\frac{\partial^2 f}{\partial x^2}(x^*,y^*) + 2ab\frac{\partial^2 f}{\partial x \partial y}(x^*,y^*) + b^2\frac{\partial^2 f}{\partial y^2}(x^*,y^*)\right) \end{aligned}$$

를 만족시키는 점 (x^*,y^*) 가 선분 $[(x_0,y_0),(x_0+a,y_0+b)]$ 의 내부에 존재함을 말한다.

3.0.4 기본연습문제

힘수

$$f(x,y) = \frac{1}{6}(x^3+y^3)$$

에서 등식

$$\begin{aligned} f(a,b) \;=\;& f(0,0) + a\frac{\partial f}{\partial x}(0,0) + b\frac{\partial f}{\partial y}(0,0) \\ & + \frac{1}{2}\left(a^2\frac{\partial^2 f}{\partial x^2}(ta,tb) + 2ab\frac{\partial^2 f}{\partial x \partial y}(ta,tb) + b^2\frac{\partial^2 f}{\partial y^2}(ta,tb)\right) \end{aligned}$$

를 만족시키는 실수 $t \in (0,1)$ 을 구하라.[21]

[21] 원점에서 함숫값과 일계 미분계수가 모두 영이고,

$$\frac{\partial^2 f}{\partial x^2} = x, \quad \frac{\partial^2 f}{\partial x \partial y} = 0, \quad \frac{\partial^2 f}{\partial y^2} = y$$

이므로, 등식

$$\frac{1}{6}(a^3+b^3) = f(a,b) = \frac{1}{2}\left(a^2(ta) + b^2(tb)\right)$$

를 만족시키는 t 는 $\frac{1}{3}$ 이다.

3.1 근사다항식과 잉여항

n-공간의 점 P 근방에서 정의된 k급함수 $f(X)$ 에 대하여

$$\boxed{T_k f(P, \mathbf{v}) := f(P) + D_{\mathbf{v}} f(P) + \cdots + \frac{1}{k!} {D_{\mathbf{v}}}^k f(P)}$$

를 점 P 에서 $f(P+\mathbf{v})$ 의 k 차 **근삿값**이라고 부른다.

위 식에서 $\mathbf{v} = X - P = (x_1 - p_1, \ldots, x_n - p_n)$ 으로 두면

$$X \mapsto T_k f(P, X - P)$$

는 점 P 에서 $f(X)$ 의 k 차 **근사(다항)식**이다.[22]

3.1.1 보기

함수 $f(x, y) = e^x \cos y + xy$ 에서

$$D_1 f(x,y) = e^x \cos y + y, \qquad D_2 f(x,y) = -e^x \sin y + x$$

$${D_1}^2 f(x,y) = e^x \cos y, \quad D_1 D_2 f(x,y) = -e^x \sin y + 1, \quad {D_2}^2 f(x,y) = -e^x \cos y$$

$$f(0,0) = 1, \qquad D_1 f(0,0) = 1, \qquad D_2 f(0,0) = 0,$$

$${D_1}^2 f(0,0) = 1, \qquad D_1 D_2 f(0,0) = 1, \qquad {D_2}^2 f(0,0) = -1$$

이다. 그러므로 원점에서 $f(x, y)$ 의 일차 근사다항식과 이차 근사다항식은

$$T_1 f(x,y) = 1 + x, \qquad T_2 f(x,y) = 1 + x + \frac{1}{2}(x^2 + 2xy - y^2)$$

이다.[23]

3.1.2 잉여항

함수 f 의 테일러 전개에서

$$\boxed{R_k f(P, \mathbf{v}) := f(P + \mathbf{v}) - T_k f(P, \mathbf{v})}$$

를 k 차 **잉여항** 또는 k 차 **나머지항**이라고 부른다. 보기를 들어 일차 잉여항은

$$R_1 f(P, \mathbf{v}) = f(P + \mathbf{v}) - f(P) - \mathrm{grad} f(P) \cdot \mathbf{v}$$

---

[22] k 차 근사다항식의 차수는 k 이하이다.

[23] 이 식은 정리 (3.2.2)를 알면 쉽게 얻을 수 있다.

이다. 그러므로 함수 f가 점 P에서 미분가능하다는 것은

$$R_1 f(P, \mathbf{v}) = o(\mathbf{v})$$

와 같은 뜻이다.

3.1.3 기본연습문제

다항식

$$f(x,y) = a_0 + a_{10}x + a_{01}y + a_{20}x^2 + a_{11}xy + a_{02}y^2 + a_{30}x^3 + a_{21}x^2y + a_{12}xy^2 + a_{03}y^3$$

에 대하여 원점에서 f 의 n차 근사다항식과 n차 잉여항을 구하라 (단, $n = 1, 2, 3, 4$).

따름정리 3.1.4 *n-공간의 열린 집합 U에서 정의된 이급함수 f 와, U에 포함되는 선분 $\{P + t\mathbf{v} : 0 \le t \le 1\}$ 에 대하여*

$$M_2 := \max\{|D_iD_jf(P + t\mathbf{v})| : 1 \le i, j \le n, \quad 0 \le t \le 1\}$$

이라 하자. 그러면 f 의 일차 잉여항 $R_1 f(P, \mathbf{v})$ 는 부등식

$$|R_1 f(P, \mathbf{v})| \le \frac{M_2}{2}\big(|v_1| + \cdots + |v_n|\big)^2$$

을 만족시킨다.[24]

증명. 테일러-라그랑주 정리 3.0.3 에서 등식 $R_1 f(P, \mathbf{v}) = \frac{1}{2} D_{\mathbf{v}}{}^2 f(P^*)$ 를 만족시키는 P^* 가 선분 $[P, P + \mathbf{v}] = \{P + t\mathbf{v} \mid 0 \le t \le 1\}$ 에 존재한다. 그런데

$$\begin{aligned}
\left|D_{\mathbf{v}}{}^2 f(P^*)\right| &= \left|\sum_{i,j=1}^{n} v_i v_j D_i D_j f(P^*)\right| \\
&\le \sum_{i,j=1}^{n} |v_i|\,|v_j|\,|D_iD_jf(P^*)| \le M_2 \sum_{i,j=1}^{n} |v_i|\,|v_j| \\
&= M_2\left(|v_1| + \cdots + |v_n|\right)^2
\end{aligned}$$

이므로 원하는 결론을 얻는다. □

[24]여기에서 $\mathbf{v} = v_1\mathbf{e}_1 + \cdots + v_n\mathbf{e}_n$ 으로 두었다. 이때 $\|\mathbf{v}\|_1 := |v_1| + \cdots + |v_n|$ 은 $\mathbf{v}$ 의 **일차 절댓값**으로 보통 절댓값과 크게 다르지 않다: $|\mathbf{v}| \le \|\mathbf{v}\|_1 \le \sqrt{n}\,|\mathbf{v}|$.

위 정리를 일반화하면 다음 정리를 얻는다.

따름정리 3.1.5 *정리 (3.1.4)에서 f가 $k+1$ 급함수라고 하면, 등식*

$$R_k f(P, \mathbf{v}) = \frac{1}{(k+1)!} D_{\mathbf{v}}{}^{k+1} f(P^*)$$

를 만족시키는 $P^* \in [P, P+\mathbf{v}]$가 존재한다. 이때

$$\begin{aligned} M_{k+1} &:= M_{k+1} f(P, \mathbf{v}) \\ &:= \max\{|D_{i_0} \cdots D_{i_k} f(P + t\mathbf{v})| \mid 1 \le i_0, \ldots, i_k \le n,\ 0 \le t \le 1\} \end{aligned}$$

로 두면

$$|D_{\mathbf{v}}{}^{k+1} f(P^*)| \le M_{k+1}(|v_1| + \cdots + |v_n|)^{k+1}$$

이다. 특히 다음 부등식을 얻는다:

$$|R_k f(P, \mathbf{v})| \le M_{k+1} \frac{(|v_1| + \cdots + |v_n|)^{k+1}}{(k+1)!}.$$

위 정리의 마지막 식에서 $\lim_{\mathbf{v} \to \mathbf{0}} \frac{(|v_1| + \cdots + |v_n|)^{k+1}}{|\mathbf{v}|^k} = 0$이므로 다음 정리는 f가 $k+1$급함수일 때에는 자명하고, k급일 때에는

$$\begin{aligned} R_k f(P, \mathbf{v}) &= R_{k-1} f(P, \mathbf{v}) - \frac{1}{k!} D_{\mathbf{v}}{}^k f(P) = \frac{1}{k!}\big(D_{\mathbf{v}}{}^k f(P^*) - D_{\mathbf{v}}{}^k f(P)\big) \\ &= \frac{1}{k!} \sum_{i_1, \ldots, i_k} v_{i_1} \cdots v_{ik} \big(D_{i_1} \cdots D_{i_k} f(P^*) - D_{i_1} \cdots D_{i_k} f(P)\big) = o(|\mathbf{v}|^k) \end{aligned}$$

이므로 다음을 얻는다.[25]

따름정리 3.1.6 *k 급함수 f에 대하여 점 P에서 k차 잉여함수*

$$\mathbf{v} \mapsto R_k f(P, \mathbf{v})$$

는 $o(|\mathbf{v}|^k)$ 이다.

---

[25] n-공간의 원점 근방에서 정의된 함수 $g(\mathbf{v})$가 $g(\mathbf{0}) = 0$ 이고 $\lim_{\mathbf{v} \to \mathbf{0}} \frac{|g(\mathbf{v})|}{|\mathbf{v}|^k} = 0$이면 $g(\mathbf{v})$를 $o(|\mathbf{v}|^k)$ 이라고 말한다.

3.1.7 보기

함수 $f(x, y) = e^x \sin y$ 에서

$$D_1 f = e^x \sin y, \quad D_2 f = e^x \cos y$$

$$D_1{}^2 f = e^x \sin y, \quad D_1 D_2 f = e^x \cos y, \quad D_2{}^2 f = -e^x \sin y$$

이므로 원점에서 f 의 이차 근사다항식은 $T_2 f = y + xy$ 이고,

$$e^x \sin y = y + xy + o(x^2 + y^2)$$

이다.

예를 들어 $e^{0.01} \sin(0.02)$ 의 이차근삿값은,

$$e^{0.01} \sin(0.02) \approx 0.02 + (0.01)(0.02) = 0.0202 \tag{1}$$

이다.

한편 위 함수 f 는 미분을 여러 번 하여도 모두

$$\pm e^x \sin y, \qquad \pm e^x \cos y$$

의 꼴이므로, $x \geq 0$ 인 경우에는,

$$M_k(x) \leq e^x \qquad (k = 0, 1, \dots)$$

을 얻는다. 특히

$$M_3(0.01) \leq e^{0.01} < 1.02$$

이므로,[26] 오차의 한계는

$$\begin{aligned}\left|R_2 f\big((0,0), (0.01, 0.02)\big)\right| &\leq M_3 \frac{(0.01 + 0.02)^3}{3!} \\ &< 1.02 \times \frac{(3 \times 0.01)^3}{6} \\ &= 1.02 \times \frac{3^3}{6} \times 10^{-6} \\ &= 4.59 \times 10^{-6}\end{aligned}$$

이다. 그러므로 (1)에서 구한 근삿값이 적절함을 알 수 있다.

---

[26] $e^{0.01}$ 을 100 제곱하면 $e \approx 2.718 < 3$ 이지만, 1.02 를 100 제곱하면 $1.02^{100} = (1 + 0.02)^{100} > 1 + 100 \cdot 0.02 = 3$ 이다. 그러므로 $e^{0.01} < 1.02$ 이다.

3.2 테일러 전개의 유일성

앞에서 보기로 든 함수 $f(x, y) = e^x \sin y$ 의 근사다항식을 구하는 다른 방법을 알아보자.

먼저

$$e^x = 1 + x + o(x), \qquad \sin y = y + o(y^2)$$

이므로

$$\begin{aligned} f(x,y) &= e^x \sin y \\ &= \big(1 + x + o(x)\big)\big(y + o(y^2)\big) \\ &= (1+x)y + \big(o(x)y + (1+x)o(y^2) + o(x)o(y^2)\big) \\ &= y + xy + o(x^2 + y^2) \end{aligned}$$

이다.[27] 여기에서 다음에 소개될 "테일러 전개의 유일성"을 사용하면

$$T_2 f(x, y) = y + xy$$

임을 알 수 있다.[28]

도움정리 3.2.1 *자연수 k 에 대하여, 함수 $h : \mathbb{R}^n \to \mathbb{R}$ 는 차수가 k 이하인 다항함수라 하자. 이때 $h(\mathbf{v}) = o(|\mathbf{v}|^k)$ 이면 $h = 0$ 이다.*

증명. 우리는 $n = 2$ 인 경우를 증명하기로 한다. (일반적인 경우도 비슷하게 증명할 수 있다.) 이제 $\mathbf{v} = (x, y)$ 로 두면, $h(\mathbf{v}) = h(x, y)$ 는 차수가 i 인 동차다항식 $h_i(x, y)$ 들의 합이다:

$$h(x, y) = h_k(x, y) + h_{k-1}(x, y) + \cdots + h_1(x, y) + h_0.$$

여기에서 $h_k(x, y)$ 는 x^k, $x^{k-1}y$, ..., xy^{k-1}, y^k 들의 일차결합이다:

$$h_k(x, y) = a_k x^k + a_{k-1} x^{k-1} y + \cdots + a_1 x y^{k-1} + a_0 y^k.$$

한편 $|x| \le \sqrt{x^2 + y^2} = |\mathbf{v}|$, $|y| \le \sqrt{x^2 + y^2} = |\mathbf{v}|$ 에서 $|x^i y^j| \le |\mathbf{v}|^{i+j}$ 이므로

$$|h_k(\mathbf{v})| \le (|a_k| + \cdots + |a_0|)|\mathbf{v}|^k$$

이고, 따라서 $h_k(\mathbf{v}) = o(|\mathbf{v}|^{k-1})$ 이다. 그러므로

$$h(\mathbf{v}) - h_k(\mathbf{v}) = o(|\mathbf{v}|^k) + o(|\mathbf{v}|^{k-1}) = o(|\mathbf{v}|^{k-1})$$

---

[27] $\displaystyle\lim_{x,y\to 0} \frac{o(x)y}{x^2 + y^2} = \lim_{x,y\to 0} \frac{o(x)}{x} \frac{xy}{x^2 + y^2} = 0$ 이므로 $o(x)y$ 는 $o(x^2 + y^2)$ 이고, ...

[28] $f(x, y) = e^x \sin y$ 와 $g(x, y) = y + xy$ 의 차가 $o(x^2 + y^2)$ 이므로 $T_2 f = T_2 g = g$ 이다.

이다. 한편 $h(\mathbf{v}) - h_k(\mathbf{v})$는 차수가 $k-1$ 이하이므로, k에 대한 수학적 귀납법의 가정에 의하여,[29] $h(\mathbf{v}) - h_k(\mathbf{v}) = 0$, 즉 $h(\mathbf{v}) = h_k(\mathbf{v})$이다. 그러면

$$0 = \lim_{|\mathbf{v}|\to 0} \frac{h(\mathbf{v})}{|\mathbf{v}|^k} = \lim_{|\mathbf{v}|\to 0} \frac{a_k x^k + a_{k-1}x^{k-1}y + \cdots + a_1 xy^{k-1} + a_0 y^k}{|\mathbf{v}|^k}$$

이다. 특히 위 식에 $y = tx$를 대입하면

$$0 = \lim_{x\to 0} \frac{x^k}{|x|^k} \frac{a_k + a_{k-1}t + \cdots + a_1 t^{i-1} + a_0 t^k}{(1+t^2)^{k/2}} \qquad (t \in \mathbb{R})$$

을 얻는다. 따라서 모든 t에 대하여 $\frac{a_k + a_{k-1}t + \cdots + a_1 t^{i-1} + a_0 t^k}{(1+t^2)^{k/2}} = 0$, 즉 $a_k = a_{k-1} = \cdots = a_1 = a_0 = 0$이고, $h = h_k = 0$이다. □

정리 3.2.2 (테일러 전개의 유일성) *함수 f가 n-공간의 한 점 P 근방에서 정의된 k 급함수이면, 등식*

$$f(P + \mathbf{v}) = T_k(\mathbf{v}) + R_k(\mathbf{v}) \qquad (|\mathbf{v}| \ll 1)$$

을 만족시키는 차수가 k 이하인 다항함수 $T_k(\mathbf{v})$와 $o(|\mathbf{v}|^k)$인 함수 $R_k(\mathbf{v})$가 각각 유일하게 존재한다.

증명. 함수 T_k와 R_k의 존재성은 이미 살펴보았고, 이제 유일성을 밝히기로 하자.

만약 함수 $f(P+\mathbf{v})$가 차수가 k 이하인 또 다른 다항함수 $\tilde{T}_k(\mathbf{v})$와 $o(|\mathbf{v}|^k)$인 함수 $\tilde{R}_k(\mathbf{v})$의 합으로 표현된다고 하면, 등식 $T_k(\mathbf{v}) + R_k(\mathbf{v}) = \tilde{T}_k(\mathbf{v}) + \tilde{R}_k(\mathbf{v})$에서

$$T_k(\mathbf{v}) - \tilde{T}_k(\mathbf{v}) = \tilde{R}_k(\mathbf{v}) - R_k(\mathbf{v})$$

이다. 한편 이 식의 왼쪽 항은 차수가 k 이하인 다항함수이고, 오른쪽 항은 $o\left(|\mathbf{v}|^k\right)$이므로, 도움정리 3.2.1 덕분에 이들은 모두 **영함수**이다.[30] 따라서 원하는 결론, 즉

$$T_k(\mathbf{v}) = \tilde{T}_k(\mathbf{v}), \qquad R_k(\mathbf{v}) = \tilde{R}_k(\mathbf{v})$$

를 얻는다. □

3.2.3 기본연습문제

함수 $f(x,y) = e^x \sin y$ 의 삼차 근사다항식을 구하라.

---

[29] $k = 1$일 때에는 쉽게 밝힐 수 있다.

[30] 함숫값이 항등적으로 영인 함수를 영함수라고 부른다.

연습문제: 제 11 장 3 절

1. 원점에서 다음 함수의 이차 근사다항식을 구하라.

(1)	$\sin(xy)$	(2)	$\sin x \cos y$
(3)	$\sin(x^2+y^2)$	(4)	$\sin(e^y+x^2-2)$
(5)	$\log(1+xy)$	(6)	$x+xy+2y^2+x^2$
(7)	e^{x+y}	(8)	e^x-e^y
(9)	$\dfrac{1}{1-x^2-y^2}$	(10)	$e^x \tan y$
(11)	$(1+x)^y$	(12)	$(1+x)^{\sin y}$
(13)	$\sin e^{xy}$		

2. 원점에서 함수 $f(x,y)=\cos x\, \sin y$ 의 삼차 근사다항식을 구하라.

3. 다음을 보이라.

$$\log(1+x+2y)=x+2y-\frac{1}{2}(x^2+4xy+4y^2)+o(x^2+y^2)$$

4. 점 (x,y) 가 원점에 가까이 갈 때, $\sin(xy)/x$ 의 극한값은 존재하는가? 존재하면 그 값을 구하라. (분모가 영이 아닌 영역에서만 조사한다.)

   또 다음 함수들에 대하여도 답하라.

(1)	$(e^{xy}-1)/x$	(2)	$\dfrac{\log(1+x^2+y^2)}{x^2+y^2}$
(3)	$\dfrac{\cos xy-1}{x}$	(4)	$\dfrac{\sin xy-xy}{xy}$

5. n-공간의 원점 근방에서 정의된 무한급함수 $f(X)$ 의 **테일러 급수**는

$$Tf(X):=\sum_{k=0}^{\infty}\frac{1}{k!}{D_X}^k f(O)$$

   를 뜻한다. 함수 $x^3-2xy^4+(x-1)^2y^{10}$ 의 테일러 급수에서 제 7 차항은 무엇인가?

6. 함수 $f(x,y,z)$ 가 x,y,z 에 대한 다항식이면, f 는 자기 자신의 테일러 급수와 같음을 보이라.

7. 함수 x^2y+xy^2+1 을 $(x-1)$ 과 $(y-1)$ 에 대한 거듭제곱급수로 표시하라.

8. 이급함수 $f(x,y)$ 가 임의의 (x,y) 와 실수 t 에 대하여

$$f(tx,ty)=t^2f(x,y)$$

   이면, 적절한 상수 a,b,c 에 대하여

$$f(x,y)=\frac{1}{2}(xD_1+yD_2)^2f(0,0)=ax^2+2bxy+cy^2$$

   임을 보이라 (xD_1+yD_2 에서 x,y 는 변수가 아니고 상수임).

9. k급함수 $f(x_1,\ldots,x_n)$이 등식

$$f(tx_1,\ldots,tx_n) = t^k f(x_1,\ldots,x_n)$$

을 만족시키면 주어진 점 $(x_1,\ldots,x_n)$에서

$$f(x_1,\ldots,x_n) = \frac{1}{k!}(x_1D_1 + \cdots + x_nD_n)^k f(0,\ldots,0)$$

임을 보이라 (위 연습문제 8번 및 제10장 5절 연습문제 2번 참고). 이때 f는 동차다항함수인가?

10. 기준점에서의 값을 1로 두었을 때, 다음의 일차 근삿값을 구하고, 또 오차를 셈하라.

(1) $(1.02)^{1.01}$ (2) $(0.99)^{0.99}$

11. 함수 f와 g가 무한급함수이면 정의역의 점 P와 벡터 $\mathbf{v}$ 및 자연수 k에 대하여

$$T_k(fg)(P,\mathbf{v}) \equiv T_kf(P,\mathbf{v}) \cdot T_kg(P,\mathbf{v}) \qquad \bmod o(|\mathbf{v}|^k)$$

임을 보이라.

12. n-공간의 한 점 P 근방에서 정의된 k번 미분가능한 함수 f와 g에 대하여, $\mathbf{v}$에 대한 함수 $f(P+\mathbf{v})$와 $g(P+\mathbf{v})$의 차가 $o\left(|\mathbf{v}|^k\right)$이면

$$T_kf(P,\mathbf{v}) = T_kg(P,\mathbf{v})$$

임을 밝히라.

13. n-공간의 표준기저 $\mathbf{e}_1,\ldots,\mathbf{e}_n$에 대하여

$$\mathbf{e}_0 := \mathbf{0}, \quad \mathbf{e}_{-k} := -\mathbf{e}_k \quad (k=1,\ldots,n)$$

으로 둔다. 이때 이급함수 $f(x_1,\ldots,x_n)$에 대하여

$$\lim_{\varepsilon\to 0}\frac{1}{\varepsilon^2}\sum_{k=-n}^{n}\big(f(\mathbf{x}+\varepsilon\mathbf{e}_k) - f(\mathbf{x})\big) = \frac{\partial^2 f}{\partial {x_1}^2}(\mathbf{x}) + \cdots + \frac{\partial^2 f}{\partial {x_n}^2}(\mathbf{x})$$

임을 밝히라. 표준기저 대신에 정규직교기저를 사용하여도 같은 결과가 나오는가?

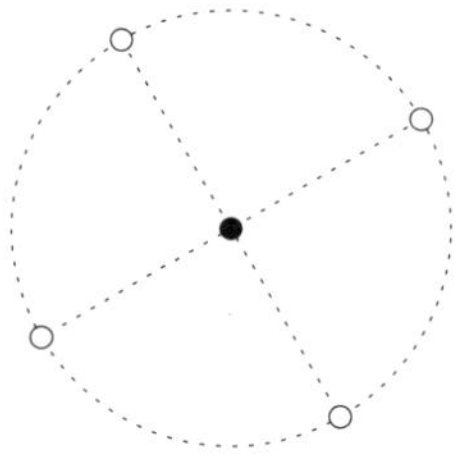

제 4 절 임계점 정리

4.1 최대점과 최소점

주어진 실숫값 함수에 대하여 정의역의 점 중에서 함숫값이 최대인 점을 그 함수의 **최대점**이라 한다. 즉, 점 P가 함수 $f : U \to \mathbb{R}$의 최대점이라는 것은 $P \in U$이고, U의 임의의 점 Q에 대하여

$$f(P) \geq f(Q)$$

라는 뜻이다. 함수의 최대점에서의 함숫값을 그 함수의 **최댓값**이라 한다.

마찬가지로, 주어진 실숫값 함수에 대하여 정의역의 점 중에서 함숫값이 최소인 점을 그 함수의 **최소점**이라 한다. 즉, 점 P가 함수 $f : U \to \mathbb{R}$의 최소점이라는 것은 $P \in U$이고, U의 임의의 점 Q에 대하여 $f(P) \leq f(Q)$라는 뜻이다. 함수의 최소점에서의 함숫값을 그 함수의 **최솟값**이라 한다.

함수에는 최대점이나 최소점이 반드시 있을 필요도 없고, 있을 때에도 여러 개가 있을 수 있다.[31]

4.2 극점

주어진 실숫값 함수에 대하여 함숫값이 국소적으로 최대인 점을 **극대점**이라 하고, 국소적으로 최소인 점을 **극소점**이라 한다. 극대점과 극소점을 통틀어 **극점**이라고 부른다.[32]

함수의 최대점은 극대점이고, 최소점은 극소점이다. 따라서 최대점과 최소점은 모두 극점이다.

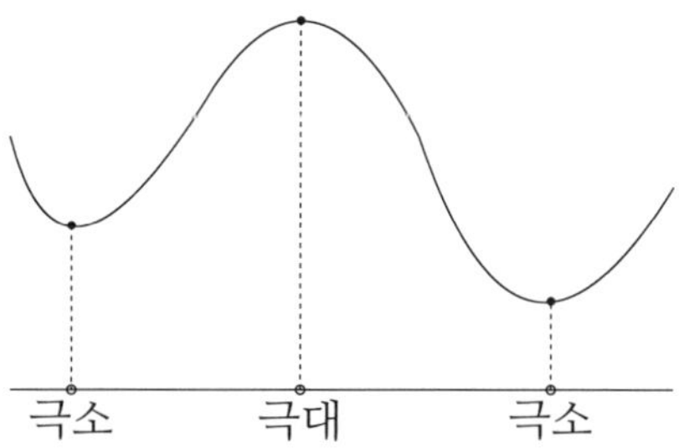

[31] 제 10 장 2절 참고.

[32] 극대점(極大點, local maximum point)에서의 함숫값과 극소점(極小點, local minimum point)에서의 함숫값을 각각 **극댓값**(local maximum value), **극솟값**(local minimum value)이라고 부른다. 또 극점((local) extremum point)에서의 함숫값을 **극값**((local) extremum value)이라고 한다.

4.3 임계점

n-공간의 점 P 근방에서 정의된 미분가능한 함수 f는 벡터 $\mathbf{v}$에 대하여 식

$$f(P+t\mathbf{v}) = f(P) + t\,D_{\mathbf{v}}f(P) + o(t)$$

를 만족시킨다. 따라서 $D_{\mathbf{v}}f(P)$가 양이면 점 P가 $\mathbf{v}$-방향으로 조금 움직일 때 (즉, t가 조그만 양수일 때) f의 값이 국소적으로[33] 증가한다:

$$f(P+t\mathbf{v}) = f(P) + t\left(D_{\mathbf{v}}f(P) + \frac{o(t)}{t}\right) > f(P).$$

마찬가지로 $D_{\mathbf{v}}f(P)$가 음이면, P가 $\mathbf{v}$-방향으로 움직일 때 f의 값이 국소적으로 감소한다.

이러한 사실에서, 만약 점 P가 f의 극대점이면, 임의의 벡터 $\mathbf{v}$에 대하여

$$D_{\mathbf{v}}f(P) = 0 \tag{2}$$

임을 보여 보자.

> 만약 $D_{\mathbf{v}}f(P) > 0$ 이라면, 위에서 살펴본 것처럼 $\mathbf{v}$-방향으로 조금 움직인 점에서의 함숫값이 더 커지므로, P는 극대점일 수 없다.
>
> 만약 $D_{\mathbf{v}}f(P) < 0$ 이라면, $D_{-\mathbf{v}}f(P) = -D_{\mathbf{v}}f(P) > 0$ 이므로, 역시 P가 극대점일 수 없다.
>
> 그러므로 P가 극대점이면, $D_{\mathbf{v}}f(P) = 0$ 이라야 한다.

같은 이유로 점 P가 f의 극소점인 경우에도 임의의 벡터 $\mathbf{v}$에 대하여 식 (2)가 성립한다. 이와 같이 모든 방향미분계수가 영인 점을 함수 f의 **임계점**(臨界點, critical point)이라고 부른다. 따라서 페르마의 임계점 정리를 얻는다.

정리 4.3.1 (임계점 정리) *n-공간의 열린 집합에서 정의된 미분가능한 함수의 극점은 임계점이다.*[34]

---

[33] 한 점에서의 미분계수는 국소적인 현상을 설명하지만, 멀리 떨어져 있는 점에서의 값은 말하지 못한다.

[34] 이 정리에서는 정의역이 열려 있다는 것이 중요하다.

임계점 정리는 최댓값·최솟값 또는 극댓값·극솟값을 구하는 문제에서 미분법이 중요하게 쓰이는 한 예이다. 이 정리는 얼핏 보기에는 쓸모없게 느껴질 수 있다. 왜냐하면, 임계점을 조사하기 위하여 무수히 많은 방향의 미분계수를 구하여야 하기 때문이다. 그러나 미분가능함수 f 에 대하여

$$D_{\mathbf{v}} f(P) = \mathbf{v} \cdot \operatorname{grad} f(P)$$

이고 따라서 기울기 벡터

$$\operatorname{grad} f(P) = (D_1 f(P), \ldots, D_n f(P))$$

가 영인 점이 바로 임계점이다. 즉, 임계점을 찾으려면 n 개의 편미분값이 영인 점을 찾으면 된다.

4.3.2 보기

함수 $f(x, y, z) = x^2 + y^2 + z^2$ 의 임계점은 원점뿐이고, 그 점은 최소점이다.

4.3.3 보기

공간의 점 $P_1, \ldots, P_k$ 에 대하여 값

$$f(X) := |X - P_1|^2 + \cdots + |X - P_k|^2$$

을 최소로 하는 점 X 를 구하는 문제를 생각하여 보자.[35]

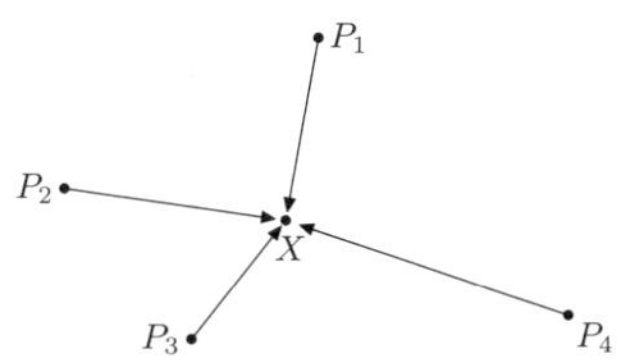

먼저 f 의 기울기 벡터를 구하면,

$$\operatorname{grad} f(X) = 2\sum_{i=1}^{k}(X - P_i) = 2\big(kX - (P_1 + \cdots + P_k)\big)$$

이다. 따라서 f 의 임계점, 즉 기울기 벡터가 영인 점은 바로 $P_1, \ldots, P_k$ 의 평균점

$$X = \frac{1}{k}(P_1 + \cdots + P_k)$$

라는 것을 알 수 있다. 이 점이 바로 f 의 최소점이다.

---

[35] 이러한 문제는 물류창고를 짓거나, 고속도로를 설계하거나, 이동통신 장비를 설치하는 장소를 물색하는 문제로 보아도 좋다. 이와 같은 문제에서는 최소점은 항상 존재한다. 왜냐하면, 주어진 함수는 $\lim_{X \to \infty} f(X) = \infty$ 인 함수이므로, $|X|$ 가 아주 크면, $f(X)$ 의 값이 아주 커진다. 이제 $|X| > b$ 이면 $f(X) \geq f(O)$ 이라고 하자. 그러면 최대최소 정리에 의하여 f 의 최소점은 유계인 닫힌 영역 $|X| \leq b$ 에 있다.

연습문제: 제 11 장 4 절

1. 다음 함수의 임계점을 구하라.

(1) $x^2 + 4xy - y^2 - ax - by$ (2) $x - y \sin x$

(3) x^2y^2 (4) $x^4 + y^2$

(5) $e^{x^2+y^2+z^2}$ (6) $e^{-xy/(x^2+y^2+1)}$

2. (**최소자승법**) 좌표평면의 점 $(x_1, y_1), \ldots, (x_n, y_n)$ 에 대하여

$$\sum_{i=1}^{n}(y_i - ax_i - b)^2$$

을 최소로 하는 직선의 식 $y = ax+b$를 구하라.[36] 또 이 직선은 주어진 점들의 평균점 $(\bar{x}, \bar{y})$를 지남을 밝히라. (단, $x_1, \ldots, x_n$ 이 모두 같은 경우가 아니라고 가정한다.)

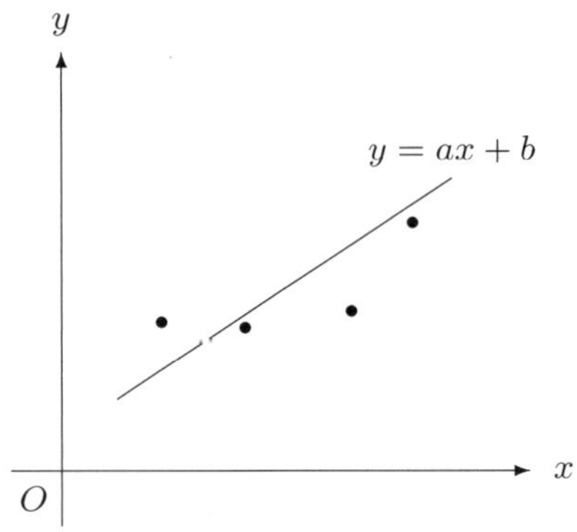

3. 함수 $f(x, y) = 3x^4 - 4x^2y + y^2 = (3x^2 - y)(x^2 - y)$ 에 대하여

(1) 원점이 f 의 임계점임을 보이라.

(2) 임의의 단위벡터 $\mathbf{v} = (h, k)$ 에 대하여, 함수 $g(t) := f(t\mathbf{v}) = f(th, tk)$ 는 $t = 0$ 에서 극소임을 보이라.

(3) 그럼에도 불구하고, 원점은 f 의 극소점이 아님을 보이라.

(4) 곡선 $f(x, y) = 0$을 도시하라.

(5) $f(x, y) > 0$, $f(x, y) < 0$ 인 영역을 각각 그리라.

(6) 위의 (2) 와 (3) 이 서로 모순되지 않는 이유를 설명하라.

[36] 이차함수 $f(a, b)$ 가 임의의 실수 a, b 에 대하여 $f(a, b) \geq 0$ 이면 f 는 최솟값을 가진다. 최소자승법 (method of least squares)은 측량할 때에 매우 중요하게 쓰이는 것으로 가우스도 이를 이용하여 소행성의 위치를 밝힌 것으로 유명하다. 제 5 장 4절 연습문제 15번, 제 10 장 3절 연습문제 9번 및 제 9 장 8절 행성의 운동에 관한 케플러의 제삼법칙 참고.

4. (**슈타이너 문제**) 평면의 $\triangle ABC$ 에서 꼭지각의 크기가 모두 120° 미만이라고 하자. 이때 함수

$$f(X) := |X - A| + |X - B| + |X - C| \qquad (X \in \mathbb{R}^2 - \{A, B, C\})$$

의 임계점을 P 라 하면, 선분 AP, BP, CP 는 서로 120° 를 이룸을 보이라.[37]

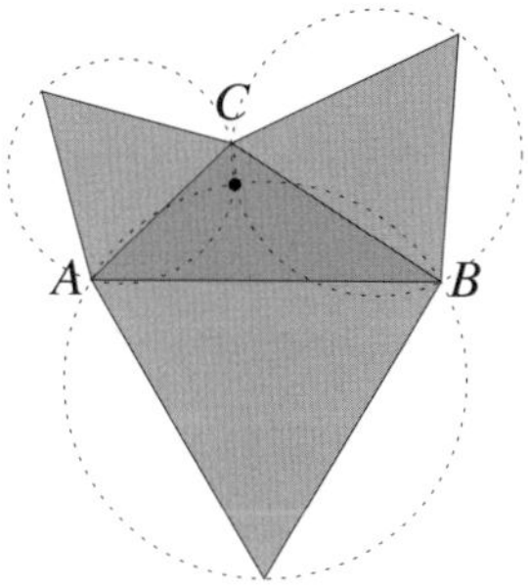

5. 다음 그림은 일급함수의 등위선을 그린 것이다. 이 그림을 보고 임계점의 위치를 추정하라.

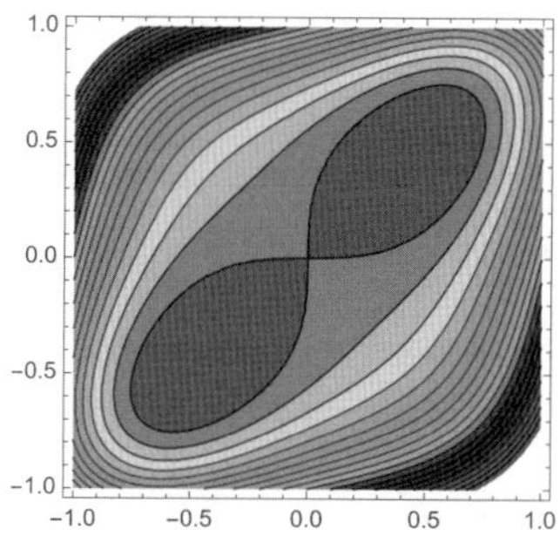

6. 공간의 점 $P_1, \ldots, P_k$ 와 주어진 양수 $m_1, \ldots, m_k$ 에 대하여 함수

$$f(X) = m_1|X - P_1|^2 + \cdots + m_k|X - P_k|^2$$

의 최소점을 구하라.

7. n-공간의 점 P 근방에서 정의된 일급함수 f 가 일차독립인 벡터 $\mathbf{v}_1, \ldots, \mathbf{v}_n$ 에 대하여

$$D_{\mathbf{v}_1}(P) = 0, \quad \ldots, \quad D_{\mathbf{v}_n}(P) = 0$$

이면, 점 P 는 f 의 임계점임을 설명하라.

---

[37]슈타이너(Jakob Steiner, 1796–1863)가 연구한 문제. 이 임계점은 최소점인데, 이 점을 **토리첼리의 점** 또는 **페르마의 점**이라고 부른다.

제 5 절 헤세 판정법

5.1 안장점

실숫값 함수의 최댓값·최솟값 또는 더욱 일반적으로 극값을 구하는 문제를 만나면, 미분법에서는 임계점, 즉 모든 방향미분계수가 0 인 점을 먼저 조사한다. 그러나 일반적으로 임계점이 모두 극점인 것은 아니다.

예를 들면

$$f(x, y) = xy$$

이면,

$$\frac{\partial f}{\partial x}(0,0) = 0, \qquad \frac{\partial f}{\partial y}(0,0) = 0$$

이므로 원점이 임계점이다. 하지만 원점 근방에서 이 함수는 양의 값과 음의 값을 모두 가지므로, 원점이 극점이 아님이 분명하다.

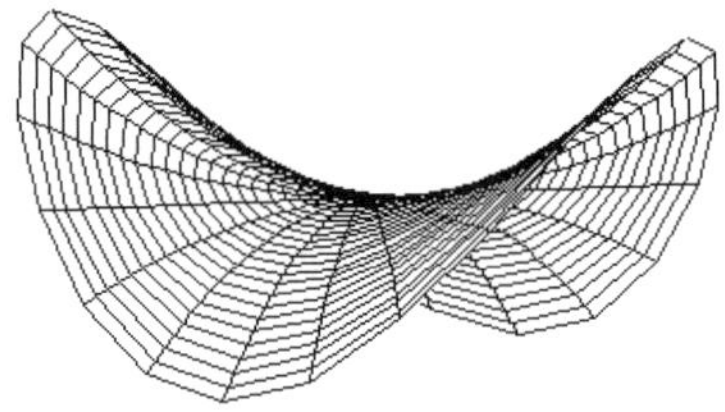

그림: $z = xy$ 의 그래프

이와 같이 임계점이지만 극점이 아닌 점을 **안장점**(saddle point)이라고 한다. 안장점에서는 점이 변화하는 방향에 따라 함숫값이 증가하기도 하고 감소하기도 한다.

임계점이 극대점인지 또는 극소점인지, 아니면 안장점인지를 판정하기 위해서는 이계미분법이 유용하게 쓰인다.

먼저 일변수의 경우를 살펴보자. 만약 점 $p \in \mathbb{R}$ 가 이급함수 $f(x)$ 의 임계점이면, 즉 $f'(p) = 0$ 이면

(i) $f''(p) > 0 \quad \Rightarrow \quad p$ 는 극소점

(ii) $f''(p) < 0 \quad \Rightarrow \quad p$ 는 극대점

임을 잘 알고 있다.[38]

이와 마찬가지로 다변수함수 $f(x_1, \ldots, x_n)$ 의 경우에도 "이계미분의 음양"을 조사하면 임계점을 분류할 수 있다.

[38] 임계점 근방에서는

$$f(p + x) = f(p) + \frac{1}{2} f''(p)x^2 + o(x^2)$$

이므로, 위의 결론을 얻는다.

5.2 헤세 행렬

이급함수 $f(x_1, \ldots, x_n)$ 에 대하여, 정의역의 점 P 에서의 이계 편미분계수들로 이루어진 $n \times n$ 행렬

$$f''(P) := \big(D_i D_j f(P)\big) = \left(\frac{\partial^2 f}{\partial x_i \partial x_j}(P)\right)_{1 \le i,j \le n}$$

을 점 P 에서 f 의 **헤세 행렬**이라 하고, 그 행렬식을 **헤세 행렬식**이라 한다.[39]

오일러의 편미분 교환법칙에서 헤세 행렬 $f''(P)$ 는 대칭행렬임을 안다.

5.2.1 보기

점 $P = (1,1)$ 에서 함수

$$f(x,y) = x^4 + y^4 - 4xy$$

의 헤세 행렬을 구하여 보자.

먼저 이계미분들을 구하면

$$D_1D_1f(x,y) = 12x^2, \qquad D_1D_2f(x,y) = -4$$
$$D_2D_1f(x,y) = -4, \qquad D_2D_2f(x,y) = 12y^2$$

이다. 따라서

$$f''(1,1) = \begin{pmatrix} D_1D_1f(1,1) & D_1D_2f(1,1) \\ D_2D_1f(1,1) & D_2D_2f(1,1) \end{pmatrix} = \begin{pmatrix} 12 & -4 \\ -4 & 12 \end{pmatrix}$$

이다.

5.2.2 기본연습문제

함수 $f(x,y,z) = xyz$ 의 헤세 행렬을 구하라.

5.3 행렬의 음양

이차 대칭행렬 $A = \begin{pmatrix} a & b \\ b & c \end{pmatrix}$ 에서

(i) $ac - b^2 > 0$ 이고 $a > 0$ 일 때, A 를 **양행렬**이라 하고 $A > O$ 으로 쓴다.

(ii) $ac - b^2 > 0$ 이고 $a < 0$ 일 때, A 를 **음행렬**이라 하고 $A < O$ 으로 쓴다.

[39] 헤세(Ludwig Otto Hesse, 1811–1874), 독일 수학자.

5.3.1 기본연습문제

1. 행렬 $\begin{pmatrix} 2 & 1 \\ 1 & 1 \end{pmatrix}$ 은 양행렬인가?

2. 행렬 A가 양행렬이면, $2A$도 양행렬인가?

3. 이차 대칭행렬 A에 대하여 $A > O$일 필요충분조건은 $-A < O$임을 보이라.

도움정리 5.3.2 *대칭행렬* $A = \begin{pmatrix} a & b \\ b & c \end{pmatrix}$ *에 대응되는 이차형식*

$$q(x, y) = ax^2 + 2bxy + cy^2 = (x\ y)\, A \begin{pmatrix} x \\ y \end{pmatrix}$$

에 대하여[40]

(i) $A > O$ *이면, 원점* $(0,0)$ *은* $q(x,y)$ *의 최소점이다.*

(ii) $A < O$ *이면, 원점* $(0,0)$ *은* $q(x,y)$ *의 최대점이다.*

(iii) $\det A < 0$ *이면, 원점* $(0,0)$ *은* $q(x,y)$ *의 안장점이다.*

증명. 먼저 $a \neq 0$인 경우를 살펴보자. 이때에는

$$ax^2 + 2bxy + cy^2 = a\left(\left(x + \frac{b}{a}\,y\right)^2 + \frac{ac - b^2}{a^2}y^2\right) \tag{3}$$

으로 쓸 수 있다.

(i) $A > O$이면, 임의의 $(x, y) \neq (0, 0)$에 대하여 식 (3)의 값이 양이므로 원점이 최소점이다.

---

[40] 일반적인 대칭행렬 $A = (a_{ij})$에 대응되는 **이차형식**(quadratic form)은

$$q(\mathbf{x}) = \langle \mathbf{x}, A\mathbf{x} \rangle = (x_1\ \cdots\ x_n)A \begin{pmatrix} x_1 \\ \vdots \\ x_n \end{pmatrix} = \sum_{i,j=1}^{n} a_{ij}x_ix_j$$

이다. 원점에서 이차형식의 값은 물론 0이다.

(ii) $A < O$ 이면, 임의의 $(x, y) \neq (0, 0)$ 에 대하여 식 (3)의 값이 음이므로 원점이 최대점이다.

(iii) $\det A < 0$ 이면 식 (3)은 양의 값과 음의 값을 동시에 가진다. 따라서 원점은 안장점이다.[41]

이제 $a = 0$ 인 경우를 살펴본다. 이때에는 (i), (ii) 의 경우는 일어나지 않는다. 이제 (iii) 의 경우, $0 > \det A = -b^2$ 에서 $b \neq 0$ 임을 안다. 그러므로

$$q(x, y) = 2bxy + cy^2 = by\left(2x + \frac{c}{b}y\right)$$

는 음과 양의 값을 모두 가진다. 따라서 원점이 안장점이다. □

그림: $A > O$ 과 $A < O$

정리 5.3.3 (헤세 판정법) *좌표평면의 열린 집합에서 정의된 이급함수 $f(x, y)$ 는 임계점 P 에서*

(i) *$f''(P) > O$ 이면, P 는 극소점이다.*

(ii) *$f''(P) < O$ 이면, P 는 극대점이다.*

(iii) *$\det f''(P) < 0$ 이면, P 는 안장점이다.*

증명. (i) 먼저 $f''(P) > O$ 이면, f 의 이계 편도함수 D_iD_jf 의 연속성에 의하여 P 근방의 점 P^* 에 대하여도 $f''(P^*) > O$ 이다.[42] 이제 아주 작은 벡터 $\mathbf{v} = v_1\mathbf{e}_1 + v_2\mathbf{e}_2$ 에 대하여 점 P 에서 $f(P + \mathbf{v})$ 의 테일러 전개를 생각하면, P 가 임계점이므로

$$f(P + \mathbf{v}) - f(P) = \frac{1}{2}\sum_{i,j=1}^{2} v_iv_jD_iD_jf(P + t^*\mathbf{v}) \tag{4}$$

[41] 이차형식에서 $q(x_0, y_0) > 0$ 이면 $q\big(t(x_0, y_0)\big) = t^2q(x_0, y_0) > 0$ 이다. 따라서 임의의 원점 근방에서 $q > 0$ 인 점이 존재한다. 마찬가지로 $q(x_0, y_0) < 0$ 인 경우에도, 임의의 원점 근방에서 $q < 0$ 인 점이 존재한다.

[42] 사상 $X \mapsto \det f''(X) = {D_1}^2f(X){D_2}^2f(X) - (D_1D_2f(X))^2$ 은 연속사상이다.

를 만족시키는 $t^* \in (0,1)$ 의 존재를 안다. 한편 $\mathbf{v}$ 의 크기가 작으면 $f''(P+t^*\mathbf{v}) > O$ 이므로 도움정리 5.3.2 에서

$$f(P+\mathbf{v}) - f(P) \geq 0$$

이고, 따라서 P 는 극소점이다.

(ii, iii) $f''(P) < O$ 이거나 $\det f''(P) < 0$ 일 때에도 같은 방법으로 원하는 결론을 얻는다. □

5.3.4 보기

보기 5.2.1 의 함수

$$f(x,y) = x^4 + y^4 - 4xy$$

의 극점들을 구하고, 극대점, 극소점, 임계점을 구분하여 보자.

먼저

$$\operatorname{grad} f(x,y) = 4(x^3 - y, -x + y^3)$$

이므로 f 의 임계점은 $(0,0)$, $(1,1)$, $(-1,-1)$ 이다.

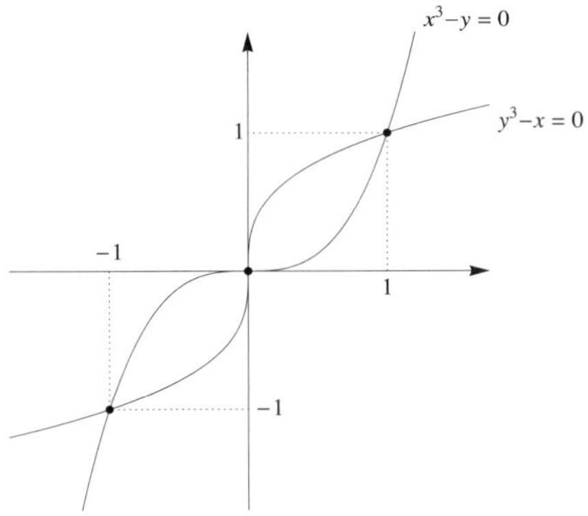

이제 헤세 행렬은

$$f''(x,y) = 4\begin{pmatrix} 3x^2 & -1 \\ -1 & 3y^2 \end{pmatrix}$$

이므로

$$f''(0,0) = 4\begin{pmatrix} 0 & -1 \\ -1 & 0 \end{pmatrix}, \quad f''(1,1) = 4\begin{pmatrix} 3 & -1 \\ -1 & 3 \end{pmatrix} = f''(-1,-1)$$

이다.

원점에서는 헤세 행렬식이 음이므로, 원점은 안장점이다.

또 $f''(1,1) = f''(-1,-1) > O$ 이므로 점 $(1,1)$ 과 점 $(-1,-1)$ 은 모두 극소점이다. (사실 $\pm(1,1)$ 은 모두 최소점이다. 주석 35 참고.)

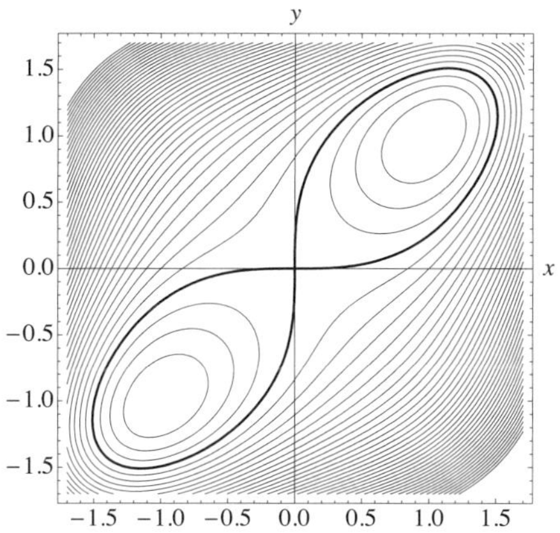

그림: 함수 $x^4 + y^4 - 4xy$ 의 등위선들

5.3.5 보기

함수

$$f(x,y) = x^3 - 12xy + 8y^3$$

의 극점을 구하고, 극대점, 극소점, 안장점을 구별하여 보자.

먼저

$$\operatorname{grad} f(x,y) = 3(x^2 - 4y, -4x + 8y^2)$$

이므로, 임계점은 $(0,0)$ 과 $(2,1)$ 이다.

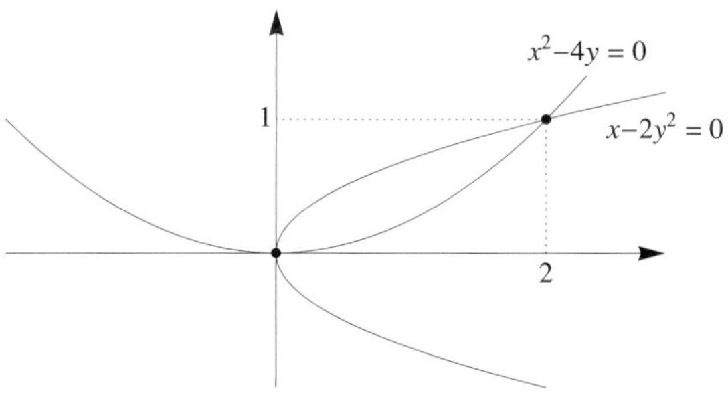

또 헤세 행렬이

$$f''(x,y) = 3\begin{pmatrix} 2x & -4 \\ -4 & 16y \end{pmatrix}$$

이므로

$$f''(0,0) = 3\begin{pmatrix} 0 & -4 \\ -4 & 0 \end{pmatrix}, \qquad f''(2,1) = 3\begin{pmatrix} 4 & -4 \\ -4 & 16 \end{pmatrix}$$

이다.

이제 $\det f''(0,0) < 0$ 이므로, 원점 $(0,0)$ 은 안장점이다.

또 $\det f''(2,1) > 0$ 이고 $f''(2,1)$ 의 대각선의 항들이 양수이므로 점 $(2,1)$ 은 극소점이다.

5.3.6 참고

함수 $f(X)$ 의 임계점 P 가 극소점, 극대점 또는 안장점인지 판정하기 위하여 쓰는 헤세 판정법은 $\det f''(P) = 0$ 인 경우에는 사용할 수 없다. 이때에는 고계미분계수를 이용하거나 기타 다른 방법으로 해결하여야 한다.[43]

[43] 임계점 이론에 더 관심 있으면, 모스(M. Morse, 1892–1977)의 이론을 공부하면 된다.

연습문제: 제 11 장 5 절

1. 함수
$$f(x,y) = x^4 + 2x^2y + 3xy^2 + 6xy + 3x$$
의 최댓값과 최솟값이 존재하면 그것을 구하라.

2. 함수
$$f(x,y) = (x^2 + y^2)\cos(x + 2y)$$
에서 원점이 극소점인가?

3. 다음 함수의 극대점, 극소점과 안장점을 구하라.

(1)	$\dfrac{1}{x} + xy - \dfrac{8}{y}$	(2)	$x^2 - y^2 - 2xy - 4x$
(3)	$x^2 + 9 + 6x\cos y$	(4)	$\log(1 + x^2 + y^2)$
(5)	$4\log x + e^y - x - y$	(6)	$x^4 + y^4 - (x+y)^2$
(7)	$x^2 + 2xy + 2y^2 + 4x$	(8)	$x^3 - y^3 + 3x^2 + 3y^2 - 9x$
(9)	$x^2 - xy + y^4$	(10)	$(x^3 - 3x)/(1 + y^2)$
(11)	$(x^2 - y^2)e^{-(x^2+y^2)/2}$	(12)	$\frac{1}{2}(ax^2 + by^2)e^{-x^2-y^2}$ $(0 < a < b)$

또 다음 함수에 대하여도 답하라.[44]

(13) $\sin x + \sin y + \sin(x+y)$ (14) $(x+y)^3 + (x-y)^3 - 12(x+y)$

4. 다음 함수에서 원점이 안장점임을 보이라.
   (1) (**원숭이 안장점**)[45] $f(x,y) = x^3 - 3xy^2$
   (2) (**개 안장점**)[46] $f(x,y) = x^3y - xy^3$

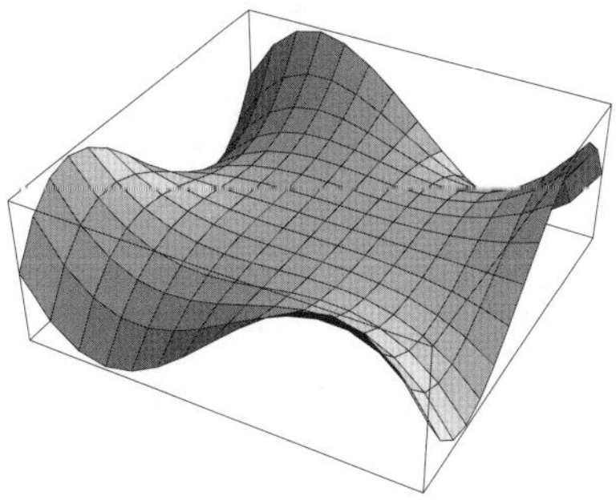

그림: 개 안장점

[44] 헤세 판정법을 사용할 수 없으면 테일러 전개를 이용한다.

[45] 원숭이는 꼬리가 있다.

[46] 꼬리 없는 개는 네 발이다.

5. 이차형식 $q(x,y) = ax^2 + 2bxy + cy^2$ 의 등위선이 원점 $(0,0)$ 을 지나지 않을 때 이 등위선은

   (1) $ac - b^2 > 0$ 이면, 타원

   (2) $ac - b^2 < 0$ 이면, 쌍곡선

   (3) $ac - b^2 = 0$ 이면, 직선

   임을 보이라.

6. n-공간의 점 P 근방에서 정의된 이급함수 f 와 벡터 $\mathbf{v} = v_1\mathbf{e}_1 + \cdots + v_n\mathbf{e}_n$ 에 대하여

$$D_{\mathbf{v}}{}^2 f(P) = \sum_{i,j=1}^{n} v_i v_j D_i D_j f(P) = \mathbf{v} \cdot \big(f''(P)\mathbf{v}\big)$$

   임을 보이라.

7. 이급함수 $f(x,y)$ 의 극대점에서는

$$\frac{\partial^2 f}{\partial x^2} + \frac{\partial^2 f}{\partial y^2} \leq 0$$

   이고, 극소점에서는

$$\frac{\partial^2 f}{\partial x^2} + \frac{\partial^2 f}{\partial y^2} \geq 0$$

   임을 보이라.

8. 길동이가 경영하는 한 상전에서는 두 가지 상표이 사과즙을 팔고 있다. 한 상표는 전국적으로 유명한 상표로 병당 400원에 들여오고, 또 한 상표는 잘 알려져 있지 않은 무명 상표로 병당 300원에 들여온다. 길동의 경험에 의하면, 무명 상품을 x 원, 유명 상품을 y 원에 판매할 때, 하루에 무명 상품은 $700 - 5x + 4y$ 병이 팔리고, 유명 상품은 $800 + 6x - 7y$ 병이 팔린다. 사과즙을 판 이윤이 최대가 되도록 하려면, 무명 상품을 530원, 유명 상품을 550원에 팔면 된다는 것을 보이라.

9. 2×2 대칭행렬 A 가 양행렬일 필요충분조건은

$$\det A > 0, \quad \operatorname{tr} A > 0$$

   임을 보이라.

10. A 가 2×2 대칭행렬이면

$$A > O, \quad A = O, \quad A < O$$

   중에서 어느 하나가 반드시 성립하는가?

제 6 절 라그랑주 승수법

함수의 최대최소 문제 중에는 변수에 제약이 있는 경우가 있다. 보기를 들어 함수

$$f(x, y) = x^2 + y^2$$

의 최댓값을 타원 영역

$$g(x, y) := \frac{x^2}{9} + \frac{y^2}{4} \leq 1 \tag{5}$$

에서 구하는 문제를 생각하여 보자.

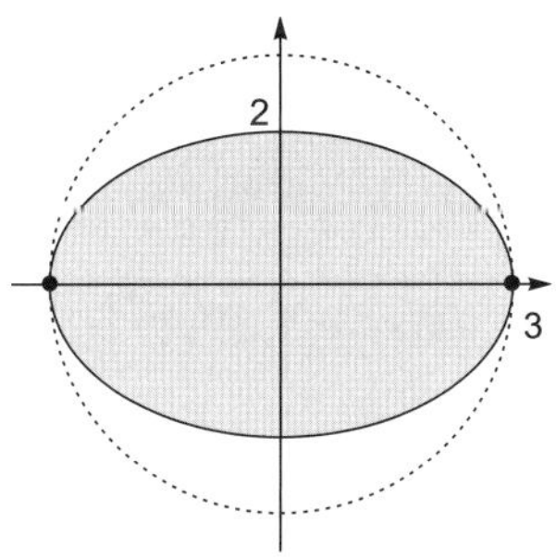

그림: 영역의 경계와 함수 f 의 최대등위선

이 문제는 타원 영역의 점 중에서 원점과 가장 먼 거리에 있는 점을 구하는 문제와 마찬가지이다. 그러므로 제한된 영역에서 f 의 최대점은 타원의 좌우 꼭짓점들인 $P = (3, 0)$ 과 $Q = (-3, 0)$ 이다.

이때 제한된 f 의 최대점들에서 f 의 등위선과 타원이 서로 접하므로, f 의 기울기 벡터 $\operatorname{grad} f(P)$ 와 타원을 서술하는 함수 g 의 기울기 벡터 $\operatorname{grad} g(P)$ 가 서로 나란하다. 이런 현상은 일반적인 것으로 **라그랑주 승수법**이라 한다.

6.0.1 기본연습문제

타원 $\dfrac{x^2}{a^2} + \dfrac{y^2}{b^2} = 1$ 의 점 중에서 함수 $f(x, y) = xy$ 의 값이 최대가 되는 점을 제일사분면에서 구하고, 이 점에서 타원과 f 의 등위면이 접함을 밝히라.[47]

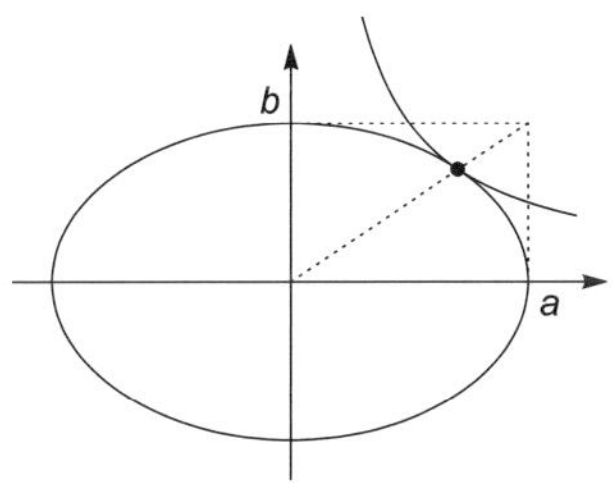

또 타원 영역 $\dfrac{x^2}{a^2} + \dfrac{y^2}{b^2} \leq 1$ 에서 함수 f 의 최댓값을 구하라.

[47] a, b 가 양수이면, 최대점은 $(a, b)/\sqrt{2}$. 이 문제는 다음 질문과 같다: 타원에 포함되는 직사각형 중에서 가장 넓이가 큰 것은?

라그랑주 승수법은 함수를 "초곡면"에[48] 제한하였을 때 극점을 구하는 방법을 제공한다.

정리 6.0.2 (라그랑주 승수법) *n-공간의 열린 집합 U에서 정의된 일급함수 f와 g에 대하여 함수 f를 초곡면*

$$S := \{X \in U \mid g(X) = c\}$$

에 제한하였을 때, S의 점 P가 f의 극점이라고 하자. 이때 $\operatorname{grad} f(P)$와 $\operatorname{grad} g(P)$는 일차종속, 즉

$$\operatorname{grad} f(P) \wedge \operatorname{grad} g(P) = \mathbf{0}$$

이다. 특히, $\operatorname{grad} g(P) \neq \mathbf{0}$ 이면, 등식 $\operatorname{grad} f(P) = \lambda \operatorname{grad} g(P)$를 만족시키는 실수 λ가 존재한다.[49]

증명. $\operatorname{grad} g(P) = \mathbf{0}$이면 당연히 $\operatorname{grad} f(P)$와 $\operatorname{grad} g(P)$가 일차종속이므로, 이 경우에는 위 정리가 큰 의미가 없다. 그러므로 $\operatorname{grad} g(P) \neq \mathbf{0}$이라고 가정한다.

먼저 $\operatorname{grad} f(P)$가 점 P에서 초곡면 S (의 접평면)에 수직임을 살펴보자.

> 점 P에서 S의 접평면의 임의의 벡터 $\mathbf{v}$는, S에 포함되는 한 곡선 $X(t)$에 대하여
>
> $$X(0) = P, \qquad X'(0) = \mathbf{v}$$
>
> 이다.[50] 한편, 점 P가 f의 극점이므로, $t = 0$이 $h(t) := f(X(t))$의 극점이다.

---

[48] n-공간에서 미분가능한 함수의 정규 등위면을 **초곡면**이라고 부른다.

[49] 이 실수 λ(람다)를 **라그랑주 승수**(乘數, multiplier)라고 부른다. 벡터 $\mathbf{v} = (v_1, \ldots, v_n)$과 벡터 $\mathbf{w} = (w_1, \ldots, w_n)$이 일차종속일 필요충분조건은

$$v_i w_j = v_j w_i \qquad (i, j = 1, \ldots, n)$$

이다. 이 식을

$$\mathbf{v} \wedge \mathbf{w} = \mathbf{0}$$

으로 쓰기도 한다 (제 5 장 5절 참고). 이 식은 $n = 2$일 때에는 $\det(\mathbf{v}, \mathbf{w}) = 0$이고, $n = 3$일 때에는 $\mathbf{v} \times \mathbf{w} = \mathbf{0}$이다. 일반 원리는 [[라그랑주 승수법]] 참고.

[50] 이 부분이 $\operatorname{grad} g(P) \neq \mathbf{0}$ 이라는 가정이 사용되는 부분이다. 그 이유는 12 장에서 **은함수 정리**를 공부하면 알 수 있다.

따라서

$$0 = h'(0) = \operatorname{grad} f(P) \cdot X'(0)$$

이고 $\operatorname{grad} f(P)$ 는 $X'(0) = \mathbf{v}$ 에 수직이다. 그런데 $\mathbf{v}$ 는 임의의 접벡터이므로, $\operatorname{grad} f(P)$ 는 점 P 에서 초곡면 S 에 수직이다.

한편 $\operatorname{grad} g(P)$ 도 등위면 S 에 수직이므로 $\operatorname{grad} f(P)$ 와 $\operatorname{grad} g(P)$ 는 나란하고, 따라서 원하는 결론을 얻는다. □

6.0.3 보기

구면 $g(x, y, z) := x^2 + y^2 + z^2 = 1$ 에서 함수

$$f(x, y, z) = xy + z^2$$

의 최댓값을 구하여 보자.

먼저 구면은 유계인 닫힌 집합이므로, 이 문제는 해를 가진다는 것을 안다.

이제 $\operatorname{grad} f(x, y, z) = (y, x, 2z)$, $\operatorname{grad} g(x, y, z) = 2(x, y, z)$ 이고, 풀려는 방정식은 $\operatorname{grad} f \times \operatorname{grad} g = \mathbf{0}$, 즉

$$z(x - 2y) = 0, \qquad z(2x - y) = 0, \qquad y^2 - x^2 = 0$$

이다. (물론 $x^2 + y^2 + z^2 = 1$ 이다.)

만약 $z = 0$ 이면 $x^2 = y^2 = \frac{1}{2}$ 이고, 이때 $f(x, y, z) = xy = \pm\frac{1}{2}$ 이다.

만약 $z \neq 0$ 이면, $x = y = 0$, $z^2 = 1$ 이고, $f(x, y, z) = 1$ 이다.

그러므로 f 의 최대점은 $(0, 0, \pm 1)$ 이고, 이때 최댓값은 1 이다.[51]

6.0.4 기본연습문제

라그랑주 승수법을 이용하여 $yz + zx + xy = 1$ 일 때 함수 $f(x, y, z) = x^2 + y^2 + z^2$ 의 최솟값이 1 임을 보이라.[52]

[51] 이 문제에서 $xy + z^2 = xy + (1 - x^2 - y^2) = 1 - (x^2 - xy + y^2) \le 1$ 이므로 더 쉽게 풀 수도 있다.

[52] 이 문제는 겉넓이가 일정한 직육면체 중에서 대각선의 길이가 최소인 경우를 구하는 것으로 보아도 좋다. 이 문제는 CBS 부등식을 사용하여 해결할 수도 있다. 해의 존재에 관해서는 주석 35 또는 제10장 탐구문제 9번 참고.

6.0.5 보기

반지름이 1 인 구에 내접하는 직육면체 중에서 겉넓이가 최대인 것을 구하여 보자.[53]

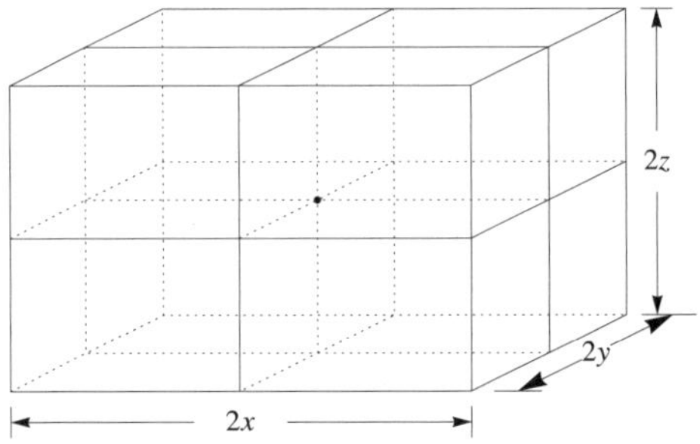

직육면체의 가로, 세로, 높이를 각각 $2x, 2y, 2z$ 로 두면,

$$g(x, y, z) := x^2 + y^2 + z^2 - 1 = 0, \quad x > 0,\ y > 0,\ z > 0 \tag{6}$$

이라는 제한이 있고, 이때 최대화하려는 겉넓이는

$$f(x, y, z) := 8(xy + yz + zx)$$

이다.[54] 한편

$$\operatorname{grad} f = (y + z, z + x, x + y), \qquad \operatorname{grad} g = 2(x, y, z)$$

이므로, f 의 최대점 (x, y, z) 에서는 $\operatorname{grad} f \times \operatorname{grad} g = \mathbf{0}$, 즉

$$z(z+x) - y(x+y) = 0, \quad x(x+y) - z(y+z) = 0, \quad y(y+z) - x(z+x) = 0$$

이다. 처음 식에서 $(z - y)(x + y + z) = 0$ 을 얻고, 따라서 $z = y$ 이다. 마찬가지로 두 번째 식에서 $(x - z)(x + y + z) = 0$ 을 얻고, 따라서 $x = z$ 이다. 그러므로 구하는 직육면체는 한 변의 길이가 $1/\sqrt{3}$ 인 정육면체이다.[55]

[53] 냉각 장치를 만들 때에는 겉넓이가 큰 것이 필요하다.

[54] 이 문제가 해를 가지는 것은 다음과 같이 보일 수 있다. 먼저 f 는 유계인 닫힌 영역

$$\{(x, y, z) \mid g(x, y, z) = 0,\ x \geq 0,\ y \geq 0,\ z \geq 0\}$$

에서 해를 가짐을 안다. 또 $f\left(\frac{1}{\sqrt{3}}, \frac{1}{\sqrt{3}}, \frac{1}{\sqrt{3}}\right) = 8$ 이므로 최댓값이 존재한다면 그 값은 8 이상임을 안다. 한편 $z = 0$ 인 곳에서는 $x^2 + y^2 = 1$ 이므로, 이때 $f(x, y, 0) = 8xy \leq 4(x^2 + y^2) = 4$ 이다. 이 값은 8 보다 작으므로, $z = 0$ 인 곳은 최대점이 아니다. 마찬가지로 대칭성에서 $x = 0$ 이거나 $y = 0$ 인 곳에도 최대점은 없다. 그러므로 최대점에서는 $x \neq 0,\ y \neq 0,\ z \neq 0$ 이고, 따라서 영역

$$\{(x, y, z) \mid g(x, y, z) = 0,\ x > 0,\ y > 0,\ z > 0\}$$

에서 f 의 최댓값이 존재한다. 사실 풀이를 보면 f 의 최댓값은 8임을 알 수 있다.

[55] 이 문제는 CBS 부등식 $|xy + yz + zx| \leq |(x, y, z)| \cdot |(y, z, x)| = x^2 + y^2 + z^2$ 을 이용하면 훨씬 쉽게 풀 수 있다.

6.1 산술평균과 기하평균

조건

$$g(x_1, \ldots, x_n) := x_1 + \cdots + x_n = 1, \qquad x_1 \geq 0,\ \ldots,\ x_n \geq 0$$

을 만족시키는 점 $(x_1, \ldots, x_n)$들로 이루어진 영역에서[56] 함수

$$f(x_1, \ldots, x_n) = x_1 \cdots x_n$$

의 최댓값이 $1/n^n$ 이고, 최대점에서는 $x_1 = \cdots = x_n$ 임을 밝혀 보자.

> 주어진 영역의 점들이
>
> $$0 \leq x_1, \ldots, x_n \leq 1$$
>
> 을 만족시키므로 주어진 영역은 유계인 닫힌 집합이고, 따라서 이 영역에서 연속함수 f 의 최대점이 존재한다. 이 최대점을 $X = (x_1, \ldots, x_n)$ 이라고 하면 당연히 $x_i \gneqq 0$ 이다. 이제 라그랑주 승수법에서
>
> $$\begin{aligned} \operatorname{grad} f(X) &= (x_2x_3 \cdots x_n,\ x_1x_3 \cdots x_n,\ \ldots,\ x_1 \cdots x_{n-1}) \\ &= x_1 \cdots x_n \left(\tfrac{1}{x_1}, \ldots, \tfrac{1}{x_n}\right) \end{aligned}$$
>
> 은 $\operatorname{grad} g(X) = (1, 1, \ldots, 1)$ 에 비례함을 안다. 따라서 $x_1 = \cdots = x_n$ 이다. 이 식과 조건 $g(X) = 1$ 에서 $x_1 = \cdots = x_n = \frac{1}{n}$ 이고, 구하는 최댓값은 $(1/n)^n = 1/n^n$ 이다.

6.1.1

영 이상인 실수 $a_1, \ldots, a_n$ 에 대하여

$$S := a_1 + \cdots + a_n$$

으로 두자. 이때 $S \neq 0$ 이면 $\dfrac{a_1}{S} + \cdots + \dfrac{a_n}{S} = 1$ 이므로

$$\frac{a_1}{S} \cdots \frac{a_n}{S} \leq \frac{1}{n^n}$$

즉, $a_1 \cdots a_n \leq \left(\dfrac{S}{n}\right)^n$ 을 얻는다. 이로부터 절대부등식

[56] 이 영역 Δ_{n-1} 을 $n-1$ 차원 단체(simplex)라고 한다. Δ_1 은 선분, Δ_2 는 삼각형, Δ_3 은 사면체 등이다.

$$\boxed{(a_1 \cdots a_n)^{1/n} \le \frac{a_1 + \cdots + a_n}{n}}$$

을 얻는다. 다시 말하면, **기하평균**은[57] **산술평균**보다 작거나 같다.[58] 이때 등호는 $a_1 = \cdots = a_n$ 일 때만 성립한다.

6.1.2 기본연습문제

주어진 공 속에 들어 있는 직육면체 중에서 그 부피가 최대인 것은 정육면체임을 밝히라.

6.2 산술평균과 이차평균

조건

$$g(x_1, \ldots, x_n) := {x_1}^2 + \cdots + {x_n}^2 = 1, \qquad x_1 \ge 0, \ \ldots, \ x_n \ge 0$$

아래에서 함수

$$f(x_1, \ldots, x_n) = x_1 + \cdots + x_n$$

의 최댓값을 구하는 문제를 생각하여 보자.

물론 이 문제도 해가 존재함을 안다.

[57]양수 a, b, c 의 기하평균이란, 이들을 변으로 가지는 직육면체와 같은 부피의 정육면체를 만들었을 때 한 변의 길이 $\sqrt[3]{abc}$ 를 뜻한다.

[58]이 부등식을 얻는 방법에는 여러 가지가 있다.

가장 쉬운 방법은 부등식 $x^2 + y^2 \ge 2xy$ 를 이용하는 것이다. 이 부등식에서 변수가 네 개인 경우에 둘씩 짝지어 증명할 수 있고, 변수가 여덟 개인 경우도 둘씩 짝지어 증명할 수 있고, 일반적으로 변수가 2의 거듭제곱 개인 경우를 증명할 수 있다. 변수의 개수가 일반적인 경우는 이들의 평균값을 추가하여 변수가 2의 거듭제곱 개인 경우로 변형하여 "산술평균-기하평균 부등식"을 증명한다.

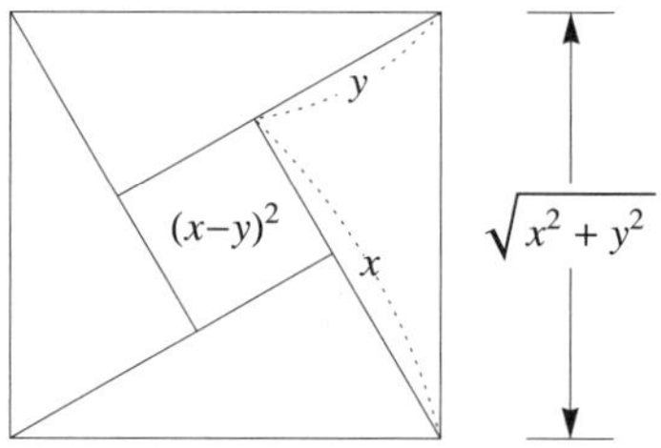

$$x^2 + y^2 = 2xy + (x-y)^2 \ge 2xy$$

다른 방법으로는 $\log x$ 와 같은 오목함수 $f(x)$ 의 성질

$$\lambda_1 + \cdots + \lambda_n = 1, \ \lambda_1 \ge 0, \cdots, \lambda_n \ge 0 \quad \Rightarrow \quad \lambda_1 f(x_1) + \cdots + \lambda_n f(x_n) \le f(\lambda_1 x_1 + \cdots + \lambda_n x_n)$$

을 이용하여

$$a_1^{\lambda_1} \cdots a_n^{\lambda_n} \le \lambda_1 a_1 + \cdots + \lambda_n a_n$$

을 유도할 수도 있다. 이 부등식을 영국 수학자 영(William Henry Young, 1863–1942)의 부등식이라고도 부른다.

먼저 구하는 최대점을 $X = (x_1, \ldots, x_n)$ 이라고 하면,

$$\operatorname{grad} g(X) = 2(x_1, \ldots, x_n), \qquad \operatorname{grad} f(X) = (1, \ldots, 1)$$

이다. 이 두 벡터가 서로 비례하기 위해서는 $x_1 = \cdots = x_n = \frac{1}{\sqrt{n}}$ 이라야 하고, 이때 최댓값은 $n \cdot \dfrac{1}{\sqrt{n}} = \sqrt{n}$ 이다.[59]

6.2.1

이제 임의의 양수 $a_1, \ldots, a_n$ 에 대하여

$$S := \left(a_1^2 + \cdots + a_n^2\right)^{1/2}$$

으로 두자. 이때 $S \neq 0$ 이면, $\left(\dfrac{a_1}{S}\right)^2 + \cdots + \left(\dfrac{a_n}{S}\right)^2 = 1$ 이므로 부등식

$$\frac{a_1}{S} + \cdots + \frac{a_n}{S} \leq \sqrt{n}$$

을 얻는다. 따라서 절대부등식

$$\boxed{\frac{a_1 + \cdots + a_n}{n} \leq \left(\frac{a_1^2 + \cdots + a_n^2}{n}\right)^{1/2}}$$

이 성립한다. 즉, **일차평균**은 **이차평균**보다 작거나 같다.[60] 등호가 성립하는 경우는 $a_1 = \cdots = a_n$ 일 때뿐이다.

6.3 점과 곡면 사이의 거리

좌표평면에서 곡선

$$C \;:\; g(x, y) = 0$$

의 점들 중에서 원점에 가장 가까운 점을 구하는 문제를 생각하여 보자.[61]

이 문제에서 **최소화**하려는 함수는

$$f(x, y) := \tfrac{1}{2}\left(x^2 + y^2\right)$$

---

[59] 이 문제는 CBS 부등식

$$(x_1 + \cdots + x_n)^2 \leq (x_1^2 + \cdots + x_n^2)(1^2 + \cdots + 1^2)$$

을 이용하여 풀 수도 있다. 이 식을 $0 \leq (x_1 - \bar{x})^2 + \cdots + (x_n - \bar{x})^2$ 으로 해석할 수도 있다.

[60] 이 부등식은 볼록함수 x^2 의 성질에서 유도할 수도 있다.

[61] 이 문제를 “강변에 나룻터를 설치하여, 이 나룻터와 어떤 도시 사이에 도로를 건설하는 문제”로 생각하여도 좋다.

으로 둘 수 있다. 이때 함수 f 의 정의역은 곡선

$$C := \{(x, y) \in \mathbb{R}^2 \mid g(x, y) = 0\}$$

으로 제한하여야 한다.

먼저 이 문제가 반드시 해를 가지는 이유를 알아보자. 곡선 C 를 정의하는 함수 $g : \mathbb{R}^2 \to \mathbb{R}$ 가 연속함수이면, C 는 (좌표평면에서) 닫힌 집합이다 (10 장 정리 7.2.12). 이제 원점을 중심으로 하고, 반지름이 아주 큰 닫힌 공 B 를 택하여 이 공과 곡선 C 가 공통부분이 있도록 하자.[62]

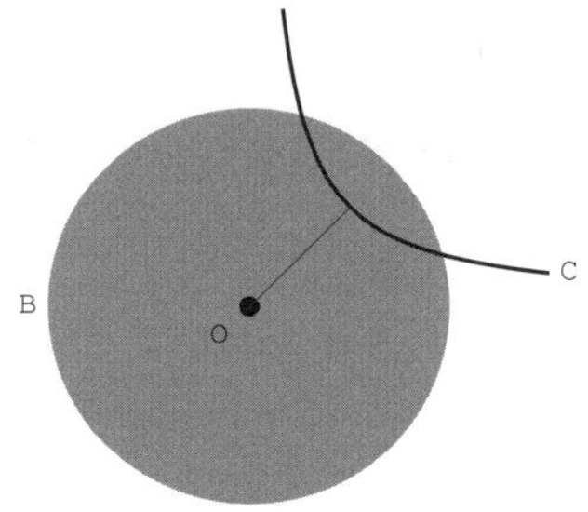

그러면 f 를 최소화하려는 문제는 f 를 $B \cap C$ 에서 최소화하려는 문제와 마찬가지이다. 한편 $B \cap C$ 는 유계인 닫힌 집합이고, f 는 연속함수이므로 (10 장 2.1.1 참고), 최대최소 정리에서 최소점의 존재를 안다. 그러므로 위 문제는 반드시 해를 가지고, 그 해를 구하려는 노력이 헛되지 않음을 보장한다.

이제 원점에서 가장 가까운 거리에 있는 C 의 점 (x, y) 를 구하기 위하여 라그랑주 승수법을 쓰면, $\operatorname{grad} f(x, y) = (x, y)$ 이므로,

$$\operatorname{grad} g(x, y) \neq 0 \quad \Rightarrow \quad (x, y) = \lambda \operatorname{grad} g(x, y)$$

를 만족시키는 상수 λ 가 존재한다. 이 방정식을 풀어서 "최단거리 문제"를 해결할 수 있다. (또는 방정식 $(x, y) \wedge \operatorname{grad} g(x, y) = 0$, 즉 $x\, D_2 g(x, y) = y\, D_1 g(x, y)$ 를 풀어도 좋다.)

일반적으로, n-공간 전체에서 정의된 일급함수 g 의 등위면 $g = 0$ 에서 n-공간의 한 점 P 에 이르는 최단거리를 주는 점은 항상 존재한다.[63] 이때

$$\operatorname{grad}\left(\frac{1}{2}|X - P|^2\right) = X - P$$

이므로, 최단점 X 에서는 $X - P$ 와 $\operatorname{grad} g(X)$ 가 일차종속이다.

특히 $\operatorname{grad} g(X) \neq \mathbf{0}$ 이면

최단거리에 있는 점 X 에서 점 P 를 바라보는 방향은 초곡면 $g = 0$ 에 수직이다.

---

[62] 곡선 C 가 공집합이 아니라는 가정은 당연하다.

[63] 그러나 최장거리는 존재하지 않을 수 있다.

6.3.1 보기

n-공간에서 점 $P = (p_1, \dots, p_n)$ 과 초평면

$$H := \{(x_1, \dots, x_n) \mid a_1x_1 + \cdots + a_nx_n = c\}$$

사이의 최단거리를 구하여 보자. 이때 $A := (a_1, \dots, a_n) \neq \mathbf{0}$ 이다.

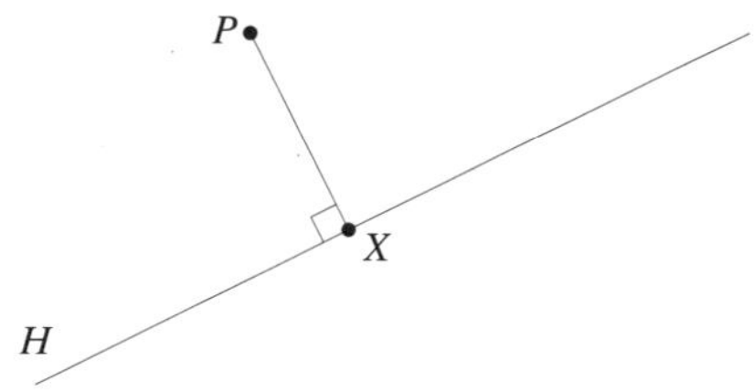

풀이: 점 P 와 H 사이의 최단거리는 방정식

$$X - P = \lambda A, \qquad A \cdot X = c$$

를 만족시키는 점 X 에서 일어난다.[64]

처음 식과 A 를 내적하면,

$$A \cdot (X - P) = \lambda |A|^2$$

이고, 따라서

$$\lambda = \frac{c - A \cdot P}{|A|^2}$$

이다. 이로부터

$$X - P = \lambda A = \frac{c - A \cdot P}{|A|^2} A$$

이고, 이때 P 와 H 사이의 최단거리는

$$|X - P| = |\lambda A| = \frac{|c - A \cdot P|}{|A|} = \frac{|a_1p_1 + \cdots + a_np_n - c|}{\sqrt{a_1^2 + \cdots + a_n^2}}$$

이다.

---

[64] 주어진 방정식은 $n+1$ 개의 미지수 $x_1, \dots, x_n, \lambda$ 와 $n+1$ 개의 방정식

$$x_1 - p_1 = \lambda a_1, \quad \dots, \quad x_n - p_n = \lambda a_n, \quad a_1x_1 + \cdots + a_nx_n = c$$

이므로, 미지수와 방정식의 개수가 같은 방정식, 즉 **잘 주어진**(well-posed) 방정식이다.

6.3.2 보기

포물선 $y = x^2$ 의 점 중에서 점 $P = (0, p)$와 가장 가까운 점 X 를 구하여 보자.

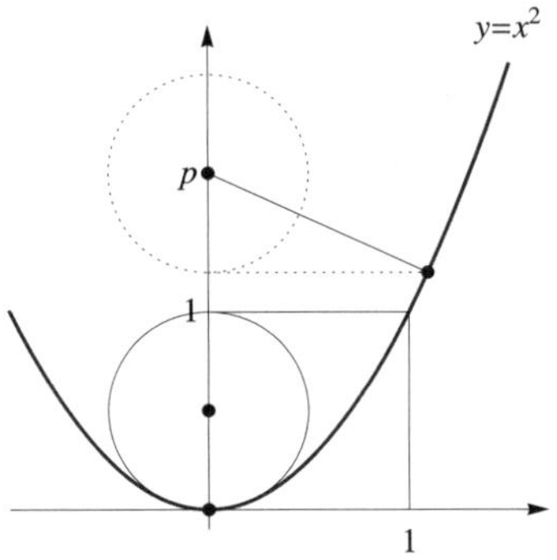

포물선에서 최소화하려는 함수를

$$f(x) = x^2 + (y - p)^2$$

로 두면 "최근점" $X = (x, y)$ 에서 f 의 기울기 벡터와 함수 $g(x, y) = y - x^2$ 의 기울기 벡터가 비례한다. 그러므로 등식

$$0 = \det \begin{pmatrix} 2x & 2(y-p) \\ -2x & 1 \end{pmatrix} = 2x(2y + 1 - 2p)$$

를 얻는다. 따라서 $x = 0$ 이거나 또는 $y = p - \frac{1}{2}$ 이다.

만약 $p > \frac{1}{2}$ 이면,[65]

$$X := \left(\pm\sqrt{p - \tfrac{1}{2}}, p - \tfrac{1}{2}\right)$$

과 P 까지의 거리는 $\sqrt{p - \frac{1}{4}}$ 로 꼭짓점까지의 거리 p 보다 짧다. 그러므로 X 가 최근점이다. (이때 원점은 극대점이다.)

만약 $p \leq \frac{1}{2}$ 이면, 최근점은 포물선의 꼭짓점 $(0, 0)$ 이다.

6.3.3

일반적으로 라그랑주 승수법을 이용하여 구한 점이 극소점인지 또는 극대점인지 판정하기 쉽지 않은 경우에는, 이계 도함수를 활용한 헤세 판정법을 써서 문제를 해결할 수 있다 (연습문제 22 번 참고).

[65]즉, p 가 포물선의 꼭짓점의 곡률중심 $(0, \frac{1}{2})$ 보다 멀리 있으면.

연습문제: 제 11 장 6 절

1. 원판 $x^2 + y^2 \leq 1$ 에서 정의된 함수 $f(x,y) = x^2 + y^2 - x - y + 1$ 의 최댓값과 최솟값을 구하라.
2. 반지름이 1 인 구면에 내접하는 원기둥 중에서 겉넓이를 최대로 하는 것의 겉넓이를 구하라. (원기둥은 바닥과 뚜껑이 없는 것으로 한다.)
3. 함수 f 를 다음과 같이 제한하였을 때의 극값을 구하라.

(1)	$f(x,y) = xy,$	$x + y = 1$
(2)	$f(x,y) = \cos^2 x + \cos^2 y,$	$x + y = \pi/4$
(3)	$f(x,y) = x - 3y,$	$x^2 + y^2 = 1$
(4)	$f(x,y) = xy,$	$2x + y \leq 10,\ x \geq 0,\ y \geq 0$
(5)	$f(x,y) = x + y,$	$x^2 + y^2 = 1$
(6)	$f(x,y) = x - y,$	$x^2 + y^2 = 2$
(7)	$f(x,y) = 3x + 2y,$	$2x^2 + 3y^2 \leq 3$
(8)	$f(x,y,z) = x^2 + 3xy + \dfrac{1}{2}y^2 - y - 10$,	$x + y = 10$
(9)	$f(x,y,z) = 3x^2 + 2y^2 + z^2 + 4x + y + 3z,$	$x + y + z = 4$

4. (**케플러의 문제**[66]) 대각선[67]의 길이가 일정한 직원기둥들 가운데 부피가 최대인 것은 밑면의 지름이 높이의 $\sqrt{2}$배임을 밝히라.
5. CBS 부등식을 라그랑주 승수법을 이용하여 증명하라.
6. $0 < p < q$ 이고,

$$a_1 \geq 0,\ \ldots,\ a_n \geq 0$$

이면, 부등식

$$(a_1^q + \cdots + a_n^q)^{1/q} \leq (a_1^p + \cdots + a_n^p)^{1/p}$$

$$\left(\frac{a_1^p + \cdots + a_n^p}{n}\right)^{1/p} \leq \left(\frac{a_1^q + \cdots + a_n^q}{n}\right)^{1/q}$$

이 성립함을 보이라.

7. 포물면 $z = x^2 + y^2$ 과 점 $(1,1,0)$ 사이의 최단거리를 구하라.
8. 곡면 $z = xy$ 의 점 중에서 점 $(0,0,5)$ 에 가장 가까운 점을 모두 구하라.

---

[66] 케플러는 "포도주 통의 새로운 기하학"이라는 책에서, 1613 년의 어느 가을날에 포도주 업자가 긴 자로 포도주 통을 한 번 재어서 통의 들이를 재는 것을 보고 깜짝 놀란 이야기를 하였다 [Tikhomirov].

[67] 직원기둥에 포함되는 선분 중에서 길이가 가장 긴 것.

9. 점 $(1,2,0)$ 에서 원뿔면 $z^2 = x^2 + y^2$ 까지의 거리를 구하라.

10. 원점에서 다음 곡면까지의 거리를 구하라.

    (1) $z = \sqrt{x^2 - 1}$ (2) $z = 6xy + 7$

    (3) $z = 1/xy$ (4) $x - y + 2z = 3$

11. 부피가 2000 cm^3 인 직육면체형 상자를 만드는데, 윗면은 cm^2 당 3원이 들고, 옆면과 밑면은 cm^2 당 1원이 든다고 하자. 최소의 비용을 들여서 상자를 만들려면, 어떻게 하면 되겠는가?

12. 두 변의 길이가 각각 x, y 인 직사각형을 밑면으로 하고, 높이가 z 인, 윗면이 없는 직육면체 모양의 상자가 있다. 이 상자의 겉넓이를 일정하게 48 로 할 때, 상자의 들이를 최대로 하는 x, y, z 의 값을 구하라.

13. 구면 $x^2 + y^2 + z^2 = 1$ 의 온도 분포가 $T(x, y, z) = xz + yz$ 일 때 가장 뜨거운 곳을 구하라.

14. n 차 대칭행렬 $Q = (q_{ij})$ 에 대응되는 **이차형식**은

$$q(X) := X \cdot QX = \sum_{i,j=1}^{n} q_{ij}x_i x_j = \sum_{i=1}^{n} q_{ii}x_i^2 + 2\sum_{i<j} q_{ij}x_i x_j, \qquad X = \begin{pmatrix} x_1 \\ \vdots \\ x_n \end{pmatrix}$$

    이다. 이때 q 의 기울기 벡터는 $\operatorname{grad} q(X) = 2QX$ 임을 보이라. 또 q 를 단위 구면

$$S: \; x_1^2 + \cdots + x_n^2 = 1$$

    에 제한하였을 때, 최대점에서는 $QX = \lambda X$ 를 만족시키는 실수 λ 가 존재함을 보이라.[68]

15. 영 이상의 실수 x, y, z 가 $x + y + z = 1$ 을 만족시킬 때, $xy + yz + zx - 2xyz$ 의 최댓값과 최솟값을 구하라.[69]

16. 조건

$$g(x, y, z) := x + y - 2 \geq 0, \qquad h(x, y, z) := z^2 - 1 \geq 0$$

    아래에서 함수

$$f(x, y, z) := x^4 + 2y^2 + 4z^4 - 2z^2$$

    의 최솟값을 구하라.

---

[68] 이러한 벡터 X 를 행렬 Q 의 **고유벡터**(eigenvector)라고 한다. 방정식 $QX = \lambda X$ 를 만족시키는 영이 아닌 해 X 가 항상 있다는 것을 "대칭행렬은 항상 고유벡터를 가진다"고 말한다.

[69] 제 25 회 국제 수학 올림피아드 (Prague, 1984) 문제.

17. 좌표평면의 원점에서 곡선 $x^6 + y^6 = 1$ 의 한 점에 이르는 거리의 최댓값과 최솟값을 구하라.

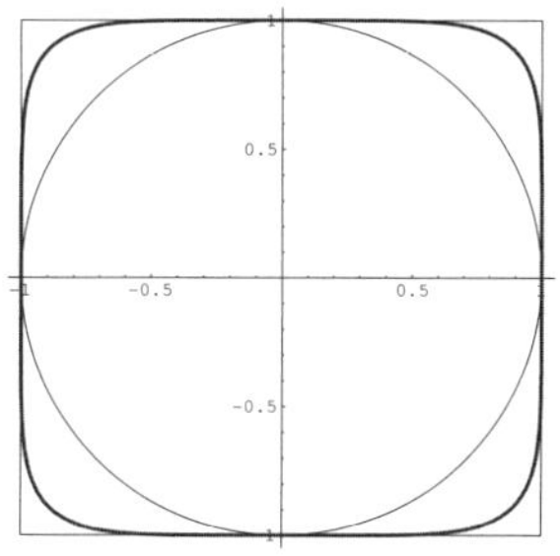

18. 영역

$$U = \{(x, y) \mid x^2 + y^2 \leq 1,\ x + y \geq 1\}$$

에서 정의된 함수

$$f(x, y) = y - x$$

의 최댓값과 최솟값을 구하고, 라그랑주 승수법이 왜 도움이 되지 않는지 설명하라.

19. 겉넓이가 일정한 사각기둥 모양의 통[70] 중에서 들이가 가장 큰 것은 밑면이 정사각형이고 높이는 밑면의 한 변 길이의 반임을 밝히라.

20. 겉넓이가 일정한 원기둥 모양의 통 중에서 들이가 가장 큰 것은 높이가 밑면의 반지름과 같음을 밝히라.

21. 겉넓이가 일정한 n각기둥 모양의 통 중에서 들이가 가장 큰 것은 밑면이 정n각형이고 높이는 밑면의 반지름과[71] 같음을 밝히라.

22. 평면의 열린 집합 U 에서 정의된 두 이급함수 $f, g : U \to \mathbb{R}$ 와 점 $P \in U$ 및 실수 λ 에 대하여

$$\operatorname{grad} f(P) = \lambda \operatorname{grad} g(P)$$

라고 하자. 이때

$$f''(P) - \lambda\, g''(P) > O$$

이면, f 를 등위면 $S := \{X \in U \mid g(X) = g(P)\}$ 에 제한하였을 때 점 P 는 극소점임을 보이라. 또,

$$f''(P) - \lambda\, g''(P) < O$$

이면, f 를 등위면 S 에 제한하였을 때 점 P 는 극대점임을 보이라.

---

[70] 윗면이 없는 통이다.

[71] 어떤 도형의 **반지름**(radius)이란 그 속에 포함되는 최대 원판의 반지름을 뜻한다. 그러므로 반지름이 '지름(diameter)의 반'을 뜻하는 것은 아니다. 지름이나 반지름이라는 용어는 주어진 도형에서 나타나는 기하학적 선분을 뜻하지만, 그 선분의 '길이'라는 뜻으로도 사용한다.

23. 양수 $a_1, \ldots, a_n$ 의 **조화평균**은 $H := n\left(\frac{1}{a_1} + \cdots + \frac{1}{a_n}\right)^{-1}$ 을 뜻한다. 이때 조화평균과 기하평균 $G = (a_1 \cdots a_n)^{1/n}$ 사이의 대소관계를 밝히라. 또 등호가 성립하는 때는 언제인가?

24. a_1, a_2, a_3, a_4, a_5 가 양수일 때,

$$(a_1 + a_2 + a_3 + a_4 + a_5)\left(\frac{1}{a_1} + \frac{1}{a_2} + \frac{1}{a_3} + \frac{1}{a_4} + \frac{1}{a_5}\right) \geq 25$$

인가?

25. 곡면 S 에 부딪혀서 반사되는 빛은 입사각과 반사각이 같고, 입사방향과 반사방향 및 (부딪힌 점에서) 곡면에 수직인 방향이 같은 평면에 있다고 하자. 이때 곡면 밖의 두 점 P, Q 에 대하여 함수

$$f : S \to \mathbb{R}, \quad X \mapsto |X - P| + |X - Q|$$

의 최소점 X_0 에서는 어떤 현상이 생기는가?

26. 어떤 책은 조건 $g(x_1, \ldots, x_n) = 0$ 아래에서 함수 $f(x_1, \ldots, x_n)$ 의 극점을 찾는 문제는 "라그랑지안"이라 부르는 함수

$$L(x_1, \ldots, x_n, \lambda) := f(x_1, \ldots, x_n) - \lambda\, g(x_1, \ldots, x_n)$$

의 극점을 찾는 문제와 같다고 서술하기도 하는데, 다음 문제를 풀면서 왜 이런 서술에 문제가 있는지 밝히라.

조건 $x^3 = y^2$ 아래에서 함수 $f(x, y) = x$ 의 최솟값을 구하라.

제 7 절 부록: 라이프니츠 정리의 증명과 변분법

7.1 라이프니츠 정리의 증명

정리 7.1.1 *연속함수 $f : [a,b] \times [c,d] \to \mathbb{R}$ 의 편도함수*

$$\frac{\partial f}{\partial x} : [a,b] \times [c,d] \to \mathbb{R}$$

가 존재하고 연속이라 하자.[72] *그러면*

$$\frac{d}{dx}\int_c^d f(x,y)\,dy = \int_c^d \frac{\partial f}{\partial x}(x,y)\,dy$$

이다.

증명. 우리가 보여야 할 것은 구간[73] $[x, x+\Delta x]$ 에서 함수

$$x \mapsto F(x) := \int_c^d f(x,y)\,dy$$

의 평균 변화율

$$\frac{\Delta F}{\Delta x} := \frac{1}{\Delta x}\big(F(x+\Delta x) - F(x)\big) = \frac{1}{\Delta x}\left(\int_c^d f(x+\Delta x, y)\,dy - \int_c^d f(x,y)\,dy\right)$$

가, Δx 의 절댓값이 아주 작으면, $\int_c^d \frac{\partial f}{\partial x}(x,y)\,dy$ 와 아주 가깝다는 것이다.

그런데 평균값 정리에 의하면,

$$\frac{\Delta F}{\Delta x} = \int_c^d \frac{f(x+\Delta x, y) - f(x,y)}{\Delta x}\,dy = \int_c^d \frac{\partial f}{\partial x}(x^*, y)\,dy$$

를 만족시키는 x^* 가 구간 $[x, x+\Delta x]$ 의 내부에 존재한다.[74]

따라서

$$\frac{\Delta F}{\Delta x} - \int_c^d \frac{\partial f}{\partial x}(x,y)\,dy = \int_c^d \left(\frac{\partial f}{\partial x}(x^*, y) - \frac{\partial f}{\partial x}(x,y)\right) dy \tag{7}$$

[72] 결론을 들여다보면 모두 자연스러운 가정이다. 일급함수는 이러한 가정을 만족시킨다. 미분가능함수를 이야기할 때에는 주로 열린 구간에서 정의된 함수를 다룬다. 닫힌 구간 $[a,b]$ 에서 정의된 함수가 미분가능하다는 것은 이 구간을 포함하는 열린 구간에서 정의된 미분가능한 함수의 제한이라는 뜻으로 사용한다.

[73] Δx 가 음수인 경우에는 $[x, x+\Delta x] := [x+\Delta x, x]$ 로 두었다.

[74] 물론 x^* 는 y 값에 따라 변할 수 있다.

이다. 그런데 $\dfrac{\partial f}{\partial x}$ 는 연속함수이므로, 아무리 작은 양수 ϵ 을 가져오더라도 Δx 의 절댓값이 충분히 작으면,

$$\left|\frac{\partial f}{\partial x}(x^*, y) - \frac{\partial f}{\partial x}(x, y)\right| \leq \epsilon$$

이다.[75] 그러므로 식 (7)에서

$$\left|\frac{\Delta F}{\Delta x} - \int_c^d \frac{\partial f}{\partial x}(x, y)\, dy\right| \leq \int_c^d \left|\frac{\partial f}{\partial x}(x^*, y) - \frac{\partial f}{\partial x}(x, y)\right| dy \leq \epsilon(d-c)$$

를 얻는다. 이제 Δx 를 0 으로 보내면 $\displaystyle\lim_{\Delta x \to 0} \frac{\Delta F}{\Delta x} = \frac{d}{dx}\int_c^d f(x, y)\, dy$ 이므로

$$\left|\frac{d}{dx}\int_c^d f(x, y)\, dy - \int_c^d \frac{\partial f}{\partial x}(x, y)\, dy\right| \leq \epsilon(d-c)$$

이다. 한편 ϵ 은 임의로 택한 양수이므로

$$\frac{d}{dx}\int_c^d f(x, y)\, dy - \int_c^d \frac{\partial f}{\partial x}(x, y)\, dy = 0$$

이다. □

[75] 유계인 닫힌 집합 또는 옹골(compact)집합에서 정의된 연속함수는 **고른연속**(uniformly continuous)이다.

7.2 변분법

라그랑주의 업적에 관한 이야기를 할 때 빼놓을 수 없는 것 중 하나가 **변분법**(Calculus of Variations)이다.[76] 변분법은 현대적인 의미로는 **최단강하선**(最短降下線)문제[77]에서 나왔다고 보고 있다.

스위스의 유명한 베르누이 집안의 요한은 1696 년에 *Acta Eruditorum*[78]이라는 학술지에 다음과 같은 문제를 내었다.[79]

> *수직으로 서 있는 평면에 두 위치 O, A 가 있다고 하자. 이때 어떤 경로를 따라 높은 위치 O 에서 떨어지기 시작하여 낮은 위치 A 에 도착하는 동점을 생각하자. 이 동점이 움직이는 데 걸리는 시간이 가장 짧으려면, 동점은 어떤 곡선을 따라서 떨어져야 하는가?*

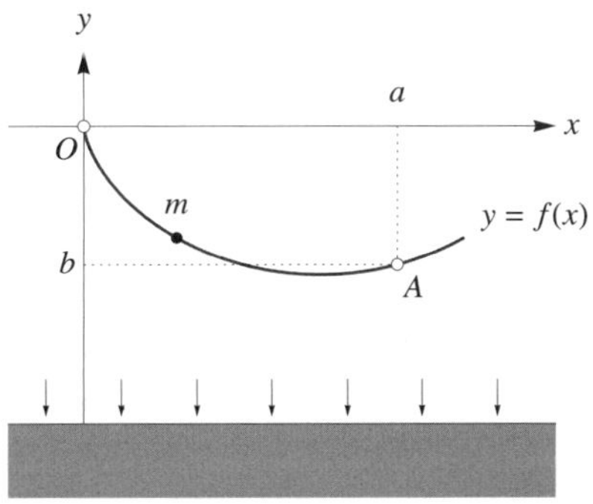

이 문제를 보고 여러 수학자들이 답을 내놓았는데, 그중에는 라이프니츠, 로피탈, 요한에게 수학을 가르쳐 준 요한의 형 야콥(Jakob Bernoulli, 1654–1705) 등이 있었고, 익명의 제보자도 있었다. 물론 요한 자신도 답을 가지고 있었는데, 요한은 익명의 답을 보고는 "사자의 발을 보면, 그 발이 사자의 것이라는 것을 알 수 있다"라고 말하였다.[80] 이들은 모두 옳은 답을 가졌는데, 그것은 바로 갈릴레오가 보기로 들었던 사이클로이드였다. 원을 굴릴 때 원의 한 점이 만드는 궤적을 사이클로이드라고 하는데, 그 식은 다음과 같이 표현된다 (제 9 장 참조):

$$x(u) = r(u - \sin u), \qquad y(u) = -r(1 - \cos u).$$

---

[76]변분법은 역사적으로는 "페니키아 공주인 Dido 의 문제", 즉 **등주부등식 문제**(isoperimetric problem)에서 나타난다 [Berger, II].

[77]brachistochrone 문제라고도 부른다. 그리스어로 brakhus 는 '짧은'을 뜻하고, khronos 는 '시간'을 뜻한다 [Schwartzman].

[78]1682 년에 발간된 세계 최초의 학술지.

[79]애석하게도, 요한 베르누이는 현대적인 자연과학의 선구자인 갈릴레오(Galileo Galilei, 1564–1642)의 업적을 언급하지 않았다. 갈릴레오는 이미 직선운동이 가장 짧은 시간이 걸리는 것이 아니라는 것을 알고 있었다. 식물학, 해부학, 물리학 등에서 유명한 다니엘 베르누이는 요한의 아들이다.

[80]익명의 제보자는 뉴턴이었다는 것이 밝혀졌다.

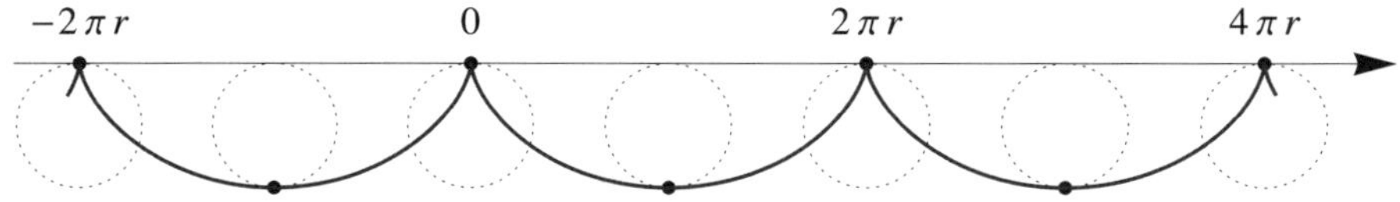

여기에서 r는 굴리는 원의 반지름(의 길이)을 나타내고, u는 원의 중심에서 원의 점을 바라보는 각의 크기를 나타낸다.

자, 이제 왜 최단강하선이 사이클로이드인지 살펴보자.

먼저 수직 평면에 위치 O를 원점으로 (직교)좌표계를 정하여, x축은 지면에 나란한 방향으로, y축은 지면에 수직인 방향으로 한다. 또 위치 A의 좌표를 (a, b)로 둔다. 이때 $a > 0$, $b < 0$이다. 이제 동점 P가 움직이는 궤적을

$$(x, y) = (x, f(x))$$

로 두면,

$$f(0) = 0, \qquad f(a) = b, \qquad f(x) \leq 0$$

이다.

또 중력 가속도[81]를 g, P의 질량을 m이라 하면, 점 $P = (x, y)$가 "넓은 땅"에서 받는 힘은

$$\mathbf{F}(x, y) = mg(0, -1) = -\mathrm{grad}(mgy)$$

이므로 점 P의 **위치에너지**는

$$\varphi(x, y) = mgy$$

이다.[82] 한편, **에너지 보존법칙**에 의하면,[83] 점 P의 **운동에너지**와 위치에너지의 합

$$\frac{1}{2}mv^2 + mgy$$

가 일정하다. 그런데 원점에서 동점 P의 에너지가 영이므로, 항등적으로

$$\frac{1}{2}mv^2 + mgy = 0$$

임을 안다. 따라서 임의의 위치에서 P의 속력은

$$v = \sqrt{-2gy} = \sqrt{-2gf(x)}$$

이다.[84]

---

[81] 지표에서는 $g = 9.8\ \mathrm{m/s^2}$.

[82] 위치에너지를 정의하는 과정에는 상수의 차가 생긴다. 그러나 두 위치에너지의 차는 잘 정의된다.

[83] 제 9 장 9절 또는 제13장 3절 참고.

[84] 물체의 속력은 움직이는 궤적에 상관없이, 떨어진 거리에만 의존한다. 이런 원리를 **갈릴레오의 법칙**이라고 한다.

점 P가 위치 $(x, f(x))$에서 위치 $(x+\Delta x, f(x+\Delta x))$까지 이동하는 데 걸리는 시간은

$$\Delta T \simeq \frac{\sqrt{(\Delta x)^2 + (f(x+\Delta x) - f(x))^2}}{v} \simeq \frac{\sqrt{1+f'(x)^2}}{\sqrt{-2gf(x)}} \cdot \Delta x$$

이므로,[85] 원점에서 위치 A까지 이동하는 데 걸리는 시간은

$$T = T(f) = \int_0^a \frac{\sqrt{1+f'(x)^2}}{\sqrt{-2gf(x)}}\, dx \tag{8}$$

이다. 따라서

"시간 T가 최소일 때, f는 어떤 함수인가?"

가 바로 최단강하선 문제이다.

7.2.1 오일러-라그랑주 방정식

앞에서 서술한 $T = T(f)$는 무한차원 공간

$$\mathcal{F} := \{f \in \mathcal{C}^1[0,a] \mid f(0) = 0,\ f(a) = b\}$$

에서 정의된 **범함수**이다.[86]

좀 더 일반적인 경우를 이해하기 위하여, 이급함수 $L(y, z)$에서 얻은 범함수

$$\mathcal{L} : \mathcal{F} \to \mathbb{R}, \quad f \mapsto \int_0^a L(f(x), f'(x))\, dx$$

를 생각하자.

이때 함수 $f \in \mathcal{F}$가 이급함수이고, 범함수 $\mathcal{L}$의 최소점이면, 임의의 일급함수

$$h : [0,a] \to \mathbb{R}, \qquad h(0) = 0,\ h(a) = 0$$

에 대하여

$$g(t) := \int_0^a L\left(f(x) + th(x), f'(x) + th'(x)\right)\, dx$$

---

[85] $dt = \dfrac{ds}{v}$

[86] 함수들의 공간에서 정의된 함수를 범함수(functional)라고 부른다. 이러한 무한차원 공간의 최대 최소 문제는 후일에 요한 베르누이의 제자이고 다니엘과도 친분이 두터운 오일러에 의하여 큰 발전을 이룩한다. 오일러의 업적은 후에 젊은 라그랑주에 의하여 더욱 빛나게 된다. 무한차원의 미적분학은 20세기에 들어와서야 엄밀하게 발전된다. 유한차원에서의 라그랑주 승수법도 1934년에야 러시아의 루스테르닉(Lyusternik)에 의하여 무한차원으로 확장되었다.

가 $t=0$ 에서 최소이다. 그러므로[87]

$$\begin{aligned} 0 \;=\; g'(0) &= \frac{d}{dt}\bigg|_{t=0} \int_0^a L\left(f(x)+th(x), f'(x)+th'(x)\right)\, dx \\ &= \int_0^a \frac{d}{dt}\bigg|_0 L(f(x)+th(x), f'(x)+th'(x))\, dx \\ &= \int_0^a D_1L(f(x),f'(x))\cdot h(x) + D_2L(f(x),f'(x))\cdot h'(x)\, dx \\ &= \int_0^a \left(D_1L(f(x),f'(x)) - \frac{d}{dx}D_2L(f(x),f'(x))\right) h(x)\, dx \end{aligned}$$

이다. 위에서 마지막 등식은 부분적분법과 경계조건 $h(0)=h(a)=0$ 을 이용하였다.[88]

한편 h 가 임의로 주어져 있으므로,[89] $D_1L(f(x),f'(x)) - \frac{d}{dx}D_2L(f(x),f'(x)) = 0$, 즉

$$D_1L(f(x),f'(x)) = \frac{d}{dx}D_2L(f(x),f'(x)) \tag{9}$$

이다. 이 식이 바로 **오일러-라그랑주의 방정식**이다.[90]

이제 오일러-라그랑주 방정식의 양변에 $f'(x)$ 를 곱하고, 다시 $f''(x)\cdot D_2L(f(x),f'(x))$ 를 더하면, 등식

$$\begin{aligned} & f'(x)D_1L(f(x),f'(x)) + f''(x)\cdot D_2L(f(x),f'(x)) \\ =\; & f'(x)\frac{d}{dx}D_2L(f(x),f'(x)) + f''(x)\cdot D_2L(f(x),f'(x)) \end{aligned}$$

를 얻고, 따라서

$$\frac{d}{dx}L(f(x),f'(x)) = \frac{d}{dx}\left(f'(x)\cdot D_2L(f(x),f'(x))\right)$$

이다. 그러므로

$$\boxed{L(f(x),f'(x)) - f'(x)\cdot D_2L(f(x),f'(x)) = c}$$

이다.[91]

---

[87]이 원리는 페르마의 **임계점 정리**이다. 임계점 정리는 미적분학이 탄생하기 훨씬 전에 발견되었다. 페르마는 "함수의 극점에서는 함숫값의 변화가 거의 없다"고 하였다. 산의 정상에서는 더 이상 가파르지 않듯이.

[88]$h(0)=h(a)=0$ 이면, 임의의 일급함수 $F(x)$ 에 대하여 다음이 성립한다:

$$\int_0^a F(x)h'(x)\, dx = -\int_0^a F'(x)h(x)\, dx.$$

[89]연속함수 $g:[a,b]\to\mathbb{R}$ 가, $h(a)=0=h(b)$ 를 만족시키는 임의의 무한급함수 $h:[a,b]\to\mathbb{R}$ 에 대하여, $\displaystyle\int_a^b g(x)h(x)\, dx = 0$ 이면, $g(x)=0$ 이다.

[90]이 식은 13장의 부록에서 정지작용원리를 설명할 때 다시 나온다.

[91]상수(常數, constant)를 c 로 두었다.

7.2.2

위 결론을 최단강하선 문제 (8)

$$L(y,z) := \frac{\sqrt{1+z^2}}{\sqrt{-2gy}}$$

에 대입하면

$$\frac{\sqrt{1+y'(x)^2}}{\sqrt{-2gy}} - y'\,\frac{y'}{\sqrt{-2gy}\,\sqrt{1+y'(x)^2}} = c$$

이고, 정리하면 미분방정식

$$-y\left(1+y'(x)^2\right) = \frac{1}{2gc^2} =: 2r$$

을 얻는다. 이 식을 다시 쓰면

$$\frac{-y}{2r+y}\left(\frac{dy}{dx}\right)^2 = 1$$

이다. 이제

$$y(u) := -r(1-\cos u)$$

로 두면, $dy/dx = \frac{dy/du}{dx/du}$ 에서

$$\left(\frac{dx}{du}\right)^2 = r^2(1-\cos u)^2$$

을 얻고, 따라서

$$x(u) = r(u-\sin u)$$

이다.[92] 그러므로 최단강하선은 사이클로이드이다.

7.2.3 기본연습문제

1. 제사사분면의 점 (a,b) 에 대하여 식

$$a = r(u-\sin u), \quad b = -r(1-\cos u), \quad r>0, \quad 0<u<2\pi$$

   를 만족시키는 r,u 가 오직 한 쌍 있음을 밝히라.

2. 만약 A 지점에서 원점 O 를 바라보는 기울기가 $2/\pi$ 보다 작으면, 최단강하선의 최하점이 A 지점보다 낮음을 보이라.

3. 최단강하선 $(x(u),y(u))$ 에서 매개변수 u 는 동점이 움직이는 시간 t 에 비례함을 보이라. 또 원점에서 A 지점에 도착할 때까지 걸리는 시간은 얼마인가?

---

[92] $(x(0),y(0)) = (0,0)$ 이다.

제 11 장 탐구문제

1. n-공간에서, 벡터 $\mathbf{v}$ 와 무한급 미분가능함수 f, g 에 대하여,

$$D_{\mathbf{v}}{}^k(fg) = \sum_{a+b=k} \binom{k}{a} (D_{\mathbf{v}}{}^a f) \left(D_{\mathbf{v}}{}^b g\right), \qquad k = 0, 1, 2, \ldots$$

임을 보이라.

2. (**라플라스 작용소**) 구면좌표계 (ρ, φ, θ) 에서

$$\nabla^2 f = \frac{1}{\rho^2}\frac{\partial}{\partial\rho}\left(\rho^2\frac{\partial f}{\partial\rho}\right) + \frac{1}{\rho^2\sin\varphi}\frac{\partial}{\partial\varphi}\left(\sin\varphi\frac{\partial f}{\partial\varphi}\right) + \frac{1}{\rho^2\sin^2\varphi}\frac{\partial^2 f}{\partial\theta^2}$$

임을 보이라. 구면좌표계에서는 북극을 기준으로 한 “천정각” φ 를 사용하였는데, 이 대신에 적도를 기준으로 한 “위도” $\psi = \frac{\pi}{2} - \varphi$ 를 사용한 좌표계 (ρ, θ, ψ) 에서는 라플라스 작용소 ∇^2 가 어떻게 표현될까?

3. 다음 연립 방정식이 해를 가지는지 판정하라.

$$x^3 + 2xy - 3ye^{\sin x}\cos x = -7, \qquad y^5 + x^2 - 3e^{\sin x} = 5.$$

4. (**Hölder 부등식**) 양수 p, q 가 $\dfrac{1}{p} + \dfrac{1}{q} = 1$ 을 만족시킬 때, 벡터

$$\mathbf{a} = (a_1, \ldots, a_n), \qquad \mathbf{b} = (b_1, \ldots, b_n)$$

에 대하여 부등식

$$|\mathbf{a}\cdot\mathbf{b}| \le (|a_1|^p + \cdots + |a_n|^p)^{1/p} (|b_1|^q + \cdots + |b_n|^q)^{1/q}$$

을 증명하라. (힌트: Young 의 부등식 (주석 58))

5. 이급함수 $L(x, y, z)$ 에 대하여 공간 $\mathcal{F} = \{f \in \mathcal{C}^2[a, b] \mid f(a) = y_a,\ f(b) = y_b\}$ 에서 정의된 범함수

$$\mathcal{L}(f) := \int_a^b L(x, f(x), f'(x))\, dx$$

의 오일러-라그랑주 방정식은

$$\boxed{D_2 L(x, f(x), f'(x)) = \frac{d}{dx} D_3 L(x, f(x), f'(x))}$$

임을 보이라.

6. 최단강하선 문제에서 f 가 직선이거나 원호이면 걸리는 시간은 얼마인가?

7. 좋은 기록이 나오도록 스키장을 건설하려면 어떻게 설계하는 것이 좋을까?

제 12 장

다변수 벡터함수

학문의 진정한 목표는 인간의 정신을 고양하는 일이다.

— 칼 야코비(Carl Gustav Jacobi, 1804–1851), 독일 수학자

이 장에서는 변수가 두 개 이상이고 함숫값이 벡터인 다변수 벡터함수의 미분법을 공부한다. 이러한 함수의 미분은 야코비 행렬로 표현된다. 정의역과 공역의 차원이 같을 때에는 야코비 행렬의 행렬식을 구할 수 있고, 이 값의 절댓값은 부피변화율을 나타내는 것임을 알아본다. 또 변수가 여럿인 함수에 대한 연쇄법칙을 공부한다. 마지막으로 일변수 함수론에서 다루는 "역함수 정리"를 확장시킨 "역사상 정리"를 소개하고 "은함수 정리"를 유도한다.

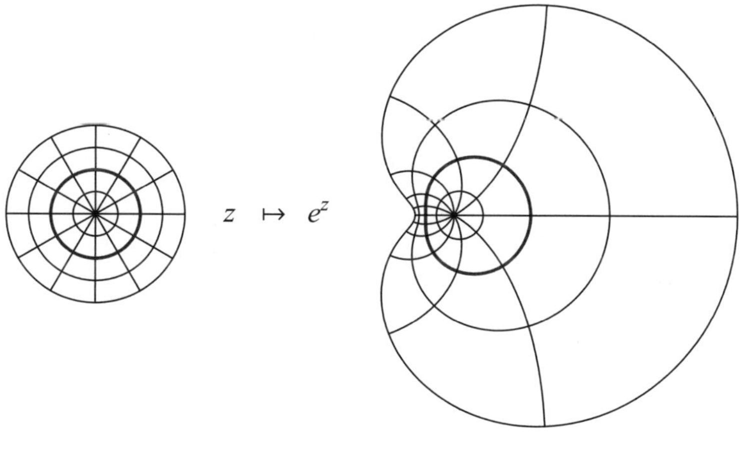

제 1 절 야코비 행렬

이 장에서는 함수

$$F(x,y) = (e^x \cos y, e^x \sin y, x+y)$$

처럼 정의역과 공역의 차원이 일반적인 경우에 함수를 미분하는 법을 다룬다.

n-공간의 한 부분집합에서 정의된 벡터함수

$$F : \mathbb{R}^n \dashrightarrow \mathbb{R}^m$$

은[1] F의 각 성분함수 $f_1, \ldots, f_m$을 사용하여

$$F(x_1, \ldots, x_n) = (f_1(x_1, \ldots, x_n), \ldots, f_m(x_1, \ldots, x_n))$$

과 같이 표현할 수 있다.[2]

이때 정의역의 점 P에서 F의 각 성분함수 f_i가 모두 연속(또는 미분가능)이면 F는 점 P에서 **연속**(또는 미분가능)인 함수라고 한다.[3]

만약 F가 (즉 F의 모든 성분함수 f_i가) 정의역의 모든 점에서 연속(또는 미분가능, 일급, 이급, ...)이면, F는 (정의역에서) **연속**(또는 미분가능, 일급, 이급, ...)인 함수라고 부른다.

벡터함수 $F = (f_1, \ldots, f_m)$이 점 P에서 미분가능하면

$$f_1'(P) = \operatorname{grad} f_1(P)$$

[1]정의역의 이름을 구체적으로 밝히지 않을 때, $F : \mathbb{R}^n \dashrightarrow \mathbb{R}^m$이라는 표현을 쓴다. 일반적으로 집합 A의 한 부분집합에서 정의되어 집합 B로 가는 함수를 $A \dashrightarrow B$와 같이 나타내고, "부분함수"라고 부른다.

[2]행렬이론에서처럼

$$F\begin{pmatrix} x_1 \\ \vdots \\ x_n \end{pmatrix} = \begin{pmatrix} f_1\begin{pmatrix} x_1 \\ \vdots \\ x_n \end{pmatrix} \\ \vdots \\ f_m\begin{pmatrix} x_1 \\ \vdots \\ x_n \end{pmatrix} \end{pmatrix}$$

로 쓴다고 아주 편리한 것은 아니다.

[3]미분가능함수를 다룰 때에는 정의역이 열린 집합이라고 가정하는 것이 편하다.

를 첫 번째 행, $f_2'(P) = \operatorname{grad} f_2(P)$ 를 두 번째 행, ..., $f_m'(P) = \operatorname{grad} f_m(P)$ 를 마지막 행으로 하는 행렬

$$F'(P) := \frac{\partial(f_1, \ldots, f_m)}{\partial(x_1, \ldots, x_n)}(P) := \begin{pmatrix} \frac{\partial f_1}{\partial x_1}(P) & \frac{\partial f_1}{\partial x_2}(P) & \cdots & \frac{\partial f_1}{\partial x_n}(P) \\ \frac{\partial f_2}{\partial x_1}(P) & \frac{\partial f_2}{\partial x_2}(P) & \cdots & \frac{\partial f_2}{\partial x_n}(P) \\ \vdots & \vdots & \ddots & \vdots \\ \frac{\partial f_m}{\partial x_1}(P) & \frac{\partial f_m}{\partial x_2}(P) & \cdots & \frac{\partial f_m}{\partial x_n}(P) \end{pmatrix}$$

를 점 P 에서 F 의 **야코비 행렬**이라고 부른다.

1.0.1 보기

함수 $F(x, y) = (e^x \cos y, e^x \sin y, x + y)$ 의 야코비 행렬은

$$F'(x, y) = \begin{pmatrix} e^x \cos y & -e^x \sin y \\ e^x \sin y & e^x \cos y \\ 1 & 1 \end{pmatrix}$$

이다. 특히 점 $P = (0, 0)$ 에서는 $F'(0, 0) = \begin{pmatrix} 1 & 0 \\ 0 & 1 \\ 1 & 1 \end{pmatrix}$ 이다.

1.0.2 기본연습문제

1. 함수 $F(x, y) = \left(x^2 + y^2, e^{xy}\right)$ 의 야코비 행렬을 구하라. 또 점 $P = (1, 1)$ 에서 야코비 행렬을 구하라.

2. 항등사상 $\mathrm{id} : \mathbb{R}^n \to \mathbb{R}^n$ 의 야코비 행렬을 구하라.

3. 선형사상

$$\begin{aligned} u &= a_{11}x + a_{12}y + a_{13}z \\ v &= a_{21}x + a_{22}y + a_{23}z \\ w &= a_{31}x + a_{32}y + a_{33}z \end{aligned}$$

   의 야코비 행렬을 구하라.

1.0.3 선형사상과 야코비 행렬

함수 $F : \mathbb{R}^n \to \mathbb{R}^m$ 이 선형사상인 경우에는 F 를 $m \times n$ 행렬 (f_{ij}) 로 볼 수 있다. 이때 F 의 각 성분 함수는

$$\begin{aligned} f_1 &= f_{11}x_1 + \cdots + f_{1n}x_n \\ &\vdots \\ f_m &= f_{m1}x_1 + \cdots + f_{mn}x_n \end{aligned}$$

이다. 따라서 임의의 점 $X = (x_1, \ldots, x_n)$ 에서 선형사상 F 의 야코비 행렬은

$$\boxed{F'(X) = (f_{ij}) = F}$$

이다.

1.0.4

함수의 야코비 행렬은 선형사상으로 이해할 수 있다. 다음 정리는 점 P 에서 함수 $F : \mathbb{R}^n \dashrightarrow \mathbb{R}^m$ 의 조그만 변화

$$\Delta F(P, \mathbf{v}) := F(P + \mathbf{v}) - F(P)$$

가 선형사상

$$F'(P) : \mathbb{R}^n \to \mathbb{R}^m, \qquad \mathbf{v} \mapsto F'(P)\mathbf{v} \qquad (\mathbf{v} \in \mathbb{R}^n)$$

과 아주 가깝다는 것, 즉 야코비 행렬 $F'(P)$ 가 바로 벡터함수 F 의 **미분계수**임을 말한다. *미분법이란 비선형현상을 선형현상으로 밝히는 법이다.*

정리 1.0.5 *n-공간의 한 열린 집합에서 정의된 함수 $F : \mathbb{R}^n \dashrightarrow \mathbb{R}^m$ 가 정의역의 점 P 에서 미분가능하면*

$$F(P + \mathbf{v}) - F(P) - F'(P)\mathbf{v} = o(\mathbf{v}) \tag{1}$$

이다.[4]

[4] n-공간의 원점 근방에서 정의된 벡터함수 $G = (g_1, \ldots, g_m) : \mathbb{R}^n \dashrightarrow \mathbb{R}^m$ 에 대하여

$$G(\mathbf{v}) = o(\mathbf{v})$$

증명. 식 (1)의 왼쪽 항의 각 성분이 $o(\mathbf{v})$ 라는 것을 증명하면 된다. 이때 i 번째 성분은

$$f_i(P+\mathbf{v}) - f_i(P) - \operatorname{grad} f_i(P)\cdot\mathbf{v}$$

이고, 이것이 $o(\mathbf{v})$ 라는 것은 이미 알고 있다. 이로써 증명을 마친다. □

1.0.6 기본연습문제

원점에서 사상 $F(x,y,z) = (x+y^2, y+z^2, z+x^2) = (x,y,z) + (y^2,z^2,x^2)$ 의 야코비 행렬을 구하라.[5]

1.1 야코비 행렬식

함수 F 의 정의역과 공역이 모두 같은 차원이면, 야코비 행렬 $F'(P)$ 는 정사각행렬이고, 따라서 그 행렬의 행렬식 $\det F'(P)$ 를 구할 수 있다. 이 행렬식을 F 의 **야코비 행렬식**(Jacobian determinant)이라고 한다.

1.1.1 보기

함수 $F(x,y) = (e^x\cos y, e^x\sin y)$ 의 야코비 행렬은

$$F'(x,y) = \begin{pmatrix} e^x\cos y & -e^x\sin y \\ e^x\sin y & e^x\cos y \end{pmatrix}$$

이다. 특히 원점에서 야코비 행렬은 $F'(0,0) = \begin{pmatrix} 1 & 0 \\ 0 & 1 \end{pmatrix}$ 이고,[6] 이때 야코비 행렬식은 $\det F'(0,0) = 1$ 이다.

일반적인 점에서 F 의 야코비 행렬식은 $\det F'(x,y) = e^{2x}$ 이다.

라는 것은 $G(\mathbf{0}) = \mathbf{0}$ 이고,

$$\lim_{\mathbf{v}\to\mathbf{0}} \frac{|G(\mathbf{v})|}{|\mathbf{v}|} = 0$$

이라는 뜻이다. 이것은 모든 i 에 대하여 $g_i(\mathbf{v})$ 가 $o(|\mathbf{v}|)$ 라는 것과 동치이다.

[5] 일차식만 보면 되므로, 답은 항등행렬이다.

[6] 읽지 말 것: 복소수 $z = x + \mathbf{i}y$ 를 도입하면 $e^{\mathbf{i}y} = \cos y + \mathbf{i}\sin y$ 이고, 따라서 $e^z = e^x e^{\mathbf{i}y} = e^x(\cos y + \mathbf{i}\sin y)$ 이다. 그러므로 $F(z) = e^z$ 이 바로 위의 함수이고, $\left.\frac{d}{dz}\right|_0 e^z = 1$ 이다.

1.1.2 선형변환과 야코비 행렬식

선형변환 $F : \mathbb{R}^n \to \mathbb{R}^n$ 의 야코비 행렬은 $F'(X) = F$ 이므로 F 의 야코비 행렬식은

$$\det F'(X) = \det F$$

이다.

1.1.3 보기: 극좌표치환

극좌표**치환**

$$(x, y) = F(r, \theta) = (r\cos\theta, r\sin\theta)$$

의 야코비 행렬은

$$\frac{\partial(x,y)}{\partial(r,\theta)} = \begin{pmatrix} \cos\theta & -r\sin\theta \\ \sin\theta & r\cos\theta \end{pmatrix}$$

이고, 따라서 야코비 행렬식은

$$\boxed{\det \frac{\partial(x,y)}{\partial(r,\theta)} = r}$$

이다.[7]

야코비 행렬식의 절댓값의 기하학적 의미는 **순간넓이팽창률**이다.[8] 이 보기에서 정의역의 한 직사각형

$$r_0 \le r \le r_0 + \Delta r, \qquad \theta_0 \le \theta \le \theta_0 + \Delta\theta$$

는 극좌표 변환에 의하여 xy-평면의 부채꼴로 옮겨진다. 이때 넓이의 팽창률은

$$\frac{\frac{1}{2}\big((r_0 + \Delta r)^2 - r_0^2\big) \cdot \Delta\theta}{\Delta r \cdot \Delta\theta} = r_0 + \frac{1}{2}\Delta r$$

이다. 이제 Δr 와 $\Delta\theta$ 를 모두 0 으로 보내면, 이 팽창률은

$$r_0 = \det F'(r_0, \theta_0)$$

이다.

[7] 이 공식은 기말고사가 끝날 때까지 기억해 두면 도움이 된다.

[8] "순간"을 무한소(infinitesimal)의 뜻으로 사용하였다. 차원이 높을 때에는 "부피팽창률" 또는 "부피변화율"이라 한다.

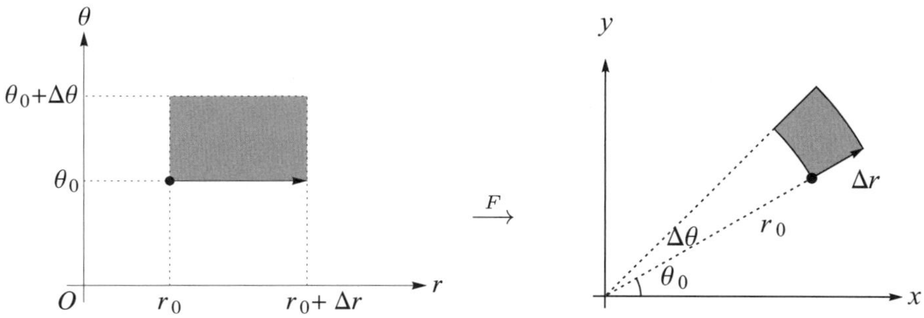

1.1.4 야코비 행렬식과 부피변화율

n-공간에서 정의된 선형변환에 의하여 단위부피가 몇 배로 변하는지를 알려면 그 선형사상의 행렬식에 절댓값을 취하면 된다.

비선형함수의 경우에도 야코비 행렬식의 절댓값이 국소적인 부피변화율을 의미한다.

일반적으로 변환

$$F \;:\; \begin{cases} y_1 = f_1(x_1, \ldots, x_n) \\ y_2 = f_2(x_1, \ldots, x_n) \\ \quad\vdots \\ y_n = f_n(x_1, \ldots, x_n) \end{cases}$$

에 대하여 정의역의 점 P 근방에 있는 점 $P + \mathbf{x}$의 상 $F(P + \mathbf{x})$는

$$F(P) + F'(P)\mathbf{x}$$

에 가깝다. 따라서 P 근방의 조그만 나란히꼴[9]

$$P + \{t_1\mathbf{v}_1 + \cdots + t_n\mathbf{v}_n \mid 0 \le t_1, \ldots, t_n \le 1\} =: P + \varlozenge(\mathbf{v}_1, \ldots, \mathbf{v}_n)$$

의 상은 나란히꼴

$$\begin{aligned} & F(P) + \{t_1F'(P)\mathbf{v}_1 + \cdots + t_nF'(P)\mathbf{v}_n \mid 0 \le t_1, \ldots, t_n \le 1\} \\ = \;& F(P) + \varlozenge(F'(P)\mathbf{v}_1, \ldots, F'(P)\mathbf{v}_n) \end{aligned}$$

[9] $\mathbf{v}_1, \ldots, \mathbf{v}_n$은 일차독립이고, 크기가 작은 벡터라고 하자.

에 가깝다. 따라서 부피팽창률은

$$\begin{aligned}\frac{\text{vol}\,\text{▱}(F'(P)\mathbf{v}_1,\ldots,F'(P)\mathbf{v}_n)}{\text{vol}\,\text{▱}(\mathbf{v}_1,\ldots,\mathbf{v}_n)} &= \frac{|\det(F'(P)\mathbf{v}_1,\ldots,F'(P)\mathbf{v}_n)|}{|\det(\mathbf{v}_1,\ldots,\mathbf{v}_n)|}\\ &= \frac{|\det\left(F'(P)\cdot(\mathbf{v}_1\ \cdots\ \mathbf{v}_n)\right)|}{|\det(\mathbf{v}_1,\ldots,\mathbf{v}_n)|}\\ &= \frac{|\det F'(P)\cdot\det(\mathbf{v}_1,\ldots,\mathbf{v}_n)|}{|\det(\mathbf{v}_1,\ldots,\mathbf{v}_n)|}\\ &= |\det F'(P)|\end{aligned}$$

이다.

1.1.5 기본연습문제

일급함수 $F:\mathbb{R}^3 \dashrightarrow \mathbb{R}^3$ 의 정의역의 점 P 에 대하여 $B(r) := \{X\in\mathbb{R}^3 \mid |X-P|\le r\}$ 이라 하자. 이때

$$\lim_{r\searrow 0}\frac{\text{Vol}(F(B(r)))}{\frac{4}{3}\pi r^3} = \left|\det F'(P)\right|$$

임을 설명하라.

1.1.6 보기: 구면좌표치환

구면좌표치환

$$\begin{aligned} x &= \rho\sin\varphi\cos\theta\\ y &= \rho\sin\varphi\sin\theta\\ z &= \rho\cos\varphi\end{aligned}$$

의 야코비 행렬은

$$\frac{\partial(x,y,z)}{\partial(\rho,\varphi,\theta)} = \begin{pmatrix}\sin\varphi\cos\theta & \rho\cos\varphi\cos\theta & -\rho\sin\varphi\sin\theta\\ \sin\varphi\sin\theta & \rho\cos\varphi\sin\theta & \rho\sin\varphi\cos\theta\\ \cos\varphi & -\rho\sin\varphi & 0\end{pmatrix}$$

이고, 따라서 이 치환의 야코비 행렬식은

$$\boxed{\det\frac{\partial(x,y,z)}{\partial(\rho,\varphi,\theta)} = \rho^2\sin\varphi}$$

이다.[10]

[10] 이 공식도 기말고사가 끝날 때까지 기억해 두면 도움이 된다.

1.2 연쇄법칙

연쇄법칙이란 합성함수의 미분법을 뜻한다 (제10장 5절 참고). n-공간의 한 열린 집합 U 에서 정의된 함수

$$F : U \to \mathbb{R}^m, \qquad y_j = f_j(x_1, \ldots, x_n) \qquad (j = 1, \ldots, m)$$

과 m-공간의 한 열린 집합 V 에서 정의된 함수

$$G : V \to \mathbb{R}^l, \qquad z_k = g_k(y_1, \ldots, y_m) \qquad (k = 1, \ldots, l)$$

의 합성함수

$$G \circ F : U \to \mathbb{R}^l, \qquad z_k = g_k(f_1(x_1, \ldots, x_n), \ldots, f_m(x_1, \ldots, x_n))$$

을 생각하자. 이때 F 의 상이 G 의 정의역에 들어간다고 가정한다: $F(U) \subseteq V$.

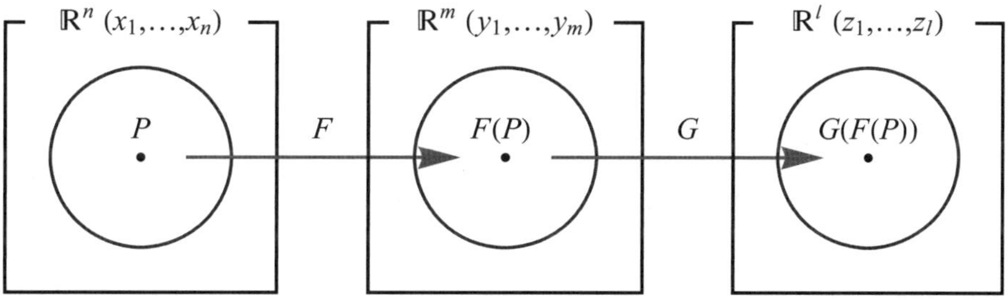

이때 F 와 G 가 모두 미분가능하면,

$$\frac{\partial z_k}{\partial x_i} = \sum_{j=1}^{m} \frac{\partial z_k}{\partial y_j} \frac{\partial y_j}{\partial x_i} \qquad (i = 1, \ldots, n)$$

이고 따라서

$$\frac{\partial(z_1, \ldots, z_l)}{\partial(x_1, \ldots, x_n)} = \frac{\partial(z_1, \ldots, z_l)}{\partial(y_1, \ldots, y_m)} \frac{\partial(y_1, \ldots, y_m)}{\partial(x_1, \ldots, x_n)}$$

을 얻는다. 다시 말하면

$$\boxed{(G \circ F)'(P) = G'(F(P))F'(P)}$$

이다. 이 식을 **연쇄법칙**이라고 부른다.

연습문제: 제 12 장 1 절

1. 구면좌표계에서 부등식

$$\rho_0 \le \rho \le \rho_1, \quad \varphi_0 \le \varphi \le \varphi_1, \quad \theta_0 \le \theta \le \theta_1$$

로 주어진 영역의 부피는

$$\frac{1}{3}({\rho_1}^3 - {\rho_0}^3)(\cos\varphi_0 - \cos\varphi_1)(\theta_1 - \theta_0)$$

임을 보이라 (여기에서 $0 \le \rho_0 \le \rho_1$, $0 \le \varphi_0 \le \varphi_1 \le \pi$, $0 \le \theta_0 \le \theta_1 \le 2\pi$ 이다). 또 이 식에서 구면좌표치환 $(\rho, \varphi, \theta) \mapsto (x, y, z)$ 의 야코비 행렬식이 $\rho^2 \sin\varphi$ 임을 설명하라.

2. 사상[11]

$$F(x, y) = (x^2 - y^2, 2xy)$$

의 야코비 행렬과 야코비 행렬식을 구하라. 또 사상

$$G(x, y) = (x^3 - xy^2, x^2y - y^3)$$

의 야코비 행렬과 야코비 행렬식을 구하라.

3. 주어진 점 P 에서 다음 함수의 야코비 행렬을 구하라.

(1) $F(x, y) = (x^2 + y^2, x^2 - y^2), \quad P = (1, 2)$

(2) $F(x, y) = (x + y, x - y, xy), \quad P = (1, 2)$

(3) $F(x, y) = (\sin x, \cos xy), \quad P = (\pi, 1)$

(4) $F(x, y, t) = (x, y), \quad P = (1, 1, 1)$

4. 다음에서 $\partial z/\partial x$ 와 $\partial z/\partial y$ 를 구하라.

(1) $z = u^2 + 3uv - v^2, \quad u = \sin x, \quad v = -\cos x + \cos y$

(2) $z = \sin u \cos v, \quad u = 3x^2 - 2y, \quad v = x - 3y$

5. 다음에서 $\partial(u, v)/\partial(t, s)$ 를 구하라.

(1) $u = x^2 + y^2,\ v = x^2 - y^2,\ x = t + s,\ y = t - s$

(2) $u = \sin(x + y),\ v = \cos(x - y),\ x = t^2 - s^2,\ y = ts$

(3) $u = xy,\ v = x,\ x = t^2 + s^2,\ y = t^2 - s^2$

6. 사상 $F(x, y) = (xy, \sin xy)$ 의 야코비 행렬식을 구하고, 그 의미를 살펴보라.

---

[11] 이 사상은 복소수 $z = x + y\sqrt{-1}$ 을 $z^2 = (x^2 - y^2) + 2xy\sqrt{-1}$ 로 보내는 사상이다.

제 2 절 부록: 역함수 정리와 은함수 정리

2.1 역함수 정리

2.1.1 일급가역함수

두 집합 A, B 사이에서 정의된 함수 $f : A \to B$가 일대일 대응이면, f는 **역함수**[12]

$$g : B \to A$$

를 가진다. 이때 $g : B \to A$는 등식

$$g \circ f = \mathrm{id}_A, \qquad f \circ g = \mathrm{id}_B$$

를 만족시킨다.[13]

어떤 함수가 역함수를 가지면, 그 함수를 **가역함수**라고 부른다. 그러나 미적분학에서 관심을 가지는 함수는 단순히 집합 사이의 함수가 아니고, 주로 적분가능함수, 연속함수, 선형함수, 미분가능함수, 일급함수, 이급함수, ..., 무한급함수, 해석함수 등이다. 따라서 역함수를 다룰 때, 각 상황에 따라 그것이 연속, 선형, 미분가능, 일급 등이 되기를 요구하는 것은 당연하다.

다변수함수론에서 역함수 정리를 논할 때에는 일급함수를 다룬다. 역함수를 가지고, 그 역함수도 여전히 일급인 함수를 **일급가역함수**라고 부른다.

2.1.2 역함수 미분법

좌표평면의 $x > 0$ 인 영역에서 극좌표계

$$r = \sqrt{x^2 + y^2}, \qquad \theta = \arctan \frac{y}{x}$$

의 야코비 행렬은

$$\begin{aligned}\frac{\partial(r,\theta)}{\partial(x,y)} &= \begin{pmatrix} \dfrac{x}{\sqrt{x^2+y^2}} & \dfrac{y}{\sqrt{x^2+y^2}} \\ \dfrac{-y/x^2}{1+(y/x)^2} & \dfrac{1/x}{1+(y/x)^2} \end{pmatrix} = \begin{pmatrix} \dfrac{x}{\sqrt{x^2+y^2}} & \dfrac{y}{\sqrt{x^2+y^2}} \\ \dfrac{-y}{x^2+y^2} & \dfrac{x}{x^2+y^2} \end{pmatrix} \\ &= \frac{1}{r}\begin{pmatrix} r\cos\theta & r\sin\theta \\ -\sin\theta & \cos\theta \end{pmatrix}\end{aligned}$$

이다.

[12] **역사상**(逆寫像, inverse mapping)이라고도 부른다.

[13] 여기에서 $\mathrm{id}_A, \mathrm{id}_B$ 는 각각 A, B 에서의 **항등함수**(identity map, 정체사상)를 뜻한다.

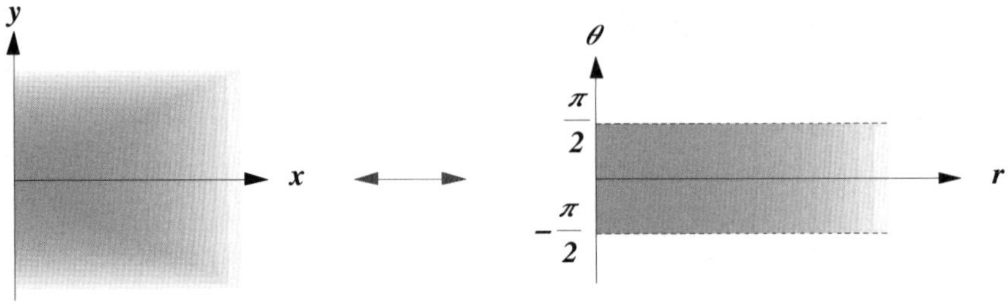

위 행렬은 극좌표치환

$$x = r\cos\theta, \qquad y = r\sin\theta$$

의 야코비 행렬

$$\frac{\partial(x,y)}{\partial(r,\theta)} = \begin{pmatrix} \cos\theta & -r\sin\theta \\ \sin\theta & r\cos\theta \end{pmatrix}$$

의 역행렬임을 알 수 있다.

2.1.3

일반적으로, 미분가능한 함수

$$F : \mathbb{R}^n \dashrightarrow \mathbb{R}^n, \qquad X \mapsto Y = F(X)$$

가[14] 역함수 $X = G(Y)$를 가진다고 하자:

$$(G \circ F)(X) = X, \qquad (F \circ G)(Y) = Y.$$

이때 G가 미분가능하면, 연쇄법칙에 의하여 등식

$$G'(Y)F'(X) = I_n, \qquad F'(X)G'(Y) = I_n$$

를 얻는다. 여기에서 I_n은 n차 항등행렬을 나타낸다. 따라서 $G'(Y) = (F'(X))^{-1}$, 즉

$$\boxed{\left(F^{-1}\right)'(Y) = (F'(X))^{-1}}$$

이다.[15] 특히 야코비 행렬 $F'(X)$가 가역행렬임을 안다. 물론 $F'(X)$가 가역행렬일 필요충분조건은 $\det F'(X) \neq 0$이다.

---

[14] 함수 F의 정의역의 이름이 무엇인지 구체적으로 밝히지 않고 다만 정의역이 $\mathbb{R}^n$의 부분집합이라는 뜻으로 $F : \mathbb{R}^n \dashrightarrow \mathbb{R}^n$ 이라는 표현을 사용한다. 주석 1번 참고.

[15] 이러한 원리는 이미 일변수 역함수 정리

$$(f^{-1})'(y) = (f'(x))^{-1}$$

에서 살펴보았다.

이와 같이 미분가능한 함수가 미분가능한 역함수를 가진다는 것을 알면 그 역함수의 미분, 즉 야코비 행렬을 구하는 것은 쉬운 일이다. 어려운 문제는 "과연 역함수가 언제 존재하고 그것이 왜 미분가능한가?"라는 것이다. 이 질문에 대한 답을 말하여 주는 것이 역함수 정리이다.

2.1.4 기본연습문제

일급가역사상

$$F : \mathbb{R}^n \dashrightarrow \mathbb{R}^n, \qquad Y := F(X)$$

에서

$$\det\left(F^{-1}\right)'(Y) = \left(\det F'(X)\right)^{-1}$$

임을 설명하라.[16]

2.1.5 방정식과 역함수

함수

$$Y = F(X)$$

가 역함수를 가지면 임의의 Y 에 대하여 방정식

$$F(X) = Y \tag{2}$$

가 항상 해를 가지고, 해가 오직 한 가지뿐이다. 이때 F 가 미분가능한 역함수를 가지면, 정의역의 임의의 X_0 에 대하여 $F'(X_0)$ 이 가역행렬이고, 따라서 선형방정식

$$F'(X_0)\mathbf{x} = \mathbf{y} \tag{3}$$

가 항상 해를 가진다는 것을 안다.

일반적으로 방정식을 푸는 문제는 항상 쉬운 것만은 아니다. 비선형(nonlinear)방정식 (2)를 푸는 데에는 선형방정식 (3)을 푸는 것이 많은 도움이 된다.[17]

다음 **역함수 정리**(逆函數 定理, Inverse Function Theorem)[18]는, 역으로, 주어진 일급사상

$$F : \mathbb{R}^n \dashrightarrow \mathbb{R}^n$$

[16] 역사상 F^{-1} 의 순간부피팽창계수는 F 의 순간부피팽창계수의 역수이다.

[17] 카오스이론, 비선형 동역학계, 프랙탈 이론 등도 선형방정식에 대한 이해가 깊어지고 나서 더욱 잘 이해하게 되었다.

[18] 차원이 2 이상이라는 것을 강조할 때에는 **역사상 정리**라고도 한다.

의 야코비 행렬이 가역행렬이면, F는 **국소적으로 일급가역**임을 말한다.[19]

정리 2.1.6 (역함수 정리) *n-공간의 한 열린 집합에서 정의된 일급사상*

$$F:\mathbb{R}^n \dashrightarrow \mathbb{R}^n$$

의 정의역의 한 점 X_0 에서 야코비 행렬 $F'(X_0)$ 이 가역행렬이면, F는 점 X_0 근방에서 국소적으로 일급가역이다.

이때 F의 국소 역사상을 G라 하고, $Y_0 = F(X_0)$ 이라 하면

$$G'(Y_0) = \big(F'(X_0)\big)^{-1}$$

이다.

역함수 정리를 증명하려면, $Y_0 = F(X_0)$ 근방의 임의의 Y에 대하여 방정식

$$F(X) = Y$$

가 해를 가진다는 것을 보이면 된다. 이 방정식은

$$X = X - F(X) + Y$$

와 마찬가지이고, 따라서 사상

$$\Phi_Y(X) := X - F(X) + Y$$

가 **부동점**(不動点, fixed point)을 가진다는 것을 보이면 된다.[20] 부동점의 존재를 증명하는 방법에는 여러 가지가 있는데, 가장 쉬운 것 중 하나가 **축소원리**(contraction mapping principle)이다.[21] 역함수 정리는 이와 같은 방법으로 증명한다. 구체적인 증명은 해석학 관련 책을 참고하기 바란다 [김,김,계].

방정식론의 입장에서 살펴보면 역함수 정리는 다음과 같은 원리를 말한다: 선형방정식

$$F'(X_0)\mathbf{x} = \mathbf{y}$$

---

[19]다시 말하면, 정의역의 임의의 점 X_0에 대하여 점 X_0 근방의 열린 집합 U와 점 $F(X_0)$ 근방의 열린 집합 V가 존재하여, F가 U와 V 사이의 일급 가역사상이라는 뜻이다. 이때 F가 일대일 사상이면 F는 전 영역에서 일급 가역사상이다.

[20]함수 Φ에 대하여 점 X가 $\Phi(X)$와 같을 때 X를 Φ의 부동점이라 한다.

[21]우리나라 지도를 펴서 책상 위에 올려 두면, 지도상의 위치와 실제 위치가 일치하는 한 점이 존재한다. 이와 같이 완비거리공간에서 일정한 축척 이하로 두 점 사이의 거리를 줄이는 자기사상은 움직이지 않는 점, 즉 부동점을 가지고, 부동점은 오직 하나뿐이다. 마른 오징어를 구워서 처음 있던 자리에 되돌려 놓으면, 원래 위치에 되돌아온 분자가 오직 하나 존재한다.

가 임의의 $\mathbf{y} \in \mathbb{R}^n$ 에 대하여 항상 해 $\mathbf{x} \in \mathbb{R}^n$ 를 가지면, 비선형방정식

$$F(X) = Y$$

도 Y 가 $Y_0 := F(X_0)$ 에 가까우면 X_0 가까이에서 해 $X = G(Y)$ 를 가진다. 이때 Y 의 변화에 대하여 해 X 는 일급사상이고

$$G(Y) \approx X_0 + F'(X_0)^{-1}(Y - Y_0)$$

이다.

2.1.7 보기

사상

$$F(x, y) = (e^x \cos y, e^x \sin y)$$

의 야코비 행렬식은

$$\det \begin{pmatrix} e^x \cos y & -e^x \sin y \\ e^x \sin y & e^x \cos y \end{pmatrix} = e^{2x} \neq 0$$

이므로, 이 함수는 국소적으로 가역사상임을 안다.

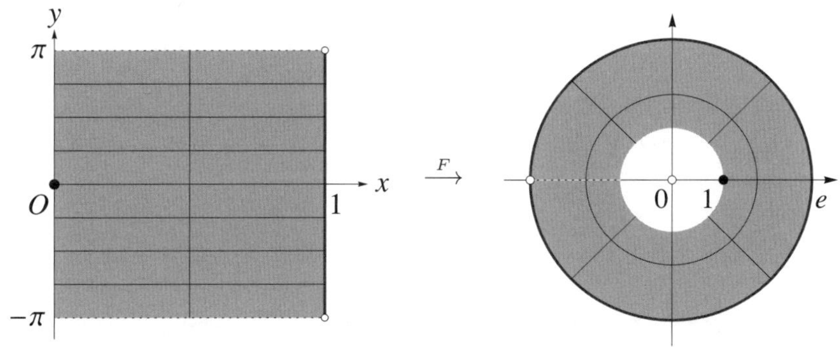

이때 점 $X_0 = (0, 0)$ 근방에서 F 의 역사상을 G 라 하면

$$Y_0 := F'(X_0) = (1, 0)$$

이고,

$$G'(Y_0) = F'(X_0)^{-1} = \begin{pmatrix} 1 & 0 \\ 0 & 1 \end{pmatrix}^{-1} = \begin{pmatrix} 1 & 0 \\ 0 & 1 \end{pmatrix}$$

이다.[22]

---

[22] 이때 $(x, y) = G(u, v)$ 는

$$x = \log \sqrt{u^2 + v^2}, \qquad y = \arctan \frac{v}{u}$$

이다.

2.1.8 보기

사상

$$F(x,y) = (x^3 + x - y^3, x^5 + y^7 + y)$$

는

$$F'(x,y) = \begin{pmatrix} 3x^2+1 & -3y^2 \\ 5x^4 & 7y^6+1 \end{pmatrix}$$

이고, 따라서

$$\det F'(x,y) = (3x^2+1)(7y^6+1) + 15x^4y^2 > 0$$

이다. 그러므로 F는 국소적으로 일급 가역이다. 이때 $F(1,0) = (2,1)$ 이므로

$$\left(F^{-1}\right)'(2,1) = F'(1,0)^{-1} = \begin{pmatrix} 4 & 0 \\ 5 & 1 \end{pmatrix}^{-1} = \frac{1}{4}\begin{pmatrix} 1 & 0 \\ -5 & 4 \end{pmatrix}$$

이다.

2.1.9 기본연습문제

사상

$$(u,v) := F(x,y) = (x^2 - y^2, 2xy), \qquad (x,y) \neq (0,0)$$

은 국소적으로 일급 가역사상임을 보이라. 또 점 $(1,1)$ 에서 F 의 야코비 행렬식값이 8임을 확인하고, 이 점 근방에서 정의된 역사상 $G(u,v)$ 에 대하여 점 $(0,2)$ 에서 야코비 행렬식을 구하라.

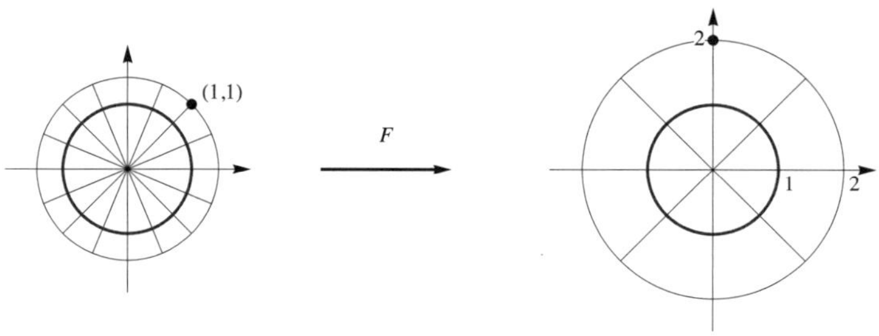

2.2 은함수 정리

함수를 말할 때에는 정의역의 원소에 대하여 공역의 원소를 대응시키는 관계가 분명하게 잘 주어져 있는 경우가 보통이다. 그러나 정의역의 원소 x 와 공역의 원소 y 사이의 관계가 식

$$f(x, y) = c$$

처럼 주어진 경우에 "y 는 x 에 대하여 **은함수**(隱函數, implicit function) 꼴로 표현되었다" 라고 말한다.[23] 은함수 꼴로 표현된 경우는 주어진 식을 (국소적으로) y 에 대하여 풀어

$$y = g(x)$$

와 같이 "현(顯, explicit)함수" 꼴로 바꿀 수 있는 경우가 있다.

보기를 들면

$$x^2 + y^2 = 1$$

이라는 은함수 표현에서, $y > 0$ 이면 함수

$$y = \sqrt{1 - x^2}$$

를 얻고, $y < 0$ 이면 함수

$$y = -\sqrt{1 - x^2}$$

를 얻는다.

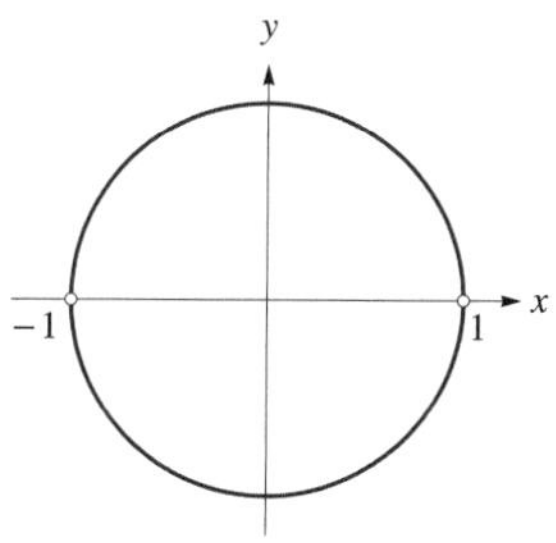

그러나 $y = 0$ 인 경우, 즉 점 $(1, 0)$ 또는 점 $(-1, 0)$ 에서는 원의 접선이 y-축과 나란하므로, 이때에는 이 점들 근방에서 원을 함수의 그래프로 나타낼 수 없다.

은함수 정리는 등위면

$$f(x_1, \ldots, x_n, y) = c \tag{4}$$

의 접평면이 y-축과 나란하지 않으면 이 등위면은 국소적으로 함수의 그래프라는 것을 말한다.[24] 즉, 식 (4)가 국소적으로 y 에 대하여 "현함수"꼴

$$y = g(x_1, \ldots, x_n)$$

임을 말한다.

---

[23] 보기를 들어 보일(R. Boyle, 1627–1691)과 샤를(J. Charles, 1746–1823)의 법칙에 의하면 이상(理想)적인 기체에서 압력 P, 부피 V, 절대온도 T 사이에는 $PV/T = \text{const}$ 라는 관계가 있다.

[24] "정규 등위면에서는 접평면을 논할 수 있고 이때 접평면이 기울기 벡터에 수직"이라는 사실은 은함수 정리의 결과이다. "정규"라는 용어는 등위면의 각 점 P 에서 $\text{grad}\, f(P) \neq \mathbf{0}$ 이라는 뜻으로 사용한다.

정리 2.2.1 (음함수 정리) *일급함수 $f(x_1, \ldots, x_n, y)$ 의 등위면 $f^{-1}(c)$ 의 한 점 $P := (X_0, y_0) := (x_1^0, \ldots, x_n^0, y_0)$ 에서*

$$\frac{\partial f}{\partial y}(P) \neq 0$$

이면 $f^{-1}(c)$ 는 점 P 근방에서 어떤 일급함수 $y = g(x_1, \ldots, x_n)$ 의 그래프이고,

$$\frac{\partial g}{\partial x_j}(X_0) = -\left.\frac{\partial f}{\partial x_j}(P) \right/ \frac{\partial f}{\partial y}(P)$$

이다.[25]

증명. 음함수 정리의 마지막 부분은 연쇄법칙의 결과로 식

$$f(X, g(X)) = c$$

를 미분하면 얻어진다.

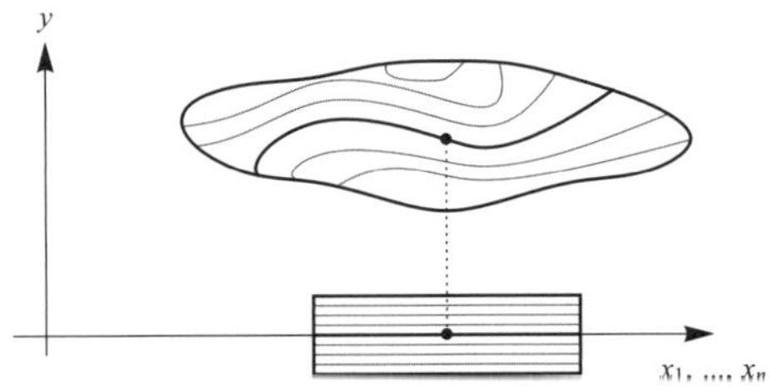

음함수 정리에서 함수 g 의 존재증명은 역함수 정리를 이용한다. $n \geq 2$ 인 경우의 증명은 $n = 1$ 인 경우와 비슷하므로, $n = 1$ 인 경우를 증명하여 보자.

먼저 사상

$$F(x, y) := (x, f(x, y))$$

를 생각하면 야코비 행렬

$$F'(x_0, y_0) = \begin{pmatrix} 1 & 0 \\ \frac{\partial f}{\partial x}(x_0, y_0) & \frac{\partial f}{\partial y}(x_0, y_0) \end{pmatrix}$$

의 행렬식 값 $\frac{\partial f}{\partial y}(x_0, y_0)$ 이 영이 아니므로, 역함수 정리에 의하여 점 (x_0, y_0) 근방에서 F 는 일급 역함수 $G = (g_1, g_2)$ 를 가진다:

$$x = g_1(x, f(x, y)), \qquad y = g_2(x, f(x, y)).$$

[25]음함수 정리에서 만약 $\frac{\partial f}{\partial y}(P) = 0$ 이면 $\operatorname{grad} f(P)$ 가 $(x_1, \ldots, x_n)$-성분만 가지게 되고, 따라서 점 P 에서 등위면 $f^{-1}(c) \subset \mathbb{R}^n \times \mathbb{R}$ 의 접평면이 y-축과 나란하게 된다. 그러므로 등위면이 그래프가 될 수 없다는 것을 알 수 있다.

"As it can't possibly make me larger, it must make me smaller."
— 캐롤의 *Alice's Adventures in Wonderland* 에서

이제 (x, y) 가 등위면 $f^{-1}(c)$ 의 점이면

$$y = g_2(x, f(x, y)) = g_2(x, c) =: g(x)$$

이다. □

2.2.2 보기

어떤 농가에서 기르는 작물의 생산량 y 는 이 작물에 드는 비료의 양 x 에 대하여

$$y^5 - xy - x^3 + 1 = 0$$

과 같은 관계가 있다고 하자. 또 비료를 1 투자하면 (즉, $x = 1$ 이면) 생산량은 $y = 1$ 임을 안다. 만약 비료의 양을 $1 + \epsilon$ 으로 늘리면 생산량은 얼마나 늘어날까?

이 문제는 $y = y(x)$ 로 두고 $y'(1)$ 의 값을 구하면 해결된다.

주어진 식을 x-변수에 대하여 미분하면

$$(5y^4 - x)y' - y - 3x^2 = 0$$

이고 따라서

$$y'(1) = \left.\frac{y + 3x^2}{5y^4 - x}\right|_{x=1} = 1$$

이다. 그러므로 늘어나는 생산량은 $y(1 + \epsilon) - y(1) \approx y'(1)\epsilon = \epsilon$ 정도이다.

2.2.3 기본연습문제

집합 $\left\{ \begin{pmatrix} a & b \\ c & d \end{pmatrix} \middle| \; ad - bc = 1 \right\}$ 이 삼차원 집합임을 설명하라.

2.2.4 등위면의 접벡터

일급함수 $f(x, y, z)$ 의 등위면 S 의 한 점 $P = (x_0, y_0, z_0)$ 에서 기울기 벡터 $\operatorname{grad} f(P)$ 가 영이 아니면, 다음 중 적어도 하나가 참이다:

$$\frac{\partial f}{\partial x}(P) \neq 0, \qquad \frac{\partial f}{\partial y}(P) \neq 0, \qquad \frac{\partial f}{\partial z}(P) \neq 0.$$

만약 마지막 경우라면, 은함수 정리로부터 점 P 근방에서 등위면 S 는 일급함수 $z = g(x, y)$ 의 그래프이다. 따라서 S 는

$$(x, y, g(x, y))$$

와 같이 매개화할 수 있다. 이때 점 P 에서 **제일좌표곡선** $x \mapsto (x, y_0, g(x, y_0))$ 의 속도벡터

$$\mathbf{v} := \left(1, 0, \frac{\partial g}{\partial x}(x_0, y_0)\right) = \left(1, 0, -\frac{\partial f}{\partial x}(P) \Big/ \frac{\partial f}{\partial z}(P)\right)$$

와 **제이좌표곡선** $y \mapsto (x_0, y, g(x_0, y))$ 의 속도벡터

$$\mathbf{w} := \left(0, 1, \frac{\partial g}{\partial y}(x_0, y_0)\right) = \left(0, 1, -\frac{\partial f}{\partial y}(P)\Big/\frac{\partial f}{\partial z}(P)\right)$$

가 S 의 접평면을 생성한다.

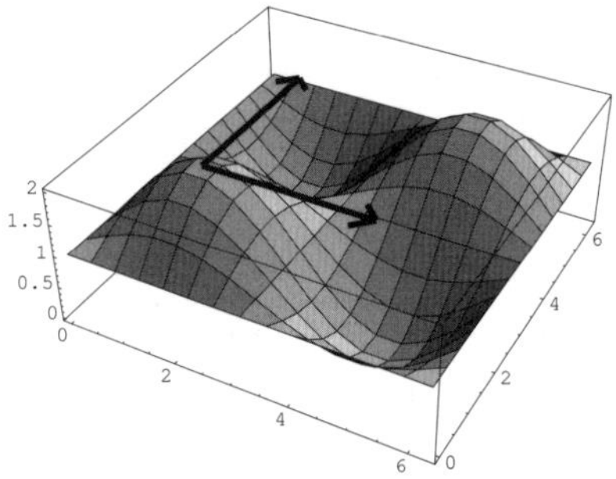

따라서 벡터

$$\mathbf{v} \times \mathbf{w} = \left(1, 0, \frac{\partial g}{\partial x}(x_0, y_0)\right) \times \left(0, 1, \frac{\partial g}{\partial y}(x_0, y_0)\right) = \frac{1}{\dfrac{\partial f}{\partial z}(P)} \operatorname{grad} f(P)$$

가 접평면에 수직이다. 마찬가지로 $\dfrac{\partial f}{\partial x}(P_0) \neq 0$ 이거나 또는 $\dfrac{\partial f}{\partial y}(P_0) \neq 0$ 일 때에도 $\operatorname{grad} f(P)$ 가 등위면에 수직임을 이해할 수 있다 (제10장 6절 참고).

2.3 일반 은함수 정리

정리 2.3.1 *일급 벡터함수*

$$F : \mathbb{R}^n \times \mathbb{R}^m \dashrightarrow \mathbb{R}^m, \qquad (X, Y) \mapsto F(X, Y)$$

의 등위면 $F^{-1}(C)$ 의 한 점 (X_0, Y_0) 에서

$$\det\left(\frac{\partial F}{\partial Y}(X_0, Y_0)\right) \neq 0$$

이면 $F^{-1}(C)$ 는 점 (X_0, Y_0) 근방에서 어떤 일급함수 $Y = G(X)$ 의 그래프이다.

연습문제: 제 12 장 2 절

1. 사상

$$(u, v) := F(x, y) = (x^3 - 3xy^2, 3x^2y - y^3), \qquad (x, y) \neq (0, 0)$$

은 국소적으로 가역사상임을 보이라. 이때 점 $(x, y) = (1, 0)$ 에서 역사상 $G(u, v)$ 의 미분을 구하라.

2. 다음 함수들이 주어진 점에서 국소적으로 일급가역인가를 조사하라.

(1) $F(x, y) = (x + y, y^{1/4}), \qquad (x_0, y_0) = (1, 2)$

(2) $F(x, y) = (x, y)/(x^2 + y^2), \qquad (x_0, y_0) \neq (0, 0)$

3. $f(x, y) := (x - 2)^2 y - xe^y$ 일 때,

$$f(a, b) = 0, \qquad D_2 f(a, b) = 0$$

인 점 (a, b) 를 구하라.

4. 다음 함수 f 에 대하여 식 $f(x, y) = 0$ 으로 주어진 등위선은 주어진 점 (x_0, y_0) 근방에서 함수 $y = g(x)$ 의 그래프로 나타남을 설명하고, 이때 미분계수 $g'(x_0)$ 을 구하라.

(1) $f(x, y) = x^2 - xy + y^2 - 3, \qquad (x_0, y_0) = (1, 2)$

(2) $f(x, y) = x \cos xy, \qquad (x_0, y_0) = (1, \pi/2)$

(3) $f(x, y) = 2e^{x+y} - x + y, \qquad (x_0, y_0) = (1, -1)$

(4) $f(x, y) = x + y + x \sin y, \qquad (x_0, y_0) = (0, 0)$

5. 다음 함수 f 에 대하여 식 $f(x, y, z) = 0$ 으로 주어진 등위면은 주어진 점 (x_0, y_0, z_0) 근방에서 함수 $z = g(x, y)$ 의 그래프로 나타남을 설명하고, 이때 미분계수 $D_1 g(x_0, y_0)$ 과 $D_2 g(x_0, y_0)$ 을 구하라.

(1) $f(x, y, z) = x + y + z + \cos xyz, \qquad (x_0, y_0, z_0) = (0, 0, -1)$

(2) $f(x, y, z) = x^3 + y^3 + z^3 - 3xyz, \qquad (x_0, y_0, z_0) = (0, 0, -1)$

(3) $f(x, y, z) = x + 2y + 3z - 2e^{xyz}, \qquad (x_0, y_0, z_0) = \left(0, \frac{1}{2}, \frac{1}{3}\right)$

(4) $f(x, y, z) = x^2 - 2y^2 + z^2, \qquad (x_0, y_0, z_0) = (1, 1, 1)$

6. 식

$$xe^y - y + 1 = 0$$

으로 주어진 집합은 점 $(e^{-2}, 2)$ 근방에서 함수의 그래프로 나타나는가?

7. 좌표평면에서 정의된 함수 $z = f(x, y)$ 가 식

$$x^3 + y^3 + z^3 + 3xyz = 6$$

을 만족시킨다고 하자. 이때 점 $(1, 1)$ 에서 f 의 기울기 벡터 $\operatorname{grad} f(1, 1)$ 을 구하라.

8. 방정식

$$x^5 + 2x^3 + x + c = 0$$

에 대하여 다음에 답하라.

(1) 임의의 실수 c에 대하여 위 방정식은 오직 하나의 실근을 가짐을 보이라.

(2) 이 방정식의 근을 $g(c)$라 할 때, $g'(0)$, $g''(0)$의 값을 구하라.

9. 방정식

$$x^3 + ax - 10 = 0$$

은 $a > 0$일 때 오직 하나의 실근을 가진다. 이 실근을 $g(a)$라 할 때, $g'(1)$과 $g''(1)$을 구하라.

10. 다음 주장에서 잘못된 곳을 가려라.

x에 관한 함수 y가 $y^3 = x(x-1)(x-2)$로 주어졌을 때, 이 식을 x에 관하여 미분하면,

$$3y^2y' = (x-1)(x-2) + x(x-2) + x(x-1)$$

을 얻는다. 이 식의 양변에 $x = 0$을 대입하면, $0 = 2$이다.

11. (x, y)에 대한 함수 z가 식 $x^3 - 2y^2 + z^2 = 0$을 만족시킬 때, $\dfrac{\partial z}{\partial x}(1,1)$과 $\dfrac{\partial z}{\partial y}(1,1)$을 구하라.

12. $y^5 + 3x^2y^3 - 7x^6 - 8 = 0$일 때 $\dfrac{dy}{dx}(0)$을 구하라.

13. n차 정사각행렬 A가 항등행렬 I에 아주 가까우면,

$$e^X = A$$

인 정사각행렬 X가 존재함을 설명하라. 이때 임의의 자연수 k에 대하여 $Y^k = A$인 정사각행렬 Y가 존재함을 보이라.

14. 이급함수 $F : \mathbb{R}^n \to \mathbb{R}^n$가 미분가능한 역함수를 가지면 그 역함수 F^{-1}도 이급임을 보이라. 또 F가 삼급이면 F^{-1}도 삼급임을 보이라.

15. 여러 a값에 대하여 곡선

$$x^4 - x^2 + y^2 = a$$

를 도시하라. 또 $a > 0, y > 0$이면 y는 x의 함수임을 보이고, 이때 $y''(0) > 0$임을 보이라.

제 13 장

벡터장과 선적분

수학을 이끄는 힘은 이성이 아니라 상상력이다.

— 드 모르간(Augustus De Morgan, 1806–1871)

다변수 벡터함수의 중요한 보기로 벡터장을 들 수 있다. 벡터장은 속도나 가속도 및 힘 등을 서술하는 데에 중요하게 쓰인다. 이 장에서는 벡터장의 여러 가지 성질을 살펴보고, 경로를 따르는 일의 양(선적분)을 구하는 법을 공부한다. 이때에 벡터장이 잠재함수(또는 위치에너지)를 가지면 선적분은 잠재함숫값(또는 위치에너지)의 차로 주어진다는 **선적분 기본정리**를 공부한다. 다시 말하면 기울기 벡터장의 선적분은 경로와는 무관하게 출발점과 도착점에만 의존한다는 것을 공부한다. 선적분 기본정리는 미적분학 기본정리 또는 스토크스 정리라고 부르는 일반원리의 특별한 경우이다. 미분형식에 대하여 약간 언급하고 동역학계에 대해서는 부록에서 다룬다.

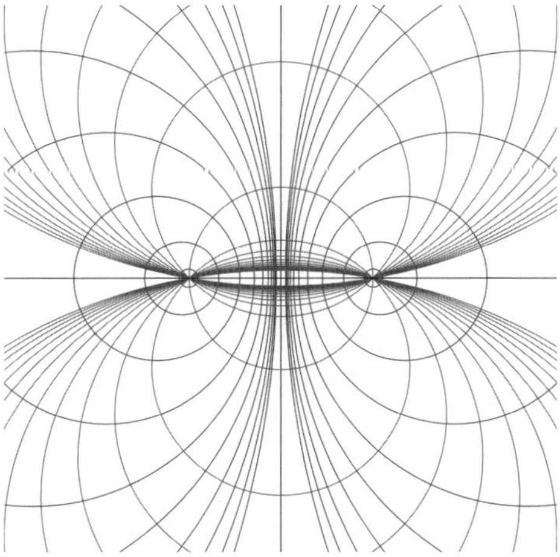

제 1 절 벡터장

n-공간의 부분집합 U 의 **벡터장**(vector field)은 U 의 각 점 X 마다 그 점을 기준으로 하는 벡터 $\mathbf{F}(X)$ 를 하나 대응시키는 사상을 뜻한다.

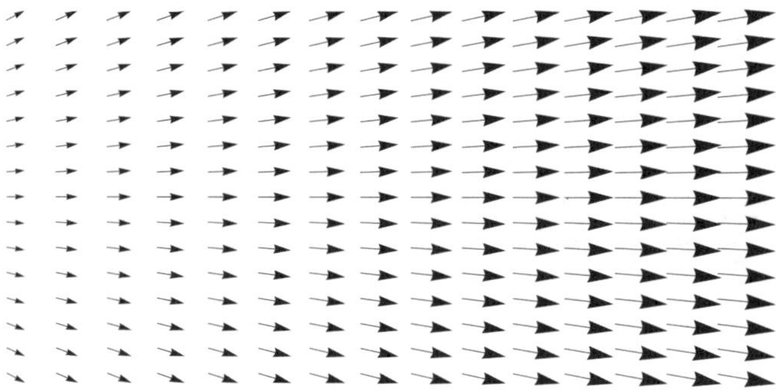

이러한 벡터장을 좌표계를 사용하여 표시하면

$$\mathbf{F}(X) = (f_1(X), \ldots, f_n(X)) = \sum_{i=1}^{n} f_i(X)\,\mathbf{e}_i$$

로 쓸 수 있다. 이때, 특별한 언급이 없으면, 각 성분함수

$$f_1, \ldots, f_n : U \to \mathbb{R}$$

가 모두 연속함수인 것을 가정한다. 만약 성분함수들이 미분가능(또는 일급, 이급, ...)이면, $\mathbf{F}$ 를 미분가능(또는 일급, 이급, ...)이라고 부른다.

벡터장을 U 에서 정의되어 $\mathbb{R}^n$ 으로 가는 함수

$$\mathbf{F} : U \to \mathbb{R}^n$$

라고 쓰는 것은 다소 오해를 일으키는 표현이지만 그냥 그렇게 쓰기로 한다.[1]

벡터장들은 서로 더할 수 있다. 또 벡터장에 실수 또는 함수를 곱할 수 있다.

[1] 정확하게 말하면 벡터장은 함수 $\tilde{\mathbf{F}} : U \to U \times \mathbb{R}^n$ 으로, $\tilde{\mathbf{F}}(X) = (X, \mathbf{F}(X))$ 를 뜻한다. $\tilde{\mathbf{F}}(X)$ 는 점 X 를 시점으로 하는 벡터, 즉 점 X 에서 공간에 접하는 벡터를 뜻한다.

1.1　위치벡터장

좌표평면에서 **위치벡터장**[2]

$$\mathbf{r}(x,y) = (x,y) = x\,\mathbf{i} + y\,\mathbf{j}$$

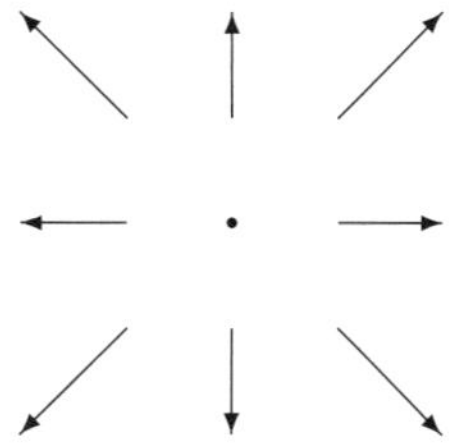

는 다음과 같이 원점에서 발산하는 모양으로 그려진다. 물론 위치벡터장의 크기는

$$r := |\mathbf{r}(x,y)| = \sqrt{x^2+y^2}$$

이다.

1.2　상수벡터장

n-공간의 임의의 벡터 $\mathbf{v}$는 모든 점에서 $\mathbf{v}$를 대응시키는 벡터장으로 이해할 수 있다. 이와 같이 주어진 벡터장을 **상수벡터장**이라고 한다.

표준단위벡터들 $\mathbf{e}_1, \ldots, \mathbf{e}_n$ 이 만드는 **표준단위벡터장**들이 상수벡터장의 대표적인 보기이다.

1.3　단위벡터장

표준단위벡터장 $\mathbf{e}_1, \ldots, \mathbf{e}_n$ 처럼 크기가 항등적으로 1 인 벡터장을 **단위벡터장**이라고 부른다.

단위벡터장

$$\mathbf{u}(x_1, \ldots, x_n) := \frac{\mathbf{r}}{r} = \sum_i \frac{x_i}{r}\,\mathbf{e}_i \qquad \left(r = \left(x_1^2 + \cdots + x_n^2\right)^{1/2}\right)$$

는 원점에서는 정의되지 않는다.

---

[2] n-공간에서 위치벡터장은

$$\mathbf{r}(x_1, \ldots, x_n) = \sum_{i=1}^{n} x_i\,\mathbf{e}_i$$

를 뜻한다. 영국의 물리학자 후크(Robert Hooke, 1635–1703)의 법칙에 의하면 이상적인 스프링의 늘어난 길이는 거기에 가해진 힘의 크기에 비례한다. 따라서 스프링에 작용하는 힘은 위치벡터장에 비례한다: $\mathbf{F} = -k\mathbf{r}$. 위치벡터장은 **항등벡터장** 또는 **오일러 벡터장**이라고도 한다.

1.4 여러 가지 보기

1.4.1

원점이 빠진 좌표평면에서 정의되는 벡터장

$$\mathbf{F}(x,y) = -\frac{(x,y)}{x^2+y^2} = -\frac{\mathbf{r}}{r^2}$$

은 그 크기가 $|\mathbf{F}| = \dfrac{1}{r}$ 이므로 원점으로부터의 거리에 반비례한다. 오른쪽 그림은 이 벡터장을 나타낸 것이다.

1.4.2 보기

벡터장

$$\mathbf{r}^*(x,y) = (-y,x) = -y\mathbf{i} + x\mathbf{j}$$

는 위치벡터장 $\mathbf{r}$ 를 $90°$ 회전시킨 것으로 아래 그림과 같이 그려진다.

평면에서 점들이 등각속력 ω 로 원점 주위를 원운동하는 것은

$$x(t) = r_0 \cos \omega t, \qquad y(t) = r_0 \sin \omega t$$

로 나타낼 수 있다. 이러한 운동의 속도벡터는

$$x'(t) = -\omega r_0 \sin \omega t = -\omega y(t)$$
$$y'(t) = \omega r_0 \cos \omega t = \omega x(t)$$

이므로, 벡터장

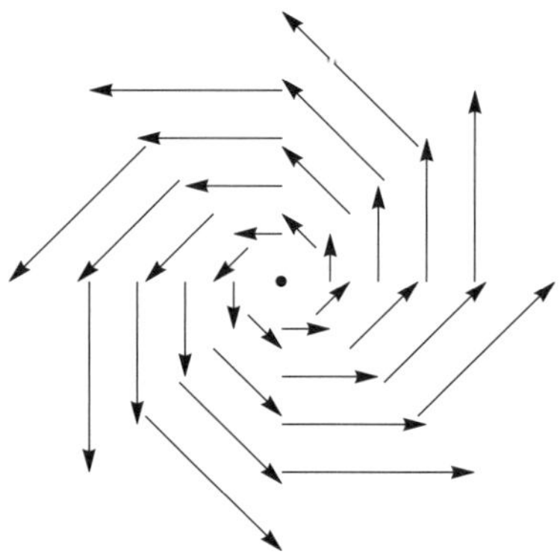

$$\mathbf{F}(x,y) := \omega(-y,x) = \omega\, \mathbf{r}^*(x,y)$$

는 등각속력 회전운동을 서술하는 벡터장으로 볼 수 있다.

벡터장은 운동의 속도를 나타내는 "속도벡터장"으로 쓰이기도 하고, 또는 운동의 가속도를 나타내는 "가속도벡터장"으로 쓰이기도 한다.[3]

[3]그러나 차원을 높이면, 가속도벡터장은 속도벡터장의 한 종류로 볼 수 있다.

1.4.3 푸와죄유의 법칙

반지름이 R 인 관

$$x^2 + y^2 = R^2$$

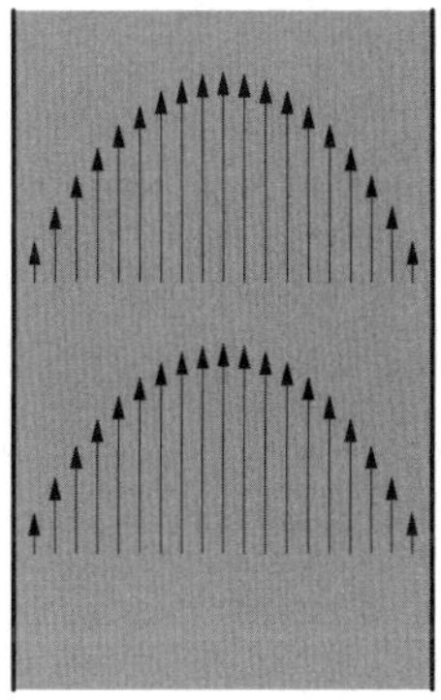

속을 z-축 방향으로 흐르는 유체를 생각하자. 이때 중심축에서 r 만큼 떨어진 점에서 유체의 속력은

$$R^2 - r^2$$

에 비례한다.[4]

이러한 유체의 속도를 나타내는 벡터장은 다음과 같이 표현된다.

$$\mathbf{F}(x, y, z) := c(R^2 - r^2)\mathbf{k}.$$

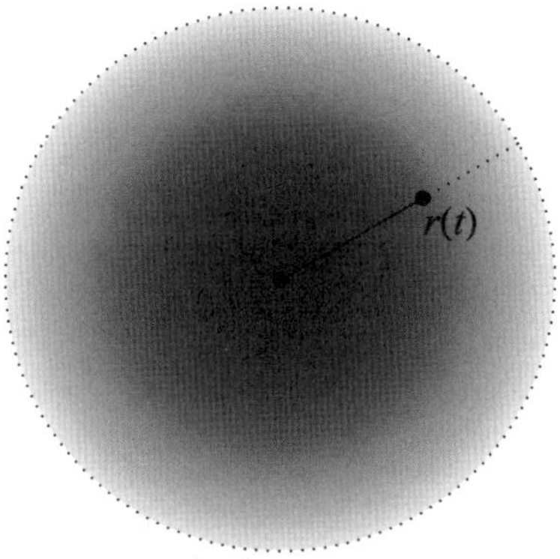

그림: 벨트라미-푸앵카레의 비유클리드 원판 (또는 공) 속을 지나는 빛은

추운 곳에서는 점점 속도가 느려져 $r(t) = R\tanh(ct)$ 처럼 움직이는데,

이때 $r'(t) = cR(1 - \tanh^2 ct) = \frac{c}{R}(R^2 - r(t)^2)$ 이다.

---

[4]프랑스의 생리학자 푸와죄유(J. Poiseuille, 1797–1869)는 1830 년대에 혈압이 일정할 때 단위시간 혈류량은 혈관 반지름의 네제곱에 비례함을 발견하였다:

$$\int_0^R c(R^2 - r^2)\, 2\pi r\, dr = c\pi R^4/2.$$

그러므로 혈관 반지름이 10% 정도 늘어나면, 혈류량은 40% 늘어난다. 독일의 하겐(G. Hagen, 1797–1884)도 이 법칙을 비슷한 시기에 독립적으로 발견하였다.

1.5 포식자와 먹이

풀이 잘 자라는 어느 섬에 많은 토끼들과 많은 여우들이 살고 있다고 하자. 토끼는 풀을 뜯어 먹고 살고, 여우는 토끼를 잡아먹고 산다고 하자.

이때 여우가 없다면 토끼 수 x는 자연 증가, 즉 현재 마릿수에 비례하여 증가하지만, 여우가 있다면 여우와 토끼가 마주치는 횟수에 비례하여 토끼 수는 줄어들고, 여우 수 y는 늘어난다.

여우 수가 증가하면 토끼 수는 줄어들고, 토끼 수가 줄어들면 토끼를 먹이로 하는 여우들의 수도 줄어들고, 여우 수가 줄어들면 토끼 수가 증가하고, 토끼 수가 증가하면 여우 수도 증가하여, 생태계는 주기적으로 변화하게 된다.

이러한 상황을 단순화하여 미분방정식으로 모형하면

$$x' = ax - bxy, \qquad y' = -cy + dxy$$

로 나타낼 수 있다. (a, b, c, d는 양의 상수이다.) 이런 방정식은 벡터장

$$\mathbf{F}(x, y) = (ax - bxy, -cy + dxy)$$

로 나타낼 수 있는데, 그 그림은 다음과 같다.

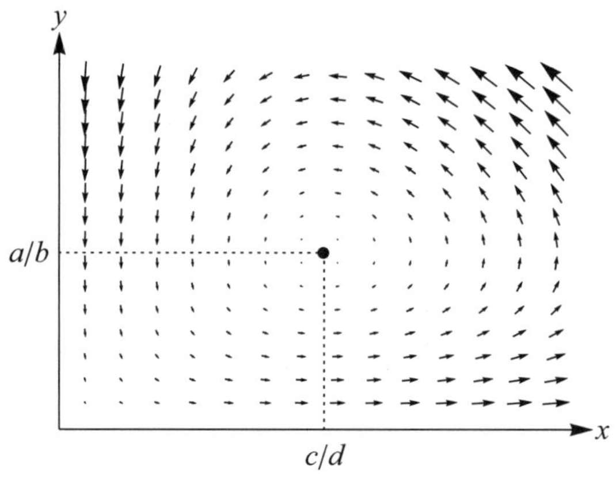

1.5.1 기본연습문제

1. 위 벡터장의 평형점, 즉 영점은 $(x_0, y_0) = (c/d, a/b)$인데, 이때 토끼 수가 x_0보다 많으면 여우 수가 증가하고, 여우 수가 y_0보다 많으면 토끼 수가 감소함을 설명하라.
2. 위 모형에서
$$E := d\left(\frac{x}{x_0} - \log\frac{x}{x_0}\right) + b\left(\frac{y}{y_0} - \log\frac{y}{y_0}\right)$$
는 상수임을 밝히라.

연습문제: 제 13 장 1 절

1. 벡터장 $\mathbf{F}(x,y,z) = -y\,\mathbf{i} + x\,\mathbf{j}$ 를 도시하라.

2. 벡터장 $\mathbf{F}(x,y) = (-x,y)$ 는 쌍곡선 $xy = c$ 에 접함을 보이라.

3. 벡터장
$$\mathbf{F}(x,y) = -2xy\mathbf{i} + (x^2 - y^2)\mathbf{j}$$
를 도시하고, 이 벡터장은 중심이 x-축에 있고 원점을 지나는 임의의 원 $(x-a)^2+y^2 = a^2$ 에 접함을 보이라.

4. 다음 벡터장은 아래 그림 중 어느 것일까?[5]

(1) $\mathbf{F}(x,y) = (x^2 - y^2)\,\mathbf{i} + 2xy\,\mathbf{j}$ (2) $\mathbf{F}(x,y) = (x^3 - 3xy^2)\,\mathbf{i} + (3x^2y - y^3)\,\mathbf{j}$

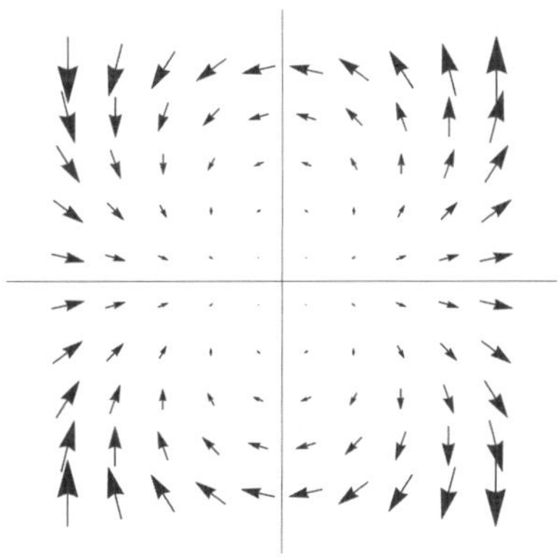

(L)

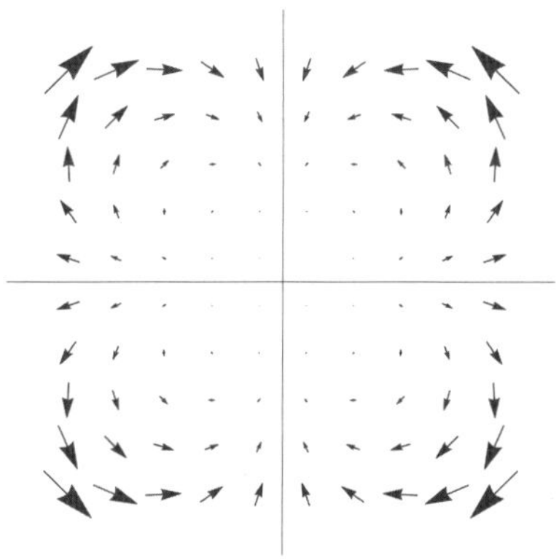

(R)

5. 위치벡터장 $\mathbf{r} = x\,\mathbf{i} + y\,\mathbf{j} + z\,\mathbf{k}$ 에 대하여 벡터장
$$\mathbf{F}(x,y,z) = \frac{-y\,\mathbf{i} + x\,\mathbf{j}}{r^3} = \mathbf{k} \times \frac{\mathbf{r}}{r^3}$$
의 크기가 일정한 점들의 집합을 도시하라.[6]

[5]극좌표를 이용하면 도움이 된다.

[6]구하는 집합이 회전면임을 알면, yz-평면에서 살펴보면 된다. 전하가 q, 위치가 $\mathbf{r}$ 이고 움직이는 속도가 $\mathbf{v} := \mathbf{r}'$ 인 입자가 자기장 $\mathbf{B}$ 에서 받는 힘은
$$\mathbf{F} = kq\mathbf{v} \times \mathbf{B}$$
이다. 이 힘을 **로렌츠 힘**이라 한다. **앙페르**(André Marie Ampère, 1775–1836)**의 법칙**에 의하면 전하가 q_0, 위치가 $\mathbf{r}_0(t)$ 이고 움직이는 속도가 $\mathbf{v}_0 := \mathbf{r}_0'$ 인 입자가 만드는 **자기장**(磁氣場, magnetic field)은
$$\mathbf{B}(\mathbf{r},t) := q\mathbf{v}_0 \times \frac{\mathbf{r} - \mathbf{r}_0}{|\mathbf{r} - \mathbf{r}_0|^3}$$
이다.

6. (**각운동량 보존법칙**) 좌표공간에서 질량이 m 인 움직이는 점 $X(t)$ 의 (원점에 대한) **각운동량**(angular momentum)은

$$\mathbf{L}(t) := X(t) \times (mX'(t))$$

를 뜻한다 (제 9 장 3절 참고).

(a) 각운동량이 상수벡터인 곡선은 평면곡선임을 밝히라.

(b) 곡선 $X(t)$ 가 뉴턴의 운동방정식 $\mathbf{F}(X(t)) = mX''(t)$ 를 만족시키고, 벡터장 $\mathbf{F}$ 가 각 점에서 위치벡터장 $\mathbf{r}$ 에 비례하면, 각운동량은 상수벡터임을 보이라.

7. 주어진 벡터장 $\mathbf{F}$ 에 대하여 곡선 $X(t)$ 가 운동방정식 $\mathbf{F}(X(t)) = mX''(t)$ 를 만족시키면, 역향곡선 $Y(s) := X(c-s)$ 도 같은 운동방정식을 만족시킴을 보이라.

8. 평면의 점 P 에 대하여

$$\mathbf{F}_P(X) := \frac{X-P}{|X-P|^2}$$

라 할 때, 두 점 P, Q 에 대하여

$$\mathbf{F}(X) := \mathbf{F}_P(X) + \mathbf{F}_Q(X)$$

를 도시하라.

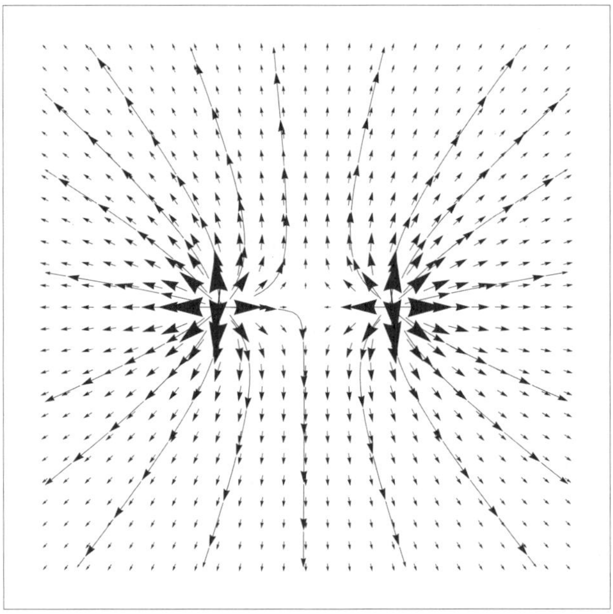

제 2 절 선적분

우리는 곡선을 공부하면서 곡선을 따라 **함수를 적분하는 법**을 공부하였다. 이 절에서는 곡선을 따라 **벡터장을 적분하는 법**을 공부한다.

2.1 곡선을 따르는 벡터장

곡선 $X : [a,b] \to \mathbb{R}^n$ 에 대하여, "X를 따르는 벡터장"이란 X의 정의역 $[a,b]$의 각 점 t마다 점 $X(t)$를 시점으로 하는 벡터 $\mathbf{G}(t) \in \mathbb{R}^n$이 하나씩 대응되어 있는 것을 뜻한다.

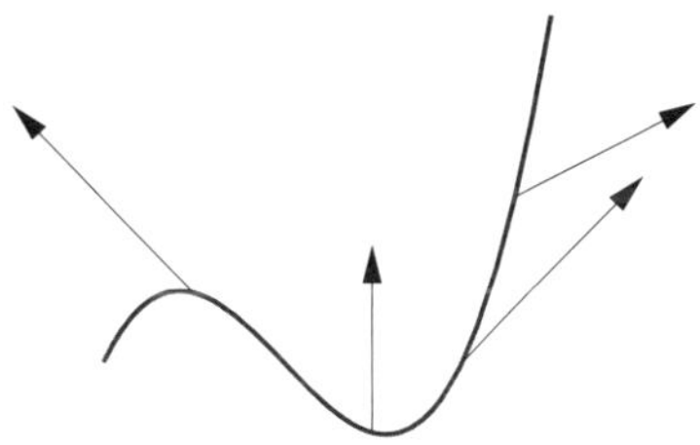

곡선 $X : [a,b] \to \mathbb{R}^n$을 따르는 벡터장은 사상

$$\mathbf{G} : [a,b] \to \mathbb{R}^n$$

으로 이해할 수 있다.

특별한 언급이 없으면 모든 벡터장은 연속인 것을 가정한다.

2.1.1 보기

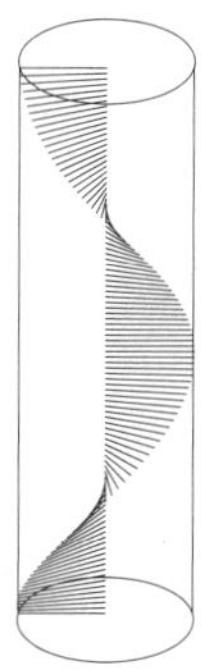

나선

$$X(t) := (\cos t, \sin t, t)$$

의 각 점 t에 대하여 나선의 중심축인 z-축을 향하는 벡터

$$\mathbf{G}(t) := (-\cos t, -\sin t, 0)$$

은 X를 따르는 벡터장의 한 보기이다.

2.1.2 단위접벡터장

곡선 $X(t)$를 따르는 벡터장의 대표적인 보기로는 **속도벡터장** $X'(t)$와 **가속도벡터장** $X''(t)$를 들 수 있다. 속도가 영이 되지 않는 곡선, 즉 정규곡선에서는 **단위접벡터장**을

$$\mathbf{t}(t) = \mathbf{t}_X(t) := \frac{X'(t)}{|X'(t)|}$$

로 둔다. 단위접벡터장은 곡선의 향에 의존한다. 역향곡선의 단위접벡터장은 원래 곡선의 단위접벡터장과 반대 방향이다.

2.2 선적분

곡선을 따라 적분할 때에

(i) 함수를 적분하거나
(ii) 벡터장을 적분하여

실숫값을 얻는다.[7]

일급곡선 $X : [a, b] \to \mathbb{R}^n$ 을 따라 정의된 함수 $g(t)$ 의 선적분은

$$\int_X g \, \mathrm{ds} := \int_a^b g(t) \, |X'(t)| \, dt$$

임을 이미 살펴보았다 (제9장 참고).

이제 벡터장 $\mathbf{G}(t) \in \mathbb{R}^n$ 에 대하여 적분값

$$\boxed{\int_X \mathbf{G} \cdot \mathrm{ds} := \int_a^b \mathbf{G}(t) \cdot X'(t) \, dt}$$

를 곡선 X 를 따르는 벡터장 $\mathbf{G}$ 의 "(선)적분"이라 한다.

벡터장의 선적분값은 벡터장의 곡선(에 접하는) 성분에만 의존하고 곡선과 수직인 성분은 적분값에 아무런 영향을 주지 않는다.

2.2.1 기본연습문제

공간에서 등속으로 직선운동하는 곡선

$$X(t) = P + t\mathbf{v} \qquad (a \le t \le b)$$

의 각 점에 작용하는 힘이 일정하게 $\mathbf{G}(t) = k\,\mathbf{v}$ 일 때, 일의 양은

$$\left| \int_X \mathbf{G} \cdot \mathrm{d}\mathbf{s} \right| = |\mathbf{G}| \cdot |X(b) - X(a)| = (\text{힘의 크기}) \times (\text{이동한 거리})$$

임을 보이라.

일반적으로 벡터장을 힘으로 이해할 때에는 선적분값을 "일"(work)이라고 부른다.

---

[7]벡터함수를 적분하면 벡터값을 얻는다던데 . . .

2.2.2

벡터장 $\mathbf{F} : \mathbb{R}^n \dashrightarrow \mathbb{R}^n$ 의 정의역에 곡선 $X : [a,b] \to \mathbb{R}^n$ 의 상이 포함되면, 합성한 사상

$$\mathbf{F} \circ X : [a,b] \to \mathbb{R}^n, \qquad t \mapsto \mathbf{F}(X(t))$$

는 X 를 따르는 벡터장이다. 이때 선적분 $\int_X \mathbf{F} \circ X \cdot \mathbf{ds}$ 를 간단히 $\int_X \mathbf{F} \cdot \mathbf{ds}$ 로 쓰기도 한다.

$$\boxed{\int_X \mathbf{F} \cdot \mathrm{ds} := \int_a^b \mathbf{F}(X(t)) \cdot X'(t)\, dt}$$

2.2.3 보기

벡터장 $\mathbf{F}(x,y) = \frac{1}{2}(-y,x) = \frac{1}{2}\mathbf{r}^*(x,y)$ 를 타원

$$X(t) = (a\cos t, b\sin t), \qquad 0 \le t \le 2\pi$$

를 따라 적분한 값은

$$\begin{aligned}\int_X \mathbf{F} \cdot \mathrm{ds} &= \int_0^{2\pi} \mathbf{F}(X(t)) \cdot X'(t)\, dt \\ &= \int_0^{2\pi} \frac{1}{2}(-b\sin t, a\cos t) \cdot (-a\sin t, b\cos t)\, dt \\ &= \frac{1}{2}\int_0^{2\pi} ab(\sin^2 t + \cos^2 t)\, dt \;=\; \pi ab\end{aligned}$$

이다.[8]

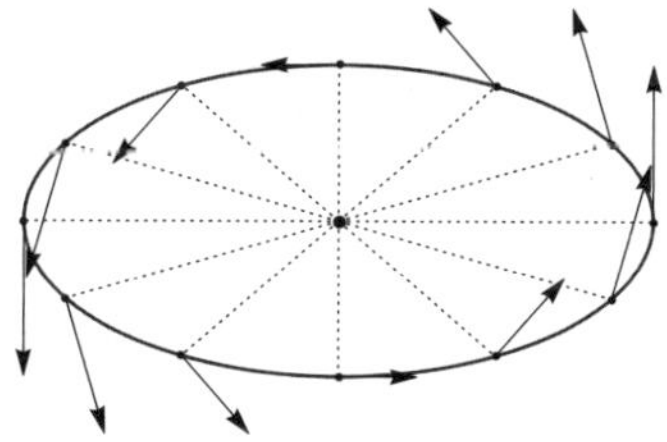

벡터장 $\frac{1}{2}\mathbf{r}^*$ 를 적분하면 곡선 내부의 넓이를 얻는다.

---

[8]앞으로 15장에서 그린 정리를 공부하고 나면 **단순폐곡선**을 따르는 벡터장 $\mathbf{F}(x,y) = \frac{1}{2}(-y,x)$ 의 선적분 값은 그 곡선으로 둘러싸인 부분의 넓이라는 것을 알게 된다. 곡선 $X : [a,b] \to \mathbb{R}^2$ 가 단순폐곡선이라는 것은 $a \le t_0 < t_1 < b$ 일 때 $X(t_0) \ne X(t_1)$ 이고, X 의 출발점 $X(a)$ 와 도착점 $X(b)$ 가 일치한다는 것을 뜻한다.

또 위의 타원을 따라 위치벡터장 $\mathbf{r}(x, y) = (x, y)$ 를 적분하면

$$\begin{aligned}\int_X \mathbf{r} \cdot d\mathbf{s} &= \int_0^{2\pi} \mathbf{r}(X(t)) \cdot X'(t)\,dt \\ &= \int_0^{2\pi} (a\cos t, b\sin t) \cdot (-a\sin t, b\cos t)\,dt \\ &= \int_0^{2\pi} (-a^2 + b^2)\cos t\,\sin t\,dt = (-a^2 + b^2)\int_0^{2\pi} \frac{d(\frac{1}{2}\sin^2 t)}{dt}\,dt \\ &= 0\end{aligned}$$

이다.

2.2.4 기본연습문제

1. 두 곡선

$$\begin{aligned} Y_+(t) &:= (\cos t, \sin t), & 0 \le t \le \pi \\ Y_-(t) &:= (\cos t, -\sin t), & 0 \le t \le \pi \end{aligned}$$

   는 모두 점 $(1, 0)$에서 출발하여 점 $(-1, 0)$에 도착한다. 벡터장 $\mathbf{F}(x, y) = (-y, x)$ 를 두 곡선을 따라 적분한 값이 같은지 비교하라.[9]

2. 벡터장 $\mathbf{F}$ 를 상수 곡선 $X(t) \equiv X_0$ 을 따라 적분한 값은 얼마인가?

3. 벡터장 $\mathbf{F}(x, y) = y\,\mathbf{i}$ 를 함수 $f : [a, b] \to \mathbb{R}$ 의 그래프를 따라 적분한 값은

$$\int_a^b f(x)\,dx$$

   임을 밝히라. 또 왜 그런지 기하학적인 의미를 설명하라.

4. 사이클로이드

$$(x(t), y(t)) = a(t - \sin t, 1 - \cos t) \qquad (0 \le t \le 2\pi)$$

   를 따라 벡터장 $y\mathbf{i}$ 를 적분한 값을 구하라.[10]

---

[9]답: $\int_{Y_+} \mathbf{F} \cdot d\mathbf{s} = \pi, \quad \int_{Y_-} \mathbf{F} \cdot d\mathbf{s} = -\pi$

[10]답: $3\pi a^2$. 제 15 장 5.0.5 참고.

2.2.5 보기

일급곡선 $X : [a, b] \to \mathbb{R}^n$ 의 속도벡터장 X' 을 곡선 자신에 따라 적분하면

$$\int_X X' \cdot \mathrm{d}\mathbf{s} = \int_a^b |X'|^2 \, dt$$

이다.[11]

2.2.6 기본연습문제

이급곡선 $X : [a, b] \to \mathbb{R}^n$ 의 가속도벡터장 X'' 을 곡선 자신을 따라 적분하면

$$\int_X X'' \cdot \mathrm{d}\mathbf{s} = \frac{1}{2}|X'(b)|^2 - \frac{1}{2}|X'(a)|^2$$

임을 보이라.

2.2.7

주어진 벡터장 $\mathbf{F}$ 에 대하여 질점 $X(t)$ 가 **운동방정식**

$$\mathbf{F}(X(t)) = m\, X''(t)$$

를 따라 움직인다고 하자.[12] 이때 구간 $t_0 \le t \le t_1$ 에서 $\mathbf{F}$ 의 선적분값은

$$\begin{aligned}
\int_X \mathbf{F} \cdot \mathrm{d}\mathbf{s} &= \int_{t_0}^{t_1} \mathbf{F}(X(t)) \cdot X'(t)\, dt \;=\; \int_{t_0}^{t_1} m\, X''(t) \cdot X'(t)\, dt \\
&= \frac{1}{2} m \int_{t_0}^{t_1} \frac{d}{dt} |X'(t)|^2 \, dt \\
&= \frac{1}{2} m |X'(t_1)|^2 - \frac{1}{2} m |X'(t_0)|^2
\end{aligned}$$

이다.[13]

---

[11] 이 적분값은 **총운동에너지**에 비례한다.

[12] 이 운동방정식은 역학에 관한 뉴턴의 세 가지 법칙 중 두 번째 것이다. 뉴턴의 역학에 대한 개념을 이해하기 쉽게 현대적인 모양의 기본법칙으로 발전시킨 이는 오일러(L. Euler, 1707–1783)이다 [Truesdell].

[13] 즉, 일의 양은 **운동에너지** $\frac{1}{2}mv^2$ 의 차이다. 여기에서 $v(t)$ 는 속력 $|X'(t)|$ 를 나타낸다. 운동에너지의 개념은 1686 년 라이프니츠가 처음으로 도입하였다.

2.2.8 벡터장의 선적분과 함수의 선적분

곡선 $X(t)$ 가 정규곡선, 즉 속력이 영이 되지 않는 일급곡선이면 X 의 단위접벡터장 $\mathbf{t}(t) := \dfrac{X'(t)}{|X'(t)|}$ 를 생각할 수 있다. 한편 곡선 X 의 길이원소는 $\mathrm{ds} = |X'(t)|\,dt$ 이므로 주어진 벡터장 $\mathbf{F}$ 의 적분은

$$\int_X \mathbf{F}\cdot \mathbf{ds} = \int_a^b \mathbf{F}(t)\cdot X'(t)\,dt = \int_a^b \mathbf{F}(t)\cdot \mathbf{t}(t)\,|X'(t)|\,dt = \int_X \mathbf{F}\cdot \mathbf{t}\ \mathrm{ds}$$

이다. 따라서 정규곡선에서는

$$\boxed{\int_X \mathbf{F}\cdot \mathbf{ds} = \int_X \mathbf{F}\cdot \mathbf{t}\ \mathrm{ds}}$$

이다.[14] 이와 같이 <u>벡터장의 선적분</u>은 <u>함수의 선적분</u>으로 바꾸어 표현할 수 있다.

2.2.9

정규곡선 X 에서 벡터장 $\mathbf{F}$ 를 곡선 X 에 접하는 성분 $\mathbf{F}_\top$ 와 수직인 성분 $\mathbf{F}_\perp$ 의 합

$$\mathbf{F} = \mathbf{F}_\top + \mathbf{F}_\perp$$

으로 나타내자.[15] 그러면

$$\mathbf{F}\cdot\mathbf{t} = (\mathbf{F}_\top + \mathbf{F}_\perp)\cdot\mathbf{t} = \mathbf{F}_\top\cdot\mathbf{t}$$

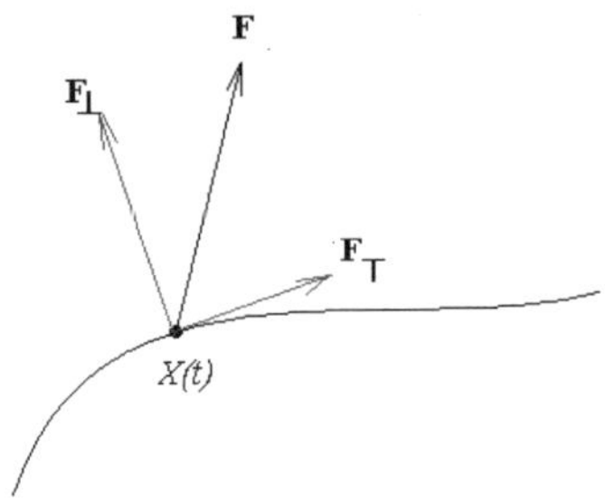

이고 따라서

$$\int_X \mathbf{F}\cdot \mathbf{ds} = \int_X \mathbf{F}\cdot \mathbf{t}\,\mathrm{ds} = \int_X \mathbf{F}_\top\cdot \mathbf{t}\,\mathrm{ds} = \int_X \mathbf{F}_\top\cdot \mathbf{ds}$$

이다. 그러므로 *벡터장을 적분할 때에는 곡선에 접하는 성분만 적분하면 된다.*

2.2.10 기본연습문제

1. 정규곡선에서 단위접벡터장을 적분한 값은 곡선의 길이와 같은가?
2. 주어진 벡터장에 수직인[16] 곡선을 따라 벡터장을 적분한 값은 항상 영인가?

---

[14] 이 식을 $\mathbf{ds} = \mathbf{t}\,\mathrm{ds}$ 로 나타내어도 좋다.

[15] 이때 $\mathbf{F}_\top = (\mathbf{F}\cdot\mathbf{t})\mathbf{t}$ 이다.

[16] 곡선의 각 점에서의 접선이 그 점에서의 벡터장이 가리키는 방향에 수직이라는 뜻이다.

2.3 매개화와 선적분

다음 정리는 벡터장의 선적분값이 곡선의 동향재매개화에 대하여 변화하지 않음을 말한다. 그러나 역향재매개화에 대해서는 그 값의 부호가 바뀐다. 그러므로 벡터장의 선적분은 함수의 선적분과 달리 곡선의 향(向)에 의존한다.

정리 2.3.1 *n-공간의 한 부분집합 U 에서 정의된 벡터장 $\mathbf{F} : U \to \mathbb{R}^n$ 과 일급곡선 $X : [a, b] \to U$ 에 대하여,*

(i) *일급함수 $f : [\alpha, \beta] \to [a, b]$ 가 $f(\alpha) = a,\ f(\beta) = b$ 이면*

$$\int_{X\circ f} \mathbf{F} \cdot \mathbf{ds} = \int_X \mathbf{F} \cdot \mathbf{ds}$$

(ii) *X_- 가 X 의 역향곡선이면 $\displaystyle\int_{X_-} \mathbf{F} \cdot \mathbf{ds} = -\int_X \mathbf{F} \cdot \mathbf{ds}$ 이다.*

증명. (i) 의 경우는

$$\begin{aligned}
\int_{X\circ f} \mathbf{F} \cdot \mathbf{ds} &= \int_\alpha^\beta \mathbf{F}(X(f(u))) \cdot \frac{d}{du} X(f(u))\, du \\
&= \int_\alpha^\beta \mathbf{F}(X(f(u))) \cdot X'(f(u))\, f'(u)\, du \\
&= \int_a^b \mathbf{F}(X(t)) \cdot X'(t)\, dt \;=\; \int_X \mathbf{F} \cdot \mathbf{ds}
\end{aligned}$$

이다. (ii) 의 경우는 $X_-(u) = X(a+b-u)$ 이므로

$$\begin{aligned}
\int_{X_-} \mathbf{F} \cdot \mathbf{ds} &= \int_a^b \mathbf{F}(X_-(u)) \cdot \frac{d}{du} X_-(u)\, du \\
&= \int_a^b \mathbf{F}(X(a+b-u))) \cdot \big(-X'(a+b-u)\big)\, du \\
&= \int_b^a \mathbf{F}(X(t)) \cdot X'(t)\, dt \qquad (\Leftarrow t := a+b-u) \\
&= -\int_a^b \mathbf{F}(X(t)) \cdot X'(t)\, dt \;=\; -\int_X \mathbf{F} \cdot \mathbf{ds}
\end{aligned}$$

이다. □

특히 이 정리에서 $\tilde{X}$ 가 X 의

$$\text{동향재매개화이면} \int_{\tilde{X}} \mathbf{F} \cdot d\mathbf{s} = \int_X \mathbf{F} \cdot d\mathbf{s}$$

$$\text{역향재매개화이면} \int_{\tilde{X}} \mathbf{F} \cdot d\mathbf{s} = -\int_X \mathbf{F} \cdot d\mathbf{s}$$

임을 안다.

2.3.2 보기

위치벡터장

$$\mathbf{r}(x, y) = (x, y)$$

를 포물선 $y = x^2$ 을 따라 원점에서 점 $P = (1, 1)$ 까지 적분하라.

또 이 포물선을 따라 거꾸로 점 P 에서 원점까지의 선적분을 구하라.

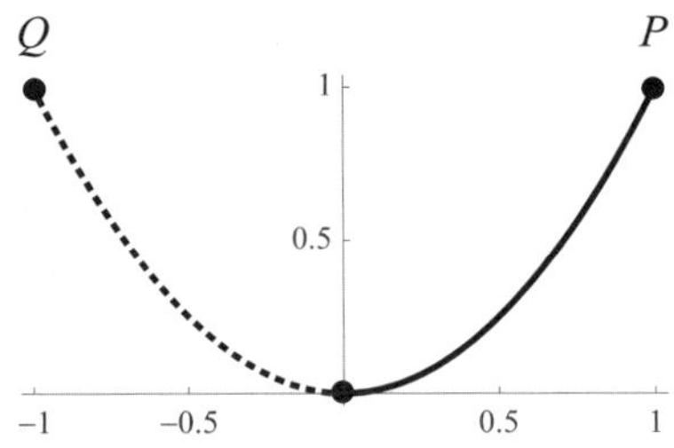

포물선 $y = x^2$

이 문제를 풀기 위하여, 주어진 포물선을

$$X(t) = (t, t^2), \qquad 0 \le t \le 1$$

과 같이 매개화하자.[17] 그러면

$$\int_X \mathbf{r} \cdot d\mathbf{s} = \int_0^1 (t, t^2) \cdot (1, 2t)\, dt = \int_0^1 (t + 2t^3)\, dt = \left[\frac{1}{2}t^2 + \frac{2}{4}t^4\right]_0^1 = 1$$

이다.[18]

또 P 에서 원점까지 거꾸로 움직이면, 선적분값은 -1 이다.

2.3.3 기본연습문제

위치벡터장을 포물선 $y = x^2$ 에 따라 점 $P = (1, 1)$ 에서 출발하여 원점을 거쳐 점 $Q = (-1, 1)$ 까지 갔다가 다시 원점으로 돌아오는 적분을 구하라.

---

[17]물론 포물선을

$$Y(t) = \left(\frac{e^{\sin t} - 1}{e - 1}, \frac{(e^{\sin t} - 1)^2}{(e - 1)^2}\right), \qquad 0 \le t \le \pi/2$$

와 같이 복잡하게 매개화하여도 같은 결론을 얻는다.

[18]나중에 잠재함수를 공부하면 다른 방법으로 구할 수 있다.

2.4 각원소 벡터장

원점을 뺀 좌표평면에서 정의되는 **각원소 벡터장**은

$$\mathbf{a}(x,y) := \frac{\mathbf{r}^*}{r^2}(x,y) = \frac{(-y,x)}{x^2+y^2} = \left(-\frac{y}{x^2+y^2}, \frac{x}{x^2+y^2}\right)$$

로 정의한다. 각원소 벡터장의 크기는

$$|\mathbf{a}| = \frac{1}{r}$$

이다.[19]

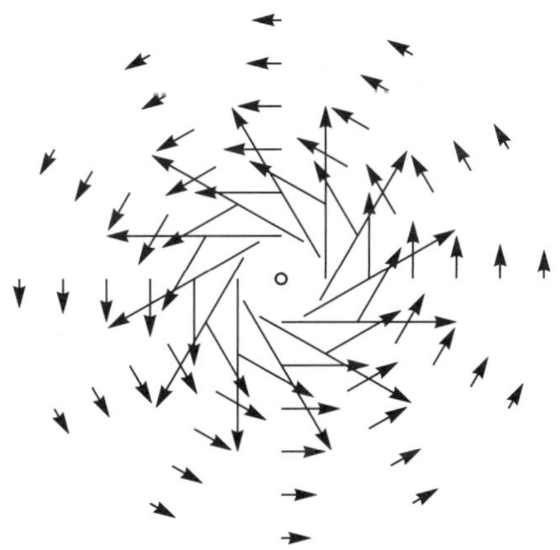

각원소 벡터장의 크기는 원점까지의 거리에 반비례한다.

2.4.1 기본연습문제

원점에서의 거리 제곱에 반비례하는 각속도로 회전운동하는 것

$$x(t) = r\cos\frac{t}{r^2}, \qquad y(t) = r\sin\frac{t}{r^2}$$

를 서술하는 속도벡터장이 각원소 벡터장임을 보이라. 이 회전운동의 주기는 얼마인가?[20]

각원소 벡터장을 곡선[21]

$$X(t) := r(t)\big(\cos\theta(t), \sin\theta(t)\big), \qquad t_0 \le t \le t_1$$

---

[19] $x > 0$ 인 **반평면**(半平面, half plane)에서 각도함수 $\theta(x,y) = \arctan(y/x)$ 를 도입하면, $\mathbf{a} = \operatorname{grad}\theta$ 이다. 대문자 $\mathbf{A}$ 로 나타내는 입체각 벡터장은 나중에 따로 소개한다.

[20] $2\pi r^2$

[21] 이때 함수 r 와 θ 가 모두 일급함수이고, $r(t) > 0$ 을 가정한다.

을 따라 적분한 값은

$$
\begin{aligned}
& \int_X \mathbf{a} \cdot \mathrm{d}\mathbf{s} \\
= \; & \int_{t_0}^{t_1} \frac{r(-\sin\theta, \cos\theta)}{r^2} \cdot \left(\frac{dr}{dt}(\cos\theta, \sin\theta) + r(-\sin\theta, \cos\theta)\frac{d\theta}{dt} \right) dt \\
= \; & \int_{t_0}^{t_1} \frac{d\theta}{dt}\, dt \\
= \; & \theta(t_1) - \theta(t_0)
\end{aligned}
$$

이다. 각원소 벡터장을 적분하면, 원점에서 바라본 각도의 변화를 알 수 있다.

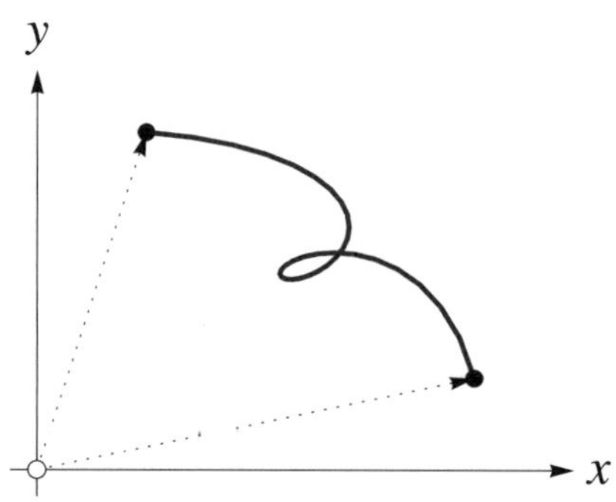

각원소 벡터장을 적분하면, 동점을 바라보는 각의 변화를 얻는다.

2.4.2 기본연습문제

각원소 벡터장 $\mathbf{a}$를 다음 곡선을 따라 적분한 값을 구하라.[22]

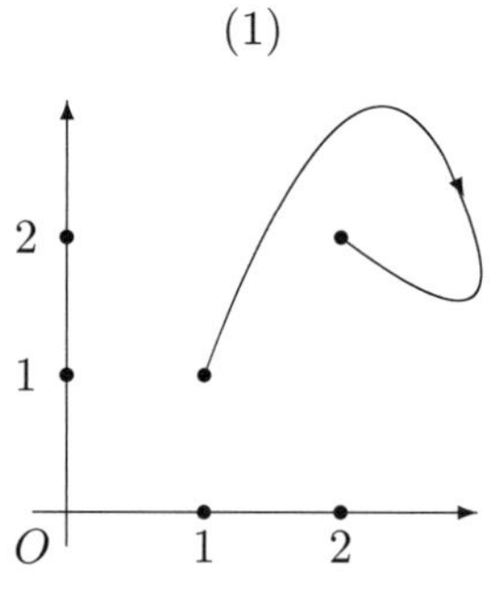

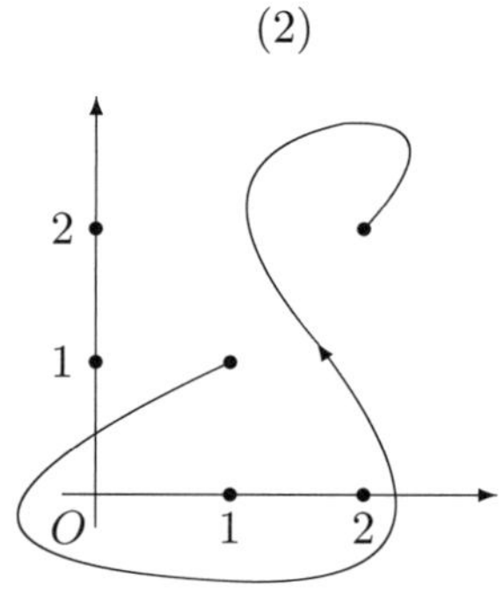

[22]답: (1) 0 (2) 2π

2.4.3 기본연습문제

다음 곡선을 따라 각원소 벡터장을 적분한 값을 구하라.

(1) $X(t) = (\cos t, \sin t), \qquad 0 \le t \le 2\pi$

(2) $Y(t) = (\cos t, \sin t), \qquad 0 \le t \le 4\pi$

(3) $C_n(t) = (\cos nt, \sin nt), \qquad 0 \le t \le 2\pi \qquad$ (n 은 정수)

(4) $C_{n,r}(t) = r(\cos nt, \sin nt), \qquad 0 \le t \le 2\pi \qquad$ (r 는 양수)

(5) $Z(t) = (\frac{1}{2} + \cos t, \sin 2t), \qquad 0 \le t \le 2\pi$

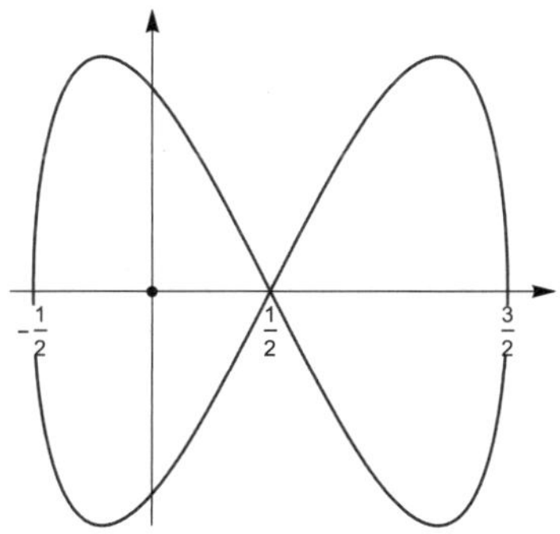

그림: 곡선 $(\frac{1}{2} + \cos t, \sin 2t)$

2.5 조각마다 일급인 곡선

곡선 X 가 **조각적 일급**(piecewise $\mathcal{C}^1$)이면, 다시 말하면 X 가 일급곡선 $X_1, \ldots, X_k$ 를 이어서 얻은 것 $X_1 * \cdots * X_k$ 이면, 벡터장의 $\mathbf{F}$ 의 적분은

$$\int_X \mathbf{F} \cdot \mathrm{ds} := \int_{X_1} \mathbf{F} \cdot \mathrm{ds} + \cdots + \int_{X_k} \mathbf{F} \cdot \mathrm{ds}$$

로 정의한다.

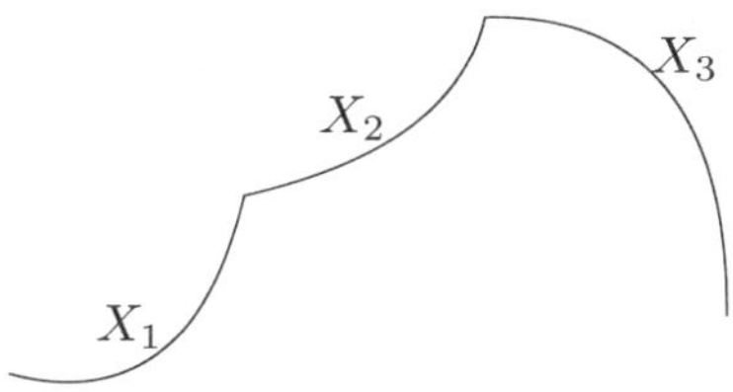

$X_1 * X_2 * X_3$

2.5.1 보기

각원소 벡터장 $\mathbf{a}(x,y) = \dfrac{(-y,x)}{x^2+y^2}$ 를 정사각형

$$X: \quad \max\{|x|,|y|\} = 1$$

을 따라 한 바퀴 돌 때의 적분값을 구하여 보자.[23]

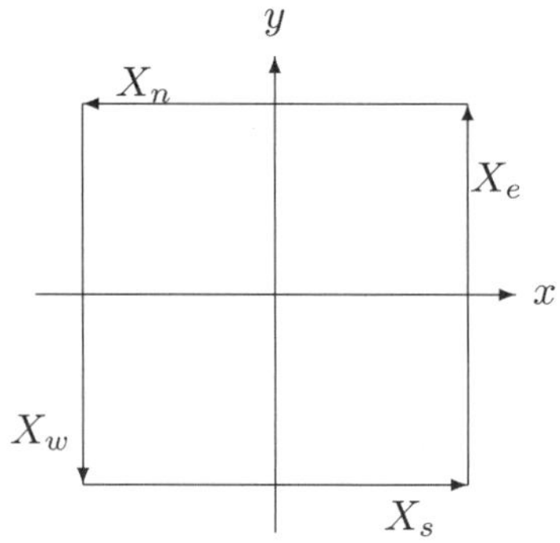

먼저 정사각형 X 를 "동서남북" 네 개의 변으로 나누어

$$X_e(t) := (1,t) \qquad (-1 \le t \le 1)$$

$$X_n(t) := (-t,1) \qquad (-1 \le t \le 1)$$

$$X_w(t) := (-1,-t) \qquad (-1 \le t \le 1)$$

$$X_s(t) := (t,-1) \qquad (-1 \le t \le 1)$$

과 같이 매개화할 수도 있지만, 각원소 벡터장의 성질 때문에 굳이 매개화하지 않아도 좋다. 그러면 $X = X_e * X_n * X_w * X_s$ 이므로

$$\begin{aligned}\int_X \mathbf{a}\cdot d\mathbf{s} &= \int_{X_e} \mathbf{a}\cdot d\mathbf{s} + \int_{X_n} \mathbf{a}\cdot d\mathbf{s} + \int_{X_w} \mathbf{a}\cdot d\mathbf{s} + \int_{X_s} \mathbf{a}\cdot d\mathbf{s} \\ &= \frac{\pi}{2}+\frac{\pi}{2}+\frac{\pi}{2}+\frac{\pi}{2} = 2\pi\end{aligned}$$

이다.

[23]특별한 언급이 없으면 돌 때에는 항상 양의 방향으로 돈다. 닫힌 곡선을 따라 적분한 값은 곡선의 출발점을 달리하여도 변하지 않는다.

연습문제: 제 13 장 2 절

1. 벡터장 $\mathbf{r}^*(x, y) = (-y, x)$ 를 다음 곡선을 따라 적분하라.

   (1) $X(t) = (\cos t, \sin t), \quad 0 \le t \le 4\pi$

   (2) $X(t) = (\cos t, -\sin t), \quad 0 \le t \le 2\pi$

   (3) 곡선 X 는 점 $(0,0)$, $(3,0)$, $(0,3)$, $(0,0)$ 을 차례로 이은 삼각형

2. 벡터장

$$\mathbf{a}(x, y, z) := -\frac{y}{x^2+y^2}\,\mathbf{i} + \frac{x}{x^2+y^2}\,\mathbf{j}$$

   를 다음 곡선을 따라 점 $P_0 = (1, 0, 0)$ 에서 점 $P_1 = (0, 1, 1)$ 까지 적분하라.

   (1) $y = z = 1 - x$

   (2) $x = \cos t,\ y = \sin t,\ z = 2t/\pi$

   (3) $x = \cos t,\ y = -\sin t,\ z = 2t/3\pi$

3. (**감는 수**) 좌표평면에서 원점을 지나지 않는 곡선

$$X : [t_0, t_1] \to \mathbb{R}^2 - \{O\}$$

   에 대하여 등식

$$X(t) = |X(t)|\big(\cos\theta(t), \sin\theta(t)\big), \qquad t_0 \le t \le t_1$$

   을 만족시키는 연속함수 $\theta(t)$ 를 정할 수 있다. 이때

$$\mathrm{wind}(X) := \frac{1}{2\pi}\big(\theta(t_1) - \theta(t_0)\big)$$

   을 "곡선 X 가 원점을 **감는 수**(winding number)"라고 정의한다.

   (1) 다음 곡선이 원점을 감는 수를 구하라.

      (a) $X(t) := (\cos 3t, \sin 3t), \qquad 0 \le t \le 2\pi$

      (b) $Y(t) := (\cos t, \sin 3t), \qquad 0 \le t \le 2\pi$

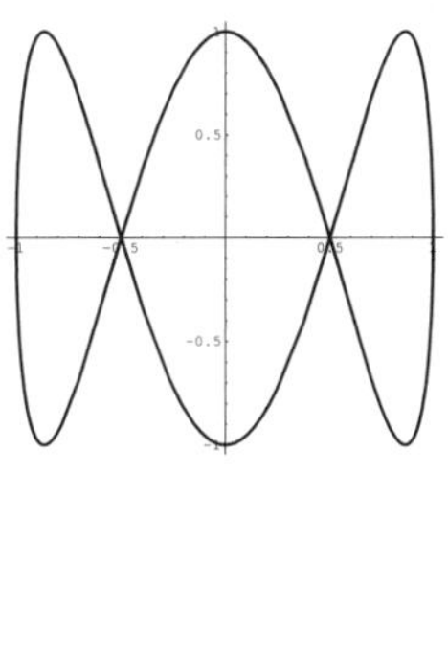

(2) 만약 X 가 닫힌 곡선이면[24] 감는 수가 정수(整數, integer)임을 설명하라.

(3) 만약 X 가 미분가능한 곡선이면

$$\text{wind}(X) = \frac{1}{2\pi}\int_X \mathbf{a}\cdot d\mathbf{s}$$

임을 보이라. (여기에서 $\mathbf{a}$ 는 각원소 벡터장을 나타낸다.)

4. 다음 평면곡선이 원점을 감는 수를 구하라.

(1) $X(t) = (2+\cos 3t)(\cos 2t, \sin 2t), \qquad 0 \le t \le 2\pi$

(2) $X(t) = (2+\cos 4t)(\cos 2t, \sin 2t), \qquad 0 \le t \le 2\pi$

(3) $X(t) = (2+\cos 5t)(\cos 2t, \sin 2t), \qquad 0 \le t \le 2\pi$

(4) $X(t) = (2+\cos 5t)(\cos 3t, \sin 3t), \qquad 0 \le t \le 2\pi$

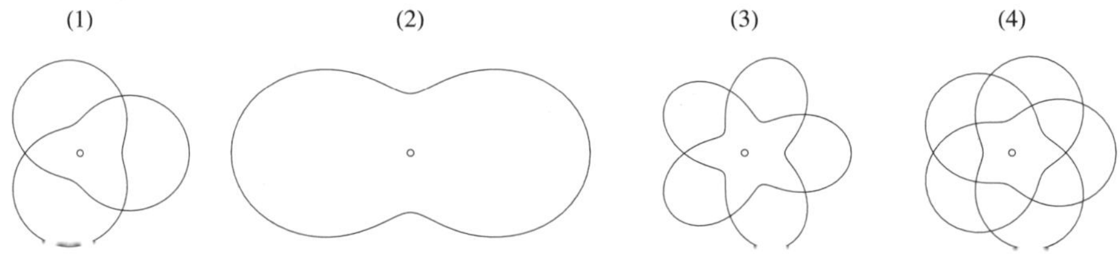

또 원점을 출발점으로 하는 **반직선**(ray)이 위의 각 곡선과 만나는 점의 개수를 구하라.

5. 평면에서 벡터 $\mathbf{v}$ 를 "옳은 쪽"으로 90° 회전시킨 것을 $\mathbf{v}^*$ 라 하자. 평면의 점 $P = (2,1)$ 에 대하여

$$\mathbf{a}_P(X) := \frac{(X-P)^*}{|X-P|^2}$$

로 둘 때, 이 벡터장을 기본연습문제 (2.4.2)에서 주어진 두 곡선을 따라 적분한 값을 구하라.

6. 원점이 빠진 좌표평면에서 정의된 미분가능함수 f 에 대하여

$$\text{grad}\, f = \frac{\partial f}{\partial r}\frac{\mathbf{r}}{r} + \frac{\partial f}{\partial \theta}\mathbf{a}$$

임을 설명하라 (제10장 탐구문제 6번 참고).

[24]곡선 $X(t)$ 의 출발점 $X(t_0)$ 과 도착점 $X(t_1)$ 이 같으면, 이 곡선을 **폐곡선**(閉曲線, closed curve) 또는 **닫힌 곡선**이라 한다.

제 3 절 기울기 벡터장과 잠재함수

벡터장을 얻는 쉬운 방법 중 하나로 일급함수 $\varphi(x_1, \ldots, x_n)$ 의 기울기 벡터장

$$\mathbf{F} = \operatorname{grad} \varphi = \left(\frac{\partial \varphi}{\partial x_1}, \ldots, \frac{\partial \varphi}{\partial x_n} \right)$$

을 들 수 있다. 이때 처음 함수 φ 를 벡터장 $\mathbf{F}$ 의 **잠재함수**(potential function)라고 부른다.

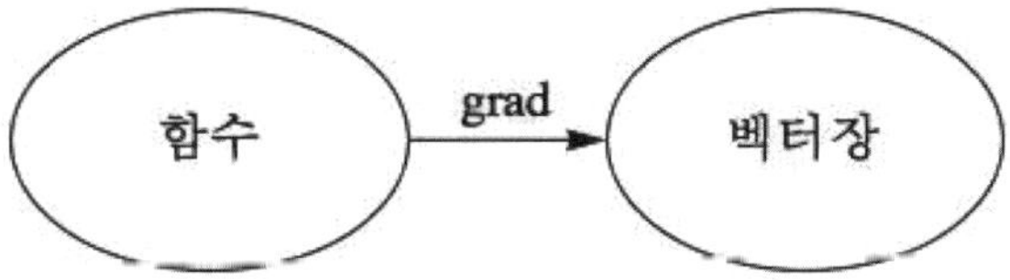

제 10 장에서 살펴보았듯이 기울기 벡터장은 잠재함수의 등위면에 수직이다. 또 잠재함수의 극점은 대응하는 기울기 벡터장의 영점이다.

3.0.1 보기

좌표평면의 벡터장

$$\mathbf{F}(x, y) = (y, x)$$

에 대하여, 함수

$$\varphi(x, y) = xy$$

는 $\mathbf{F}$ 의 한 잠재함수이다. 따라서 $\mathbf{F}$ 의 "그림" 은 쌍곡선 $xy = c$ 에 수직인 모양이다.

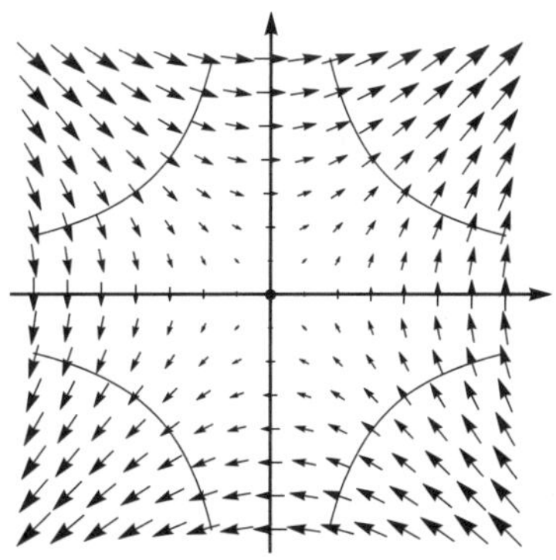

그림: $\operatorname{grad}(xy) = (y, x)$

3.0.2 보기

다음 그림은 $\mathbb{R}_+$ 에서 함수 $V(x) = (a/2 - x)/x^2$ 과 벡터장 $\mathbf{F}(x) = (a - x)/x^3 = -\operatorname{grad} V(x)$ 를 보여 준다. 이때 V 의 최소점 $x = a$ 가 $\mathbf{F}$ 의 영점임을 볼 수 있다 (제 9 장 케플러 운동법칙 참고).

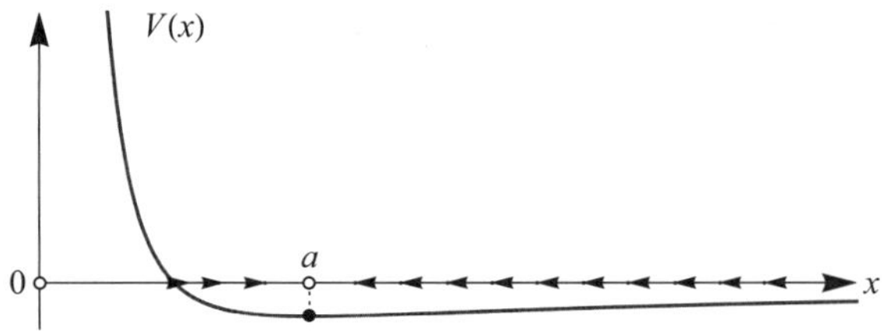

3.0.3 보기

좌표평면의 $x \neq 0$ 인 영역에서 각원소 벡터장 $\mathbf{a}(x,y) = \dfrac{(-y,x)}{x^2+y^2}$ 는 함수

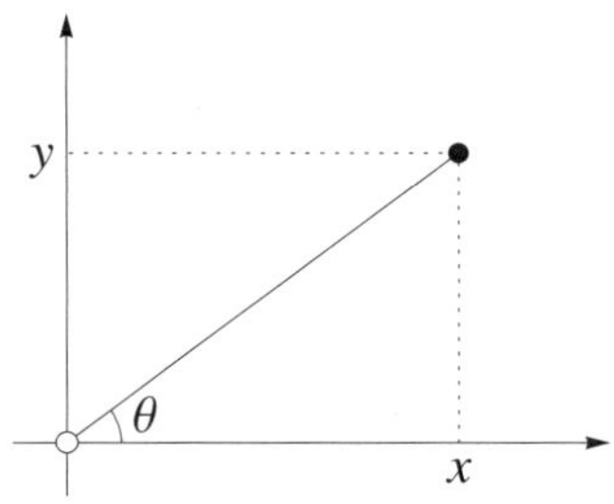

$$\theta(x,y) := \arctan \frac{y}{x}$$

를 잠재함수로 가진다:

$$\frac{\partial}{\partial x}\left(\arctan \frac{y}{x}\right) = \frac{-y/x^2}{1+(y/x)^2} = -\frac{y}{x^2+y^2}$$

$$\frac{\partial}{\partial y}\left(\arctan \frac{y}{x}\right) = \frac{1/x}{1+(y/x)^2} = \frac{x}{x^2+y^2}\ .$$

물론 함수

$$\varphi(x,y) := \theta(x,y) + \text{const}$$

도 $\mathbf{a}$ 의 잠재함수이다.[25]

일반적으로, 벡터장 $\mathbf{F}$ 가 잠재함수를 가지면, 그 잠재함수에 상수를 더한 것도 여전히 잠재함수이다.

3.0.4 기본연습문제

원점을 뺀 좌표평면에서 단위위치벡터장

$$\mathbf{u} := \frac{\mathbf{r}}{r}$$

의 잠재함수를 구하라.[26]

---

[25] 상수함수를 const 로 두었다. 또는 국소적으로 상수인 함수를 더하여도 좋다. 예를 들어 $x > 0$ 이면 $c = 1$, $x < 0$ 이면 $c = -1$ 을 더하여도 여전히 잠재함수이다.

[26] 답: $\varphi = r + \text{const}$

3.1 선적분 기본정리

다음 정리는 잠재함수를 가지는 벡터장의 선적분값은 곡선의 양 끝점에서의 잠재함숫값의 차임을 말한다.[27]

> **정리 3.1.1 (선적분 기본정리)** *n-공간의 열린 집합 U 에서 정의된 일급함수 $\varphi : U \to \mathbb{R}$ 와 일급곡선 $X : [a,b] \to U$ 에 대하여*
>
> $$\int_X \operatorname{grad}\varphi \cdot \mathbf{ds} = \varphi\big(X(b)\big) - \varphi\big(X(a)\big)$$
>
> *이다.*[28]

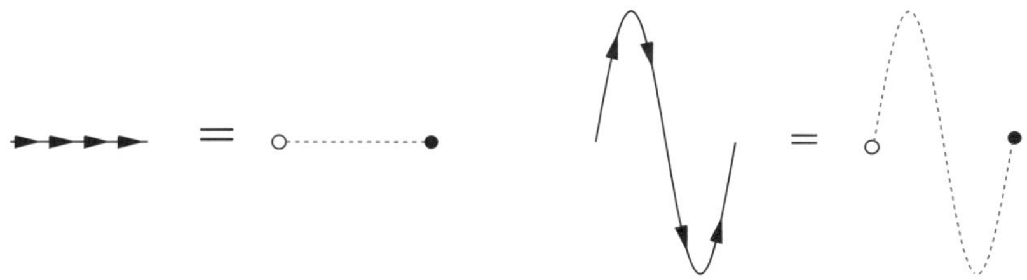

증명.

$$\begin{aligned}\int_X \operatorname{grad}\varphi \cdot \mathbf{ds} &= \int_a^b \operatorname{grad}\varphi(X(t)) \cdot X'(t)\,dt \\ &= \int_a^b \frac{d}{dt}\varphi(X(t))\,dt \;=\; \varphi(X(b)) - \varphi(X(a))\end{aligned}$$

□

[27] 정전기학(electrostatics)에서 단위전하를 움직인 일의 양이 전위차로 주어지듯이 ....

[28] 곡선 $X : [a,b] \to \mathbb{R}^n$ 의 **경계**는 **출발점** $X(a)$ 와 **도착점** $X(b)$ 로 이루어진 순서(가 주어진) 쌍 $\partial X := (X(a), X(b))$ 를 뜻한다. 이때 출발점과 도착점을 각각 $\partial^- X$ 와 $\partial^+ X$ 로 나타내기로 한다: $\partial^- X := X(a)$, $\partial^+ X := X(b)$. 곡선 X 의 경계에서의 "영차원 적분"은

$$\int_{\partial X} \varphi := \varphi(\partial^+ X) - \varphi(\partial^- X)$$

로 정의한다. 이때 선적분 기본정리는 $\int_X \operatorname{grad}\varphi \cdot \mathbf{ds} = \int_{\partial X} \varphi$ 처럼 쓸 수 있다. 미적분학의 기본정리 $\int_a^b f'(t)\,dt = \big[f(t)\big]_a^b$ 도 이러한 표현을 따르면

$$\int_{[a,b]} f'(t)\,dt = \int_{\partial[a,b]} f$$

와 같이 된다. 이 정리에서 "곧은 선분" $[a,b]$ 를 일반적인 곡선 X 로 바꾼 것이 선적분 기본정리이다.

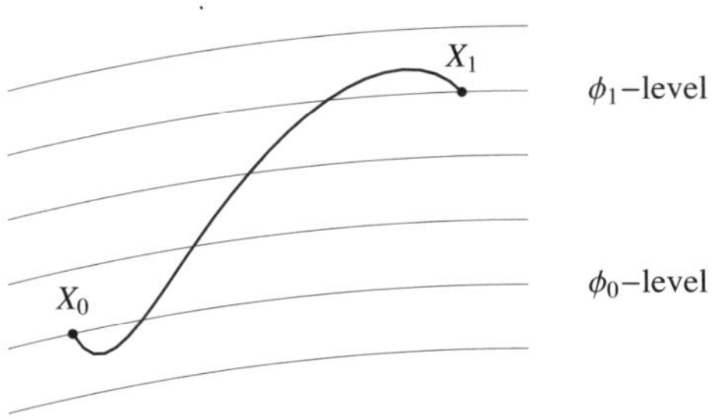

그림: 선적분 기본정리

3.1.2 입체각 벡터장

원점이 빠진 삼차원 공간에서 정의된 **입체각**(원소) 벡터장은[29]

$$\mathbf{A}(x,y,z) := \frac{(x,y,z)}{(x^2+y^2+z^2)^{3/2}} = \frac{\mathbf{r}}{r^3}$$

로 정의한다. 이 벡터장은 크기가 $|\mathbf{A}| = \dfrac{1}{r^2}$ 이므로 원점으로부터 거리의 제곱에 반비례한다. 입체각 벡터장은 원점을 제외한 공간에서 정의되고, 이때 함수

$$\varphi(x,y,z) = -\frac{1}{r}$$

이 $\mathbf{A}$ 의 잠재함수이다.[30] 그러므로 공간 속의 두 점 P_0, P_1 이 원점에서 같은 거리만큼 떨어져 있으면, 이 두 점을 잇는 (원점을 지나지 않는) 임의의 곡선을 따라, $\mathbf{A}$ 를 적분한 값은 영이다.

만약 점 P_1 이 원점을 중심으로 하고 반지름이 1인 구면 위의 점이고, 점 P_2 는 원점을 중심으로 하고 반지름이 2인 구면 위의 점이면, 점 P_1 을 출발하여 P_2 에 도달하는 동안에 벡터장 $\mathbf{A}$ 가 한 일의 양은 위치에너지의 차

$$\varphi(P_2) - \varphi(P_1) = -\frac{1}{r(P_2)} + \frac{1}{r(P_1)} = -\frac{1}{2} + 1 = \frac{1}{2}$$

이다.

3.1.3 기본연습문제

선적분 기본정리가 조각적[31] 일급곡선 X 에 대하여도 성립함을 설명하라.

[29] [수학사전 2] 참고.

[30] 잠재함수의 부호를 바꾼 것을 **위치에너지**라고 부른다. 라그랑주는 1773 년에 잠재함수를 도입하여 중력장을 설명하였다 [Birkhoff, p. 335], [Coopersmith].

[31] 연속함수 $X : [a,b] \to \mathbb{R}^n$ 이 **조각적 일급**이라는 것은 구간 $[a,b]$ 의 어떤 분할 $a = t_0 < \cdots < t_k = b$ 에 대하여 각 제한함수 $X|_{[t_{i-1},t_i]}$ 가 모두 일급이라는 뜻이다.

3.2 에너지 보존법칙

n-공간의 한 열린 집합 U 에서 정의된 벡터장 $\mathbf{F}$ 가 질량이 m 인 동점 $X(t)$ 를 뉴턴의 운동방정식

$$\mathbf{F}(X(t)) = mX''(t)$$

에 따라 움직이게 한다고 생각하자. 이때 "힘" $\mathbf{F}$ 가 함수 $-V$ 를 잠재함수로 가지면 U 의 각 점 P 의 **위치에너지**를 $+V(P)$ 로 정의한다. 이제 $X(t)$ 의 **운동에너지** $\frac{1}{2}m|X'(t)|^2$ 을 미분하면

$$\begin{aligned}\frac{d}{dt}\left(\frac{1}{2}m|X'(t)|^2\right) &= \frac{1}{2}m\cdot 2X''(t)\cdot X'(t) \;=\; \mathbf{F}(X(t))\cdot X'(t)\\ &= -\mathrm{grad}\,V(X(t))\cdot X'(t) \;=\; -\frac{d}{dt}V(X(t))\end{aligned}$$

를 얻는다. 따라서 $\frac{d}{dt}\left(\frac{1}{2}m|X'(t)|^2 + V(X(t))\right) = 0$ 이므로 $X(t)$ 의 운동에너지와 위치에너지의 합

$$\frac{1}{2}m|X'(t)|^2 + V(X(t))$$

가 상수이다. 즉, "에너지 보존법칙"이 성립한다.[32]

에너지 보존법칙은 선적분을 이용하여 다음과 같이 보일 수도 있다.

> 영역 U 의 두 점 $X_0 := X(t_0)$, $X_1 := X(t_1)$ 을 잇는 일급곡선 $X : [t_0, t_1] \to U$ 에 대하여
>
> $$\int_X \mathbf{F}\cdot d\mathbf{s} = \int_X \mathrm{grad}(-V)\cdot d\mathbf{s} = -V(X_1) + V(X_0) \tag{1}$$
>
> 임을 안다. 한편
>
> $$\int_X \mathbf{F}\cdot d\mathbf{s} = \int_X mX''\cdot d\mathbf{s} = m\int_{t_0}^{t_1} X''\cdot X'\,dt = \frac{1}{2}m|X'(t_1)|^2 - \frac{1}{2}m|X'(t_0)|^2 \tag{2}$$
>
> 이다. 그러므로 (1) 과 (2) 에서 에너지 보존법칙
>
> $$V(X_0) + \frac{1}{2}m|X'(t_0)|^2 = V(X_1) + \frac{1}{2}m|X'(t_1)|^2$$
>
> 을 얻는다.

3.2.1 기본연습문제

$n = 1$ 일 때, 에너지 보존법칙에서 뉴턴의 운동방정식을 유도하라.

---

[32]이와 같은 이유에서 잠재함수를 가지는 벡터장, 즉 기울기 벡터장을 **보존장**(conservative field) 이라고도 한다. 이때 벡터장이 가리키는 방향은 위치에너지가 감소하는 방향이다.

3.3 닫힌 곡선

출발점과 도착점이 같은 곡선을 **닫힌 곡선**이라고 부른다.

따름정리 3.3.1 *n-공간의 열린 집합 U 에서 정의된 벡터장 $\mathbf{F}$ 가 잠재함수를 가진다고 하자. 이때 U 속의 두 곡선 X, Y 가 출발점이 같고 도착점도 같으면*

$$\int_X \mathbf{F} \cdot \mathrm{d}\mathbf{s} = \int_Y \mathbf{F} \cdot \mathrm{d}\mathbf{s}$$

이다.[33] *특히 닫힌 곡선을 따라 $\mathbf{F}$ 를 적분한 값은 영이다.*

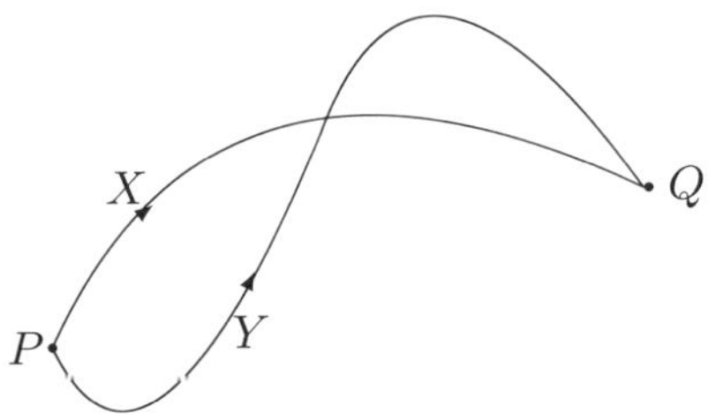

증명. 벡터장 $\mathbf{F}$ 의 한 잠재함수를 φ 라 하고, 두 곡선의 공통 출발점과 도착점을 각각 P, Q 라고 하자. 그러면 선적분 기본정리에서

$$\int_X \mathbf{F} \cdot \mathrm{d}\mathbf{s} = \varphi(Q) - \varphi(P) = \int_Y \mathbf{F} \cdot \mathrm{d}\mathbf{s}$$

이다. 만약 X 가 닫힌 곡선이면 $P = Q$ 이므로

$$\int_X \mathbf{F} \cdot \mathrm{d}\mathbf{s} = \varphi(Q) - \varphi(P) = 0$$

이다. □

닫힌 곡선 X 를 따라 벡터장 $\mathbf{F}$ 를 적분한 것을, “닫힌 곡선임”을 강조하여

$$\oint_X \mathbf{F} \cdot \mathrm{d}\mathbf{s}$$

[33] 선적분값이 곡선의 경로와 무관하고, 오직 출발점과 도착점에만 의존하는 벡터장도 **보존장**이라고 부르는데, *보존장은 잠재함수를 가진다* (3.5.5 참고). 물론 잠재함수는 선적분을 하면 얻어진다.

로 쓰고 **순환도**(circulation)라고 부른다.[34] 그러므로 잠재함수를 가지는 벡터장은 순환도가 영이다.

보기를 들어 삼차원 좌표공간에서 z-축 주위로 등각속도 ω 로 움직이는 운동

$$x = r\cos\omega t, \quad y = r\sin\omega t, \quad z = z_0$$

을 생각하자. 이때

$$x' = -\omega r\sin\omega t \;=\; -\omega y, \qquad y' = \omega r\cos\omega t \;=\; \omega x$$

이다. 따라서 이러한 운동의 **속도벡터장**은

$$\mathbf{F}(x, y, z) := \omega(-y\,\mathbf{i} + x\,\mathbf{j}) \tag{3}$$

이다. 이제 닫힌 곡선

$$X(t) := (r\cos t, r\sin t, z_0), \qquad 0 \le t \le 2\pi$$

를 따르는 $\mathbf{F}$ 의 순환도는

$$\oint_X \mathbf{F}\cdot \mathrm{d}\mathbf{s} = \oint_X \mathbf{F}\cdot\mathbf{t}\ \mathrm{d}s = \int_X \omega r\ \mathrm{d}s = (\omega r)(2\pi r) = 2\pi r^2\omega$$

이다.[35] 순환도가 영이 아니므로, 벡터장 (3)은 잠재함수를 가지지 않는다.

3.3.2 기본연습문제

좌표평면에서 원 $x^2 + y^2 = r^2$ 을 따라 각원소 벡터장 $\mathbf{a}(x, y) = (-y, x)/(x^2 + y^2)$ 의 순환도는 영이 아님을 보이고, 이로부터 각원소 벡터장은 $\mathbb{R}^2_o := \mathbb{R}^2 - \{O\}$ 에서 잠재함수를 가지지 않는다는 것을 설명하라.

34

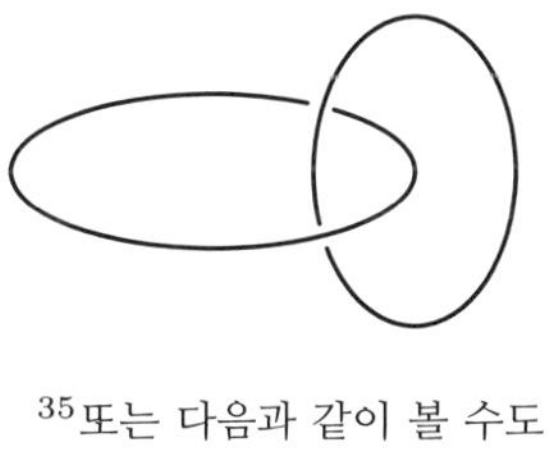

두 개의 **고리**(loop)들이 서로 얼마나 감고 있는지를 측정하는 **연결수**(linking number)도 이러한 선적분과 관계있다 [Flanders]. 연결수는 전기와 자기가 서로를 유도하는 것을 설명하기도 하고, 분자생물학에서 DNA 의 성질을 설명할 때에도 사용된다 [Chern, 1990]. 링크수는 가우스가 도입하였다.

35 또는 다음과 같이 볼 수도 있다:

$$\begin{aligned}\oint_X \mathbf{F}\cdot\mathrm{d}\mathbf{s} &= \int_0^{2\pi} \mathbf{F}(X(t))\cdot X'(t)\,dt \\ &= \int_0^{2\pi} \omega(-r\sin t\,\mathbf{i} + r\cos t\,\mathbf{j})\cdot(-r\sin t\,\mathbf{i} + r\cos t\,\mathbf{j})\,dt \;=\; 2\pi r^2\omega.\end{aligned}$$

3.4 잠재함수의 존재성

앞에서 입체각 벡터장처럼 잠재함수를 가지는 벡터장은 여러 가지 성질이 있다는 것을 살펴보았다. 열린 집합 $U \subset \mathbb{R}^n$ 에서 정의된 벡터장 $\mathbf{F}(x_1, \ldots, x_n)$ 이 잠재함수를 가진다는 것은 집합 U 전체에서 정의된 함수 $\varphi : U \to \mathbb{R}$ 가 존재하여

$$\mathbf{F} = \operatorname{grad} \varphi$$

라는 뜻이다.

벡터장을 연구할 때에는 먼저 그 벡터장이 더 근본적인 원인으로부터 유도된 것인지를 살펴보면 도움이 된다. 다시 말하면, 벡터장의 잠재함수를 알면 그 벡터장의 여러 가지 성질을 알 수 있다. 그러나 모든 벡터장이 잠재함수를 가지는 것은 아니다.

3.4.1 보기

벡터장

$$\mathbf{F}(x, y) = (y \cos xy, 1 + x \cos xy)$$

의 잠재함수를 구하여 보자. 즉, 미분방정식

$$\frac{\partial \varphi}{\partial x} = y \cos xy, \qquad \frac{\partial \varphi}{\partial y} = 1 + x \cos xy \tag{4}$$

를 만족시키는 함수 $\varphi(x, y)$ 를 구하여 보자.

만약 잠재함수가 존재한다면, (4)의 처음 식에서

$$\varphi(x, y) = \int y \cos xy \, dx = \sin xy + g(y)$$

인 함수 $g(y)$ 가 존재한다. 이것을 (4)의 두 번째 식에 대입하면

$$g'(y) = 1$$

을 얻는다. 따라서 $g(y) = y + \text{const}$ 이고,

$$\varphi(x, y) = \sin xy + y + \text{const}$$

이다. 이 함수가 $\mathbf{F}(x, y)$ 의 잠재함수임은 분명하다.

3.4.2 보기

앞에서 벡터장

$$\mathbf{F}(x, y) = (-y, x)$$

는 원 $x^2 + y^2 = r^2$ 을 따르는 순환도가 영이 아님을 살펴보아 잠재함수를 가지지 않는다는 것을 알았다. 이 사실을 미분방정식의 입장에서 다시 살펴보자.

만약 φ가 $\mathbf{F}$의 잠재함수이면, 미분방정식

$$\frac{\partial \varphi}{\partial x} = -y, \qquad \frac{\partial \varphi}{\partial y} = x \tag{5}$$

가 성립하여야 한다. 그러므로, 처음 식을 적분하면

$$\varphi(x, y) = -xy + g(y) \tag{6}$$

의 꼴이고, 이 식을 다시 y에 대하여 미분하여 (5)의 두 번째 식과 비교하면,

$$-x + g'(y) = \frac{\partial \varphi}{\partial y} = x$$

이다. 따라서 등식

$$g'(y) = 2x$$

를 얻는데, 이 식의 왼쪽은 x의 변화와 무관하지만, 오른쪽은 x의 변화에 영향을 받게 되는 모순이 생긴다. 그러므로 $\mathbf{F}$의 잠재함수는 존재하지 않는다.

위의 증명 과정에서 식 (5)가 모순되는 식, 즉 해가 존재하지 않는 식이라는 것을 "적분하는 방법" (6)을 사용하여 보였다.

다음 증명은 "미분하는 방법"을 이용하여 식 (5)가 모순된다는 것을 밝힌다.[36]

먼저 시 (5)의 처음 식과 다음 식을 각각 y와 x로 미분하면

$$\frac{\partial^2 \varphi}{\partial y \partial x} = -1, \qquad \frac{\partial^2 \varphi}{\partial x \partial y} = 1$$

을 얻는다. 따라서

$$\frac{\partial^2 \varphi}{\partial y \partial x} \neq \frac{\partial^2 \varphi}{\partial x \partial y}$$

이고, 이것은 오일러의 "편미분의 교환법칙"에 어긋나서 모순이다.

[36] "미분방정식을 푼다"는 것은 "적분한다"는 것이다. 일반적으로 (5)와 같은 **편미분 방정식**(partial differential equation)이 해를 가지려면 **장애**(障碍, obstruction)를 극복하여야 한다.

일반적으로, 벡터장

$$\mathbf{F}(x_1, \ldots, x_n) = \big(f_1(x_1, \ldots, x_n), \ldots, f_n(x_1, \ldots, x_n)\big)$$

이 잠재함수 φ를 가지려면, 연립미분방정식

$$\frac{\partial \varphi}{\partial x_i} = f_i \qquad (i = 1, \ldots, n)$$

이 해를 가져야 한다.

정리 3.4.3 *n-공간의 열린 집합에서 정의된 일급 벡터장 $\mathbf{F} = (f_1, \ldots, f_n)$ 이 잠재함수를 가지면,*

$$D_i f_j = D_j f_i \qquad (1 \le i < j \le n) \tag{7}$$

이다.

증명. 벡터장 $\mathbf{F}$ 의 한 잠재함수를 φ 라고 하자. 그러면, $f_j = D_j\varphi$ 이고, 따라서

$$D_i f_j = D_i(D_j\varphi) = D_j(D_i\varphi) = D_j f_i$$

이다. □

3.4.4 보기

벡터장

$$\mathbf{F}(x, y) = (f(x, y), g(x, y)) := (x^2 + y^2, x^2 - y^2)$$

이 잠재함수를 가지지 않음을 밝혀 보자.

먼저

$$\frac{\partial f}{\partial y} = 2y, \qquad \frac{\partial g}{\partial x} = 2x$$

에서

$$\frac{\partial f}{\partial y} \ne \frac{\partial g}{\partial x}$$

이므로 $\mathbf{F}$ 는 잠재함수를 가지지 않는다.

3.5 닫힌 벡터장

일급 벡터장 $\mathbf{F} = (f_1, \ldots, f_n)$ 이 조건

$$D_i f_j = D_j f_i \qquad (1 \leq i < j \leq n) \tag{7}$$

을 만족시키면 $\mathbf{F}$ 를 **닫힌 벡터장** 또는 **비회전장**이라고 한다. 따라서 앞의 정리 3.4.3 은

잠재함수를 가지는 벡터장은 닫힌 벡터장이다

라고 말한다. 이제 이 정리의 역이 항상 성립하는 것은 아니라는 것을 살펴보기로 한다.

원점이 빠진 좌표평면 $\mathbb{R}^2_o$ 에서 각원소 벡터장

$$\mathbf{a}(x, y) = (a_1(x, y), a_2(x, y)) = \frac{(-y, x)}{x^2 + y^2}$$

를 생각하면,

$$\begin{aligned} \frac{\partial}{\partial y}\left(-\frac{y}{x^2+y^2}\right) &= \frac{-x^2+y^2}{(x^2+y^2)^2} \\ \frac{\partial}{\partial x}\left(\frac{x}{x^2+y^2}\right) &= \frac{-x^2+y^2}{(x^2+y^2)^2} \end{aligned}$$

이므로 조건

$$\frac{\partial a_1}{\partial y} = \frac{\partial a_2}{\partial x}$$

가 만족된다. 즉, *각원소 벡터장은 닫힌 벡터장이다.*

한편 $\mathbf{a}$ 를 닫힌 곡선인 원 $S:\ x^2 + y^2 = r^2$ 을 따라 적분하면,[37] 그 값

$$\int_S \mathbf{a} \cdot \mathbf{ds} = 2\pi$$

가 영이 아니므로 $\mathbf{a}$ 는 (정의역 전체에서) 잠재함수를 가질 수 없다.

그러나, 예를 들어, 각원소 벡터장의 정의역을 오른쪽 반평면

$$x > 0$$

으로 제한하면 $\mathbf{a}$ 의 잠재함수로

$$\theta(x, y) := \arctan \frac{y}{x}$$

를 들 수 있다.

[37] 2.4 절에서 살펴보았듯이.

3.5.1 기본연습문제

1. 상반평면 $y > 0$ 에서
$$\theta(x, y) = -\arctan\frac{x}{y} + \frac{\pi}{2}$$
는 각원소 벡터장의 잠재함수임을 보이라.

2. 일급함수 $g : (0, \infty) \to \mathbb{R}$ 에 대하여 벡터장
$$\mathbf{F}(X) := g(|X|)\frac{X}{|X|} \qquad (X \in \mathbb{R}^n_o := \mathbb{R}^n - \{O\})$$
는 닫힌 벡터장임을 밝히라. 또
$$\varphi(X) := \int_1^{|X|} g(r)\, dr$$
는 벡터장 $\mathbf{F}$ 의 잠재함수임을 밝히라.

3.5.2 푸앵카레 도움정리

정리 (3.4.3)은 이해하기 쉽고, 증명하기 쉬운 "자명한 정리"이다. 놀랍지만[38], 역으로 정의역이 좋은 모양을 가지고 있으면, 닫힌 벡터장, 즉 조건 (7)을 만족시키는 벡터장 $\mathbf{F}$는 잠재함수를 가진다. *정의역의 기하학적 성질이 미분방정식의 해의 존재를 말해 준다.*[39]

좋은 모양을 가진 영역의 보기로 볼록집합을 들 수 있다. 좌표공간의 한 부분집합 U가 **볼록집합**(convex subset)이라는 것은, U 의 임의의 두 점 P, Q 에 대하여 선분
$$(1-t)P + tQ, \qquad 0 \le t \le 1$$
이 U 에 속한다는 뜻이다.

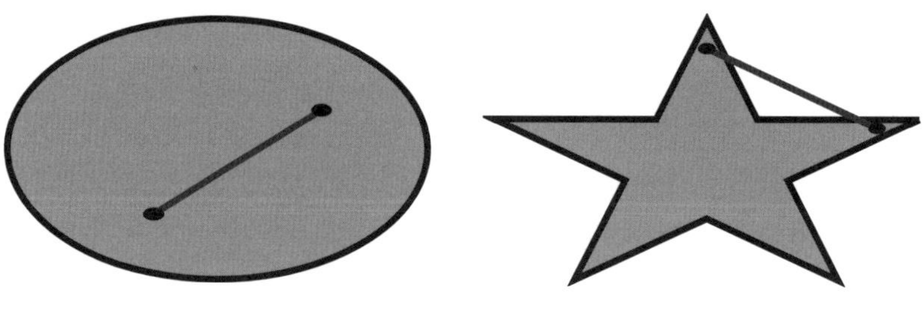

그림: 볼록집합과 볼록하지 않은 집합

[38] 적분 문제의 해의 존재성을 미분하여 알다니 . . .

[39] 자갈밭에서 곡식이 자랄 수 없듯이 . . .

보기를 들면, 열린 공 $\mathbb{B}^n$ 과 닫힌 공 $\overline{\mathbb{B}}^n$ 은 모두 볼록집합이다.

다음 정리는 **푸앵카레 도움정리**의 한 부분인데 증명은 부록에다 둔다.[40]

정리 3.5.3 (푸앵카레 도움정리) *n-공간의 열린 볼록집합에서 정의된 닫힌 벡터장은 잠재함수를 가진다.*

다시 말하면 정리 (3.4.3)의 역은 "대역적으로는"(globally) 참이 아닐지라도, "국소적으로는"(locally) 참이라는 것이다.

3.5.4 보기

벡터장 $\mathbf{F}(x, y) = (2xy, x^2 + 1)$ 의 잠재함수를 구하라.

풀이. 먼저

$$\frac{\partial}{\partial y}(2xy) = \frac{\partial}{\partial x}\left(x^2 + 1\right)$$

임을 확인한다. 한편 $\mathbf{F}$ 의 정의역은 평면 전체이고 그것은 볼록집합이므로, $\mathbf{F}$ 는 잠재함수를 가진다는 것을 안다.

이제

$$\varphi(x, y) = \int 2xy\, dx = x^2y + c(y)$$

가 $\mathbf{F}$ 의 잠재함수가 되려면,

$$x^2 + 1 = \frac{\partial \varphi}{\partial y} = x^2 + c'(y)$$

라야 한다. 따라서 $1 = c'(y)$, 즉 $c(y) = y + \text{const}$ 를 얻고,

$$\varphi(x, y) = x^2y + y + \text{const}$$

가 $\mathbf{F}$ 의 잠재함수임을 알 수 있다.

이 장에서 공부한 것을 정리하면 다음과 같다.

---

[40] 라그랑주는 1773 년에 이 정리를 발견하였다 [Mackey].

정리 3.5.5 *n-공간의 열린 집합 U에서 정의된 벡터장 $\mathbf{F}$에 대하여*
(1) *다음 세 명제가 동등하다:*

(i) *$\mathbf{F}$가 잠재함수를 가진다. (즉 $\mathbf{F}$는 보존장이다.)*

(ii) *U 속의 임의의 닫힌 곡선에 대하여 $\oint \mathbf{F} \cdot \mathrm{ds} = 0$ 이다.*

(iii) *두 곡선 $X, \tilde{X} : [0,1] \to U$가 출발점이 같고 도착점도 같으면,*

$$\int_X \mathbf{F} \cdot \mathrm{ds} = \int_{\tilde{X}} \mathbf{F} \cdot \mathrm{ds}$$

이다.

(2) *잠재함수를 가지는 일급 벡터장은 닫힌 벡터장이다.*
(3) *닫힌 벡터장은 국소적으로 잠재함수를 가진다.*

위 정리에서 아직 증명하지 않은 부분인 "(iii)이면 (i)이 성립함"을 밝히기로 한다.

우리는 편의상 정의역 U가 연결되어 있다고 가정한다.[41] 여기에서 열린 집합 U가 (곡선으로) **연결**되었다는 것은 U의 임의의 두 점 P_0, P_1에 대하여 이들을 연결하는 U 속의 곡선이 존재한다는 것을 뜻한다. 다시 말하면, $X(0) = P_0$, $X(1) = P_1$인 곡선 $X : [0,1] \to U$가 존재한다는 뜻이다.

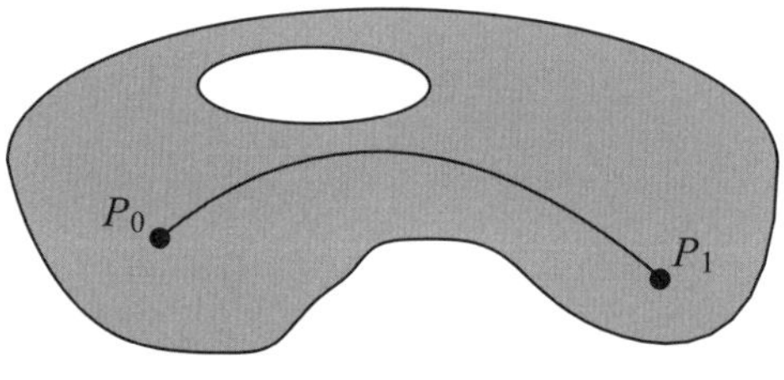

이제 U 속의 한 점 P_0을 고정한다. 그리고 U 속의 임의의 점 P에 대하여, P_0에서 출발하여 P에 도착하는 곡선을 X라 하자. 그러면 가정 (iii) 덕분에 함수

$$\varphi : U \to \mathbb{R}, \qquad P \mapsto \int_X \mathbf{F} \cdot \mathrm{ds} =: \int_{P_0}^{P} \mathbf{F} \cdot \mathrm{ds}$$

[41] 일반적인 경우는 U의 각 "연결성분"마다 조사하면 된다.

는 곡선 X 를 어떻게 선택하든지 상관없이 잘 정의된다. 이 함수가 바로 $\mathbf{F}$ 의 잠재함수임은 다음과 같이 알 수 있다.

자연수 $i \in \{1, \ldots, n\}$ 을 고정한다. 이때 t 가 1에 가까우면

$$X(t) = P + (t-1)\mathbf{e}_i \qquad X'(t) = \mathbf{e}_i$$

가 되도록 곡선 $X : [0,1] \to U$ 를 선택한다. 그러면

$$\begin{aligned} D_i\varphi(P) &= \left.\frac{d}{du}\right|_0 \varphi(P + u\mathbf{e}_i) = \left.\frac{d}{du}\right|_0 (\varphi(P + u\mathbf{e}_i) - \varphi(P)) \\ &= \left.\frac{d}{du}\right|_0 \int_{X(1)}^{X(1+u)} \mathbf{F} \cdot \mathrm{ds} = \left.\frac{d}{du}\right|_0 \int_1^{1+u} \mathbf{F}(X(t)) \cdot \mathbf{e}_i \, dt \\ &= \mathbf{F}(P) \cdot \mathbf{e}_i \end{aligned}$$

이다. 따라서 $\operatorname{grad} \varphi = \mathbf{F}$ 이다. □

3.6 잠재함수의 유일성

지금까지는 잠재함수의 존재성에 대하여 살펴보았다. 이제는, 잠재함수의 존재를 안다면 "과연 얼마나 많은 잠재함수가 있는지"에 대하여 알아본다. 이러한 문제를 **유일성**에 관한 문제라고 한다.[42]

어떤 함수 φ 가 벡터장 $\mathbf{F}$ 의 잠재함수이면 당연히

$$\varphi + \mathrm{const}$$

도 $\mathbf{F}$ 의 잠재함수이다. 이제 역으로,

$\mathbf{F}$ 의 정의역 U 가 연결되어 있으면 더 이상 다른 잠재함수는 없다

는 것을 보인다.

증명. 두 함수

$$\varphi, \psi : U \to \mathbb{R}$$

가 벡터장 $\mathbf{F}$ 의 잠재함수라고 하자. 먼저 U 의 임의의 두 점 P_0, P_1 을 생각하자. 그러면, 정의역 U 가 연결되어 있기 때문에 점 P_0 에서 출발하여 점 P_1 에 도착하는 곡선

$$X : [0,1] \to U, \qquad X(0) = P_0, \quad X(1) = P_1$$

[42]수학의 많은 정리들은 **존재성**(existence)과 **유일성**(uniqueness)에 대하여 말한다. 존재성과 유일성을 알고 있다 하더라도 실제로 그것을 구하는 것은 또 다른 문제이며 매우 흥미롭다.

이 존재한다. 선적분 기본정리에 의하면

$$\varphi(P_1) - \varphi(P_0) = \int_X \mathbf{F} \cdot d\mathbf{s} = \psi(P_1) - \psi(P_0)$$

이므로

$$\varphi(P_1) - \psi(P_1) = \varphi(P_0) - \psi(P_0)$$

이다. 한편, P_0과 P_1이 임의로 주어졌으므로, 위 식에서 함수 $\varphi - \psi$는 상수함수이다. □

3.6.1 기본연습문제

1. n-공간의 벡터 $\mathbf{v}$를 상수벡터장으로 이해할 때, 이 벡터장의 잠재함수 $\varphi : \mathbb{R}^n \to \mathbb{R}$를 모두 구하라.[43]

2. 각원소 벡터장

$$\mathbf{a}(x, y) = \frac{(-y, x)}{x^2 + y^2}$$

의 정의역을 제일사분면과 제삼사분면의 합집합인 영역

$$xy > 0$$

으로 제한하였을 때에 $\mathbf{a}$의 모든 잠재함수를 구하라.[44]

[43] $\varphi(\mathbf{x}) = \mathbf{v} \cdot \mathbf{x} + c \quad (c \in \mathbb{R})$

[44] 제일사분면을 I, 제삼사분면을 III 으로 두고

$$\theta(x, y) := \begin{cases} \arctan(y/x), & (x, y) \in I \\ \pi + \arctan(y/x), & (x, y) \in III \end{cases}$$

$$\chi_I(x, y) := \begin{cases} 1, & (x, y) \in I \\ 0, & (x, y) \in III, \end{cases} \qquad \chi_{III}(x, y) := \begin{cases} 0, & (x, y) \in I \\ 1, & (x, y) \in III \end{cases}$$

로 두면, 실수 c_1, c_3에 대하여

$$\theta(x, y) + c_1\chi_I(x, y) + c_3\chi_{III}(x, y)$$

가 $\mathbf{a}|_{I \cup III}$의 모든 잠재함수이다.

연습문제: 제 13 장 3 절

1. 연속함수 $g : (0,\infty) \to (0,\infty)$ 에 대하여 벡터장

$$\mathbf{F}(x,y) = g(r)(-y,x) \qquad \left(r = (x^2+y^2)^{1/2}\right)$$

는 표준단위원 $\mathbb{S}^1$ 을 한 바퀴 돌며 적분한 값이 영이 아님을 보이고 이로부터 $\mathbf{F}$ 는 잠재함수를 가지지 않는다는 것을 설명하라.

2. 벡터장

$$\mathbf{F}(x,y,z) = yz\mathbf{i} + (xz+y)\mathbf{j} + (xy+z^2)\mathbf{k}$$

의 잠재함수를 구하라.

3. 벡터장 $\mathbf{F}(x,y) = (-y,x)$ 와 곡선

$$X(t) := (\cos t, \sin t), \qquad 0 \le t \le \pi$$

에 대하여 선적분 $\int_X \mathbf{F}\cdot d\mathbf{s}$ 의 값을 구하라. 또

$$\tilde{X}(t) := (\cos 3t, \sin 3t), \qquad 0 \le t \le \pi$$

로 두면, 두 곡선

$$\tilde{X},\ X\ :\ [0,\pi] \to \mathbb{R}^2$$

은 서로 같은 경계를 가지지만

$$\int_{\tilde{X}} \mathbf{F}\cdot d\mathbf{s} \ne \int_X \mathbf{F}\cdot d\mathbf{s}$$

임을 보이라.

4. 벡터장

$$\mathbf{F}(x,y) = (x^2+y^2)\mathbf{i} + 2xy\mathbf{j}$$

의 잠재함수를 구하고, 벡터장의 모양을 그리라. (Mathematica, MatLab 또는 Maple 등의 컴퓨터 프로그램을 사용하여 그려도 된다.)

5. 벡터장 $\mathbf{F}(x,y,z) = (0,-z,y)$ 는 잠재함수를 가지는가?

6. n-공간에서 다음 벡터장의 잠재함수를 구하라.

   (1) $\mathbf{F}(X) = X/|X|$

   (2) $\mathbf{F}(X) = X/|X|^2$

   (3) $\mathbf{F}(X) = |X|^k X \qquad (k \ne -2)$

7. 다음 벡터장의 잠재함수를 구하라.

   (1) $\mathbf{F}(x, y, z) = (yz, zx, xy)$

   (2) $\mathbf{F}(x, y, z) = (2x - y - z, 2y - x, 2z - x)$

   (3) $\mathbf{F}(x, y, z) = (y \cos z - yze^x, x \cos z - ze^x, -xy \sin z - ye^x)$

   (4) $\mathbf{F}(x, y, z) = (yz, xz + y, xy + 1)$

8. (1) 정리 3.5.3 에서 U 가 두 개의 열린 볼록집합의 합집합이면, 여전히 옳은 명제임을 보이라.

   (2) U 가 세 볼록집합의 합집합이면 어떻게 되는가?

9. 벡터장

$$\mathbf{F}(x, y, z) = (y + z, z + x, x + y)$$

를 다음 곡선 $X(t)$ 를 따라 점 $P = (0, 0, 0)$ 에서 $Q = (1, 1, 1)$ 까지 적분한 값을 구하라.

   (1) $X(t) = (t, t^2, t^3)$ (2) $X(t) = \left(\sin^3 t, 1 - \cos t, \dfrac{2t}{\pi}\right)$

10. xyz-공간에서 z-축을 제외한 영역에서 정의된 벡터장

$$\mathbf{F} = \left(\frac{x}{x^2 + y^2} + y \cos(xy + z)\right) \mathbf{i} + \left(\frac{y}{x^2 + y^2} + x \cos(xy + z)\right) \mathbf{j} + \cos(xy + z)\, \mathbf{k}$$

에 대하여 다음에 답하라.

   (1) $\mathbf{F}$ 가 잠재함수를 가지면 그것을 모두 구하라.

   (2) 곡선

$$X(t) = (\cos t, \sin t, t), \qquad 0 \le t \le \frac{\pi}{2}$$

   에 대하여 선적분 $\int_X \mathbf{F} \cdot d\mathbf{s}$ 를 구하라.

11. 벡터장

$$\mathbf{G}(x, y, z) = -\frac{(x, y, z)}{r^3}, \qquad r = (x^2 + y^2 + z^2)^{1/2}$$

에 대하여, 점 $(1, 0, 0)$ 에서 출발하여 점 $(0, 3, 4)$ 에 도착하는 (원점을 지나지 않는) 곡선에 대한 일의 양을 구하라.

12. z-축이 빠진 공간에서 정의된 벡터장

$$\mathbf{a}(x, y, z) = -\frac{y}{x^2 + y^2}\, \mathbf{i} + \frac{x}{x^2 + y^2}\, \mathbf{j}$$

는 닫힌 벡터장인가? 또 이 벡터장은 정의역 전체에서 잠재함수를 가지는가? 또 국소적으로 잠재함수를 가지는가?

13. 두 벡터장 $\mathbf{F}$ 와 $\mathbf{G}$ 의 차가 기울기 벡터장이면 임의의 닫힌 곡선에 대하여 $\mathbf{F}$ 와 $\mathbf{G}$ 의 순환도가 같음을 보이라.

제 4 절 전미분과 미분형식

좌표평면의 열린 집합 U 에서 정의된 함수 $f(x, y)$ 와 $g(x, y)$ 에 대하여

$$f(x, y)\,dx + g(x, y)\,dy$$

와 같은 표현을 **미분형식**(differential form)이라고 한다. 이러한 미분형식은 벡터장

$$f(x, y)\,\mathbf{i} + g(x, y)\,\mathbf{j}$$

와 일대일 대응한다.

4.0.1 보기

1. 위치벡터장 $\mathbf{r}(x, y) = x\,\mathbf{i} + y\,\mathbf{j}$ 에 대응되는 미분형식은 $x\,dx + y\,dy$ 이다.

2. 각원소 벡터장 $\mathbf{a}(x, y) = -\frac{y}{x^2+y^2}\,\mathbf{i} + \frac{x}{x^2+y^2}\,\mathbf{j}$ 에 대응되는 미분형식은

$$-\frac{y}{x^2 + y^2}\,dx + \frac{x}{x^2 + y^2}\,dy$$

   이다.

4.0.2 일반 미분형식

n-공간의 부분집합 U 에서 정의된 함수 $f_1, \ldots, f_n : U \to \mathbb{R}$ 에 대하여

$$f_1\,dx_1 + \cdots + f_n\,dx_n$$

과 같은 표현을 **미분형식**이라고 부른다.[45]

미분형식은 벡터장과 일대일 대응한다:

$$f_1\,dx_1 + \cdots + f_n\,dx_n \quad \Longleftrightarrow \quad f_1\,\mathbf{e}_1 + \cdots + f_n\,\mathbf{e}_n.$$

[45] n-공간의 열린 집합 U 에서 정의된 미분가능한 함수 f 에 대하여, U 의 점 P 에서 $\mathbf{v}$ 방향미분을 $D_{\mathbf{v}}f(P)$ 로 나타내었다. 이제 벡터 $\mathbf{v} \in \mathbb{R}^n$ 을 변수로 보면, 선형사상 $Df(P) : \mathbb{R}^n \to \mathbb{R}$ 를 얻는다. 이 사상을 점 P 에서 f 의 **전미분**(全微分, total differential)이라고 부른다. 또 P 를 변화시키면 사상 Df 를 얻는다. 이 사상을 보통 df 로 나타낸다. 특히 i 번째 축에 대한 정사영 사상 $x_i : \mathbb{R}^n \to \mathbb{R}$ 에 대하여 dx_i 가 뜻하는 의미가 분명해진다. 그러나 미적분학에서는 이러한 의미를 강조하지 않는다. 고전적으로는 $\Delta f(x, \Delta x) = f(x + \Delta x) - f(x) \approx f'(x)\Delta x$ 이므로 $df = \lim \Delta f$ 라 할 수 있다. 우리가 말하는 미분형식은 정확하게는 제일미분형식이다. 제이미분형식, 제삼미분형식, ...도 중요하게 쓰인다. 제영미분형식은 (U 에서 정의된 실숫값) 함수를 뜻한다.

4.1 미분형식과 선적분

좌표평면에서 일급곡선

$$X : [a, b] \to \mathbb{R}^2, \qquad X(t) = (x(t), y(t))$$

를 따라 미분형식 $f(x, y)\, dx + g(x, y)\, dy$ 를 적분하는 것은

$$\begin{aligned}&\int_X f(x, y)\, dx + g(x, y)\, dy \\ &= \lim_{|\mathcal{P}| \to 0} \sum_{i=1}^{k} f(X(t_i^*))\ (x(t_i) - x(t_{i-1})) + g(X(t_i^*))\ (y(t_i) - y(t_{i-1}))\end{aligned}$$

로 정의한다. (여기에서 $\mathcal{P}$ 는 구간 $[a, b]$ 의 분할 $a = t_0 < t_1 < \cdots < t_k = b$ 이고 t_i^* 는 구간 $[t_{i-1}, t_i]$ 의 표본이며 $|\mathcal{P}| = \max\{t_1 - t_0, \ldots, t_k - t_{k-1}\}$ 이다.)

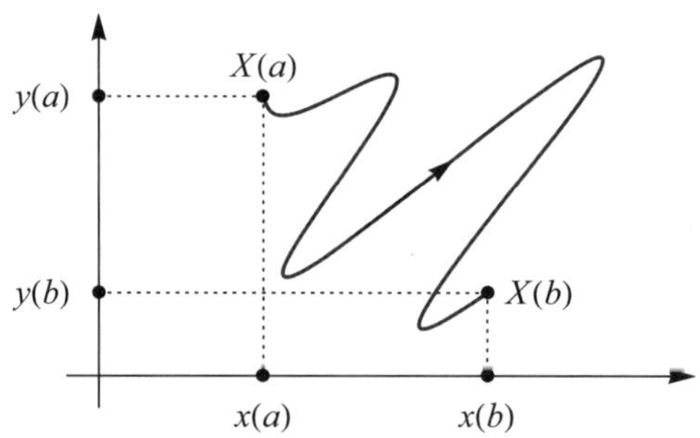

예를 들어 $f = 1$, $g = 0$ 이면

$$\int_X dx = \sum_{i=1}^{k} (x(t_i) - x(t_{i-1})) = x(b) - x(a)$$

이고, $f = 0$, $g = 1$ 이면

$$\int_X dy = \sum_{i=1}^{k} (y(t_i) - y(t_{i-1})) = y(b) - y(a)$$

이다.

일반적인 경우에는 평균값 정리 덕분에

$$\begin{aligned}\int_X f(x, y)\, dx + g(x, y)\, dy &= \int_a^b (f(X(t))\, x'(t) + g(X(t))\, y'(t))\ dt \\ &= \int_X (f(x, y)\, \mathbf{i} + g(x, y)\, \mathbf{j}) \cdot \mathrm{d}\mathbf{s}\end{aligned}$$

임을 알 수 있다.[46]

[46]이런 뜻에서 ($n = 2$ 이면) $\mathrm{d}\mathbf{s} = dx\, \mathbf{i} + dy\, \mathbf{j}$ 이다.

4.1.1 보기

타원의 일부

$$X(t) = (a\cos t, b\sin t), \qquad 0 \le t \le \pi/2$$

에서 선적분

$$\int_X x\,dx + y\,dy$$

의 값은 다음과 같다.

$$\begin{aligned}&\int_0^{\pi/2} \big((a\cos t)(-a\sin t) + (b\sin t)(b\cos t)\big)\,dt\\ =\;& (b^2-a^2)\int_0^{\pi/2} \cos t\,\sin t\,dt \;=\; (b^2-a^2)\left[\frac{1}{2}\sin^2 t\right]_{t=0}^{\pi/2} \;=\; \frac{1}{2}(b^2-a^2).\end{aligned}$$

4.1.2

n-공간의 열린 집합 U 에 대하여 일급곡선

$$X : [a,b] \to U, \qquad X(t) = (x_1(t), \ldots, x_n(t))$$

를 따라 (U 속의) 미분형식 $f_1\,dx_1 + \cdots + f_n\,dx_n$ 을 적분한 것은 다음을 뜻한다.

$$\begin{aligned}&\int_X f_1\,dx_1 + \cdots + f_n\,dx_n\\ =& \lim_{|\mathcal{P}|\to 0}\sum_{i=1}^{k} f_1(X(t_i^*))\,(x_1(t_i) - x_1(t_{i-1})) + \cdots + f_n(X(t_i^*))\,(x_n(t_i) - x_n(t_{i-1}))\end{aligned}$$

물론 여기에서 $\mathcal{P}$ 는 구간 $[a,b]$ 의 분할 $a = t_0 < t_1 < \cdots < t_k = b$ 를 뜻한다. 그러면 평균값 정리 덕분에 이 값은

$$\int_a^b (f_1(X(t))\,x_1'(t) + \cdots + f_n(X(t))\,x_n'(t))\,dt$$

와 같다는 것을 안다. 그러므로

$$\boxed{\int_X f_1\,dx_1 + \cdots + f_n\,dx_n = \int_X (f_1\,\mathbf{e}_1 + \cdots + f_n\,\mathbf{e}_n)\cdot \mathbf{ds}}$$

이다.[47]

[47] 그러므로 $\mathbf{ds} = dx_1\,\mathbf{e}_1 + \cdots + dx_n\,\mathbf{e}_n$ 이라 할 수 있다.

4.2 완전형식

공간의 한 열린 집합에서 정의된 함수 $f(x_1, \ldots, x_n)$ 에 대하여 f 의 **전미분**(全微分, total differential)을

$$df := \frac{\partial f}{\partial x_1}\,dx_1 + \cdots + \frac{\partial f}{\partial x_n}\,dx_n \tag{8}$$

으로 정의한다. 따라서 함수 f 의 전미분은 f 의 기울기 벡터장

$$\operatorname{grad} f = \frac{\partial f}{\partial x_1}\,\mathbf{e}_1 + \cdots + \frac{\partial f}{\partial x_n}\,\mathbf{e}_n$$

에 대응되는 미분형식을 뜻한다. 이때 f 를 전미분 df 의 **잠재함수**라고 부른다.

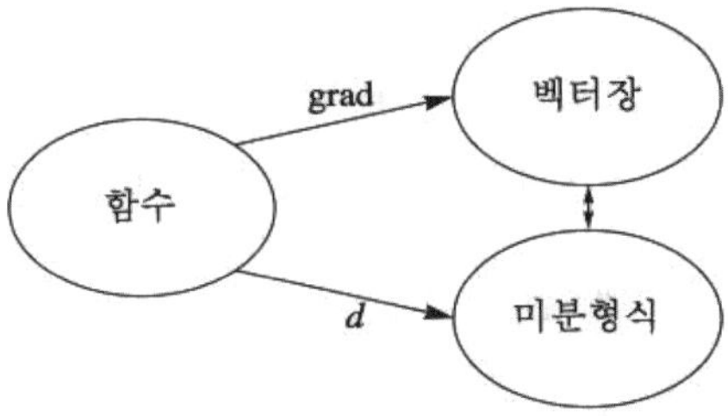

"어떤 벡터장이 잠재함수를 가지는가?"라는 질문은 "어떤 미분형식이 잠재함수를 가지는가?"라는 질문과 같다.

앞으로 잠재함수를 가지는 미분형식을 **완전형식**(完全形式, exact differential form)이라고 부른다. 그러므로 완전형식에 대응되는 벡터장은 보존장이다.

4.2.1 보기

각도함수

$$\theta(x, y) = \arctan\frac{y}{x}$$

의 전미분은

$$d\theta = -\frac{y}{x^2+y^2}\,dx + \frac{x}{x^2+y^2}\,dy$$

이다.[48] 즉, 각도함수의 전미분이 바로 각원소 벡터장 $\mathbf{a}$ 에 대응되는 미분형식이다.

[48] 원점이 빠진 좌표평면에서 (연속함수로서의) 각도함수 θ 는 정의되지 않지만, 각도함수의 미분 $d\theta$ 는 잘 정의된다.

4.2.2

선적분 기본정리는 미분형식을 빌려 다음과 같이 표현할 수 있다:

$$\boxed{\int_X df = \int_{\partial X} f}$$

4.2.3

앞의 보기 (4.1.1)에서 $x\,dx + y\,dy = d\left(\frac{1}{2}(x^2+y^2)\right)$ 이므로

$$\int_X x\,dx + y\,dy = \frac{1}{2}(b^2 - a^2)$$

임은 자명하다.

4.2.4　기본연습문제

1. 두 미분형식이 같다는 것은 선적분값이 같다는 뜻으로 이해할 수도 있다. 전미분을 다음과 같이 알기 쉬운 방법으로 정의한다고 하자:

$$\int_X df := \lim_{|\mathcal{P}|\to 0} \sum_{i=1}^{k} \left(f(X(t_i)) - f(X(t_{i-1}))\right).$$

(이때 등호의 오른쪽 항이 $f(\partial^+ X) - f(\partial^- X)$ 이므로 선적분 기본정리는 너무나 당연한 식이다.) 이 정의에서 앞의 정의식 (8) 을 유도하라.

2. 함수 $r(x,y) = \sqrt{x^2+y^2}$ 에 대하여

$$dr = \frac{x}{r}\,dx + \frac{y}{r}\,dy$$

임을 보이라.

3. $\mathbb{R}^n$ 에서 정의된 위치벡터장

$$\mathbf{r}(X) := X$$

에 대응되는 미분형식은

$$r\,dr$$

임을 보이라 (여기에서 $r = |\mathbf{r}|$).

4. $\mathbb{R}^n_o := \mathbb{R}^n - \{O\}$ 에서 정의된 단위벡터장

$$\mathbf{u} := \mathbf{r}/r$$

에 대응되는 미분형식은 dr 임을 보이라.

연습문제: 제 13 장 4 절

1. 다음 적분을 구하라.

(1) $\int_X xy\,dx + (x+y)\,dy$,

X 는 곡선 $y = x^2$ 위의 $(-1,1)$ 에서 $(2,4)$ 까지.

(2) $\int_X y^2\,dx + x\,dy$, X 는 곡선 $x = y^3$ 위의 $(-1,-1)$ 에서 $(1,1)$ 까지.

(3) $\int_X y\sqrt{x}\,dx + x\sqrt[3]{y}\,dy$, X 는 곡선 $y^2 = x^3$ 위의 $(1,1)$ 에서 $(4,8)$ 까지.

(4) $\int_X x^2y\,dx + xy^3\,dy$,

X 는 $(-1,1)$ 에서 $(2,1)$, $(2,1)$ 에서 $(2,5)$ 에 이르는 꺾은선.

(5) $\int_X (x+2y)dx + (2x-y)dy$,

X 는 $(3,2)$ 에서 $(3,-1)$, $(3,-1)$ 에서 $(-2,-1)$ 에 이르는 꺾은선.

2. 함수

$$x(r,\theta) = r\cos\theta, \qquad y(r,\theta) = r\sin\theta$$

에 대하여

$$dx = \cos\theta\,dr - r\sin\theta\,d\theta, \qquad dy = \sin\theta\,dr + r\cos\theta\,d\theta$$

를 보이라.

3. 함수

$$\begin{aligned} x(\rho,\varphi,\theta) &:= \rho\sin\varphi\cos\theta \\ y(\rho,\varphi,\theta) &:= \rho\sin\varphi\sin\theta \\ z(\rho,\varphi,\theta) &:= \rho\cos\varphi \end{aligned}$$

에 대하여 전미분

$$dx, \quad dy, \quad dz$$

를 $d\rho, d\varphi, d\theta$ 의 일차결합으로 표현하라.

4. (**라이프니츠 법칙**) n-공간의 열린 집합에서 정의된 미분가능함수 f, g 에 대하여

$$d(fg) = f\,dg + g\,df$$

임을 밝히라. (가로의 길이가 a 이고, 세로의 길이가 b 인 직사각형에서 가로와 세로의 길이가 각각 $\Delta a, \Delta b$ 만큼 증가하면, 넓이는 얼마만큼 증가하는가?)

5. 사이클로이드

$$X(t) = a(t - \sin t, 1 - \cos t) \qquad (0 \le t \le 2\pi)$$

에 대하여 다음 선적분을 구하라.

$$\int_X x\,dy, \qquad \int_X y\,dx.$$

6. 미분형식에 대응되는 벡터장이 닫힌 벡터장이면 이 미분형식을 **닫힌 형식**(closed form)이라고 한다.

   (1) 완전형식은 닫힌 형식임을 보이라.

   (2) 닫힌 형식은 완전형식인지를 알아보라.

7. 임의의 일급함수 $f : (0, \infty) \to \mathbb{R}$ 에 대하여 $f(r)\,dr$ 는 닫힌 형식임을 보이라. (여기에서 임의의 $X \in \mathbb{R}^n$ 에 대하여 $r(X) = |X|$ 이다.)

8. 임의의 연속함수 $f : (0, \infty) \to \mathbb{R}$ 에 대하여 $f(r)\,dr$ 는 완전형식임을 보이라.

9. 임의의 연속함수 $f : (0, \infty) \to \mathbb{R}$ 에 대하여 미분형식 $f\left(\sqrt{x^2 + y^2}\right)(x\,dx + y\,dy)$ 의 잠재함수를 모두 구하라.

10. 미분형식 $f\left(\sqrt{x^2 + y^2}\right)(-y\,dx + x\,dy)$ 가 닫힌 형식이 되도록 하는 일급함수 $f : (0, \infty) \to \mathbb{R}$ 를 모두 구하라.

그림: 공간을 이해하기 위하여 그 속의 곡선을 조사하기도 하고, 공간이 내뿜는 다양한 함수들을 조사하기도 하고, 또는 벡터장이나 미분형식을 조사하기도 한다.

제 5 절 부록: 푸앵카레 도움정리, 작용원리, 동역학계

5.1 푸앵카레 도움정리

정리 5.1.1 (푸앵카레 도움정리 3.5.3) *n-공간의 열린 볼록집합에서 정의된 닫힌 벡터장은 잠재함수를 가진다.*

이 정리는 존재정리라기보다는 구체적인 해를 구하는 방법을 알려주는 정리이다.

증명. 주어진 정의역, 즉 열린 볼록집합의 한 점 $P = (p_1, \ldots, p_n)$ 을 고정하고 정의역의 임의의 점 $X = (x_1, \ldots, x_n)$ 과 P 를 잇는 선분을 C 라고 하자. 즉,

$$C(t) = P + t(X - P) \qquad (0 \le t \le 1)$$

이다.[49]

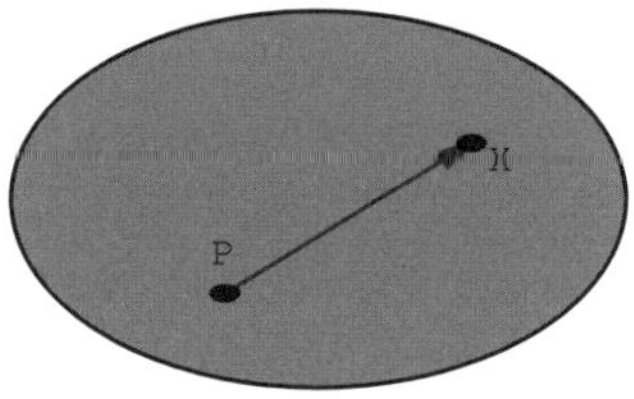

함수 φ가 벡터장 $\mathbf{F} = (f_1, \ldots, f_n)$ 의 잠재함수이면 φ에 상수를 더하더라도 여전히 $\mathbf{F}$ 의 잠재함수이다. 그러므로 구하는 잠재함수 φ가 점 P 에서 영이라고 가정하여도 좋다. 그러면 선적분 기본정리 (3.1.1)에 의하여

$$\begin{aligned}
\varphi(X) &= \int_C \mathbf{F} \cdot \mathbf{ds} \\
&= \int_0^1 \mathbf{F}\big(P + t(X - P)\big) \cdot (X - P)\, dt \\
&= \sum_{j=1}^{n} \int_0^1 f_j\big(P + t(X - P)\big) \cdot (x_j - p_j)\, dt
\end{aligned}$$

[49] P 를 $\mathbb{R}^n$ 의 원점이라 하면 $C(t) = tX$ 로 쓸 수 있어서, 위 증명의 서술이 훨씬 쉽게 보이게 할 수 있다. 이때

$$\varphi(X) = \int_0^1 \mathbf{F}(tX) \cdot X\, dt = \sum_{j=1}^{n} x_j \int_0^1 f_j(tX)\, dt$$

이다.

이다. 따라서 점 P 에서의 값이 영인 $\mathbf{F}$ 의 잠재함수 φ 가 존재한다면 φ 는 위와 같이 정의되어야만 한다.

이제 위와 같이 정의된 φ 가 실제로 $\mathbf{F}$ 의 잠재함수임을 보이자.

$$
\begin{aligned}
& D_i\varphi(X) \\
= \;& \sum_{j=1}^{n} \int_0^1 D_i \left(f_j\big(P+t(X-P)\big)\cdot(x_j-p_j)\right) dt \\
= \;& \sum_{j=1}^{n} \int_0^1 \big(D_i\left(f_j(P+t(X-P))\right)\cdot(x_j-p_j) + f_j(P+t(X-P))\cdot\delta_{ij}\big)\, dt \\
= \;& \sum_{j=1}^{n} \int_0^1 \big((D_i f_j)\big(P+t(X-P)\big)\cdot t\big)\cdot(x_j-p_j)\, dt + \int_0^1 f_i\big(P+t(X-P)\big)\, dt \\
= \;& \int_0^1 \sum_{j=1}^{n} (D_j f_i)\left(P+t(X-P)\right)\cdot t(x_j-p_j)\, dt + \int_0^1 f_i\big(P+t(X-P)\big)\, dt \\
= \;& \int_0^1 \left(t\frac{d}{dt}\left(f_i\big(P+t(X-P)\big)\right) + f_i\big(P+t(X-P)\big)\right) dt \\
= \;& \int_0^1 \frac{d}{dt}\left(tf_i\big(P+t(X-P)\big)\right)\, dt \\
= \;& \big[tf_i\big(P+t(X-P)\big)\big]_{t=0}^{t=1} \\
= \;& f_i(X)
\end{aligned}
$$

따라서 φ 는 $\mathbf{F}$ 의 잠재함수이다. □

위 증명을 보면, 정의역이 볼록집합이 아니더라도, "별꼴"이기만 하면 정리가 성립함을 안다. 어떤 집합 U 가 점 $P \in U$ 에 대하여 **별꼴**(star shape)이라는 것은 임의의 $Q \in U$ 에 대하여 선분 $[P, Q]$ 가 U 에 포함된다는 뜻이다.

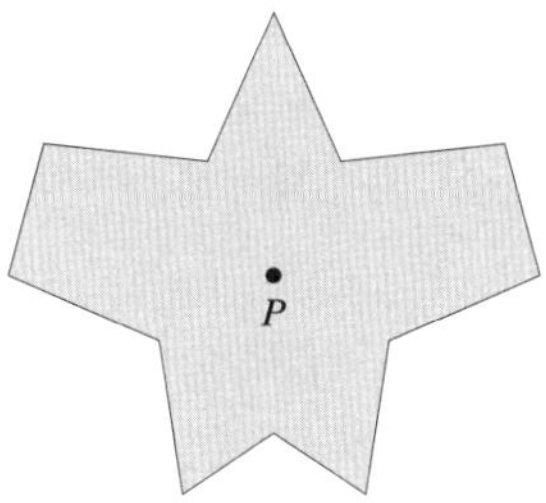

푸앵카레의 도움정리는 더욱 일반적인 "단순연결된 영역"에서 성립한다.

5.2 정지작용원리

페르마의 원리에 의하면 두 점 사이를 지나는 빛은 "걸리는 시간"이 최소가 되도록 움직인다고 한다.[50] 오일러, 라그랑주, 해밀턴 등의 여러 학자는 이러한 생각을 일반화하여, 모든 운동은 **작용**(action)이라는 어떤 양을 최소화하거나 또는 정지 상태에 있도록 한다고 생각하였다.

예를 들면, 위치에너지 함수가 V 이고, 힘이

$$\mathbf{F} = -\operatorname{grad} V$$

로 주어진 공간 U 에서 두 점 P_0, P_1 사이를 연결하는 경로

$$X : [0,1] \to U, \qquad X(0) = P_0, \quad X(1) = P_1 \tag{9}$$

의 **작용**은 운동에너지와 위치에너지의 차를 적분한 값

$$\mathcal{L}(X) := \int_0^1 \left(\frac{1}{2} m |X'(t)|^2 - V(X(t)) \right) dt$$

이다. 이때 질점이 따르는 경로는 $\mathcal{L}$ 의 (최소점이거나 또는) 임계점이라는 것이다.

이 **정지작용원리**(stationary action principle)에서[51] 뉴턴의 운동방정식을 유도하여 보자. 우선 두 점 P_0, P_1 사이의 경로 (9)가 정지작용원리를 만족하도록 주어졌다고 하자. 그러면 임의의 일급 벡터함수

$$\mathbf{w}(t), \qquad \mathbf{w}(0) = \mathbf{0}, \quad \mathbf{w}(1) = \mathbf{0}$$

과 실수 ϵ 에 대하여 경로

$$X_\epsilon(t) := X(t) + \epsilon \mathbf{w}(t)$$

---

50 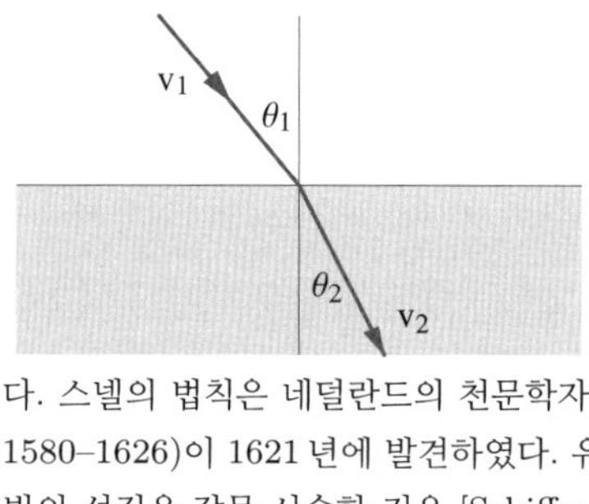

이러한 원리는 서로 다른 매질 사이에서 빛이 굴절하는 현상을 잘 설명하여 준다. 예를 들어 균질한 두 매질에서 빛의 속도를 각각 v_1, v_2 라 하고, 두 매질이 만나는 경계면의 법선과 빛의 경로가 이루는 각을 θ_1, θ_2 라 하면,

$$\frac{\sin\theta_1}{v_1} = \frac{\sin\theta_2}{v_2}$$

가 성립한다는 **스넬의 법칙**도 페르마의 원리에서 유도된다. 스넬의 법칙은 네덜란드의 천문학자이자 수학자인 스넬(Snellius, Willebrord van Roijen Snell, 1580–1626)이 1621 년에 발견하였다. 유클리드나 헤론이 빛의 성질을 서술한 것과 프톨레마이오스가 빛의 성질을 잘못 서술한 것은 [Schiffer, Bowden]을 참고할 것.

51 이 원리는 처음에는 **최소작용원리**(least action principle)라고 불렸다 [Hildebrant, Tromba]. 라이프니츠는 작용(action)이라는 개념을 소개하면서 그것은

$$(\text{질량}) \times (\text{속도}) \times (\text{거리}) = (\text{질량}) \times (\text{속도})^2 \times (\text{시간}) = (\text{에너지}) \times (\text{시간})$$

에 비례한다고 하였다.

는 여전히 두 점 P_0, P_1 을 지나는 경로이다. 따라서

$$\frac{d}{d\epsilon}\bigg|_0 \mathcal{L}(X_\epsilon) = 0$$

이다. (이 식이 바로 X 가 임계점이라는 뜻이다.)[52] 한편

$$\begin{aligned}
0 &= \frac{d}{d\epsilon}\bigg|_0 \mathcal{L}(X_\epsilon) \\
&= \int_0^1 \frac{d}{d\epsilon}\bigg|_0 \left(\frac{1}{2}m|X_\epsilon'(t)|^2 - V(X_\epsilon(t))\right) dt \\
&= \int_0^1 \big(mX'(t)\cdot \mathbf{w}'(t) - \operatorname{grad} V(X(t))\cdot \mathbf{w}(t)\big)\, dt \\
&= \int_0^1 \left(\frac{d}{dt}\big(mX'\cdot \mathbf{w}(t)\big) - \big(mX''(t) + \operatorname{grad} V(X(t))\big)\cdot \mathbf{w}(t)\right) dt \\
&= \big[mX'(t)\cdot \mathbf{w}(t)\big]_0^1 - \int_0^1 \big(mX''(t) + \operatorname{grad} V(X(t))\big)\cdot \mathbf{w}(t)\, dt \\
&= -\int_0^1 \big(mX''(t) - \mathbf{F}(X(t))\big)\cdot \mathbf{w}(t)\, dt
\end{aligned}$$

이고, $\mathbf{w}(t)$ 는 임의로 주어져 있으므로

$$mX''(t) - \mathbf{F}(X(t)) = 0$$

을 얻는다 (제 11 장 식 (9) 참고). 이 식이 바로 뉴턴의 운동법칙 $\mathbf{F} = m\mathbf{a}$ 이다.

[52] 과거에는 X 가 최소점이라 생각하였고, 그러므로 $\mathcal{L}(X) \le \mathcal{L}(X_\epsilon)$ 이고, 따라서 $\epsilon = 0$ 은 임계점이다.

5.3 벡터장과 동역학계

n-공간의 열린 집합 U 에서 정의된 벡터장 $\mathbf{F}$ 는 U 의 점들이 어떻게 움직이는지를 설명하는 데 쓰인다. 이때 처음 위치가 X_0 인 점이 시간 t 후에 놓이는 위치를 $X(t)$ 로 표시하면, **운동방정식**은

$$X'(t) = \mathbf{F}(X(t)), \qquad X(0) = X_0$$

으로 주어진다. 앞으로 $X(t)$ 를 (출발점이 X_0 인) "$\mathbf{F}$ 의 **적분곡선**"이라고 부른다.[53]

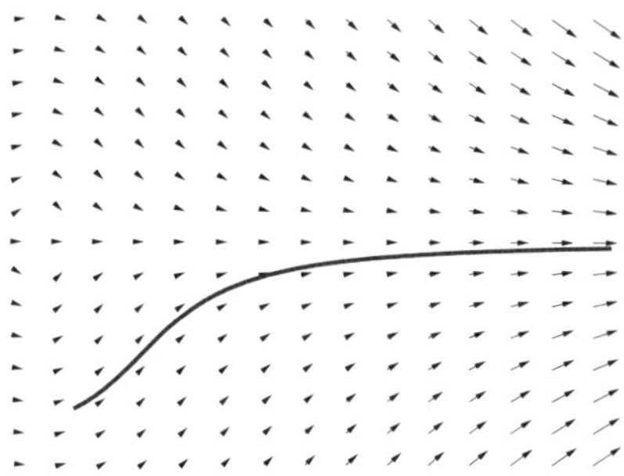

5.3.1 보기

평면 벡터장 $\mathbf{F}(x, y) = -y\,\mathbf{i} + x\,\mathbf{j}$에 대하여 출발점이 $(1, 0)$ 인 적분곡선은

$$X(t) = (\cos t, \sin t)$$

이다.

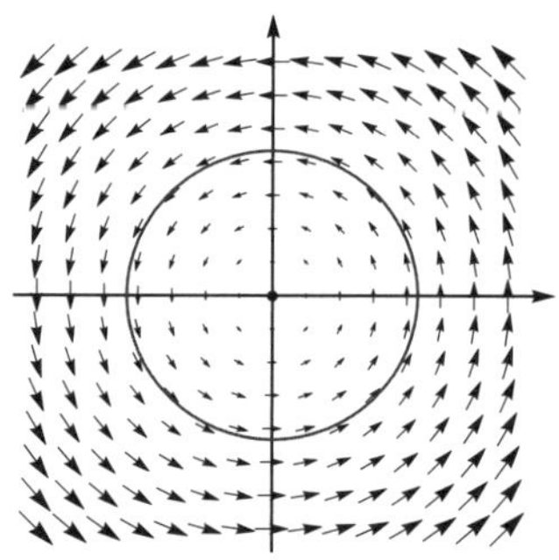

5.3.2 기본연습문제

상수벡터장 $\mathbf{i}(x, y) = (1, 0)$ 에 대하여 점 $X_0 \in \mathbb{R}^2$ 을 출발점으로 하는 적분곡선은 $X(t) = X_0 + t(1, 0)$ 임을 보이라.

---

[53]벡터장 $\mathbf{F}$ 가 미분가능하면 주어진 점을 지나는 적분곡선은 오직 하나뿐이다. 이 정리를 **상미분방정식론 기본정리**(fundamental theorem of ordinary differential equations)라고 부르기도 하고 "현재가 미래를 정한다"라고도 한다. 뉴턴의 운동방정식

$$\mathbf{f}(Y(t)) = mY''(t)$$

는 $\big(Y(t), mY'(t)\big)' = \big(Y'(t), \mathbf{f}(Y(t))\big)$ 로 둘 수 있다. 여기에서 $X(t) = \big(Y(t), mY'(t)\big)$ 로 두고, $\mathbf{F}(Y, Z) := \big(\frac{1}{m}Z, \mathbf{f}(Y)\big)$ 로 두면 위 식은 $X'(t) = \mathbf{F}(X(t))$ 가 되어 뉴턴의 운동방정식도 우리가 사용하는 운동방정식 형태로 표현된다.

5.3.3 선형벡터장

앞의 보기 5.3.1 은 **선형벡터장**의 예이다. 일반적으로 좌표평면에서의 행렬 $A = \begin{pmatrix} a & b \\ c & d \end{pmatrix}$ 에 의하여 정해지는 선형벡터장 $\mathbf{F}_A$ 는

$$\mathbf{F}_A \begin{pmatrix} x \\ y \end{pmatrix} := \begin{pmatrix} ax + by \\ cx + dy \end{pmatrix} = A \begin{pmatrix} x \\ y \end{pmatrix}$$

로 정의한다. 이때 점 $X_0 := \begin{pmatrix} x_0 \\ y_0 \end{pmatrix}$ 을 출발점으로 하는 적분곡선은

$$X(t) = e^{tA} X_0$$

이다. 따라서 사상

$$e^{tA} : \mathbb{R}^2 \to \mathbb{R}^2$$

는 점이 흘러서 t 시간 후에 어디로 가는지를 말하여 준다. 다시 말하면, 벡터장 $\mathbf{F}_A$ 에 의하여 정의된 **동역학계**에서는 t 시간 후에 점 X_0 의 위치가 $e^{tA}X_0$ 이다.

앞에서처럼 $\mathbf{F}(x, y) = (-y, x)$ 인 경우에 대응되는 행렬은 $\begin{pmatrix} 0 & -1 \\ 1 & 0 \end{pmatrix}$ 이고, 이때

$$\exp\left(t \begin{pmatrix} 0 & -1 \\ 1 & 0 \end{pmatrix}\right) = \begin{pmatrix} \cos t & -\sin t \\ \sin t & \cos t \end{pmatrix}$$

이다. 이 **회전운동**이 벡터장 $\mathbf{F}(x, y) = (-y, x)$ 의 **동역학계**를 서술한다.

5.3.4 기본연습문제

좌표평면에서 벡터장

$$\mathbf{A} = \frac{x}{x^2 + y^2}\,\mathbf{i} + \frac{y}{x^2 + y^2}\,\mathbf{j} = \frac{\mathbf{r}}{r^2}$$

의 적분곡선 $\big(x(t), y(t)\big)$ 는

$$x(t)x'(t) + y(t)y'(t) = 1$$

을 만족시킴을 보이라. 이로부터 적분곡선이 점 $(x_0, y_0) \neq (0, 0)$ 을 출발점으로 하면

$$x(t)^2 + y(t)^2 = 2t + r_0^2 \qquad (r_0^2 := x_0^2 + y_0^2)$$

임을 보이라. 마지막으로

$$\big(x(t), y(t)\big) = \sqrt{\frac{2t}{r_0^2} + 1}\,(x_0, y_0)$$

임을 보이라.

제 13 장 탐구문제

1. (**적분인자**(integrating factor)) 좌표평면의 한 열린 집합에서 정의된 미분형식

$$\omega = a(x, y)\,dx + b(x, y)\,dy$$

에 어떤 함수 $f(x, y) > 0$을 곱하면 $f\,\omega$는 국소적으로 완전형식이 됨을 보이라. 단, a와 b는 동시에 영이 되지 않는다고 가정한다.[54]

2. n차원 유클리드 공간에서 점 P를 기준으로 하는 **입체각 벡터장**은

$$\mathbf{A}_P(X) := \frac{\overrightarrow{PX}}{\left|\overrightarrow{PX}\right|^n}$$

으로 정의한다. 이제 공간의 점 $P_1, \ldots, P_k$에 대하여 벡터장

$$\mathbf{F}(X) := \mathbf{A}_{P_1}(X) + \cdots + \mathbf{A}_{P_k}(X)$$

는 잠재함수를 가지는 벡터장, 즉 보존장이고, 따라서 닫힌 벡터장임을 보이라.

3. 좌표평면의 주어진 점 (x_0, y_0)과 벡터장 $\mathbf{F}(x, y) = (x, y)/\sqrt{x^2 + y^2}$에 대하여 미분방정식

$$(x'(t), y'(t)) = \mathbf{F}(x(t), y(t)), \qquad (x(0), y(0)) = (x_0, y_0)$$

을 만족시키는 곡선 $(x(t), y(t))$를 구하라.

4. 좌표평면에서 벡터장 $\mathbf{r}^*(x, y) = (-y, x)$와 실수 k에 대하여 벡터장 $\mathbf{F} = \dfrac{\mathbf{r}^*}{r^k}$를 따라 움직이는 점 $P(t) = (x(t), y(t))$는 원점을 중심으로 하는 원을 일정한 각속력으로 운동함을 밝히고, 이때 회전 주기가 $2\pi r^k$임을 밝히라. (여기에서 $r = |\mathbf{r}^*|$이고, 점 P는 원점이 아니라고 가정한다.)

5. 연속함수 $f : (0, \infty) \to \mathbb{R}$와 $\mathbb{R}^n$의 항등벡터장 $\mathbf{r}$에 대하여 $\mathbb{R}^n_o := \mathbb{R}^n - \{O\}$의 벡터장

$$\mathbf{F} = f(r)\,\mathbf{r}$$

는 보존장임을 밝히라.

6. n-공간에서 성질

$$\mathbf{F}(O) = \mathbf{0}, \qquad \mathbf{F}(X) + \mathbf{F}(Y) = 2\mathbf{F}\left(\tfrac{1}{2}X + \tfrac{1}{2}Y\right)$$

를 가지는 벡터장 $\mathbf{F}$를 모두 구하라.

---

[54]힌트: 벡터장 $\mathbf{F} := b\,\mathbf{i} - a\,\mathbf{j} = b\dfrac{\partial}{\partial x} - a\dfrac{\partial}{\partial y}$는 영점이 없으므로 새로운 좌표계 (u, v)를 잘 정하면 $\mathbf{F} = \dfrac{\partial}{\partial u}$로 표현된다.

제V부

다중적분과 그린 정리

제 14 장

다중적분

인간의 어떠한 지적 산물도
수학적으로 보여지지 않으면 진정한 학문이라고 말할 수 없다.

— 빈치 마을의 레오나르도(Leonardo da Vinci, 1452–1519)

이 장에서는 다변수함수의 적분법과 치환적분법을 공부한다. 초보적인 미적분학에서는 1854 년 리만(G. F. B. Riemann, 1826–1866)이 발표한 유클리드 공간에서의 **리만 적분론**을 주로 다룬다. 그러나 리만의 적분론에서는 "적분가능한 함수 전체의 공간"이 "완비성"을 가지고 있지 않아, 현대 수학에서는 리만의 이론을 확장시킨 **르베그 적분론**을 더 좋아한다. 리만의 이론에서는 주어진 영역을 "구간"(또는 "상자")으로 잘게 나누어 상합과 하합을 정의하지만, 프랑스 학자 르베그(H. Lebesgue, 1875–1941)의 이론에서는 영역을 "측도가능 부분집합"으로 나누어 상합과 하합을 정의한다 [Boas, p. 208]. 그러나 (조각적) 연속함수를 다룰 때에는 이 두 이론은 일치하므로 초급 미적분학에서는 리만 적분론으로도 충분하다. 르베그 적분법은 20 세기 후반에 와서야 측도론 없이 설명할 수 있는 쉬운 방법이 개발되었다 [Johnston]. 적분법은 고대 최고의 수학자 중 한 사람인 아르키메데스의 업적에서도 발견된다. 아르키메데스의 묘비에는 그의 유언에 따라 구면의 넓이와 공의 부피를 구하는 법이 묘사되어 있었다. 적분론은 차원이 1 인 공간에서는 길이를 재고, 차원이 2 인 공간에서는 넓이를 재며, 차원이 3 인 공간에서는 부피를 재는 방법을 제공한다. 차원이 0 인 공간에서의 적분은 단순히 "세는 것"을 뜻한다. 적분론은 "공간과 함수의 만남"으로 이해할 수 있는데, 이러한 입장에서 공간과 함수의 **쌍대성**(雙對性, duality)을 말하여 주는 것이 "미적분학 기본정리"이다.

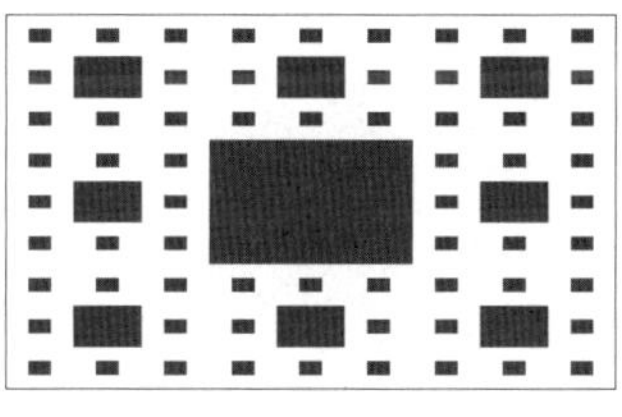

그림: 시에르핀스키(W. Sierpiński, 1882–1969)의 카펫

제 1 절 넓이와 부피

1.1 바나흐의 측도 문제

좌표공간 $\mathbb{R}^n$ 의 부분집합 A 에 대하여 "부피" $\mu(A)$ 라는 실숫값을 정의하려고 하였을 때, 바나흐(Stefan Banach, 1892–1945)는 "다음 네 가지 성질을 가지는 함수 μ 가 존재하는가?"라는 자연스러운 질문을 하였다:

(i) 임의의 유계인 부분집합 A 에 대하여 실수 $\mu(A)$ 가 정의되고, $\mu(A) \geq 0$ 이다.

(ii) A 와 B 가 공통 부분이 없으면, $\mu(A \cup B) = \mu(A) + \mu(B)$ 이다.

(iii) 거리를 보존하는 임의의 변환 $T : \mathbb{R}^n \to \mathbb{R}^n$ 에 대하여 $\mu(T(A)) = \mu(A)$ 이다.

(iv) 정(正)상자 $[0,1]^n := [0,1] \times \cdots \times [0,1]$ 에 대하여 $\mu([0,1]^n) = 1$ 이다.

바나흐는 $n = 1, 2$ 이면, 그러한 함수 μ 가 존재한다는 것을 증명하였지만 독일의 하우스도르프(Felix Hausdorff, 1868–1942)는 n 이 3 이상이면 그러한 μ 는 존재하지 않는다는 것을 증명하였다.[1]

수학에서는 이러한 역설(?)에서 벗어나기 위하여, <u>모든</u> 유계인 집합의 부피를 구하려고 하지 않고, <u>부피를 가지는 집합</u>만을 생각하기로 한다.

---

[1]폴란드의 바나흐와 타르스키(Alfred Tarski, 1902–1983)는 1924 년에 다음과 같은 현상을 발견하였다: 크기가 원자만 한 삼차원 공과 크기가 태양만 한 삼차원 공을 잘 쪼개어, 처음 것의 조각을 $U_1, \ldots, U_k$ 라 하고, 두 번째 것의 조각을 $V_1, \ldots, V_k$ 라고 하자. 이때 조각을 잘 만들면, 모든 $i \in \{1, \ldots, k\}$ 에 대하여, U_i 가 **유클리드 운동**(즉, 회전이동, 평행이동 또는 반사이동처럼 거리를 보존하는 변환)에 의하여 V_i 가 되게 할 수 있다. 이 현상을 (선택공리를 믿는다면) **바나흐-타르스키의 역설**(Banach-Tarski paradox)이라고 부른다 [Chae, p. 142].

힐베르트는 1900 년 파리에서 열린 제 2 회 국제수학자대회(ICM, International Congress of Mathematicians)에서 그 당시의 중요한 미해결 문제 스물세 가지를 제시하였다. 그중에서 세 번째 문제는 가우스가 질문한 것으로 다음과 같다 [Hopf], [Klee, Wagon], [Tomkowicz, Wagon]:

"정사면체는 정육면체와 분해합동인가?"

여기에서 두 다면체 A, B 가 **분해합동**이라는 것은 A 가 다면체 $A_1, \ldots, A_k$ 의 합집합이고, B 도 다면체 $B_1, \ldots, B_k$ 의 합집합이며, $i \neq j$ 이면 $A_i \cap A_j$ 와 $B_i \cap B_j$ 의 부피가 0 이고, $T_i(A_i) = B_i$ 인 유클리드 운동 T_i 가 존재한다는 뜻이다. 만약 이 세 번째 질문의 답이 긍정적이면, 사면체의 부피가 (밑넓이) × (높이)/3 이라는 것을 "미적분학을 사용하지 않고" 유도할 수 있다. 이 질문은 스물세 가지 중에서 가장 빨리 답이 나온 것으로, 같은 해에 덴(Max Dehn, 1878–1952)은 그 답이 부정적임을 보였다 [김, 김, 김].

1.2 넓이를 가지는 집합

좌표평면의 부분집합 A가 유계라고 하자. 그러면 A는 어떤 직사각형

$$[a_1, b_1] \times [a_2, b_2]$$

에 포함된다.

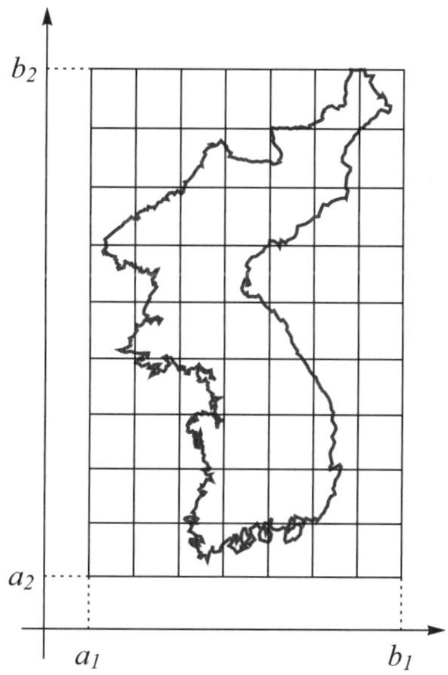

이제 직사각형 $[a_1, b_1] \times [a_2, b_2]$ 의 한 **분할**(分割, partition)

$$\mathcal{P} \ : \quad \begin{array}{l} a_1 = x_0 < x_1 < \cdots < x_n = b_1 \\ a_2 = y_0 < y_1 < \cdots < y_m = b_2 \end{array}$$

에 대하여 작은 **상자**[2]

$$\mathcal{P}_{ij} := [x_{i-1}, x_i] \times [y_{j-1}, y_j] \qquad (1 \le i \le n,\ 1 \le j \le m)$$

를 생각하자. 이 상자들 중에서 A에 포함되는 것들의 넓이의 총합을 $L(A, \mathcal{P})$라 하고, A와 만나는 상자들의 넓이의 총합을 $U(A, \mathcal{P})$라고 하자. 이때

$$L(A, \mathcal{P}) \le U(A, \mathcal{P})$$

이고 분할 $\mathcal{P}$를 잘게 하면 할수록 $L(A, \mathcal{P})$는 증가하고, $U(A, \mathcal{P})$는 감소한다.

---

[2] 직사각형의 변들이 축 방향과 나란하게 주어져 있을 때 **상자**(box)라고 부르자. 이 용어는 높은 차원에서도 사용한다.

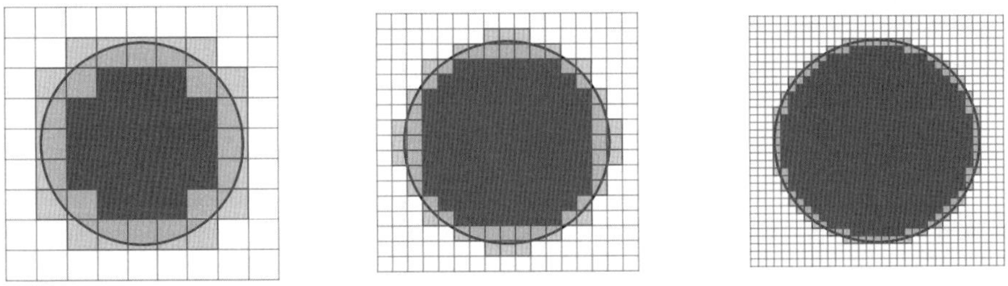

분할을 잘게 하면 할수록 $L(A,\mathcal{P})$ 는 증가하고, $U(A,\mathcal{P})$ 는 감소한다.

따라서 $L(A,\mathcal{P})$ 들의 상한

$$L(A) := \sup_{\mathcal{P}} L(A,\mathcal{P})$$

와 $U(A,\mathcal{P})$ 들의 하한

$$U(A) := \inf_{\mathcal{P}} U(A,\mathcal{P})$$

가 모두 존재한다. 이 값을 각각 A 의 **안넓이**와 **바깥넓이**라고 부른다.

유계 집합 A 의 안넓이는 바깥넓이보다 작거나 같다:

$$L(A) \leq U(A).$$

이때 안넓이와 바깥넓이가 일치하면 그 공통값을 **넓이**라 하고, 그 집합 A 를 **넓이를 가지는 집합**이라고 한다.

1.2.1 넓이를 가지지 않는 집합

정사각형 $[0,1]\times[0,1]$ 의 **유리점**들로 이루어진 집합

$$A = \{(x,y) \mid 0 \leq x,y \leq 1,\ x,y \in \mathbb{Q}\}$$

에 포함되는 상자는 없으므로 A 의 안넓이는 $L(A) = 0$ 이다.

그러나 A 를 덮는 상자들은 정사각형 $[0,1]\times[0,1]$ 을 덮으므로 A 의 바깥넓이는 $U(A) = 1$ 이다. 따라서 A 는 넓이를 가지는 집합이 아니다.

1.2.2 기본연습문제

상자 $[a,b]\times[c,d]$ 와 열린 상자 $(a,b)\times(c,d)$ 의 넓이는 모두 $(b-a)\times(d-c)$ 임을 보이라.

1.3　부피를 가지는 집합

좌표평면에서와 마찬가지로, 삼차원 공간의 유계인 부분집합 A에 대하여 A의 **안부피**와 **바깥부피**를 정의한다. 즉, A를 포함하는 상자

$$[a_1, b_1] \times [a_2, b_2] \times [a_3, b_3]$$

을 하나 잡고 이 상자의 분할

$$\mathcal{P} \ : \quad \begin{aligned} a_1 = x_0 < x_1 < \cdots < x_n = b_1 \\ a_2 = y_0 < y_1 < \cdots < y_m = b_2 \\ a_3 = z_0 < z_1 < \cdots < z_l = b_3 \end{aligned}$$

에 대하여, 작은 상자들

$$\mathcal{P}_{ijk} = [x_{i-1}, x_i] \times [y_{j-1}, y_j] \times [z_{k-1}, z_k]$$

를 생각하자.

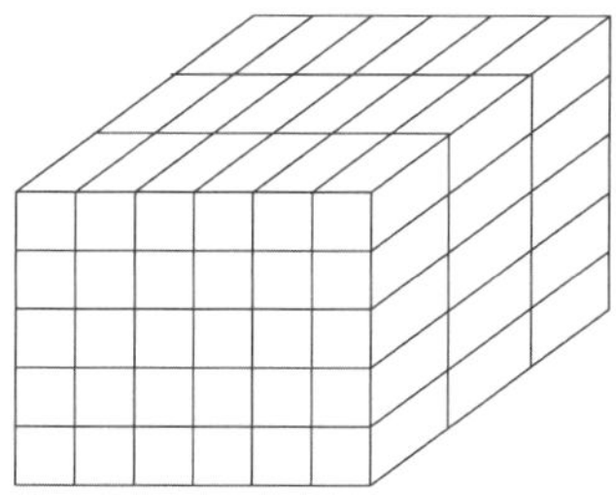

이때 A에 포함되는 작은 상자들의 부피의 총합을 $L(A, \mathcal{P})$라 하고, A와 만나는 작은 상자들의 부피의 총합을 $U(A, \mathcal{P})$로 둔 다음, 분할 $\mathcal{P}$를 점점 잘게 하여 이들의 극한을 각각 A의 **안부피**와 **바깥부피**라고 부른다. 이때 안부피와 바깥부피가 같으면 이 공통값을 A의 **부피**라고 부르고,

$$\operatorname{Vol}(A)$$

로 나타낸다. 안부피와 바깥부피가 같은 집합을 **부피를 가지는 집합**이라고 부른다.

일반적으로 n-차원 공간에서도 n-차원 부피를 가지는 유계인 집합 A를 정의하고 이때의 n-차원 **부피**를

$$\operatorname{Vol}_n(A) \quad \text{또는} \quad \operatorname{Vol}(A)$$

로 나타내기로 한다. 특히 A가 좌표평면의 부분집합이면 그 <u>넓이</u>를 $\operatorname{Vol}_2(A)$로 나타낸다.

제 2 절 다중적분

주어진 영역에서 함수를 정적분하는 법에는 여러 가지가 있지만, 그중에서 가장 간단한 경우인 "유계인 영역에서 정의된 유계인 함수"의 정적분이론을 살펴보기로 한다.

먼저 일변수인 경우에 함수를 적분하는 법을 잠시 상기하여 보자.

실수 구간 $[a,b]$ 에서 정의된 연속함수 f 의 (정)적분값은

$$\int_a^b f \qquad \text{또는} \qquad \int_a^b f(x)\,dx$$

등으로 나타내고 다음과 같이 구한다. 먼저 구간 $[a,b]$ 의 분할

$$\mathcal{P}: \quad a = x_0 < x_1 < \cdots < x_n = b$$

에 대하여

$$\Delta x_i := x_i - x_{i-1}, \qquad |\mathcal{P}| = \max\{\Delta x_1, \ldots, \Delta x_n\}$$

으로 두자.[3]

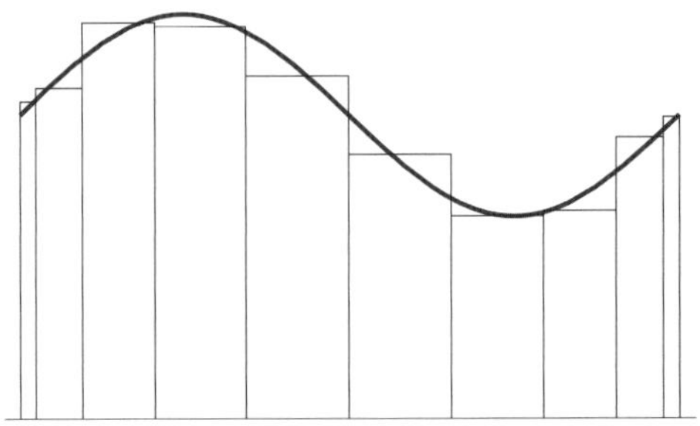

그러면 임의의 "표본"

$$x_i^* \in [x_{i-1}, x_i] \qquad (1 \le i \le n)$$

에 대하여

$$\int_a^b f = \lim_{|\mathcal{P}|\to 0} \sum_{i=1}^n f(x_i^*)\,\Delta x_i \tag{1}$$

이다.

---

[3]연속함수를 다룰 때에는 부분 구간의 길이 Δx_i 가 모두 같도록 **등분**하여도 좋다. 실수 집합 A 의 **최솟값**과 **최댓값**은 각각 $\min A$ 와 $\max A$ 로 나타낸다.

연속함수 또는 조각적 연속함수인 경우에는 위와 같은 극한값이 존재하지만 일반 함수의 경우에는 그 극한이 항상 존재하는 것은 아니다.

연속함수가 아니더라도 유계인 함수 $f : [a,b] \to \mathbb{R}$ 에 대하여 식 (1)의 오른쪽 항이 수렴하면 f 는 **적분가능**한 함수라고 부른다.[4]

조금 자세히 설명하면, 유계인 함수 $f(x)$ 의 적분가능성은 다음과 같이 판정한다. 먼저 구간 $[a,b]$ 의 분할 $\mathcal{P} = \{a = x_0 < x_1 < \cdots < x_n = b\}$ 에 대하여

$$L(f,\mathcal{P}) := \sum_{i=1}^{n} \big(\inf f[x_{i-1},x_i]\big)\Delta x_i, \qquad U(f,\mathcal{P}) := \sum_{i=1}^{n} \big(\sup f[x_{i-1},x_i]\big)\Delta x_i$$

로 둔다.[5] 그러면 f 의 **하적분**(lower integral)과 **상적분**(upper integral)은

$$L(f) := \lim_{|\mathcal{P}|\to 0} L(f,\mathcal{P}), \qquad U(f) := \lim_{|\mathcal{P}|\to 0} U(f,\mathcal{P})$$

로 정의한다. 만약 이 두 적분값이 일치하면 $f(x)$ 는 적분가능한 함수이고, 이때의 공통값을

$$\int_a^b f \qquad \text{또는} \qquad \int_a^b f(x)\,dx$$

등으로 나타낸다.

2.0.1　기본연습문제

디리클레[6] 함수 $f(x) := \begin{cases} 1 & (x \in \mathbb{Q}) \\ 0 & (x \notin \mathbb{Q}) \end{cases}$ 는 구간 $[0,1]$ 에서 적분가능하지 않음을 보이라. 또 구간을 등분하여 적분을 정의하지 않는 이유를 설명하라.

다음 정리는 적분가능함수 f 가 양일 때에는 정적분값이 함수의 그래프와 x-축 "사이의 넓이"임을 말하고, 양이라는 조건이 없으면 f 의 정적분값은 양의 부분의 넓이 G_+ 와 음의 부분의 넓이 G_-의 차임을 말한다.

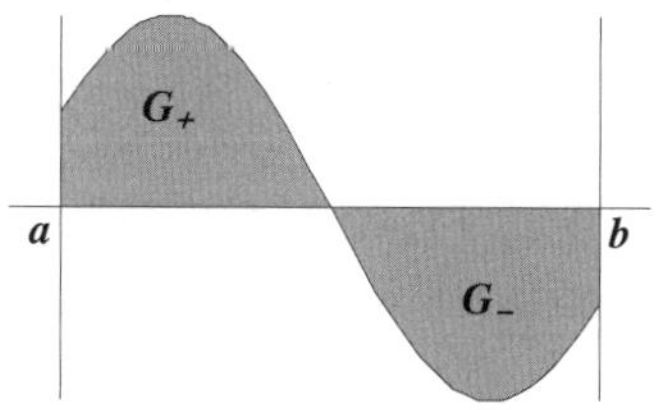

[4]이것은 위대한 리만의 생각이지만, 20세기 초에 개발된 르베그의 생각이 더 적절하다는 것이 오늘날 견해이다.

[5]이들을 **하합**(下合, lower sum)과 **상합**(上合, upper sum)이라 한다.

[6]독일 수학자 디리클레(Johann Peter Gustav Lejeune Dirichlet, 1805–1859). 원래 성(姓)은 "Lejeune Dirichlet"임.

정리 2.0.2 *유계인 함수* $f : [a,b] \to \mathbb{R}$ *가 적분가능할 필요충분조건은 집합*

$$\begin{aligned} G_+(f) &:= \{(x,y) \in \mathbb{R}^2 \mid x \in [a,b], \quad 0 \le y \le f(x)\}, \\ G_-(f) &:= \{(x,y) \in \mathbb{R}^2 \mid x \in [a,b], \quad f(x) \le y \le 0\} \end{aligned}$$

이 모두 넓이를 가지는 것이다. 이때

$$\int_a^b f(x)\,dx = \mathrm{Vol}_2\left(G_+(f)\right) - \mathrm{Vol}_2\left(G_-(f)\right)$$

이다.

이와 같이 함수를 적분하는 법은 영역의 넓이를 구하는 것과 마찬가지이다. 이 두 가지 입장은 서로 장점을 가지고, 다 같이 n-차원 확장을 가진다.

2.1 이중적분

좌표평면의 한 영역[7] A 에서 정의된 유계인 함수 $f(x,y)$ 의 적분가능성은 일변수인 경우와 마찬가지로 다음과 같이 정의한다.

먼저 영역 A를 포함하는 직사각형 $[a,b] \times [c,d]$를 가져온다. 그리고 이 직사각형의 분할

$$\mathcal{P} : \begin{cases} a = x_0 < x_1 < \cdots < x_n = b \\ c = y_0 < y_1 < \cdots < y_m = d \end{cases}$$

에 대하여

$$\begin{aligned} \mathcal{P}_{ij} &:= [x_{i-1}, x_i] \times [y_{j-1}, y_j] \qquad (1 \le i \le n,\ 1 \le j \le m) \\ \mathrm{Vol}_2 \mathcal{P}_{ij} &:= (x_i - x_{i-1})(y_j - y_{j-1}) = \Delta x_i\, \Delta y_j \end{aligned}$$

로 두고, $(x,y) \notin A$ 일 때에는 $f(x,y) = 0$ 으로 둔다. 이때

$$L(f,\mathcal{P}) := \sum_{i,j} \left(\inf f(\mathcal{P}_{ij})\right) \mathrm{Vol}_2 \mathcal{P}_{ij}, \qquad U(f,\mathcal{P}) := \sum_{i,j} \left(\sup f(\mathcal{P}_{ij})\right) \mathrm{Vol}_2 \mathcal{P}_{ij}$$

[7]편의상 넓이를 가지는 유계인 부분집합이라고 가정한다. 영역을 제한하지 않으려면 $\mathbb{R}^2$ 전체에서 정의된 함수 f 중에서 집합

$$\{X \mid f(X) \ne 0\}$$

이 유계인 함수를 다루면 된다.

라 하자.[8] 이제 $f(x,y)$ 의 **하적분**과 **상적분**은

$$L(f) := \lim_{|\mathcal{P}|\to 0} L(f,\mathcal{P}), \qquad U(f) := \lim_{|\mathcal{P}|\to 0} U(f,\mathcal{P})$$

로 정의한다.[9]

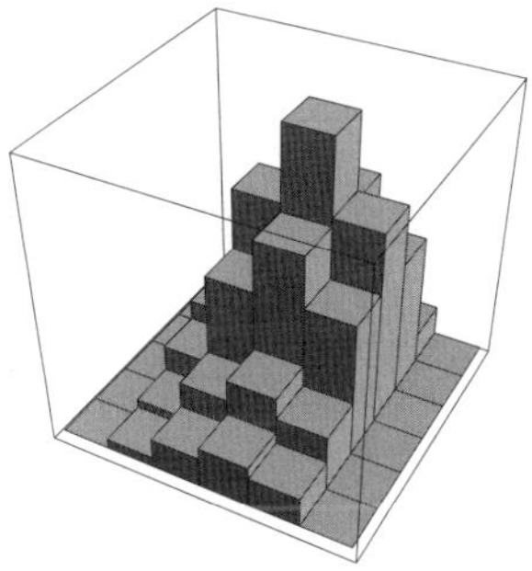

함수 $f(x,y)$ 의 상적분값은 항상 하적분값보다 크거나 같다. 만약 이 값들이 일치하면 $f(x,y)$ 는 **적분가능하다**고 하고, 이때의 공통값을

$$\int_A f, \quad \iint_A f, \quad \iint_A f\,\mathrm{dV}_2, \quad \iint_A f(x,y)\,dx\,dy, \quad \iint_A f(x,y)\,\mathrm{dV}_2(x,y)$$

등으로 표현한다.

2.1.1

이와 같이 함수 $f(x,y)$ 의 적분가능성을 판정하는 것은 함수의 그래프가 만드는 영역이 부피를 가지는지를 판정하는 것과 마찬가지이다. 입체

$$\begin{aligned} G_+(f) &:= \{(x,y,z) \mid (x,y)\in A, \quad 0\le z\le f(x,y)\} \\ G_-(f) &:= \{(x,y,z) \mid (x,y)\in A, \quad f(x,y)\le z\le 0\} \end{aligned}$$

이 모두 부피를 가지기 위한 필요충분조건은 함수 f 가 영역 A 에서 적분가능한 것이다. 이때 "영역 A 에서 함수 f 의 적분값"은

$$\iint_A f\,\mathrm{dV}_2 = \mathrm{Vol}\big(G_+(f)\big) - \mathrm{Vol}\big(G_-(f)\big)$$

이다.

[8] 이 값들을 각각 분할 $\mathcal{P}$ 에 대한 f 의 **하합**, **상합**이라 한다.

[9] $|\mathcal{P}| = \max\{\mathrm{diam}(\mathcal{P}_{ij}) \mid 1\le i\le n,\ 1\le j\le m\}$ 으로 두었다.

2.2 삼중적분

높은 차원에서 정의된 함수의 적분법도 이중적분법과 마찬가지 방법으로 정의한다. 삼차원 공간의 부분집합 A에서 정의된 적분가능한 함수 $f : A \to \mathbb{R}$의 (정) 적분은

$$\int_A f, \qquad \iiint_A f, \qquad \iiint_A f(x,y,z)\,dx\,dy\,dz, \qquad \iiint_A f\,\mathrm{dV}_3$$

등으로 나타낸다.

만약 f가 A의 각 점에서의 밀도함수를 의미하면, $\int_A f$는 A의 질량을 나타낸다.

2.3 다중적분

n-공간의 부분집합 A에서 정의된 적분가능한 함수 $f : A \to \mathbb{R}$의 (정)적분은

$$\int_A f, \qquad \int_A f\,\mathrm{dV}_n \qquad \int_A f(x_1,\ldots,x_n)\,\mathrm{dV}(x_1,\ldots,x_n)$$

등으로 나타낸다.[10]

2.3.1 자명한 확장

n-공간의 부분집합 A에서 정의된 함수 $f : A \to \mathbb{R}$와 A를 포함하는 집합 $\tilde{A}$ ($\subset \mathbb{R}^n$)에 대하여 "자명하게 f의 정의역을 $\tilde{A}$로 확장한 함수" 또는 간단히 "f의 확장"은

$$\tilde{f}(X) = \begin{cases} f(X), & X \in A \\ 0, & X \in \tilde{A} - A \end{cases}$$

로 정의한다. 이때 A와 $\tilde{A}$가 모두 부피를 가지는 영역이고, $f : A \to \mathbb{R}$가 적분가능하면 $\tilde{f} : \tilde{A} \to \mathbb{R}$ 도 적분가능하고 두 적분값은 같다: $\displaystyle\int_A f\,\mathrm{dV}_n = \int_{\tilde{A}} \tilde{f}\,\mathrm{dV}_n$.

2.3.2 특성함수

n-공간의 부분집합 A에 대하여 **특성함수** $\chi_A : \mathbb{R}^n \to \mathbb{R}$는

$$\chi_A(X) := \begin{cases} 1 & (X \in A) \\ 0 & (X \notin A) \end{cases}$$

[10] 르베그의 정리에 의하면, "유계인 영역에서 정의된 유계인 함수 f가 적분가능할 필요충분조건은 f가 **거의 모든 곳**(almost everywhere)에서 연속인 함수인 것"이다. 리만도 이미 이 정리를 알고 있었다.

로 정의한다. 집합 A의 특성함수는 "점 X가 A의 원소인가?"라는 질문에 "예, 아니요"로 답하는 것을 나타내는 함수이다. 특성함수는 정의역에서 함숫값이 항등적으로 1인 상수함수를 n-공간으로 자명하게 확장한 함수이다.

만약 A가 유계이면, 특성함수 χ_A가 적분가능하다는 것은 A가 (n-차원) 부피[11]를 가진다는 것과 같은 뜻이다. 이때 A의 (n-차원) 부피는

$$\mathrm{Vol}_n(A) = \int_{\mathbb{R}^n} \chi_A = \int_A 1$$

이다.

2.3.3 기본연습문제

실수체에서 유리수 전체집합에 대한 특성함수를 χ_1이라 하고, 무리수 전체집합에 대한 특성함수를 χ_2라 하면, 함수 $\chi_1 + \chi_2$는 어떤 함수인가?[12]

2.4 적분가능한 함수의 성질

앞으로 부피를 가지고, 부피가 영이 아닌 집합을 **영역**이라고 부르기로 한다.

> **정리 2.4.1** *n-공간의 한 영역에서 정의된 유계이고 연속인 함수는 그 영역에서 적분가능하다.*

다항함수나 해석함수 등은 모두 연속함수이므로, 위 정리에서 적분가능한 함수들의 보기기 아주 많음을 인다.

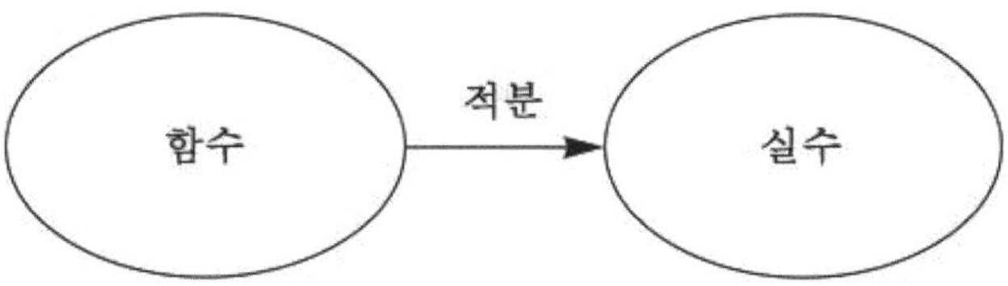

[11] 물론 $n = 2$이면 "넓이"를 말한다.

[12] 상함수

정리 2.4.2 *n-공간의 영역 A 에서 정의된 적분가능한 함수 f, g 와 실수 c 에 대하여 다음이 성립한다.*

(i) $\displaystyle\int_A (f+g) = \int_A f + \int_A g, \qquad \int_A cf = c\int_A f$

(ii) $f \le g$ 이면 $\displaystyle\int_A f \le \int_A g$

(iii) *영역 A 가 두 영역 A_1 과 A_2 의 합집합이면*[13]

$$\int_{A_1\cup A_2} f + \int_{A_1\cap A_2} f = \int_{A_1} f + \int_{A_2} f$$

위 정리의 (ii) 는 다음과 같은 뜻이다: $h \ge 0$ 이면, $\displaystyle\int_A h \ge 0$.
(ii) 를 부등식 $f \le |f|$, $-f \le |f|$ 에 적용하면

$$\int_A f \le \int_A |f|, \qquad -\int_A f \le \int_A |f|$$

이므로 다음 정리를 얻는다.

따름정리 2.4.3 *n-공간의 영역 A 에서 정의된 적분가능한 함수 f 에 대하여*

$$\left|\int_A f\right| \le \int_A |f|$$

이다.[14]

2.4.4 기본연습문제

n-공간의 영역 A 에서 정의된 적분가능한 함수 f 의 최댓값과 최솟값을 각각 M, m 이라 하면[15] f 의 **평균값** $\bar{f} := \frac{1}{\mathrm{Vol}(A)}\displaystyle\int_A f$ 는 부등식 $m \le \bar{f} \le M$ 을 만족시킴을 보이라.

[13] 위 등식에는 "f 가 $A_1, A_2, A_1 \cap A_2$ 에서 적분가능하고"라는 말이 들어 있다.

[14] $|f_1 + \cdots + f_n| \le |f_1| + \cdots + |f_n|$ 이듯이.

[15] 편의상 f 의 최댓값과 최솟값이 존재한다고 가정하자. 그렇지 않은 경우는 f 의 상한과 하한을 생각하면 된다.

2.5 질량중심

n-공간의 한 영역 A에 밀도함수[16] $\mu : A \to \mathbb{R}$가 주어져 있으면,

$$m_A := \int_A \mu \, \mathrm{dV}$$

를 A의 **질량**이라 한다. 이때 (질량이 영이 아니면) (A, μ)의 **질량중심**

$$C_A := C_{A,\mu} := (\bar{x}_1, \ldots, \bar{x}_n)$$

은 다음 식으로 정의한다:

$$\bar{x}_i := \frac{1}{m_A} \int_A x_i \, \mu \, \mathrm{dV} \qquad (i = 1, \ldots, n).$$

즉,

$$C_A = \frac{1}{m_A} \int_A \mathbf{x} \, \mu(\mathbf{x}) \, \mathrm{dV}(\mathbf{x})$$

이다. 좌표계 없는 표현을 쓰면 질량중심은 등식

$$\int_A (X - C)\mu(X) \, \mathrm{dV}(X) = \mathbf{0}$$

을 만족시키는 점 C이다.

2.5.1

밀도함수가 상수함수이면, 즉 밀도가 고르면, 질량중심은 (기하학적) **중심**(重心, centroid)과 일치한다.

2.5.2 아르키메데스의 지렛대 원리

두 영역 A, B가 공통 부분이 없으면 합영역 $A \cup B$의 질량중심이 등식

$$\boxed{C_{A \cup B} = \frac{m_A}{m_A + m_B} C_A + \frac{m_B}{m_A + m_B} C_B}$$

를 만족시키는 것은 적분의 성질에서 바로 알 수 있다.[17]

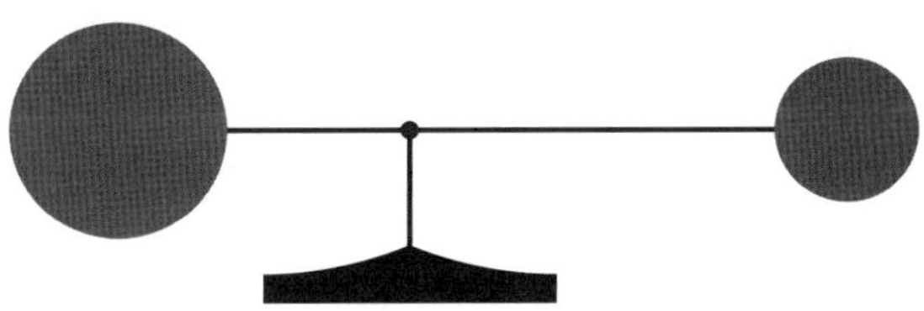

[16] "적분가능함수"를 그냥 "밀도함수"라고 불렀다.

[17] 지렛대 원리도 대칭성의 결과라 할 수 있다 [Pólya], [Schiffer, Bowden].

증명. 등식 $m_A C_A = \int_A \mathbf{x}\,\mu\,\mathrm{dV}$ 와 $m_B C_B = \int_B \mathbf{x}\,\mu\,\mathrm{dV}$ 를 더하면

$$m_A C_A + m_B C_B = \int_A \mathbf{x}\,\mu\,\mathrm{dV} + \int_B \mathbf{x}\,\mu\,\mathrm{dV} = \int_{A\cup B} \mathbf{x}\,\mu\,\mathrm{dV} = m_{A\cup B} C_{A\cup B}$$

이다. 이로부터 지렛대 원리를 얻는다. □

2.5.3 기본연습문제

1. 집단 A 의 평균이 a 이고 집단 B 의 평균이 b 이면 합집단 $A\cup B$ 의 평균은 얼마인가?[18]

2. n-공간의 영역 A 와 B 에 대하여 밀도함수 $\mu : A\cup B \to \mathbb{R}$ 가 있다고 하자. 이때

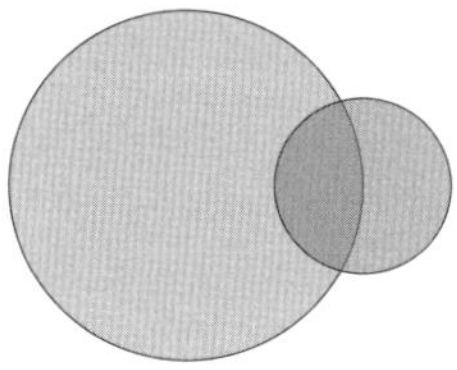

$$m_{A\cup B} + m_{A\cap B} = m_A + m_B$$

임을 밝히라.

또 이 공통값을 m 이라 할 때, $m \neq 0$ 이면

$$\frac{m_{A\cup B}}{m} C_{A\cup B} + \frac{m_{A\cap B}}{m} C_{A\cap B} = \frac{m_A}{m} C_A + \frac{m_B}{m} C_B$$

임을 밝히고, 그 의미를 설명하라.

2.5.4 가중 평균

밀도가 주어진 영역 (A, μ) 에서 정의된 함수 $f : A \to \mathbb{R}$ 의 (가중) 평균값은

$$\bar{f} := \frac{1}{m_A} \int_A f\,\mu\,\mathrm{dV}$$

이다. 이때 f 의 상한값과 하한값을 각각 $f_{\sup}, f_{\inf}$ 라 하면

$$f_{\inf} \leq \bar{f} \leq f_{\sup}$$

임을 알 수 있다.

만약 f 가 일차함수 $\ell(\mathbf{x}) := \mathbf{a}\cdot\mathbf{x} + b$ 이면

$$\bar{\ell} = \frac{1}{m_A} \int_A (\mathbf{a}\cdot\mathbf{x} + b)\,\mu(\mathbf{x})\,\mathrm{dV} = \mathbf{a}\cdot\frac{1}{m_A}\int_A \mathbf{x}\,\mu(\mathbf{x})\,\mathrm{dV} + b = \ell(C_{A,\mu})$$

이다. 즉, 일차함수의 (가중) 평균값은 질량중심에서의 함숫값이다.

[18] 이 질문에 빠져 있는 정보를 보충하여 답한다.

연습문제: 제 14 장 2 절

1. 삼각형은 넓이를 가짐을 보이라. 또 다각형과 원판도 넓이를 가짐을 보이라.

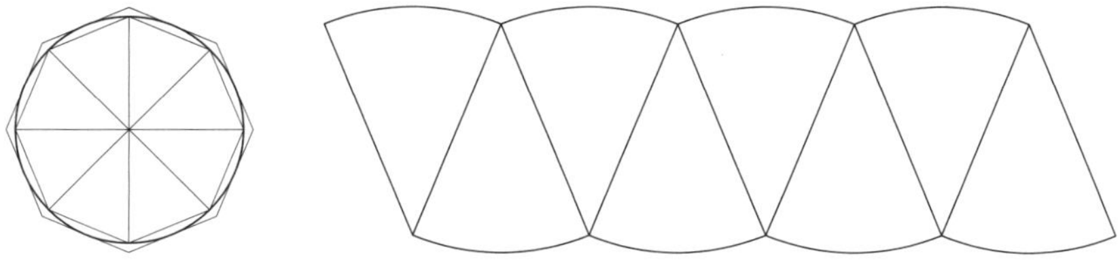

그림: 아르키메데스와 케플러의 생각

2. (**적분과 평균값 정리**) n-공간의 곡선연결된[19] 영역 A에서 정의된 유계인 연속함수 f의 평균값을 $\bar{f}$라고 하면 $f(P) = \bar{f}$인 점 $P \in A$가 존재함을 밝히라.

3. 함수의 제곱의 평균은 함수의 평균의 제곱 이상임을 밝히라.[20]

4. n-공간의 곡선연결된 영역 A에서 정의된 유계인 연속함수 $f, g : A \to \mathbb{R}$에 대하여 f와 g의 평균값을 각각 $\bar{f}, \bar{g}$로 두면, $\bar{f} : \bar{g} = f(P) : g(P)$인 점 P가 A 속에 존재함을 보이라.[21]

5. 관악산 지역 K의 공기 중 일산화탄소량이 적당한 좌표계에 의하여 $f(x, y)$로 주어졌을 때, 이 지역의 평균 일산화탄소량은 어떤 식으로 나타나는가?

6. 제주도의 각 지점 (x, y)에서의 지난달 강우량이 $f(x, y)$로 주어졌을 때, 제주도의 지난달 평균 강우량은 어떻게 표현되는가?

7. 지하철역 A의 각 지점 (x, y, z)에서 검출된 라돈의 밀도가 $h(x, y, z)$일 때, 이 역의 평균 라돈 밀도는 어떻게 표현되는가?

8. 좌표평면에서 x-좌표, y-좌표가 모두 정수인 점 (x, y)를 **정수점**(整數點, integral point)이라 한다. 좌표평면에서 원점을 중심으로 하고 반지름이 r인 원판에 포함되는 정수점의 개수를 $n(r)$이라 하자. 이때

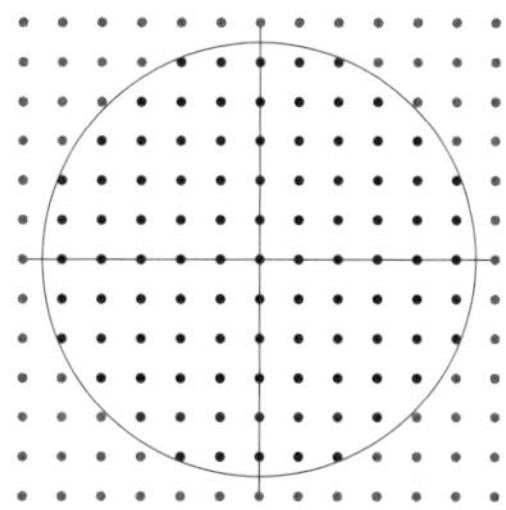

$$\lim_{r \to \infty} \frac{n(r)}{r^2} = \pi$$

임을 설명하라.

9. 밀도가 주어진 영역 (A, μ)에서 정의된 함수 f와 g의 평균값이 각각 1과 2이면 $f + g$의 평균값은 얼마인가?

---

[19] 영역 A가 **곡선연결**되어 있다는 것은 A 속 임의의 두 점을 연결하는 곡선이 A 속에 존재한다는 뜻이다.

[20] 이 두 값의 차이를 **분산**이라 한다.

[21] 제 3 장 코시의 평균값 정리 참고.

제 3 절 푸비니 정리

앞 절에서 여러 가지 개념과 성질을 살펴보았으나, 구체적이고 효과적으로 적분값을 구하는 방법을 제시하지 못하였다. 이제 푸비니[22] 정리를 소개하는데, 이 정리에 의하면 다중적분은 일변수 적분의 반복, 즉 **반복적분**을 통하여 구할 수 있다.

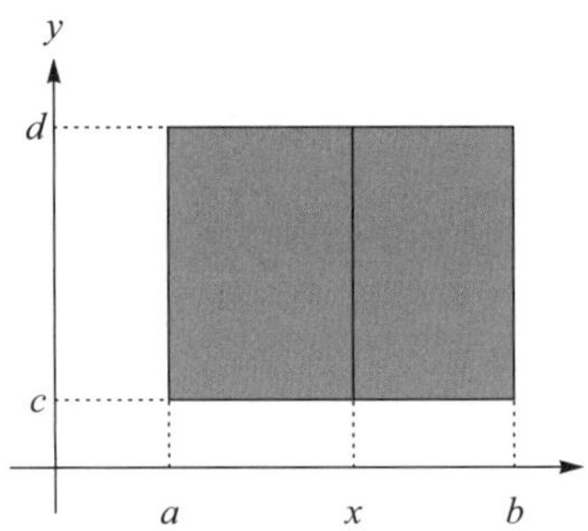

정리 3.0.1 (푸비니 정리) *직사각형 $R = [a,b] \times [c,d]$ 에서 적분가능한 함수 $f(x,y)$ 가 주어졌다고 하자. 만약 임의의 $x \in [a,b]$ 에 대하여 함수*

$$f_x : [c,d] \to \mathbb{R}, \qquad y \mapsto f(x,y)$$

가 구간 $[c,d]$ 에서 적분가능하면, 함수

$$x \mapsto \int_c^d f(x,y)\,dy$$

가 구간 $[a,b]$ 에서 적분가능하고,

$$\iint_R f = \int_a^b \left(\int_c^d f(x,y)\,dy \right) dx$$

이다.

푸비니 정리의 증명은 부록에서 다룬다.

[22]푸비니(G. Fubini, 1879–1943). 이탈리아 수학자.

위 정리와 마찬가지로 임의의 $y \in [c,d]$ 에 대하여 함수 $x \mapsto f(x,y)$ 가 구간 $[a,b]$ 에서 적분가능하면, 함수 $y \mapsto \displaystyle\int_a^b f(x,y)\,dx$ 가 구간 $[c,d]$ 에서 적분가능하고

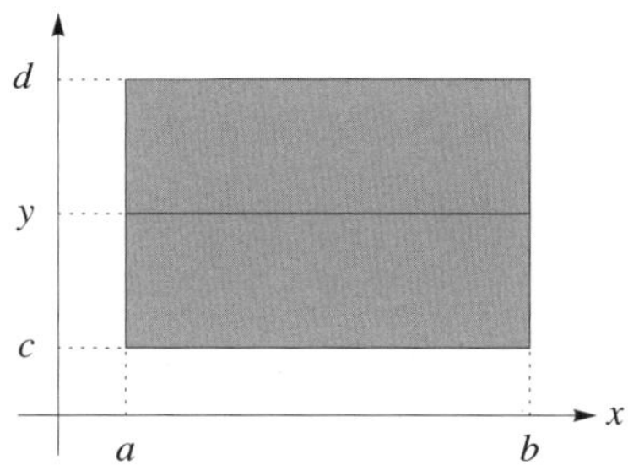

$$\iint_R f = \int_c^d \left(\int_a^b f(x,y)\,dx \right) dy$$

이다.

3.0.2 보기

직사각형 $R = [1,2] \times [3,4] \subset \mathbb{R}^2$ 에서 함수 $f(x,y) = x^2 y$ 의 적분값을 구하면

$$\begin{aligned} \iint_R f &= \int_1^2 \left(\int_3^4 x^2 y\,dy \right) dx = \int_1^2 x^2 \cdot \frac{1}{2}\left(4^2 - 3^2\right) dx \\ &= \frac{1}{3}\left(2^3 - 1^3\right) \cdot \frac{1}{2}\left(4^2 - 3^2\right) \end{aligned}$$

이다. 이 값은 다음과 같다.

$$\int_3^4 \int_1^2 x^2 y\,dx\,dy = \int_3^4 \frac{1}{3}(2^3 - 1^3) y\,dy = \frac{1}{3}(2^3 - 1^3) \cdot \frac{1}{2}(4^2 - 3^2)$$

3.0.3 보기

연속함수

$$g, h : [a,b] \to \mathbb{R}, \qquad g(x) \le h(x)$$

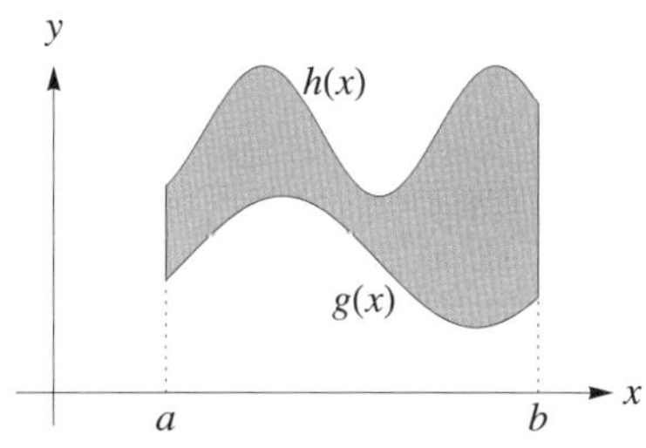

에 의하여 주어진 영역

$$A: \ a \le x \le b, \qquad g(x) \le y \le h(x)$$

에서 함수 $f(x,y)$ 를 적분하면

$$\iint_A f(x,y)\,\mathrm{dV}_2 = \int_a^b \int_{g(x)}^{h(x)} f(x,y)\,dy\,dx$$

이다.[23]

[23]특히 $\mu(x) := h(x) - g(x)$ 로 두면, 영역 A 의 중심 $(\bar{x}, \bar{y})$ 는 다음과 같다:

$$\bar{x} = \frac{1}{\text{area}(A)} \int_a^b x\,\mu(x)\,dx, \qquad \bar{y} = \frac{1}{\text{area}(A)} \int_a^b \frac{h(x)+g(x)}{2}\,\mu(x)\,dx.$$

마찬가지로 연속함수

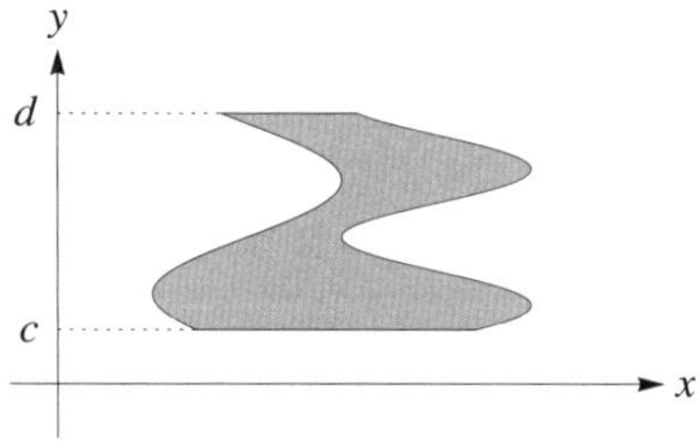

$$\tilde{g}, \tilde{h} : [c, d] \to \mathbb{R}, \qquad \tilde{g}(y) \le \tilde{h}(y)$$

에 의하여 주어진 영역

$$\tilde{A}: \ \tilde{g}(y) \le x \le \tilde{h}(y), \qquad c \le y \le d$$

에서 함수 $f(x, y)$ 를 적분하면 다음과 같다.

$$\iint_{\tilde{A}} f(x,y)\,\mathrm{dV}_2 = \int_c^d \int_{\tilde{g}(y)}^{\tilde{h}(y)} f(x,y)\,dx\,dy$$

3.0.4 부채꼴 영역의 중심

반원판

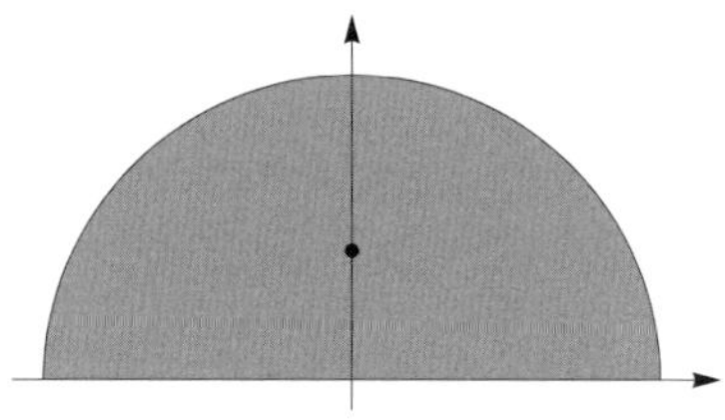

$$A = \{(x,y) \mid x^2 + y^2 \le 1, \ y \ge 0\}$$

의 (기하학적) 중심 $(\bar{x}, \bar{y})$ 를 구하여 보자.

먼저 반원판의 대칭성에서 $\bar{x} = 0$ 임을 안다.[24] 한편 반원판의 넓이는 $\pi/2$ 이고,

$$\begin{aligned} \bar{y} &= \frac{1}{\pi/2} \iint_A y\,\mathrm{dV}_2 = \frac{2}{\pi} \int_{-1}^{1} \int_0^{\sqrt{1-x^2}} y\,dy\,dx \\ &= \frac{2}{\pi} \int_{-1}^{1} \left[\frac{1}{2} y^2\right]_0^{\sqrt{1-x^2}} dx = \frac{2}{\pi} \int_0^1 (1 - x^2)\,dx \\ &= \frac{2}{\pi} \left[x - \frac{1}{3}x^3\right]_0^1 = \frac{2}{\pi} \cdot \frac{2}{3} \end{aligned}$$

이다. 따라서

$$(\bar{x}, \bar{y}) = \left(0, \frac{4}{3\pi}\right) \approx (0, 0.4)$$

이다.[25]

---

[24] x 를 $-x$ 로 바꾸어도 변하지 않는 영역은 $\bar{x}$ 와 $-\bar{x}$ 가 같은 값이고, 따라서 $\bar{x} = 0$ 이다. 이 부분은 제4절의 치환적분이론으로 이해할 수도 있다.

[25] 일반적인 부채꼴 영역의 중심을 구하는 문제는 연습문제 19번에 둔다. 삼각형의 중심이 밑변의 중심에서 높이의 1/3 지점에 있듯이, 부채꼴 영역의 중심도 호의 중심에서 "높이"까지의 1/3 지점에 있다 (제 9 장 7절 참고).

3.0.5 기본연습문제

좌표평면에서 직선

$$y = 0, \qquad y = x, \qquad x + y = 4$$

로 둘러싸인 삼각형을 R 라고 할 때, R 에서 함수

$$f(x, y) = 2xy$$

의 평균값을 구하라.[26]

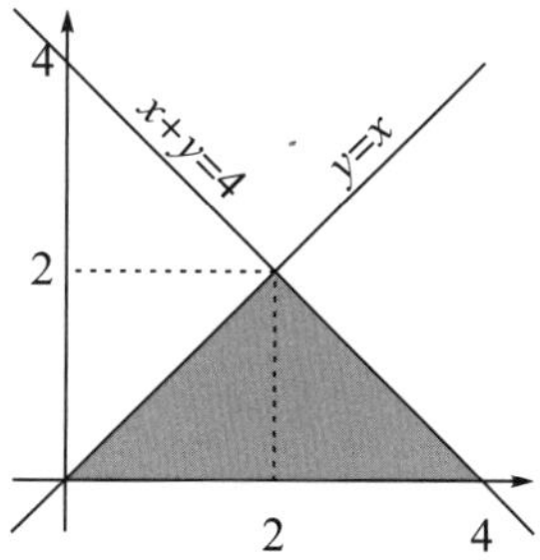

3.0.6 보기

반복적분

$$\int_0^1 \int_{\sqrt{x}}^1 \sqrt{1 + y^3}\, dy\, dx$$

를 구하여 보자.

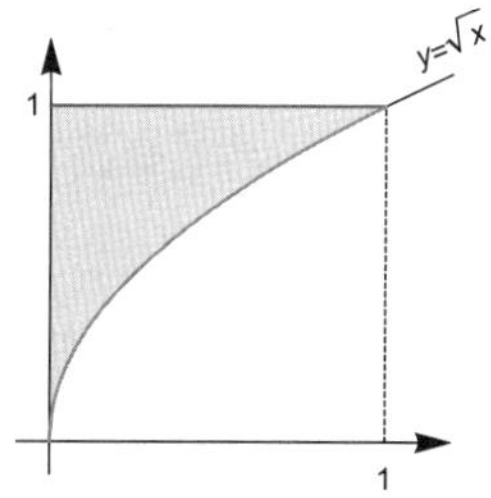

풀이. 이때 함수 $\sqrt{1 + y^3}$ 의 원시함수를 구하기가 쉽지 않으므로 적분의 순서를 바꾸어 보자. 주어진 영역

$$\sqrt{x} \le y \le 1, \qquad 0 \le x \le 1$$

이 영역

$$0 \le x \le y^2, \qquad 0 \le y \le 1$$

과 같으므로 주어진 적분은

$$\begin{aligned} \int_0^1 \int_0^{y^2} \sqrt{1 + y^3}\, dx\, dy &= \int_0^1 y^2 \sqrt{1 + y^3}\, dy = \left[\frac{2}{3} \cdot \frac{1}{3} \cdot \left(1 + y^3\right)^{3/2} \right]_0^1 \\ &= \frac{2}{9} \left(2\sqrt{2} - 1 \right) \end{aligned}$$

이다.

3.0.7 기본연습문제

좌표평면에서 x 축과 $y = x$ 및 $x = \pi/3$ 으로 둘러싸인 삼각형을 R 라고 하자. 이때 $\iint_R \frac{\sin x}{x}\, dx\, dy$ 를 구하라.[27]

---

[26] $\frac{1}{4} \int_0^2 \int_y^{4-y} 2xy\, dx\, dy = \frac{8}{3}$

[27] 답: 1/2

3.1 높은 차원에서의 푸비니 정리

푸비니 정리는 일반적인 차원에서 성립한다. 예를 들어 삼차원 영역 $[a_1, b_1] \times [a_2, b_2] \times [a_3, b_3]$ 에서 정의된 연속함수 $f(x, y, z)$ 에 대하여

$$\begin{aligned} & \iiint_{[a_1,b_1]\times[a_2,b_2]\times[a_3,b_3]} f(x,y,z)\,\mathrm{dV}(x,y,z) \\ = & \int_{a_3}^{b_3}\int_{a_2}^{b_2}\int_{a_1}^{b_1} f(x,y,z)\,dx\,dy\,dz \\ = & \quad \cdots \\ = & \int_{a_1}^{b_1}\int_{a_2}^{b_2}\int_{a_3}^{b_3} f(x,y,z)\,dz\,dy\,dx \end{aligned}$$

이다.

3.1.1 기본연습문제

직육면체

$$R: \qquad 0 \le x \le \pi, \quad 2 \le y \le 3, \quad -1 \le z \le 1$$

과 함수 $f(x, y, z) = \sin x$ 에 대하여 $\iiint_R f = 4$ 임을 보이라.

3.1.2 보기

좌표공간에서 네 점

$$(0,0,0), \quad (1,0,0), \quad (0,1,0), \quad (0,0,1)$$

을 꼭짓점으로 하는 사면체 T 를 식으로 나타내면

$$0 \le x \le 1, \quad 0 \le y \le 1 - x, \quad 0 \le z \le 1 - x - y$$

이다.

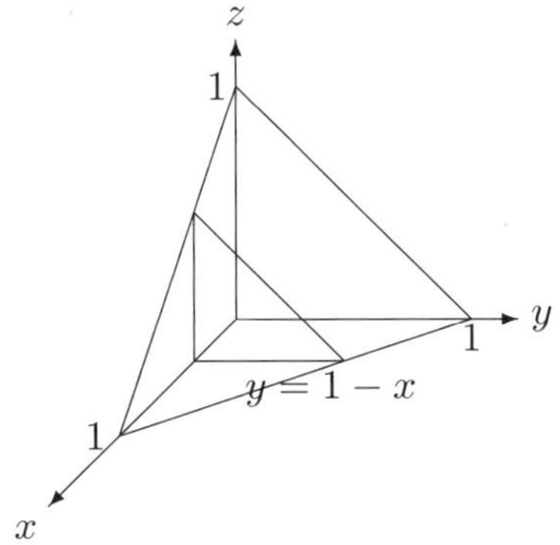

이 사면체의 밀도함수가

$$\mu(x, y, z) = x + y + z$$

일 때, T 의 부피 V, 질량 m, 그리고 평균밀도 $\bar{\mu}$를 구하라.

풀이. 뿔의 부피는 $\frac{1}{3} \times$ (밑넓이) $\times$ (높이) 이므로, T 의 부피는

$$V = \frac{1}{3} \times \frac{1}{2} \times 1 = \frac{1}{6}$$

이다. 또 T 의 기하학적 중심은[28]

$$(\bar{x}, \bar{y}, \bar{z}) = \left(\frac{1}{4}, \frac{1}{4}, \frac{1}{4}\right)$$

이다. 따라서 T 의 평균밀도는

$$\begin{aligned} \bar{\mu} &= \frac{m}{V} = \frac{1}{V}\iiint_T \mu\,\mathrm{dV} \\ &= \frac{1}{V}\iiint_T (x+y+z)\,\mathrm{dV} = \bar{x}+\bar{y}+\bar{z} = \frac{1}{4}+\frac{1}{4}+\frac{1}{4} = \frac{3}{4} \end{aligned}$$

즉, 기하 중심에서의 밀도값이다 (cf. 2.5.4). 그러므로 T 의 질량은

$$m = V\bar{\mu} = \frac{1}{6} \times \frac{3}{4} = \frac{1}{8}$$

이다.

3.1.3 기본연습문제

위 보기에서 밀도함수가 $f(x, y, z) = x^2 + y^2$ 일 때, T 의 부피, 질량, 그리고 평균밀도를 구하라.[29]

[28] 연습문제 5번 또는 제 9 장 7절 참조.

[29] 부피는 변함이 없고, 질량은 1/30, 평균밀도는 1/5 이다.

3.2 카발리에리의 원리

갈릴레오의 학생이었던 카발리에리(Bonaventura Cavalieri, 1598–1647)는

> *공간의 두 입체를 xy-평면과 나란한 임의의 평면으로 자를 때 두 단면의 넓이가 같으면, 두 입체의 부피가 같음*

을 발견하였다. 이러한 원리는 푸비니 정리에서 바로 알 수 있다.

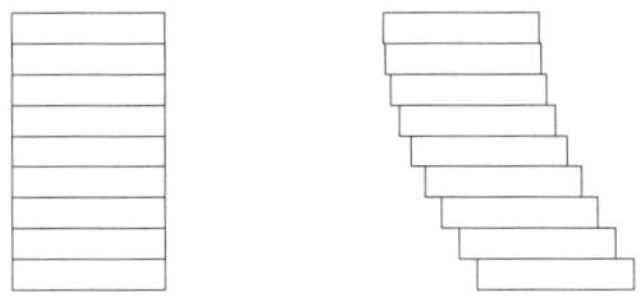

3.2.1 기본연습문제

1. 비스듬한 원기둥의 부피와 비스듬한 원뿔의 부피를 구하라.

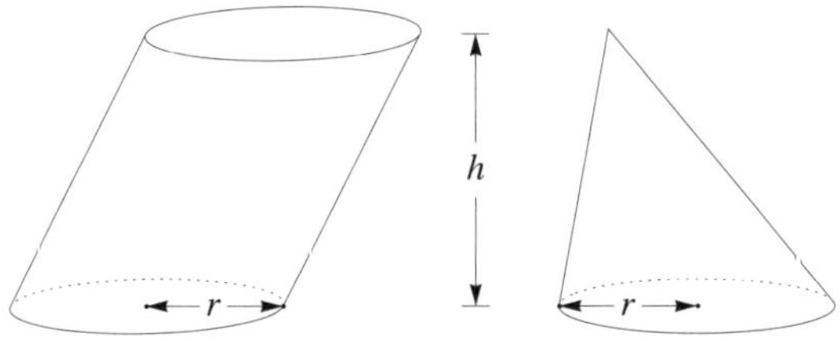

2. 주어진 공에 외접하는 원기둥과, 그 원기둥에 내접하는 원뿔을 생각하자. 이때 원뿔의 부피와 공의 부피의 합이 원기둥의 부피임을 보이라.[30] 이로부터 공의 부피는 원기둥의 부피의 $\dfrac{2}{3}$ 임을 보이라.

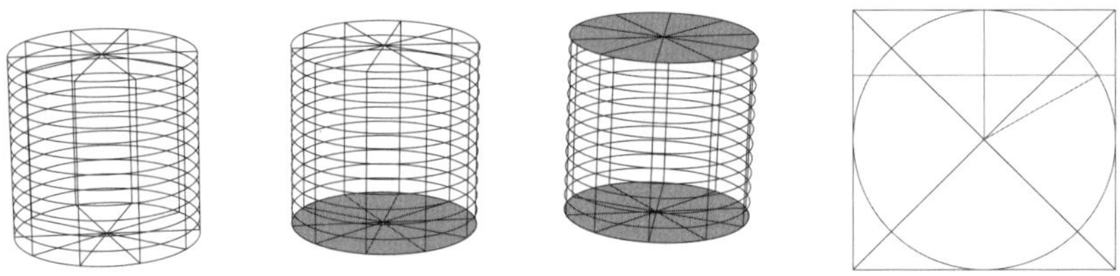

3. 반지름이 r 인 공

$$B(r) := \{(x, y, z) \mid x^2 + y^2 + z^2 \le r^2\}$$

의 부피는 $\dfrac{4}{3}\pi r^3$ 임을 보이라.[31]

[30] 마지막 그림에서, 공의 단면적과 원뿔의 단면적의 합이 원기둥의 단면적임을 보이면 된다. 이때 단면의 반지름들은 직각삼각형의 변들을 이룬다.

[31] 외접하는 정육면체 부피의 $\pi/6 \approx 52\%$ 이다.

연습문제: 제 14 장 3 절

1. 다음 함수에 대하여 주어진 영역에서의 적분값을 구하라.

   (1) $f(x,y) = 2x^2y + xy^2 - 6xy$, $\quad -1 \le x \le 3,\ -1 \le y \le 3$

   (2) $f(x,y) = 3\sqrt{x+y+4} - 2\sqrt{x} - \sqrt{y}$, $\quad 0 \le x \le 6,\ 0 \le y \le 6$

   (3) $f(x,y) = \sin x + \sin y + \sin(x+y)$, $\quad 0 \le x \le 2\pi,\ 0 \le y \le 2\pi$

   (4) $f(x,y) = xe^{-(x^2+y^2)/8}$, $\quad -6 \le x \le 6,\ -6 \le y \le 6$

2. 삼차원 좌표공간의 네 점 $(0,0,0)$, $(1,0,0)$, $(0,1,0)$, $(0,0,1)$ 을 꼭짓점으로 하는 사면체로 둘러싸인 영역 A 에서 정의된 함수 $f(x,y,z) = e^x$ 의 평균값을 구하라.

3. 좌표평면 위의 세 점 $(0,0)$, $(1,0)$, $(1,1)$ 을 꼭짓점으로 하는 삼각형 모양의 땅에 각 지점의 단위면적당 땅값이 $f(x,y) = 400\,xe^{-y}$ 라고 하자. 이 지역의 평균 땅값은 얼마인가?

4. 평면 위에 공을 올려 고정시키고, 그 평면과 나란하고 공의 지름의 1/4 만큼 떨어진 평면으로 공을 자를 때, 공의 부피는 어떤 비율로 나뉘는가?

5. xy-평면의 한 영역 R 와 xy-평면 밖의 한 점 P 에 대하여 R 를 밑면으로 하고 P 를 꼭짓점으로 하는 **뿔**(cone)은

   $$C := \mathrm{Cone}(R,P) := \{(1-t)X + tP \mid X \in R,\ 0 \le t \le 1\}$$

   로 정의한다. 이 뿔의 높이를 h 라 하고 밑면의 넓이를 A 라 하면, 뿔의 부피는 $\frac{1}{3}Ah$ 임을 보이라. 또 **뿔의 중심**은 꼭짓점 P 와 영역 R 의 중심을 3:1 로 내분하는 점임을 보이라.[32]

6. 삼각형에서 한 꼭짓점과 그에 대응하는 변의 중심을 2:1 로 내분한 점은 삼각형의 중심임을 보이라.

7. 사면체의 중심은 사면체의 네 꼭짓점의 평균점과 일치함을 보이라.

8. 다음에서 적분의 순서를 바꾸어 표시하라. (단, $0 < a < b$ 이다.)

   (1) $\displaystyle\int_a^b \int_a^x f(x,y)\,dy\,dx$ $\qquad$ (2) $\displaystyle\int_0^a \int_0^{\sqrt{x}} f(x,y)\,dy\,dx$

   (3) $\displaystyle\int_0^a \int_y^{2a-y} f(x,y)\,dx\,dy$ $\qquad$ (4) $\displaystyle\int_0^a \int_{\sqrt{a^2-x^2}}^{x+2a} f(x,y)\,dy\,dx$

---

[32]뿔의 부피를 처음으로 예측한 사람은 고대 그리스의 데모크리토스라고 말하기도 하지만, 증명을 처음으로 한 사람은 에우독소스이다. 피라미드나 일반 뿔의 부피를 구하는 법은 적분론의 시초라 할 수 있다. 일반적으로 n차원 뿔의 부피는 '(밑넓이)×(높이)/n'이고, 뿔의 중심은 밑면에서 $1/(n+1)$ 높이에 있다.

9. 다음 반복적분의 값을 구하라.

(1) $\displaystyle\int_1^2\int_1^3 (x+y)\,dx\,dy$ (2) $\displaystyle\int_0^2\int_1^{x^2} y\,dy\,dx$

(3) $\displaystyle\int_0^1\int_0^y \sqrt{x}\,dx\,dy$ (4) $\displaystyle\int_0^\pi\int_0^\pi x\sin y\,dy\,dx$

(5) $\displaystyle\int_1^2\int_y^{y^2} dx\,dy$ (6) $\displaystyle\int_0^\pi\int_0^{\sin x} y\,dy\,dx$

(7) $\displaystyle\int_1^5\int_0^y \frac{3\,dx\,dy}{x^2+y^2}$ (8) $\displaystyle\int_{\pi/4}^{\pi/2}\int_{\pi/2}^r \frac{1}{\sin^2\theta}\,d\theta\,dr$

(9) $\displaystyle\int_0^1\int_y^1 \sqrt{1-x^2}\,dx\,dy$ (10) $\displaystyle\int_0^1\int_{\sqrt[3]{x}}^1 \sqrt{1+y^4}\,dy\,dx$

(11) $\displaystyle\int_0^1\int_{\sqrt[4]{y}}^1 \sqrt{1+x^5}\,dx\,dy$ (12) $\displaystyle\int_0^1\int_{\sqrt{y}}^1 y\sqrt{1+x^5}\,dx\,dy$

(13) $\displaystyle\int_0^1\int_{x^2}^{\sqrt{x}} 160\,xy^3\,dy\,dx$ (14) $\displaystyle\int_0^1\int_0^y y^2e^{xy}\,dx\,dy$

(15) $\displaystyle\int_0^1\int_{1-y}^1 e^y\,dx\,dy$ (16) $\displaystyle\int_0^1\int_0^{\pi/2} (\sin 2x)\,e^{y\sin x}\,dx\,dy$

(17) $\displaystyle\int_0^2\int_0^{x^2/2} \frac{x}{\sqrt{x^2+y^2+1}}\,dy\,dx$

10. 다음 적분을 구하라.

(1) $\displaystyle\int_0^3\int_0^{2\pi}\int_1^{xz} xyz\,dy\,dx\,dz$

(2) $\displaystyle\int_0^{\pi/2}\int_{\sin 2z}^0\int_0^{2yz} \sin\frac{x}{y}\,dx\,dy\,dz$

(3) $\displaystyle\int_0^1\int_0^y\int_0^{\sqrt{9y^2-3z^2}} 10xy\,dx\,dz\,dy$

(4) $\displaystyle\int_0^{\pi/2}\int_0^z\int_0^y \sin(x+y+z)\,dx\,dy\,dz$

11. 다음 영역에서 정의된 함수의 평균값을 구하라.

(1) 꼭짓점이 $(0,0)$, $(\pi,0)$, (π,π) 인 삼각형에서 $x\cos(x+y)$

(2) $|x|+|y|\le 1$ 에서 e^{x+y}

(3) 곡선 $y=\sin x$, $0\le x\le\pi$ 와 x 축으로 둘러싸인 영역에서 x^2-y^2

(4) 꼭짓점이 $(-\frac{1}{2},\frac{1}{2})$, $(1,2)$, $(1,-1)$ 인 삼각형에서 x^2+y

(5) 식 $x\ge 0$, $x^2+y^2\le 2$, $x^2+y^2\ge 1$ 이 결정하는 영역에서 x^2

(6) 네 직선 $y=x$, $x=1$, $x=2$, $y=0$ 이 결정하는 영역에서 $\dfrac{1}{x+y}$

(7) $0\le x\le\pi$ 와 $0\le y\le 1$ 로 이루어지는 영역에서 $x\sin(xy)$

(8) 정사각형 $0\le x\le 1$, $0\le y\le 1$ 에서 $\dfrac{1}{(x+y+1)}$

12. 다음 입체를 그려 보고, 중심을 구하라.

    (1) 평면 $20x + 12y + 15z = 60$ 과 세 좌표평면으로 둘러싸인 사면체

    (2) 두 곡면 $b^2x^2 + a^2y^2 - a^2b^2z = 0$, $b^2x^2 + a^2y^2 = k^2$ 과 평면 $z = 0$ 으로 둘러싸인 입체

13. 다음 영역의 중심을 구하라.

    (1) $0 \le x \le \frac{2}{3}$, $x^2 \le y \le 1 - x^4$ (2) $\frac{\pi}{3} \le x \le \frac{\pi}{2}$, $\cos x \le y \le x^3$

    (3) $1 \le x \le 2$, $\log x \le y \le e^x$ (4) $\frac{\sqrt[4]{y}}{2} \le x \le \frac{1}{y^2+1}$, $0 \le y \le \frac{1}{\sqrt{3}}$

14. (**델레스의 법칙**) 델레스(Achille Ernest Delesse, 1817–1881)는 19세기 프랑스 광물학자였는데 바위가 어떠한 물질로 이루어졌는지에 관심을 많이 가지고 있었다. 바위에 특정한 광물이 얼마나 들어 있는지 알려고, 그는 바위를 잘라서 그 단면에 투명한 초종이를 딱 맞게 덮은 다음, 구하는 광물이 있는 부분을 표시하였다. 그러고 나서 초종이의 무게를 재고, 광물의 흔적이 있는 부분을 잘라낸 다음 다시 초종이의 무게를 재었다. 이때 단면을 잘 설정하면, 초종이의 무게의 비가 그 단면에서 특정한 광물의 비율을 알려줄 뿐 아니라, 바위 전체에서의 특정한 광물의 비율을 알려준다. 이 원리를 설명하라.[33]

15. 밀도[34]가 δ kg/m^3 인 액체를 담고 있는 용기에서 깊이가 h m 인 지점의 압력은 δh kg/m^2 이다. 길이가 L m, 액체의 깊이가 W m 인 댐이 받는 총압력은

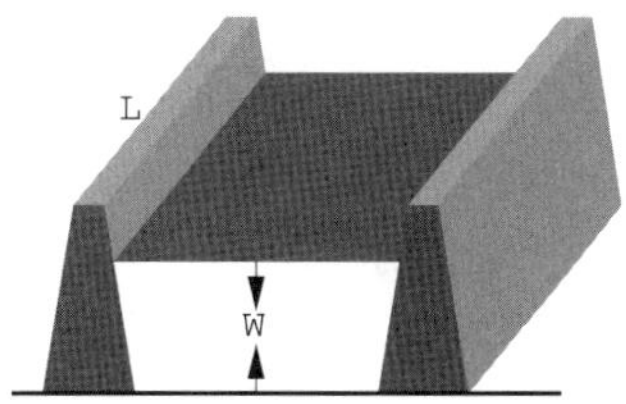

$$F = \int_0^W L\delta h\,dh = L\delta W^2/2$$

임을 설명하라.

16. 넓이가 A cm^2 인 철판을 수면에 수직이 되도록 수영장에 담갔을 때, 철판의 중심이 수면에서 h cm 거리에 있다고 하자. 이때 철판의 한쪽 면이 받는 총수압은 $F = hA\delta$ 임을 보이라 (여기에서 δ 는 물의 밀도를 나타낸다).

[33] 2절 연습문제 4번 참고. 델레스의 법칙은 석유학자들도 잘 사용하고, 화학 실험실에서 유기 분자를 측정하기 위하여 정화기 등의 세라믹 필터의 구멍을 살펴보거나 사과를 나무에서 딴 지 얼마나 오래되었는지를 알아볼 때에도 쓰인다 (사과는 따고 나면 그 속의 당분이 녹말로 변하기 시작한다). 만약 단면을 잘 선택하기 어려우면 단면을 몇 개 더 조사하여 평균값을 구하면 된다.

[34] 단위 부피당 질량.

17. 옆의 그림과 같이 밑면의 넓이가 같은 주전자에 같은 높이로 물이 들어 있다고 하자. 이때 두 밑면이 받는 수압의 차는 얼마인가?

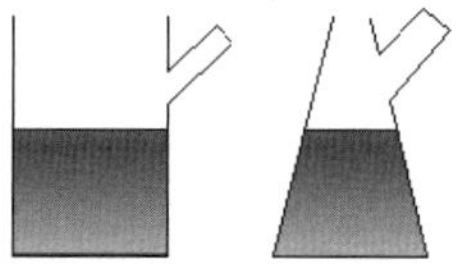

18. 좌표평면에서 곡선 $y = x^4 - 5x^2 + 4$ 와 직선 $y = c$ 에 의하여 둘러싸인 영역의 넓이를 $A(c)$ 라고 두자. $c = 3$ 일 때 A 의 순간변화율 $A'(c)$ 를 구하라.[35]

19. 중심각의 크기가 θ 인 부채꼴의 중심은 꼭짓점에서 $\frac{2}{3}\frac{\sin(\theta/2)}{\theta/2}$ 높이에 있음을 보이라.[36]

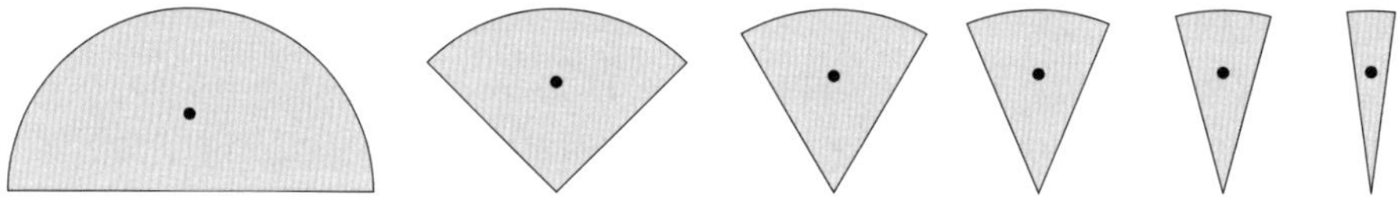

20. 반공 $0 \le z \le \sqrt{1 - x^2 - y^2}$ 의 중심은 밑면에서 3/8 높이에 있음을 보이라.

21. 평면 $z = h > 0$ 와 (타원형) **포물면**

$$z = \frac{x^2}{a^2} + \frac{y^2}{b^2}$$

으로 둘러싸인 영역의 밑넓이를 A 라 할 때,[37] 부피는 $V = \frac{1}{2}Ah$ 임을 보이라. 또 이 영역의 중심은 '밑면에서' 1/3 높이에 있음을 보이라.

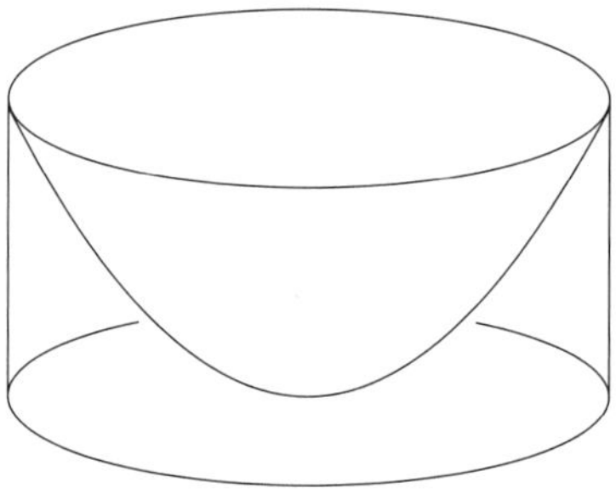

22. $0 \le a \le \pi$ 일 때, 활꼴 영역

$$x^2 + y^2 \le 1, \qquad y \ge \cos a$$

의 중심을 구하라.

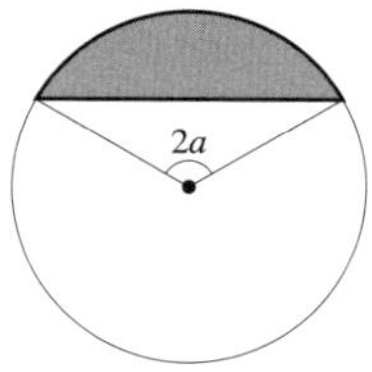

[35] 서울대학교 1998 학년도 외국 영주자 자녀 입학고사 문제.

[36] $\frac{\sin(\theta/2)}{\theta/2}$ 는 호의 중심을 나타낸다 (제 9 장 7절 참고).

[37] 밑면은 식 $\frac{x^2}{a^2} + \frac{y^2}{b^2} = h$ 로 주어지고 따라서 그 넓이는 $A = \pi abh$ 이다. 윗면을 '밑면(base)'이라 불렀다.

23. 빈 잔에 물을 조금씩 계속 담으면 "물 든 잔"의 무게중심이 조금씩 변한다. 이 잔의 무게중심이 가장 낮게 있을 때에는 무게중심의 위치가 수면에 있음을 밝히라.

24. 사면체에는 네 개의 꼭짓점과 이들 각각에 대응하는 네 개의 면이 있다. 사면체에서 한 꼭짓점과 그 대응면의 중심을 이은 선분을 **중선**이라 부르기로 한다. 이때 네 개의 중선들은 한 점에서 교차하는가?

25. 포물선의 두 점 A, B를 이은 현 AB의 중점을 M이라 하고, 포물선의 점 중에서 현 AB와 나란한 접선을 가지는 점을 N이라 하자. 이때 현 AB와 포물선으로 둘러싸인 영역 R의 넓이는 현 AB와 "정점" N이 이루는 삼각형의 넓이의 $4/3$ 배임을 밝히고 그 중심은 선분 MN을 $2:3$으로 내분한 점임을 밝히라. — 아르키메데스

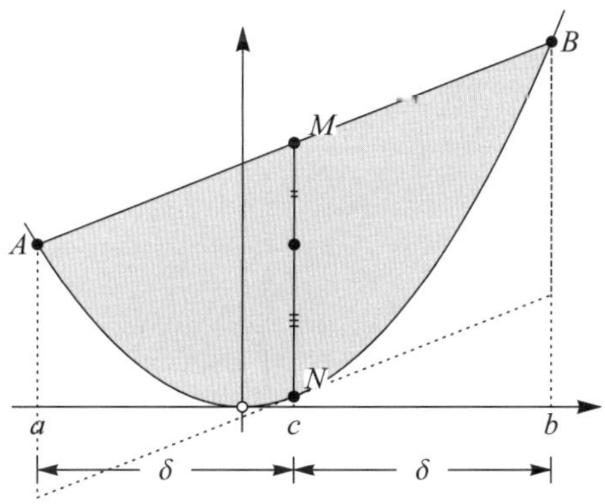

26. 위 영역 R의 밀도함수가 $\mu(x,y) = x+y$일 때, R의 질량 m과 평균밀도 $\bar{\mu}$를 구하라 (2.5.4 참고).

27. 다음은 원기둥 모양의 잔에 물이 담긴 모습이다. 잔의 들이에 대한 물의 양은 어느 정도인가?

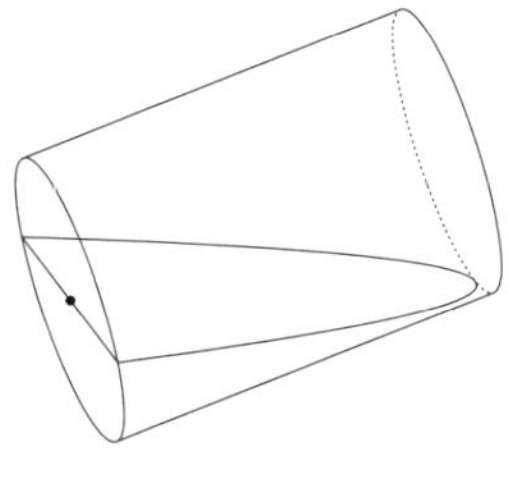

28. (속이 가득 찬) 공에 원기둥 모양의 구멍을 뚫었더니 뚫린 원기둥의 높이가 6 cm 라고 하자 (원기둥의 중심축이 공의 중심을 지난다고 가정한다). 이때 구멍 뚫린 공의 부피는 얼마인가?

제 4 절 치환적분법

일급함수

$$g : [\alpha, \beta] \to \mathbb{R}, \qquad g(\alpha) = a, \quad g(\beta) = b$$

와 g 의 치역에서 정의된 연속함수 f 에 대하여 **치환적분법**

$$\int_a^b f(y)\,dy = \int_\alpha^\beta f(g(x))g'(x)\,dx \tag{2}$$

가 성립함은 미적분학 기본정리 덕분에 바로 알 수 있다. (양변 각각을 β 의 함수로 이해하면, 이들은 한 점에서의 함숫값이 같고, 도함수가 같은 함수들이다.)

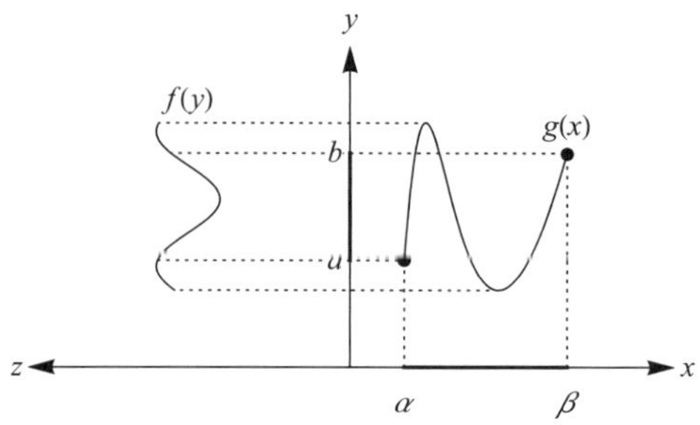

특히 g 가 증가함수이면 $g'(x) \geq 0$ 이고, 감소함수이면 $g'(x) \leq 0$ 이므로 다음과 같은 치환적분공식을 얻는다.[38]

$$\boxed{\int_{[a,b]} f(y)\,dy = \int_{[\alpha,\beta]} f(g(x))\,|g'(x)|\,dx}$$

다변수의 경우에도 이와 비슷한 공식이 성립한다.

[38] 이 식에서 $[a, b] = [b, a]$, 즉

$$\int_{[a,b]} f(y)\,dy := \begin{cases} \int_a^b f(y)\,dy & (a < b) \\ \int_b^a f(y)\,dy & (b < a) \end{cases}$$

로 두었다. "향(向)"이 없는 영역에서의 적분이다.

4.1 일급가역함수

좌표평면에서 함수

$$G \ : \qquad u = e^x \cos y, \quad v = e^x \sin y$$

는 직사각형

$$1 < x < 2, \qquad -\frac{\pi}{2} < y < \frac{\pi}{2}$$

를 부채꼴

$$e < \left(u^2 + v^2\right)^{1/2} < e^2, \qquad u > 0$$

으로 보내는 사상으로, 그 역사상

$$G^{-1} \ : \qquad x = \frac{1}{2}\log(u^2 + v^2), \qquad y = \arctan\frac{v}{u}$$

도 미분가능한 사상이다.

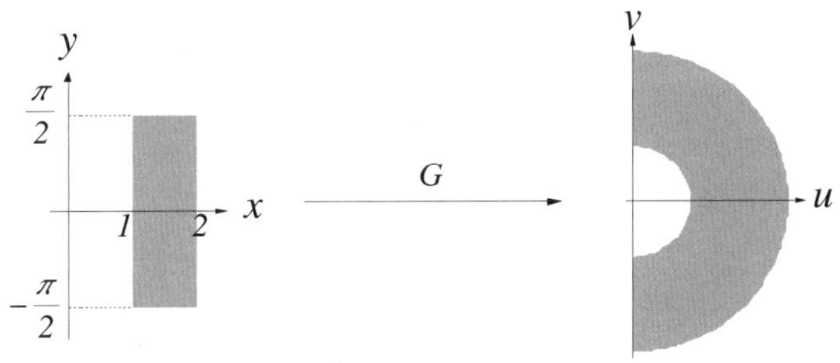

일반적으로 n-공간의 두 열린 집합 U, W 사이의 일급사상 G가 역함수를 가지고, 그 역함수도 여전히 일급일 때, G를 **일급가역함수**라고 부른다.[39]

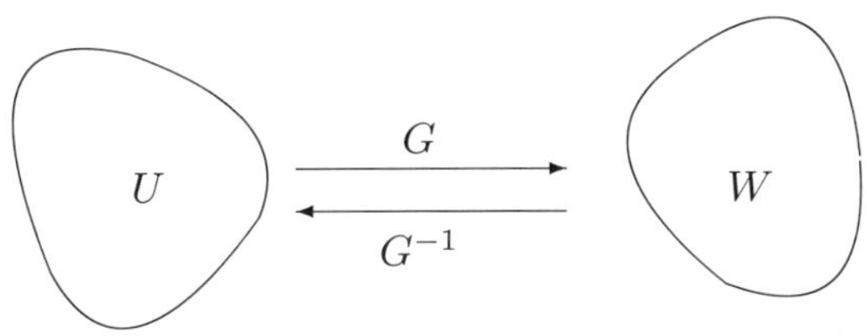

[39] 수학에서는 상황에 따라 적합한 함수들을 다룬다. 역함수를 다룰 때에도 미적분학에서는 집합론적인 단순한 역함수를 다루지 않고, 역함수가 여전히 미분가능한 그러한 함수를 다루는 것이 당연하다.

정리 4.1.1 (치환적분법) *n-공간의 영역 U, W 와 일급가역함수*

$$G : U \to W, \qquad Y = G(X)$$

및 W 에서 적분가능한 함수 f 에 대하여 다음이 성립한다.

$$\int_W f(Y)\,\mathrm{dV}(Y) = \int_U f(G(X))\,|\det G'(X)|\,\mathrm{dV}(X)$$

치환적분법의 대략적인 증명을 살펴보자.

적분값을 구하려면 영역을 잘게 나누어 조그만 영역에서의 값을 모두 더하면 된다. 그런데 조그만 영역에서는 사상 G 가 선형사상 $G'(X)$ 에 가깝고, 마찬가지로 피적분함수 f 는 상수함수에 가깝다.

따라서 정리 4.1.1 을 증명하기 위해서는 $f = \chi_W = 1$ 이고 G 가 선형사상 L 인 경우를 증명하면 된다. 그런데 이 경우는 $\int_W \chi_W\,\mathrm{dV} = \int_U |\det L|\,\mathrm{dV}$, 즉

$$\mathrm{Vol}(L(U)) = |\det L|\,\mathrm{Vol}(U)$$

인데, 이미 제 7 장과 제 8 장에서 살펴본 경우이다. □

치환적분법에서 치환하는 함수 G 가 평행이동이나 회전이동 또는 반사이동 같은 합동변환, 즉 "거리를 보존하는 변환"이면 이들의 야코비 행렬식의 절댓값은 항등적으로 1 이고, 따라서 이 경우에

$$\int_W f(Y)\,\mathrm{dV}(Y) = \int_U f(G(X))\,\mathrm{dV}(X)$$

이다. 특히 $U = W$ 이면

정의역이 가지고 있는 대칭성이 함수들의 공간에 대칭성을 부여한다.[40]

치환적분법은 매우 유용하다.[41]

[40]보기를 들면, 제일권에서도 여러 번 강조하였듯이, 실수체는 평행이동 대칭과 점대칭을 가지고 있다. 평행이동 대칭성을 가진 함수를 주기함수라 하고, 또 원점에 대한 점대칭이 모든 함수를 짝함수와 홀함수의 합으로 표현한다. 현대 수학에서는 여러 변수의 다항식들도 텐서 공간의 대칭성으로 이해한다.

[41]일대일 함수가 아닌 경우에도, 등식 (2)처럼 아주 일반화된 아름다운 치환적분법인 "차수(degree) 이론"이 존재한다.

4.2 타원체의 부피

타원판

$$\frac{x^2}{a^2} + \frac{y^2}{b^2} \le 1$$

은 단위원판 $x^2+y^2 \le 1$을 x축 방향으로 a배, y축 방향으로 b배 늘이는 선형사상

$$\begin{pmatrix} x \\ y \end{pmatrix} \mapsto \begin{pmatrix} a & 0 \\ 0 & b \end{pmatrix} \begin{pmatrix} x \\ y \end{pmatrix}$$

에 의하여 보낸 상이다. 이 사상의 행렬식은 ab이고, 따라서 타원판의 넓이는 단위원판 넓이 π의 ab배이다. (a와 b는 모두 양수로 두었다.)

마찬가지로 반지름이 1인 공의 부피는 $\frac{4}{3}\pi$이므로 **타원공**

$$\frac{x^2}{a^2} + \frac{y^2}{b^2} + \frac{z^2}{c^2} \le 1$$

의 부피는

$$\frac{4\pi}{3}abc$$

이다. (a, b, c 모두 양수로 두었다.)

이 값은 타원체에 외접하는 타원기둥의 부피의 2/3이다.

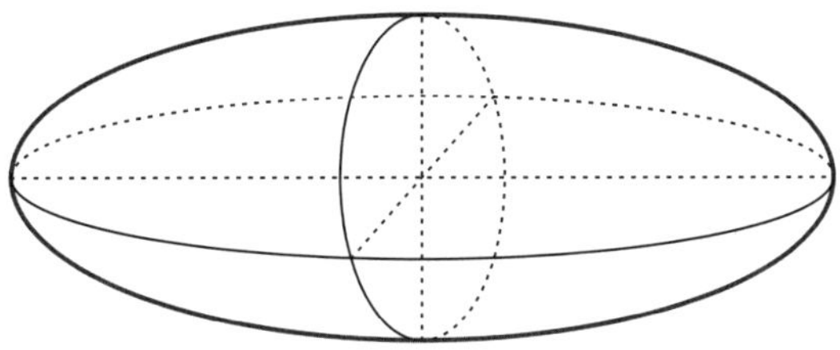

4.3 극좌표치환

좌표평면의 직교좌표계 (x, y) 를 극좌표계 (r, θ) 로 치환하여

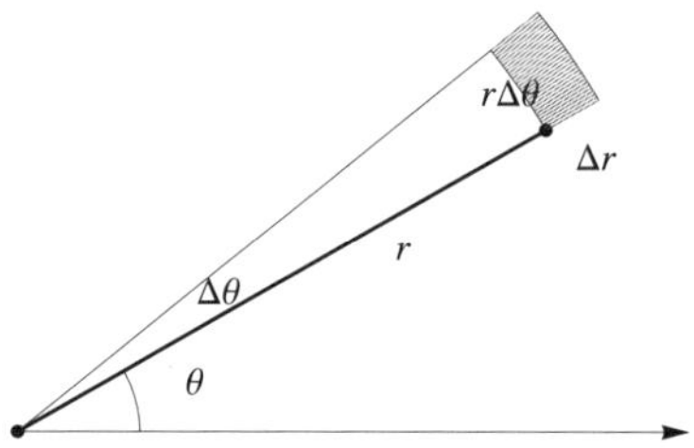

$$G: \qquad x = r\cos\theta, \quad y = r\sin\theta$$

로 두면, 이 치환의 야코비 행렬식이

$$\det G'(r, \theta) = r$$

임은 이미 제 12 장에서 살펴보았다. 따라서 좌표평면의 영역 W 에서 정의된 함수 $f(x, y)$ 를 적분할 때, 극좌표계를 사용하면

$$\iint_W f(x, y)\,dx\,dy = \iint_{G^{-1}(W)} f(r\cos\theta, r\sin\theta)\,r\,dr\,d\theta$$

이다. 이 식을 줄여서

$$\boxed{dx\,dy = r\,dr\,d\theta}$$

로 쓰기로 한다.

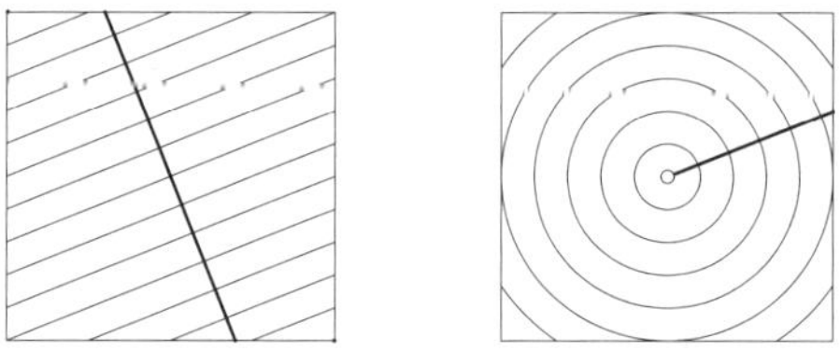

그림: 푸비니 정리와 극좌표계 치환적분

4.3.1 보기

단위 원판

$$\bar{\mathbb{B}}^2 := \{(x, y) \mid x^2 + y^2 \le 1\}$$

에서 밀도함수가 $\mu = 2\sqrt{1 - r^2}$ 일 때 원판의 질량은 $m = \frac{4\pi}{3}$ 임을 밝히라. (물론 이 값은 단위 공 $\bar{\mathbb{B}}^3$ 의 부피와 같다.)

4.3.2 기본연습문제

원판 $x^2 + y^2 \le a^2$ 에서 밀도함수가 다음과 같을 때 평균밀도 $\bar{\mu}$ 를 구하라.[42]

(1) $\mu = r$ (2) $\mu = 1/r$ (3) $\mu = r^k \quad (k > -2)$ (4) $\mu = x^2$

---

[42] (3) $2a^k/(k+2)$ (4) $a^2/4$

4.3.3 가우스 적분

이 보기에서는 다음 등식을 밝힌다.[43]

$$\boxed{\int_{-\infty}^{\infty} e^{-x^2}\,dx = \sqrt{\pi}}$$

먼저 원판 $x^2+y^2 \le a^2$ 을 $D(a)$ 로 나타내면

$$\iint_{D(a)} e^{-x^2-y^2}\,\mathrm{dV} = \int_0^{2\pi}\int_0^a e^{-r^2} r\,dr d\theta = \pi(1-e^{-a^2})$$

이다.

또 정사각형 $[-a,a]\times[-a,a]$ 를 $R(a)$ 로 표시하면,

$$D(a) \subset R(a) \subset D(\sqrt{2}a)$$

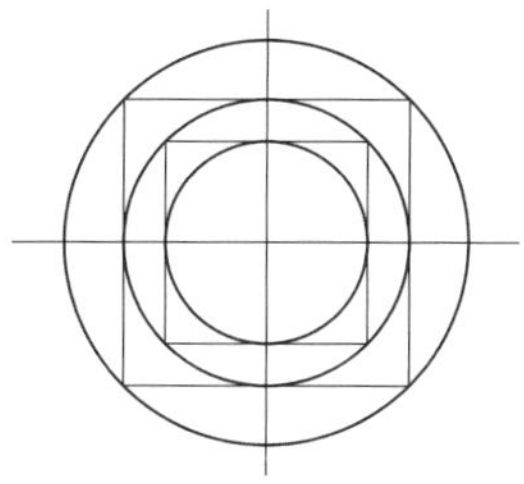

그림: $D(a) \subset R(a) \subset D(\sqrt{2}a)$

이므로

$$\iint_{D(a)} e^{-x^2-y^2}\,\mathrm{dV} \le \iint_{R(a)} e^{-x^2-y^2}\,\mathrm{dV} \le \iint_{D(\sqrt{2}a)} e^{-x^2-y^2}\,\mathrm{dV} \tag{3}$$

이다. 한편 가운데 항은

$$\iint_{R(a)} e^{-x^2-y^2}\,\mathrm{dV} = \left(\int_{-a}^{a} e^{-x^2}\,dx\right)\cdot\left(\int_{-a}^{a} e^{-y^2}\,dy\right) = \left(\int_{-a}^{a} e^{-x^2}\,dx\right)^2$$

이므로 (3) 에서

$$\pi(1-e^{-a^2}) \le \left(\int_{-a}^{a} e^{-x^2}\,dx\right)^2 \le \pi(1-e^{-2a^2})$$

을 안다. 이 식에서 a 를 ∞ 로 보내면, 원하는 등식을 얻는다.

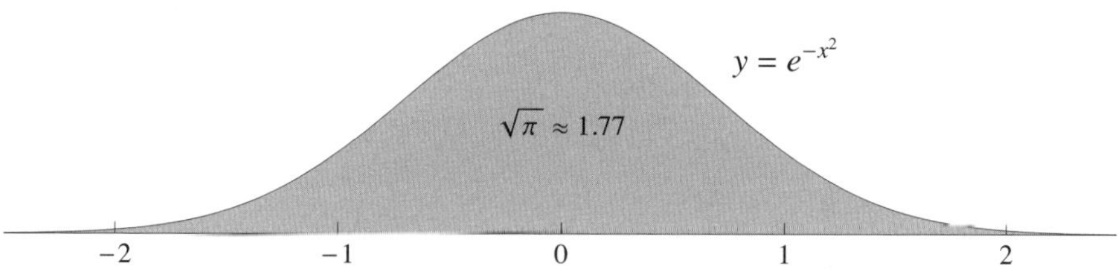

[43] 이 등식은 드무아브르(Abraham de Moivre, 1667–1754)에 의하여 알려졌다. 보통 **스털링**(James Stirling, 1962–1770)**의 공식**이라고 부르는 식

$$n! \sim \sqrt{2\pi n}\,(n/e)^n$$

즉 $\lim_{n\to\infty} \dfrac{n!}{\sqrt{2\pi n}(n/e)^n} = 1$ 도 드무아브르의 발견 중 하나이다.

언젠가 W. Thomson, 즉 Kelvin 경이 강의를 하다가 갑짜기 학생들에게 "어떤 사람을 수학자라 하는지 아세요?"라고 질문하였다. 그는 칠판에 드무아부르 등식을 쓰고는 "여러분들에게 둘 더하기 둘은 넷이라는 것이 자명한 것처럼, 이 등식이 자명한 사람을 뜻합니다. 리우빌(Liouville)은 수학자랍니다" [T. W. Körner, *Fourier Analysis*, p. 178].

4.3.4 보기

삼차원 좌표공간에서 z축의 점 $P = (0, 0, z_0)$ 이[44] xy-평면의 점 $(x, y, 0)$ 에 끌려가는 힘이 거리의 제곱에 반비례하도록

$$\mathbf{F}(x,y) = \frac{1}{x^2+y^2+z_0^2} \cdot \frac{(x,y,0)-(0,0,z_0)}{\sqrt{x^2+y^2+z_0^2}}$$

으로 주어졌다고 하자.

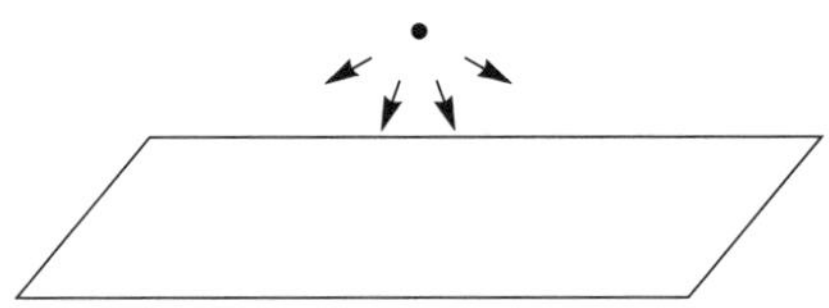

이때 점 P가 xy-평면 전체로부터 끌어당겨지는 힘의 $\mathbf{k}$ 성분은

$$\begin{aligned}
\iint_{\mathbb{R}^2} \mathbf{F}(x,y)\cdot\mathbf{k}\,dx\,dy &= \iint_{\mathbb{R}^2} \frac{-z_0}{(x^2+y^2+z_0^2)^{3/2}}\,dx\,dy \\
&= -z_0 \int_0^{2\pi}\int_0^{\infty} \frac{1}{(r^2+z_0^2)^{3/2}}\, r\,dr\,d\theta \\
&= -2\pi z_0 \int_0^{\infty} \frac{r\,dr}{(r^2+z_0^2)^{3/2}} \\
&= -2\pi z_0 \int_{z_0}^{\infty} \frac{t\,dt}{t^3} \qquad \left(\Leftarrow\ (r^2+z_0^2)^{1/2} =: t\right) \\
&= -2\pi z_0 \left[-\frac{1}{t}\right]_{z_0}^{\infty} = -2\pi
\end{aligned}$$

이다. 이 값은 P 의 높이와 상관없다.

4.3.5 기본연습문제

1. 무한 균질 평면 위로 떨어지는 물체의 가속력은 일정함을 설명하라.
2. 평행인 두 평면 사이의 물체는 두 평면으로부터 아무런 힘을 받지 않음을 설명하라.

[44] $z_0 > 0$ 이라고 가정한다.

4.4 원기둥좌표계와 치환적분

원기둥좌표변환

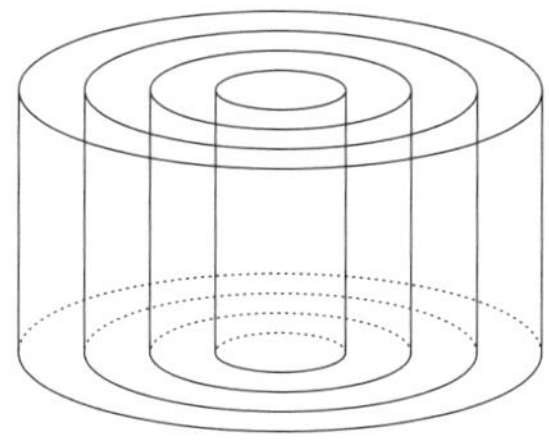

$$G \ : \ x = r\cos\theta, \qquad y = r\sin\theta, \qquad z = z$$

에서 야코비 행렬식은

$$\det\begin{pmatrix} \cos\theta & -r\sin\theta & 0 \\ \sin\theta & r\cos\theta & 0 \\ 0 & 0 & 1 \end{pmatrix} = r$$

이다. 따라서 한 영역 $W \subset \mathbb{R}^3$ 에서 정의된 함수 $f(x,y,z)$ 의 적분은

$$\iiint_W f(x,y,z)\,dx\,dy\,dz = \iiint_{G^{-1}(W)} f(r\cos\theta, r\sin\theta, z)\,r\,dr\,d\theta\,dz$$

이다. 이 식을 간단히 다음과 같이 나타낸다.

$$\boxed{dx\,dy\,dz = r\,dr\,d\theta\,dz}$$

4.4.1 보기

원기둥 영역

$$x^2+y^2 \le 1, \qquad z_0 \le z \le z_1$$

에서 밀도함수가 높이 z 에 대한 일차식 $\mu(x,y,z) = az+b$ 로 주어질 때, 이 영역의 질량 m 을 구하라.

$$\begin{aligned} m \ = \ \iiint \mu\,dx\,dy\,dz \ &= \ \int_{z_0}^{z_1}\int_0^{2\pi}\int_0^1 (az+b)\,r\,dr\,d\theta\,dz \\ &= \ \left(\int_{z_0}^{z_1}(az+b)\,dz\right)\left(\int_0^{2\pi}d\theta\right)\left(\int_0^1 r\,dr\right) \\ &= \ \left(\frac{1}{2}a(z_1^2-z_0^2)+b(z_1-z_0)\right)\cdot 2\pi\cdot\frac{1}{2} \\ &= \ \pi(z_1-z_0)(a\bar{z}+b) \qquad (\bar{z} := (z_0+z_1)/2) \end{aligned}$$

이다.[45]

[45] 원기둥 영역의 부피는 $V = \pi(z_1-z_0)$ 이고, 평균높이 $\bar{z}$ 에서의 밀도 $a\bar{z}+b$ 가 평균밀도 $\bar{\mu} = m/V$ 이기 때문에 $m = V\cdot(a\bar{z}+b)$ 이다 (2.5.4 참고).

4.4.2 회전체의 부피

양수 구간 $[a,b]$ 에서 정의된 양함수 $y = f(x)$ 의 그래프와 x 축으로 "둘러싸인" 영역

$$\{(x,y) \mid a \le x \le b,\ 0 \le y \le f(x)\}$$

을 y 축 둘레로 회전시켜 얻은 입체의 부피는

$$2\pi \int_a^b x\, f(x)\, dx$$

이다.[46]

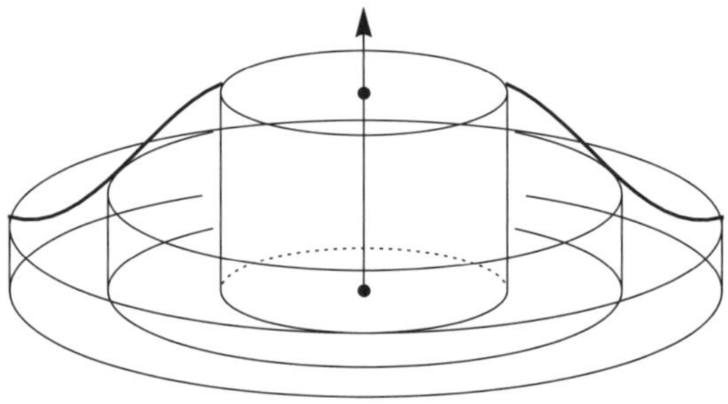

예를 들어, 이 공식을 이용하여 반지름이 r 인 공의 부피가

$$\begin{aligned} & 2 \times 2\pi \int_0^r x\sqrt{r^2 - x^2}\, dx \\ = \ & 2\pi \int_0^r y^2\, dy \qquad (\Leftarrow\ y := \sqrt{r^2 - x^2},\ y\, dy = -x\, dx) \\ = \ & \frac{4}{3}\pi r^3 \end{aligned}$$

임을 확인할 수 있다.

4.4.3 기본연습문제

1. 위 방법을 이용하여 원뿔의 부피가 $\frac{1}{3}$(밑넓이)×(높이) 임을 확인하라.
2. 양수 a, b 에 대하여 영역

$$0 \le \frac{x}{a} + \frac{y}{b} \le 1, \qquad x \ge 0, \quad y \ge 0$$

[46] 위 공식을 "껍질법"(shell method)이라고도 부르는데, 원기둥좌표계 치환에서 얻어진다. 위 영역을 x 축 둘레로 회전시켜 얻은 입체의 부피는 $\pi \int_a^b (f(x))^2\, dx$ 이다.

을 x-축 둘레로 회전시킨 입체의 부피를 V_x, y-축 둘레로 회전시킨 입체의 부피를 V_y 라 할 때 $V_x : V_y$ 를 구하라.[47]

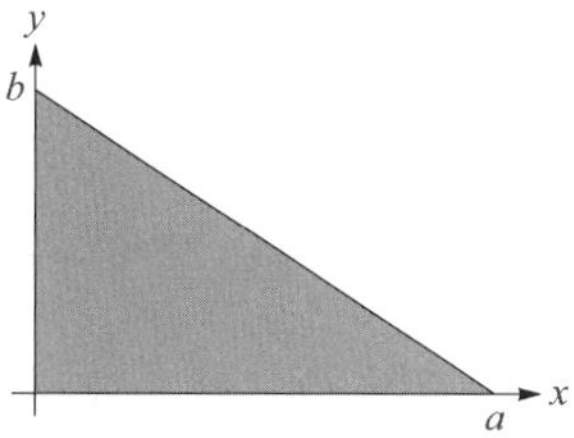

3. 양수 구간 $[a, b]$ 에서 정의된 두 함수 $y = f(x)$, $y = g(x)$ 의 그래프들로 "둘러싸인" 영역

$$\{(x, y) \mid a \le x \le b,\ (f(x) - y)(y - g(x)) \ge 0\}$$

을 y-축 둘레로 회전시켜 얻은 입체의 부피는

$$2\pi \int_a^b x|f(x) - g(x)|\,dx$$

임을 설명하라.

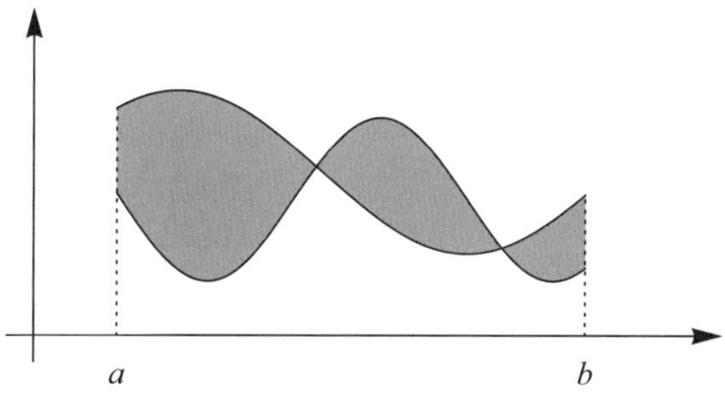

4. $0 < b < a$ 일 때, xz-평면의 원판 $(x - a)^2 + z^2 \le b^2$ 을 z-축 주위로 회전시켜 얻은 **원환체**의 부피는

$$V = 2\pi a \cdot \pi b^2 = 2\pi^2 ab^2$$

임을 밝히라 (연습문제 13번 참고).

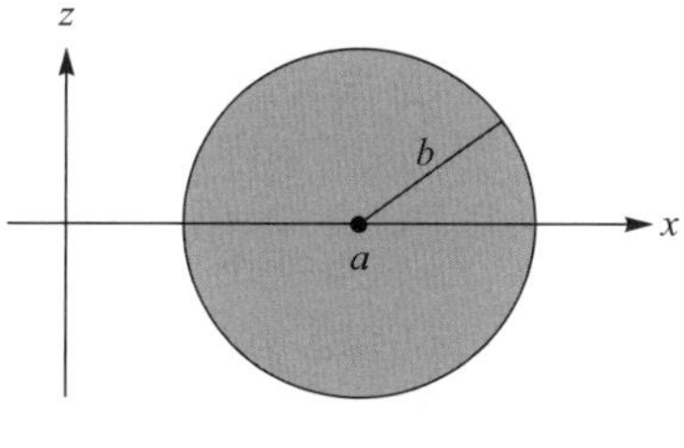

[47] $b : a$

4.5 구면좌표계와 치환적분

좌표공간에서 표준직교좌표계 (x, y, z) 를 구면좌표계로 치환하여

$$G : \quad x = \rho \sin\varphi \cos\theta, \quad y = \rho \sin\varphi \sin\theta, \quad z = \rho \cos\varphi$$

로 두면 이 치환의 야코비 행렬식은 제 12 장에서 공부하였듯이,

$$\det G'(\rho, \varphi, \theta) = \rho^2 \sin\varphi$$

이다. 따라서 한 영역 W 에서 정의된 함수 $f(x, y, z)$ 의 적분은

$$\begin{aligned} &\iiint_W f(x, y, z)\, dx\, dy\, dz \\ = &\iiint_{G^{-1}(W)} f(\rho \sin\varphi \cos\theta, \rho \sin\varphi \sin\theta, \rho \cos\varphi)\, \rho^2 \sin\varphi\, d\rho\, d\varphi\, d\theta \end{aligned}$$

이다. 이 식을

$$\boxed{dx\, dy\, dz = \rho^2 \sin\varphi\, d\rho\, d\varphi\, d\theta}$$

로 쓰기로 한다.[48]

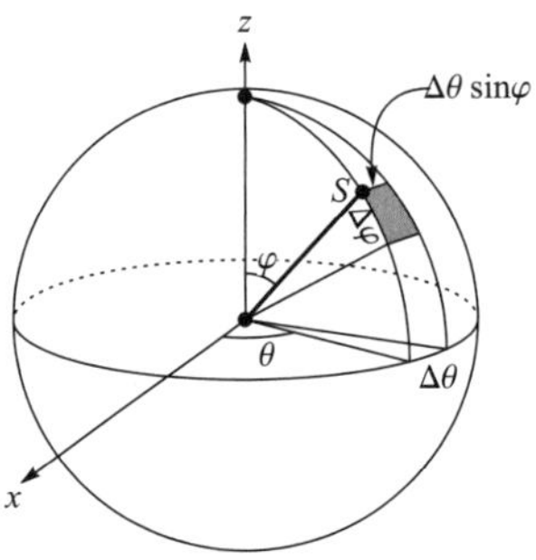

그림: 단위 구면 면적소 $\Delta S = \sin\varphi\, \Delta\varphi\, \Delta\theta$

---

[48] 이 식에서

$$d\mathbb{S} := \sin\varphi\, d\varphi\, d\theta$$

로 두면, 이것은 단위 구면의 **면적소**(area element)임을 제 16 장에서 알게 된다. 이제

$$dx\, dy\, dz = d\rho \cdot \rho^2\, d\mathbb{S}$$

가 삼차원 공간에서의 극좌표 공식이다. 일반적인 n-차원 공간에서의 **극좌표 치환 공식**은

$$d\mathrm{V}_n = d\rho \cdot \rho^{n-1}\, d\mathbb{S}_{n-1}$$

이다.

4.5.1 보기: 반공의 중심

반지름이 r 인 공

$$B:\ x^2+y^2+z^2\le r^2$$

의 부피는

$$\iiint_B dx\,dy\,dz=\int_0^{2\pi}\int_0^{\pi}\int_0^{r}\rho^2\,\sin\varphi\,d\rho\,d\varphi\,d\theta=2\pi\cdot 2\cdot\frac{r^3}{3}=\frac{4}{3}\pi r^3$$

이다.[49] 그러므로 반공

$$H:\ x^2+y^2+z^2\le r^2,\qquad z\ge 0$$

은 부피가 $V=\frac{2}{3}\pi r^3$ 이고 그 중심은 원점에서

$$\begin{aligned}\bar{z} &:= \frac{1}{V}\iiint_H z\,dx\,dy\,dz\\ &= \frac{1}{V}\int_0^{2\pi}\int_0^{\pi/2}\int_0^{r}(\rho\cos\varphi)\,\rho^2\sin\varphi\,d\rho\,d\varphi\,d\theta\\ &= \frac{1}{\frac{2}{3}\pi r^3}\cdot 2\pi\int_0^{\pi/2}\cos\varphi\sin\varphi\,d\varphi\int_0^{r}\rho^3\,d\rho\\ &= \frac{3}{8}r\end{aligned}$$

만큼 떨어져 있다.[50]

4.5.2 기본연습문제

영역 $B=\{(x,y,z)\mid 0<x^2+y^2+z^2\le R^2\}$ 에서 밀도함수가 $\mu=1/(x^2+y^2+z^2)$ 일 때, 이 영역 B 의 질량은 $4\pi R$, 평균밀도는 $3/R^2$ 임을 보이라.

또 $k>-3$ 이고, $\mu=\rho^k:=(x^2+y^2+z^2)^{k/2}$ 일 때, 평균밀도는 $3R^k/(k+3)$ 임을 보이라.

4.5.3 보기

좌표공간에서 부등식

$$x^2+y^2\le z^2,\qquad x^2+y^2+z^2\le z$$

[49] 공의 부피는 외접원기둥의 부피의 2/3 이다.

[50] 제3절 연습문제 20번, 제 16 장 3.2.2 참고.

를 만족시키는 영역의 부피를 구하여 보자.

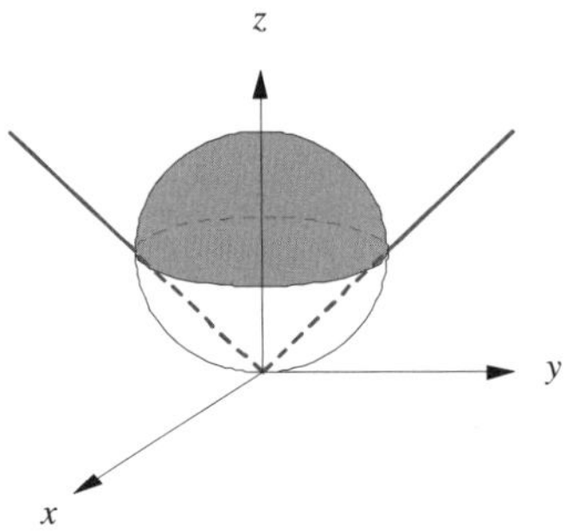

풀이. 먼저 영역을 구면좌표계로 표시하면

$$\sin^2\varphi \le \cos^2\varphi, \qquad \rho^2 \le \rho\cos\varphi$$

를 얻는다. 이 식을 간단히 하면

$$0 \le \varphi \le \frac{\pi}{4}, \qquad 0 \le \rho \le \cos\varphi$$

이다. 따라서 구하는 입체의 부피는

$$\begin{aligned}\int_0^{2\pi}\int_0^{\pi/4}\int_0^{\cos\varphi}\rho^2\sin\varphi\,d\rho\,d\varphi\,d\theta &= \int_0^{2\pi}d\theta\cdot\int_0^{\pi/4}\sin\varphi\cdot\frac{1}{3}\cdot\cos^3\varphi\,d\varphi\\ &= (2\pi)\cdot\frac{1}{3}\cdot\left(-\frac{1}{4}\right)\left[\cos^4\varphi\right]_0^{\pi/4}\\ &= (2\pi)\cdot\frac{1}{3}\cdot\left(-\frac{1}{4}\right)\left(\frac{1}{4}-1\right)\\ &= \frac{\pi}{8}\end{aligned}$$

이다.[51]

4.5.4 기본연습문제

밀도함수가 $\mu = (x^2+y^2+z^2)^{1/2}$ 이면 위 영역의 질량 m 과 평균밀도 $\bar{\mu}$ 는 얼마인가?[52]

---

[51]반구의 부피 $\pi/12$ 와 원뿔의 부피 $\pi/24$ 의 합, 그러므로 이 영역은 공 $x^2+y^2+z^2 \le z$ 의 부피의 $3/4\ (=1/2+1/4)$ 임을 알 수 있다.

[52]$m = \pi(1-\sqrt{5}/8)/10$, $\bar{\mu} = 4(1-\sqrt{2}/8)/5$

연습문제: 제 14 장 4 절

1. 식
$$0 \neq x^2 + y^2 \leq 1, \qquad x \geq 0, \qquad y \geq 0$$
으로 주어진 영역을 A 라 하고,
$$(u, v) = G(x, y) = (x^2 - y^2, 2xy)$$
라고 하자. 이때 영역 $G(A)$ 에서 함수
$$f(u, v) = 1/(u^2 + v^2)^{1/2}$$
의 적분값을 구하라. 또 영역 $G([0,2] \times [0,2])$ 의 넓이를 구하라.

2. 좌표평면의 **타원판** $A : \dfrac{x^2}{a^2} + \dfrac{y^2}{b^2} \leq 1$과 '선형사상' $G := \begin{pmatrix} 3 & 0 \\ 1 & 5 \end{pmatrix}$에 대하여 $G(A)$ 의 넓이를 구하라.

3. 좌표공간에서 식
$$0 \leq x \leq 1, \qquad 0 \leq y \leq \pi$$
로 주어진 영역 A 와 식 $G(x, y) := (e^x \cos y, e^x \sin y)$ 로 주어진 변환 $G : \mathbb{R}^2 \to \mathbb{R}^2$ 에 대하여, $G(A)$ 의 넓이를 구하라.

4. 이차곡선
$$(a_1x + b_1y)^2 + (a_2x + b_2y)^2 = k^2$$
으로 둘러싸인 부분의 넓이를 구하라. (여기에서 a_1, a_2, b_1, b_2, k 는 모두 실수이고, $a_1b_2 \neq a_2b_1$ 이라고 가정한다.)

5. 극좌표계로 주어진 다음 영역의 넓이를 구하라.
   (1) $r = 4\cos\theta$ 의 내부와 $r \geq 2$ 의 공통 부분
   (2) $r = a\sin 2\theta$ 의 한 호가 둘러싼 부분
   (3) $r = a(1 + \cos\theta)$ 로 둘러싸인 부분

6. 다음 적분을 구하라.
$$\int_{-\infty}^{\infty}\int_{-\infty}^{\infty} (x^2 + y^2 + 1)^{-3/2}\, dx\, dy$$

7. 좌표공간에서 세 개의 원기둥
$$x^2 + y^2 \leq 1, \qquad y^2 + z^2 \leq 1, \qquad z^2 + x^2 \leq 1$$
의 공통 부분의 부피는 $16 - 8\sqrt{2} \approx 4.6863$ 임을 보이라.

8. 좌표공간 속의 세 곡면

$$z = x^2 + y^2 + 9, \qquad z = -x^2 - y^2 - 9, \qquad x^2 + y^2 = 1$$

으로 둘러싸인 부분의 부피를 구하라.

9. 좌표공간에서 다음 영역의 부피를 구하라.

(1) $x^2 + y^2 + z^2 \le 1, \qquad \left(x - \frac{1}{2}\right)^2 + y^2 \le \frac{1}{4}$

(2) $x^2 + y^2 \le z \le \sqrt{1 - x^2 - y^2}$

10. 다음 적분을 구하라.

(1) $\iint_U \sqrt{\frac{1 - x^2 - y^2}{1 + x^2 + y^2}}\, dx\, dy, \quad U : x \ge 0,\ y \ge 0,\ x^2 + y^2 \le 1$

(2) $\iint_U (x \sin\alpha - y \cos\alpha)^2\, dx\, dy, \quad U : \frac{x^2}{a^2} + \frac{y^2}{b^2} \le 1$

(3) $\iint_U (x^2 + y^2 + 1)^{-3/2}\, dx\, dy, \quad U : x^2 + y^2 \le a^2$

(4) $\iint_U 40\, x^2 y\, \mathrm{dV}$, U는 $y = \sqrt{x}$와 $y = x$로 둘러싸인 영역

(5) $\iint_U y\, \mathrm{dV}$, U는 $y = \log x,\ y = 1,\ x = 0,\ y = 0$으로 둘러싸인 영역

(6) $\iint_U e^{y^2}\, \mathrm{dV}$, U는 $y = x/2,\ y = 1,\ x = 0$으로 둘러싸인 영역

(7) $\iint_U (2x^2 + xy - y^2)\, dx\, dy, \quad U : 1 \le 2x - y \le 3,\ -2 \le x + y \le 0$

(8) $\iiint_R \sqrt{x^2 + y^2}\, dx\, dy\, dz, \quad R : 0 \le z \le 4 - \sqrt{x^2 + y^2}$

(9) $\iiint_R \left(x^2 + \frac{y^2}{4} + \frac{z^2}{9}\right)^{-2} dx\, dy\, dz, \quad R : 1 \le x^2 + \frac{y^2}{4} + \frac{z^2}{9} \le 9$

(10) $\iiint_R \left(x^2 + y^2 + z^2\right)\, dx\, dy\, dz, \quad R : 0 \le x \le \sqrt{y}, 0 \le y \le 4, 0 \le z \le \frac{3}{2}x$

(11) $\iiint_R (\sqrt{x} + \sqrt{y} + \sqrt{z})\, dx\, dy\, dz, \quad R : 0 \le x \le y^2, 0 \le y \le \sqrt{z}, 0 \le z \le 1$

(12) $\iiint_R \frac{y - 2x}{x}\, dx\, dy\, dz$, R는 원기둥 $y^2 + z^2 = 1$과 평면 $x = 1$, 및 $x = 4$로 둘러싸이고, $x, y, z > 0$인 영역

(13) $\iiint_R z\, dx\, dy\, dz$, R는 $z = \sqrt{x^2 + y^2}$, $z = 0$, $x^2 + y^2 = 1$, $x = 0$, 및 $y = 0$으로 둘러싸인 영역

11. n-공간의 영역 A의 (기하학적) 중심을 $\bar{X}$라 하고, 사상 $f : \mathbb{R}^n \to \mathbb{R}^n$에 대하여 영역 $f(A)$의 중심을 $\bar{Y}$라고 하자. 이때 n차 가역행렬 L과 n-벡터 $\mathbf{v}$에 대하여 $f(\mathbf{x}) := L\mathbf{x} + \mathbf{v}$이면 $f(\bar{X}) = \bar{Y}$임을 보이라.

12. 다음 입체의 중심을 구하라.

(1) 곡면 $y = \cos x$ 와 평면 $z = y$, $x = 0$, $x = \dfrac{\pi}{2}$, $z = 0$ 으로 둘러싸인 영역

(2) 위쪽 경계는 구면 $x^2 + y^2 + z^2 = 1$, 아래쪽 경계는 포물면 $z = x^2 + y^2$ 인 영역

(3) 구면 $x^2 + y^2 + z^2 = 1$ 의 내부이고 원기둥 $r = \sin\theta$ 의 외부인 영역

(4) 원뿔면 $z^2 = x^2 + y^2$ 의 위쪽이고, 구면 $\rho = 2a\cos\varphi$ 의 내부인 영역

(5) $x^2 + y^2 + z^2 \le 1, \quad z \ge 0$

(6) $\dfrac{x^2}{a^2} + \dfrac{y^2}{b^2} + \dfrac{z^2}{c^2} \le 1, \quad z \ge 0$

13. (**파푸스의 정리 I**)[53] 좌표평면에서 $y > 0$ 인 부분에 있는 영역 U 의 중심과 x 축과의 거리를 d 라고 하자. 이때 U 를 x 축 둘레로 회전하여 얻는 회전체의 부피는

$$2\pi d \cdot \mathrm{Vol}_2(U)$$

임을 보이라.

14. (**가우스 함수**) 구간 I 에서 정의된 양의 함수 $p : I \to \mathbb{R}$ 가 $\displaystyle\int_I p(x)\,dx = 1$ 이면 p 를 **확률밀도함수**라고 부른다. 이때 $E := \displaystyle\int_I x\,p(x)\,dx$ 를 **기댓값**, $\displaystyle\int_I (x-E)^2 p(x)\,dx$ 를 **분산**이라 한다. 양수 a 에 대하여

$$\int_{-\infty}^{\infty} e^{-x^2/a^2}\,dx = a\sqrt{\pi}, \qquad \int_{-\infty}^{\infty} x^2 e^{-x^2/a^2}\,dx = \frac{1}{2}a^3\sqrt{\pi}$$

임을 보이라. 이로부터 $\sigma > 0$ 일 때 가우스 함수

$$g(x) = \frac{1}{\sigma\sqrt{2\pi}} e^{-x^2/2\sigma^2}$$

은 기댓값이 0 이고 분산이 σ^2 인 확률밀도함수임을 보이라.[54]

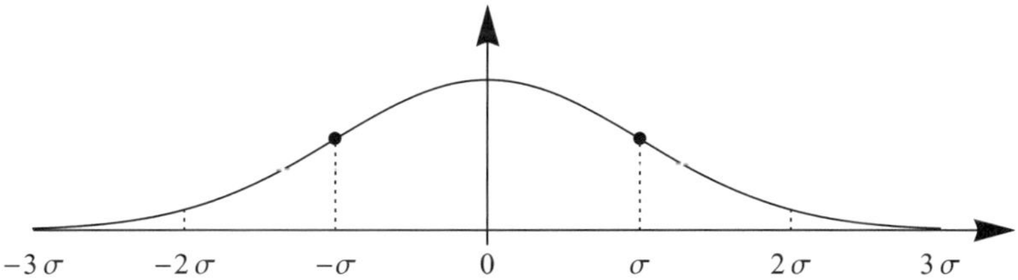

정규분포

15. (**오차함수**) 다음과 같이 정의된 함수

$$\mathrm{erf}(x) := \frac{2}{\sqrt{\pi}} \int_0^x e^{-t^2}\,dt$$

[53] 파푸스(Pappus)는 4세기 그리스의 수학자이다.

[54] 분산의 제곱근 σ 를 **표준편차**라 한다. $\sigma = 1$ 일 때, 위 함수를 **표준정규분포함수**라고 부른다.

에서

$$\lim_{x\to\infty} \operatorname{erf}(x) = 1$$

을 보이라.

16. 원기둥좌표계 (r, θ, z) 에서 $0 \le r \le \cos 2\theta$ 로 표현되는 영역과 공 $x^2+y^2+z^2 \le 1$ 의 공통 부분의 부피를 구하라.

17. 단위 원판

$$D := \{(x, y) \mid x^2 + y^2 \le 1\}$$

과 실수 p 에 대하여

$$\iint_D \frac{dx\,dy}{(x^2+y^2)^{p/2}} < \infty$$

일 필요충분조건은 $p < 2$ 임을 보이라.[55]

18. 실수 p 와

$$D_+ := \{(x, y) \mid x^2 + y^2 \le 1, \quad x \ge 0,\ y \ge 0\}$$

에 대하여

$$\iint_{D_+} \frac{dx\,dy}{(x^2+y^2)^{p/2}} < \infty$$

일 p 의 조건을 구하라.

19. 다음 함수들을 표준단위공

$$B := \{(x, y, z) \mid x^2 + y^2 + z^2 \le 1\}$$

에서 적분한 값을 구하라.

$$x, \quad y, \quad z, \quad x^2, \quad y^2, \quad z^2, \quad xy, \quad yz, \quad zx, \quad x^2y, \quad xyz$$

20. 영역

$$\frac{x^2}{a^2} + \frac{y^2}{b^2} + \frac{z^2}{c^2} \le 1$$

에서 함수 $r^2 := x^2 + y^2 + z^2$ 의 평균값을 구하라.

21. 표준단위공 $B \subset \mathbb{R}^3$ 과 실수 p 에 대하여

$$\iiint_B \frac{dx\,dy\,dz}{(x^2+y^2+z^2)^{p/2}} < \infty$$

일 필요충분조건은 $p < 3$ 임을 보이라.

---

[55] 이러한 특이적분은

$$\iint_D = \lim_{\epsilon\to 0} \iint_{D-D_\epsilon}$$

로 이해한다. 여기에서 D_ϵ 은 원점을 중심으로 하는 반지름이 ϵ 인 원판을 뜻한다.

22. 실수 p 와

$$B_+ := \{(x,y,z) \mid x^2+y^2+z^2 \le 1, \quad x \ge 0, \quad y \ge 0, \quad z \ge 0\}$$

에 대하여

$$\iiint_{B_+} \frac{dx\,dy\,dz}{(x^2+y^2+z^2)^{p/2}} < \infty$$

일 p 의 조건을 구하라.

23. 좌표공간의 한 영역 A 에서 정의된 밀도함수[56] μ 에 대하여 A 의 질량중심을 $\bar{X}$ 라 하자. 이제 $\bar{X}$ 를 지나고 단위벡터 $\mathbf{v}$ 에 수직인 평면 H 에 대하여

$$h(X) := (X - \bar{X}) \cdot \mathbf{v}$$

로 정의하자. 이 함수는 점 X 와 평면 H 사이의 "부호를 가진" 거리함수이다. 이때

$$\iiint_A h(X)\mu(X)\,\mathrm{dV}(X) = 0$$

임을 밝히라.

24. 삼차원 좌표공간의 영역 $|\mathbf{x}| \le R$ 에서 밀도함수가 $\mu(\mathbf{x}) = k(R - |\mathbf{x}|)$ 일 때, 밀도가 평균밀도 $\bar{\mu}$ 인 점은 원점에서 얼마나 떨어져 있나?

25. 다음 영역을 y-축 주위로 회전시킨 입체의 부피를 구하라.

(1) 구간 $0 \le x \le \pi/2$ 에서 $y = \cos x$ 의 그래프와 x-축으로 둘러싸인 영역

(2) 구간 $0 \le x \le \pi$ 에서 $y = \cos x$ 의 그래프와 $y = -1$ 의 그래프로 둘러싸인 영역

(3) 구간 $\pi/4 \le x \le 5\pi/4$ 에서 정의된 $y = \cos x$ 의 그래프와 $y = \sin x$ 의 그래프로 둘러싸인 영역

---

[56] 적분가능한 함수를 **밀도함수**라고 불렀다.

제 5 절 부록: 푸비니 정리의 증명, 관성모멘트

5.1 푸비니 정리의 증명

먼저 $x \in [a, b]$에 대하여

$$F(x) := \int_c^d f(x, y)\, dy$$

로 두자. 우리가 증명하여야 할 식은

$$\iint_R f\, \mathrm{dV}_2 = \int_a^b F(x)\, dx$$

이다.

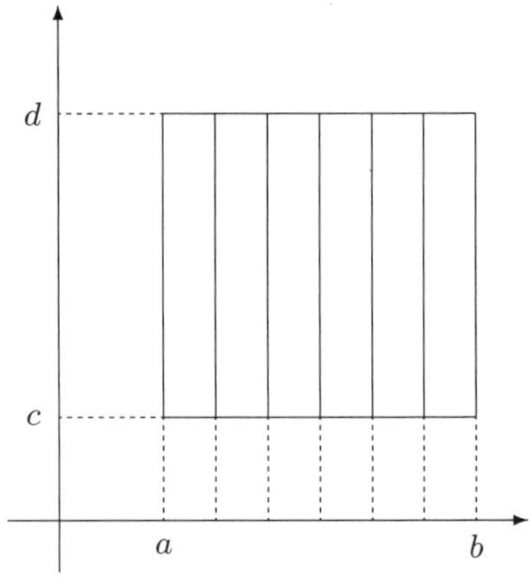

직사각형 R의 한 분할 $\mathcal{P}$는 구간 $[a, b]$의 분할

$$\mathcal{P}_1 \ : \ a = x_0 < \cdots < x_n = b$$

와 구간 $[c, d]$의 분할

$$\mathcal{P}_2 \ : \ c = y_0 < \cdots < y_m = d$$

로 이루어져 있다. 만약 부등식

$$L(f, \mathcal{P}) \le L(F, \mathcal{P}_1) \le U(F, \mathcal{P}_1) \le U(f, \mathcal{P}) \tag{4}$$

를 증명하였다고 하자. 그러면 f가 적분가능하다는 조건으로부터 $L(f, \mathcal{P})$와 $U(f, \mathcal{P})$의 차를 임의로 작게 하도록 분할 $\mathcal{P}$를 잡을 수 있으므로 $L(F, \mathcal{P}_1)$와 $U(F, \mathcal{P}_1)$의 차도 임의로 작아진다. 그러므로 F는 적분가능하고, 이때의 적분값이 $\iint_R f$와 같아지고, 따라서 $\iint_R f = \int_a^b F(x)\, dx$가 되어 증명이 끝난다.

이제 부등식 (4)를 증명하면 된다. 그런데

$$\begin{aligned}
L(f, \mathcal{P}) &= \sum_{i=1}^{n} \sum_{j=1}^{m} (\inf f(\mathcal{P}_{ij}))\, (x_i - x_{i-1})(y_j - y_{j-1}) \\
&= \sum_{i=1}^{n} \left(\sum_{j=1}^{m} \inf f(\mathcal{P}_{ij})(y_j - y_{j-1}) \right) (x_i - x_{i-1}) \\
&\le \sum_{i=1}^{n} \inf_{x_{i-1} \le x \le x_i} \left(\sum_{j=1}^{m} \inf_{y_{j-1} \le y \le y_j} f(x, y)(y_j - y_{j-1}) \right) (x_i - x_{i-1}) \\
&= \sum_{i=1}^{n} \inf_{x_{i-1} \le x \le x_i} L(f_x, \mathcal{P}_2)(x_i - x_{i-1}) \qquad (\Leftarrow \ f_x(y) := f(x, y)) \\
&\le \sum_{i=1}^{n} \inf_{x_{i-1} \le x \le x_i} F(x)(x_i - x_{i-1}) = L(F, \mathcal{P}_1)
\end{aligned}$$

이므로 식 (4)의 처음 부등식을 얻는다. 식 (4)의 가운데 부등식은 자명하고, 마지막 부등식은 처음 부등식을 얻은 것과 비슷하게 얻는다. □

5.2 관성모멘트

5.2.1 거리 제곱의 평균

1. 길이가 a 인 선분의 중심에서 각 점까지 거리의 제곱의 평균은

$$\frac{1}{a}\int_{-a/2}^{a/2} r^2\,dr = \frac{2}{a}\int_0^{a/2} r^2\,dr = \frac{a^2}{12}$$

이다.

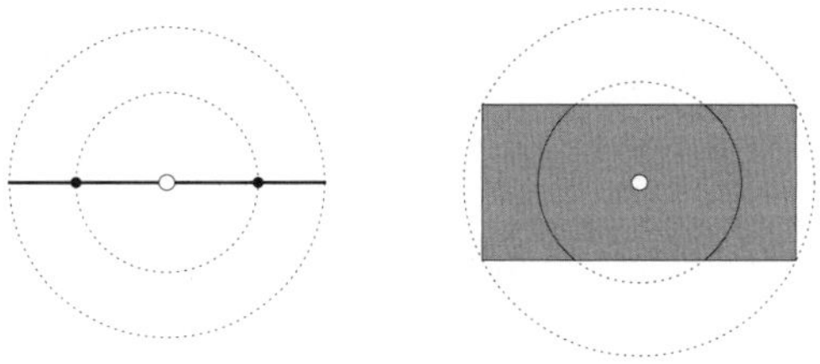

2. 가로와 세로의 길이가 각각 a, b 인 직사각형의 중심에서 각 점까지 거리의 제곱의 평균은

$$\frac{1}{ab}\int_{-b/2}^{b/2}\int_{-a/2}^{a/2}(x^2+y^2)\,dx\,dy = \frac{1}{a}\int_{-a/2}^{a/2} x^2\,dx + \frac{1}{b}\int_{-b/2}^{b/2} y^2\,dy = \frac{1}{12}(a^2+b^2)$$

이다.

3. 가로, 세로, 높이가 각각 a, b, c 인 직육면체의 중심에서 각 점까지 거리의 제곱의 평균은

$$\begin{aligned} & \frac{1}{abc}\int_{-c/2}^{c/2}\int_{-b/2}^{b/2}\int_{-a/2}^{a/2}(x^2+y^2+z^2)\,dx\,dy\,dz \\ = \; & \frac{1}{a}\int_{-a/2}^{a/2} x^2\,dx + \frac{1}{b}\int_{-b/2}^{b/2} y^2\,dy + \frac{1}{c}\int_{-c/2}^{c/2} z^2\,dz \\ = \; & \frac{1}{12}(a^2+b^2+c^2) \end{aligned}$$

이다.

4. 반지름이 R 인 원판 D_R 의 중심에서 각 점까지 거리의 제곱의 평균은

$$\frac{1}{\pi R^2}\iint_{D_R} r^2 \mathrm{dV}_2 \underset{\mathrm{dV}_2 = r\,dr\,d\theta}{\overset{\uparrow}{=}} \frac{1}{\pi R^2}\int_0^R r^2\cdot 2\pi r\,dr = \frac{R^2}{2}$$

이다.

5. 반지름이 R 인 공 B_R 의 중심에서 각 점까지 거리의 제곱의 평균은

$$\frac{1}{\frac{4}{3}\pi R^3}\iiint_{B_R} r^2\,\mathrm{dV} = \frac{1}{\frac{4}{3}\pi R^3}\int_0^R r^2\cdot 4\pi r^2\,dr = \frac{3}{5}R^2$$

이다.[57]

5.2.2 질점의 관성모멘트

좌표평면에서 질량이 m 인 동점이 원점을 중심으로 하고 반지름이 r 인 원 위를 움직이는 것은

$$\mathbf{r}(t) = r\big(\cos\theta(t), \sin\theta(t)\big)$$

와 같이 표현된다. 이때 동점의 속도벡터와 속력은

$$\mathbf{v} = r\dot{\theta}\big(-\sin\theta, \cos\theta\big), \qquad v = r\left|\dot{\theta}\right|$$

이고 따라서 운동에너지는

$$\frac{1}{2}mv^2 = \frac{1}{2}mr^2\dot{\theta}^2$$

이다. 이때

$$I := mr^2$$

을 "원점을 기준으로 한" **관성모멘트**(moment of inertia)라고 부른다.[58]

5.2.3 평면 영역의 관성모멘트

좌표평면에서 영역 U 의 밀도함수가 μ 일 때, 평면의 점 P 에 대한 영역 U 의 **관성모멘트**는

$$I_P := \iint_U \mu\, r^2 \,\mathrm{dV}_2$$

로 정의한다. 여기에서 r 는 U 의 각 점과 P 사이의 거리를 나타내는 함수이다.

보기를 들어, 질량이 M 이고 균질인, 즉 밀도 μ 가 상수 M/ab 인 직사각형

$$\left[-\frac{a}{2}, \frac{a}{2}\right] \times \left[-\frac{b}{2}, \frac{b}{2}\right]$$

의 중심에 대한 관성모멘트는

$$I = \int_{-b/2}^{b/2}\int_{-a/2}^{a/2}(x^2+y^2)\mu\,dx\,dy = \frac{1}{12}M(a^2+b^2)$$

이다.

---

[57] $(n-1)$ 차원 단위 구 $\mathbb{S}^{n-1}$ 의 $(n-1)$ 차원 부피는 n 차원 단위 공 $\mathbb{B}^n$ 의 n 차원 부피의 n 배이다 ($\because\ (r^n)'(1) = n$). 그러므로 n 차원 공 B_R^n 의 중심에서 각 점까지 거리의 제곱의 평균은

$$\frac{1}{\mathrm{vol}(\mathbb{B}^n)R^n}\int_0^R r^2\,\mathrm{vol}(\mathbb{S}^{n-1})\,r^{n-1}\,dr = \frac{n}{n+2}R^2$$

이다.

[58] 따라서 운동에너지는 $\frac{1}{2}I\dot{\theta}^2$ 으로 표현된다.

5.2.4 입체의 관성모멘트

좌표공간에서 질량이 m 인 점 $\mathbf{x}_0 = (x_0, y_0, z_0)$ 을 z 축을 기준으로 회전시키는 운동을 서술하여 보자.

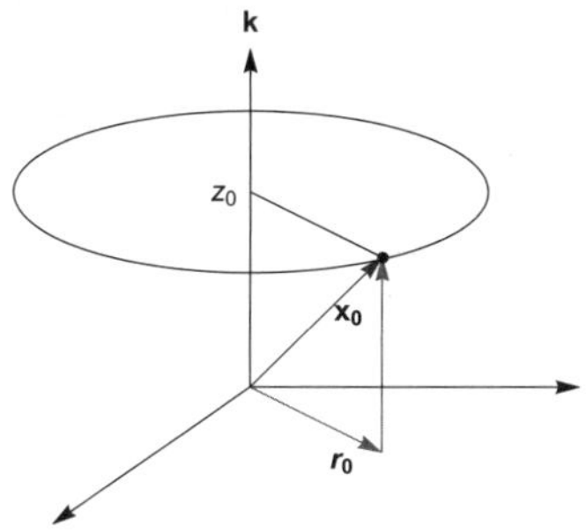

먼저 벡터 $\mathbf{x}_0$ 을 z 축에 정사영하면 $z_0\,\mathbf{k}$ 를 얻는다. 이제

$$\mathbf{r}_0 := \mathbf{x}_0 - z_0\mathbf{k}$$

로 두면, 점 $\mathbf{x}_0$ 을 z 축 주위로 회전시키는 운동은

$$\mathbf{x}(t) = \mathbf{r}_0 \cos\theta(t) + \mathbf{k} \times \mathbf{r}_0 \sin\theta(t) + z_0\mathbf{k}, \qquad \mathbf{x}(0) = \mathbf{x}_0$$

으로 표현된다.[59] 이때 속도벡터는

$$\dot{\mathbf{x}} = \big(- \mathbf{r}_0 \sin\theta + \mathbf{k} \times \mathbf{r}_0 \cos\theta\big)\dot{\theta}$$

이고 따라서 속력은

$$|\dot{\mathbf{x}}| = |\mathbf{r}_0| \left|\dot{\theta}\right| =: r_0 \left|\dot{\theta}\right|$$

이다.[60] 그러므로 이러한 운동에서 운동에너지는

$$\frac{1}{2}m|\dot{\mathbf{x}}|^2 = \frac{1}{2}m{r_0}^2\dot{\theta}^2 =: \frac{1}{2}I\dot{\theta}^2$$

이다.[61] 앞으로

$$I = m{r_0}^2 = m({x_0}^2 + {y_0}^2)$$

을 질점 $(\mathbf{x}_0, m)$ 의 z 축에 대한 **관성모멘트**라고 부른다.

일반적으로, 점 X 와 직선 l 사이의 거리가 r 이면, 직선 l 에 대한 질점 (X, m) 의 **관성모멘트**는 mr^2 이다.

[59] 회전각을 $\theta(t)$ 로 두었다. 벡터 $\mathbf{r}_0$ 을 z-축을 기준으로 $90°$ 회전시키면 $\mathbf{k} \times \mathbf{r}_0$ 이다.

[60] 다시 말하면, 회전운동에서 속력은 **각속력**과 "회전축까지의 거리"의 곱으로 주어진다.

[61] 이 운동을 평면 $z = z_0$에서의 원운동으로 보면, 5.2.2 에서 유도한 것과 같다.

밀도함수가 μ 인 입체 R 를 직선 l 주위로 회전시킬 때 운동에너지는

$$\iiint_R \frac{1}{2}\mu(X)r(X)^2\dot{\theta}^2\,\mathrm{dV}(X) =: \frac{1}{2}I\dot{\theta}^2$$

이다. 여기에서 r 는 입체의 각 점과 직선 l 사이의 거리를 나타내는 함수이고

$$I := \iiint_R \mu(X)r(X)^2\,\mathrm{dV}(X)$$

는 직선 l 에 대한 입체 R 의 **관성모멘트**이다.[62]

5.2.4.1 보기 상자

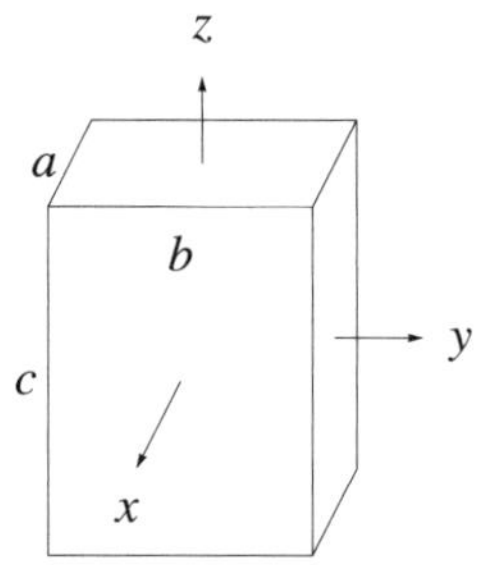

$$R := \left[-\frac{a}{2}, \frac{a}{2}\right] \times \left[-\frac{b}{2}, \frac{b}{2}\right] \times \left[-\frac{c}{2}, \frac{c}{2}\right]$$

의 밀도가 상수 μ 일 때, 상자의 질량은

$$M := a \cdot b \cdot c \cdot \mu = abc\mu$$

이고, 이 상자의 x-축에 대한 관성모멘트는

$$\begin{aligned} I_x &= \int_{-c/2}^{c/2}\int_{-b/2}^{b/2}\int_{-a/2}^{a/2}(y^2+z^2)\mu\,dx\,dy\,dz \\ &= \mu \cdot a \cdot 2 \cdot 2\int_0^{c/2}\int_0^{b/2}(y^2+z^2)\,dy\,dz \\ &= \mu \cdot 4a\int_0^{c}\left(\frac{1}{3}\left(\frac{b}{2}\right)^3 + \frac{b}{2}z^2\right)dz \\ &= \mu \cdot a\left(\frac{1}{3}\frac{b^3}{2}\frac{c}{2} + \frac{1}{3}\frac{b}{2}\frac{c^3}{2}\right) \\ &= \mu \cdot (abc)(b^2+c^2)/12 \\ &= M(b^2+c^2)/12 \end{aligned}$$

이다. 마찬가지로 y-축에 대한 관성모멘트와 z-축에 대한 관성모멘트는 각각

$$\begin{aligned} I_y &= M(a^2+c^2)/12 \\ I_z &= M(a^2+b^2)/12 \end{aligned}$$

이다. 그러므로 $a < b < c$ 이면 z-축으로 회전할 때의 관성모멘트가 최소임을 안다.

[62]관성모멘트는 물체를 회전시킬 때, 또는 회전하는 물체를 정지시킬 때 필요한 에너지에 관계된다. 관성모멘트는 거리제곱함수의 (가중) 평균과 질량의 곱이라 보아도 좋다. 거리제곱함수의 평균은 확률론에서는 적절한 거리 함수의 분산이라고 해석할 수도 있다.

5.2.4.2 기본연습문제 밀도가 균일한 상자 $R = [0,a] \times [0,b] \times [0,c]$ 의 질량을 M 이라고 하였을 때, 관성모멘트 I_x, I_y, I_z 를 구하라.[63]

일반적으로, 밀도함수가 μ 인 입체 R 의 질량중심을 C 라 하면,

$$\iiint_R (X - C)\mu(X)\,\mathrm{dV}(X) = \mathbf{0}$$

이다.[64] 그러므로 단위벡터 $\mathbf{v}$ 방향의 직선 l 이 입체의 질량중심 C 를 지나면 직선 l 과의 거리를 나타내는 벡터함수

$$\mathbf{r}(X) = (X - C) - \big((X - C) \cdot \mathbf{v}\big)\mathbf{v}$$

는 적분값이 영이다:

$$\iiint_R \mu(X)\mathbf{r}(X)\ \mathrm{dV}(X) = \mathbf{0}.$$

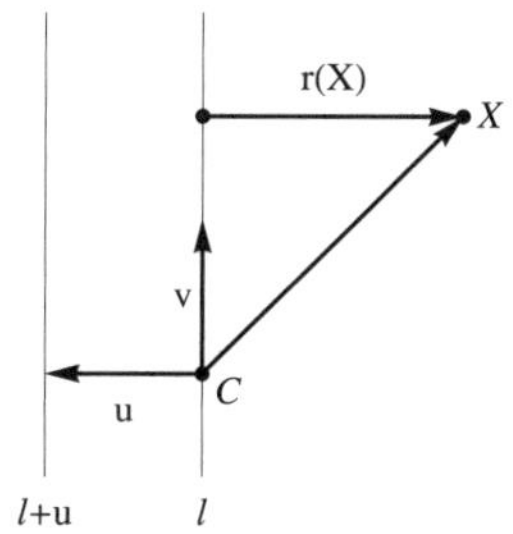

이때 직선 l 에 수직인 단위벡터 $\mathbf{u}$ 에 대하여, l 을 $\mathbf{u}$ 의 방향으로 거리 s 만큼 평행이동한 직선 $l + s\mathbf{u}$ 에 대한 R 의 관성모멘트 I_s 는

$$\begin{aligned} I_s &= \iiint_R \mu(X)\,|\mathbf{r}(X) - s\mathbf{u}|^2\ \mathrm{dV}(X) \\ &= \iiint_R \mu(X)r^2(X)\ \mathrm{dV}(X) - 2s\iiint_R \mu(X)\mathbf{r}(X)\cdot\mathbf{u}\ \mathrm{dV}(X) + s^2M \\ &= I_0 + s^2M \end{aligned}$$

이다. 특히 서로 평행인 직선들 중에서 <u>물체의 질량중심을 지나는 직선에 대한 관성모멘트가 최소</u>임을 안다.

---

[63] $I_x = M(b^2+c^2)/3$, $I_y = M(c^2+a^2)/3$, $I_z = M(a^2+b^2)/3$

[64] 벡터함수의 적분값은 각 성분함수를 적분한 것을 성분으로 하는 벡터이다. 즉, $\int(f_1,\ldots,f_n) = (\int f_1,\ldots,\int f_n)$ 이다. 그러므로 임의의 벡터 $\mathbf{v}$ 에 대하여 다음이 성립한다.

$$\mathbf{v}\cdot\int \mathbf{F} = \int \mathbf{v}\cdot\mathbf{F}$$

5.2.5 곡선의 관성모멘트

밀도함수가 μ 인 곡선 $X \subset \mathbb{R}^3$ 의 x 축에 대한 관성모멘트는

$$I_x := \int_X (y^2 + z^2)\mu \, \mathrm{ds}$$

이고, y 축 및 z 축에 대한 관성모멘트는 각각

$$\begin{aligned} I_y &:= \int_X (z^2 + x^2)\mu \, \mathrm{ds} \\ I_z &:= \int_X (x^2 + y^2)\mu \, \mathrm{ds} \end{aligned}$$

이다.

5.2.5.1 보기 나선

$$X(t) = (\cos 4t)\mathbf{i} + (\sin 4t)\mathbf{j} + 3t\,\mathbf{k}, \qquad 0 \le t \le 2\pi$$

에서

$$\mathrm{ds} = |X'(t)|\,dt = \sqrt{4^2 + 3^2}\,dt = 5\,dt$$

이다. 따라서 X 의 밀도함수가 1 일 때, z 축에 대한 관성모멘트는

$$I_z = \int_X (x^2 + y^2)\,\mathrm{ds} = \int_0^{2\pi} (\cos^2 4t + \sin^2 4t)5\,dt = 10\pi$$

이다.

5.2.5.2 기본연습문제 밀도함수가 1 인 곡선

$$X(t) := (t\cos t)\mathbf{i} + (t\sin t)\mathbf{j} + \frac{2\sqrt{2}}{3}t^{3/2}\,\mathbf{k}, \qquad 0 \le t \le 1$$

의 z 축에 대한 관성모멘트를 구하라.

5.2.6 곡면의 관성모멘트

밀도함수가 μ 인 좌표평면의 한 영역 R 의 직선 l 에 대한 **관성모멘트**는

$$I_l := \iint_R \mu\, r^2\, \mathrm{dV}_2$$

로 정의한다. 여기에서 r 는 영역의 각 점과 l 사이의 거리를 나타내는 함수이다.

보기로 균질인 직사각형

$$\left[-\frac{a}{2}, \frac{a}{2}\right] \times \left[-\frac{b}{2}, \frac{b}{2}\right]$$

의 y 축에 대한 관성모멘트는

$$\int_0^b \int_{-a/2}^{a/2} x^2 \mu\, dx\, dy = 2b\mu \left[\frac{1}{3}x^3\right]_0^{a/2} = \frac{1}{12} M a^2$$

이다. ($M = ab\mu$ 로 두었다.)

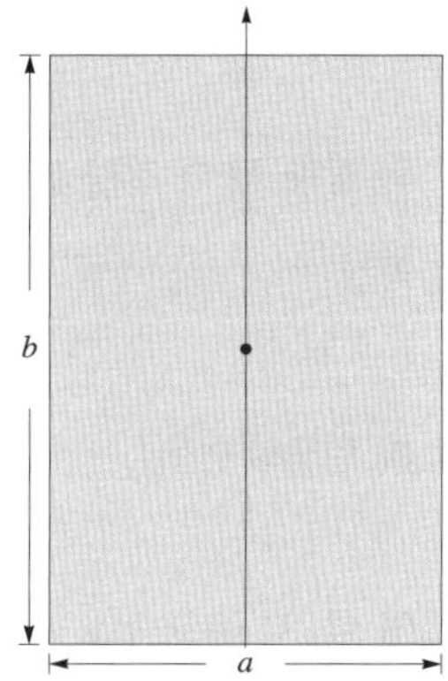

5.2.6.1 기본연습문제

좌표평면에서 식

$$y = 0, \qquad x = 1, \qquad y = 2x$$

로 둘러싸인 영역을 R 이라 하고, R 의 밀도함수가

$$\mu(x, y) := 6(x + y + 1)$$

이라고 하자. 이때 x 축에 대한 R 의 관성모멘트와 y 축에 대한 관성모멘트를 구하라.[65]

삼차원 공간 속의 곡면에서 함수를 적분하는 방법은 제 16 장에서 다루지만, 여기에서는 정의만 하고 넘어가기로 한다. 밀도함수가 μ 인 곡면 S 의 x 축에 대한 관성모멘트는

$$I_x := \iint_S (y^2 + z^2)\mu\ \mathrm{dS}$$

이고, y 축 및 z 축에 대한 관성모멘트는 각각

$$I_y := \iint_S (z^2 + x^2)\mu\ \mathrm{dS}$$
$$I_z := \iint_S (x^2 + y^2)\mu\ \mathrm{dS}$$

이다.

[65] 12, 39/5

연습문제: 제 14 장 5 절

1. 좌표공간에서 식

$$x = \pm 1, \qquad y = \pm 1, \qquad z = 4 \pm 1$$

으로 둘러싸인 정육면체의 밀도 μ 가 균일할 때 관성모멘트 I_x, I_y, I_z 를 구하라.

2. 영역

$$R: \ 0 \le x \le 1, \quad 0 \le y \le 1, \quad 0 \le z \le 1, \qquad \mu(x, y, z) = x + y + z + 1$$

의 질량 M 과 질량중심 $(\bar{x}, \bar{y}, \bar{z})$ 를 구하고 각 좌표축에 대한 관성모멘트를 구하라.

3. 곡선

$$X(t) := t\,\mathbf{i} + \frac{2\sqrt{2}}{3}t^{3/2}\,\mathbf{j} + \frac{t^2}{2}\,\mathbf{k}, \qquad 0 \le t \le 2$$

의 밀도함수가

$$\mu(t) = \frac{45}{8(t+1)}$$

일 때, 각 좌표축에 대한 관성모멘트를 구하라.

4. 질량이 M 인 균질의 원기둥면

$$x^2 + y^2 = R^2, \qquad -a \le z \le a$$

의 관성모멘트는 $I_z = MR^2$ 임을 보이라.

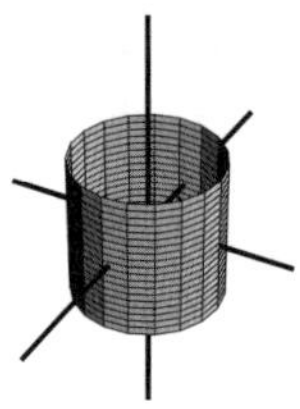

5. 질량이 M 인 균질의 원기둥

$$x^2 + y^2 \le R^2, \qquad -a \le z \le a$$

에서 $I_z = \dfrac{1}{2}MR^2$ 임을 보이라.

6. 질량이 M 인 균질의 기둥

$$R_1^2 \le x^2 + y^2 \le R_2^2, \qquad -a \le z \le a$$

에서 $I_z = \frac{1}{2}M(R_2^2 + R_1^2)$ 임을 보이라.

7. 질량이 M 이고 길이가 L 인 균질 선분의 중심을 지나는 축에 대하여 선분의 관성모멘트는 $\frac{1}{12}ML^2$ 임을 보이라. 또 축이 선분의 끝을 지날 때의 관성모멘트는 $\frac{1}{3}ML^2$ 임을 보이라.

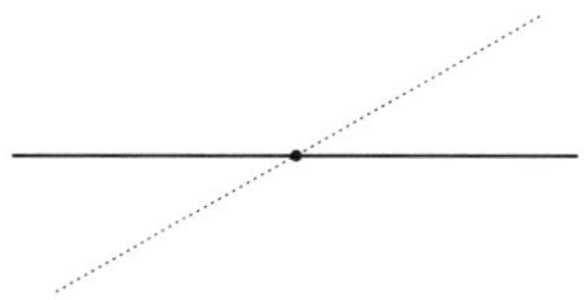

8. 질량이 M 이고 반지름이 R 인 균질의 공의 중심을 지나는 축에 대하여 이 공의 관성모멘트는 $\frac{2}{5}MR^2$ 임을 보이라.

9. 질량이 M 이고 반지름이 R 인 균질의 구면의 중심을 지나는 축에 대하여 이 구면의 관성모멘트는 $\frac{2}{3}MR^2$ 임을 보이라.

10. 서로 수직인 단위벡터 $\mathbf{e}_1, \mathbf{e}_2, \mathbf{e}_3$ 과 나란하고, 입체 R 의 질량중심 C 를 지나는 직선을 각각 l_1, l_2, l_3 이라 하고, 이 직선들에 대한 R 의 관성모멘트를 각각 I_1, I_2, I_3 이라 하자. 벡터

$$\mathbf{v} = a_1\mathbf{e}_1 + a_2\mathbf{e}_2 + a_3\mathbf{e}_3 \qquad ({a_1}^2 + {a_2}^2 + {a_3}^2 = 1)$$

과 나란하고 C 를 지나는 직선 l 에 대한 R 의 관성모멘트는

$$I = {a_1}^2 I_1 + {a_2}^2 I_2 + {a_3}^2 I_3$$

임을 보이라. 단, 입체 R 는 질량중심 C 에 대하여 점대칭이고, R 의 각 점에서의 밀도는 대칭점에서의 밀도와 같다고 가정한다.

제 14 장 탐구문제

1. 지구 표면의 각 지점이 연간 받는 일조량을 구하는 식을 만들고, 이로부터 사막이 가장 많은 곳의 위도를 예측하라.

2. 오일러의 **감마함수**는

$$\Gamma(x) := \int_0^\infty t^{x-1}e^{-t}\,dt \qquad (x > 0)$$

으로 정의한다.[66] 이때 다음을 보이라.

(1) $\Gamma(1) = 1$

(2) $x > 0$ 이면 $\Gamma(x+1) = x\Gamma(x)$

(3) n 이 자연수이면 $\Gamma(n+1) = n!$

(4) $\Gamma(1/2) = \sqrt{\pi}$

(5) $\Gamma'(1) = -\gamma$ (γ는 오일러 상수)[67]

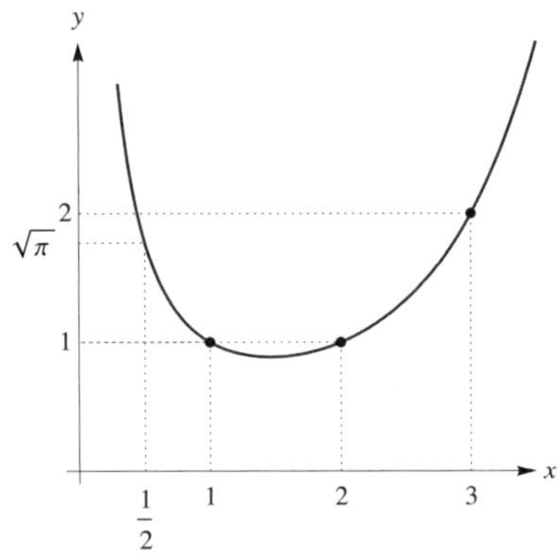

그림: 감마함수의 그래프

3. 임의의 양수 t 에 대하여

$$\int_{\mathbb{R}^n} \frac{1}{(4\pi t)^{n/2}} e^{-(x_1^2+\cdots+x_n^2)/4t}\,dx_1\cdots dx_n = 1$$

임을 보이라.[68]

---

[66] 이 특이적분이 수렴하는 것을 보기 위해서는 구간을 나누어

$$\int_0^1 t^{x-1}e^{-t}\,dt \le \int_0^1 t^{x-1}\,dt = \frac{1}{x}\left[t^x\right]_{t=0}^{t=1} = \frac{1}{x}$$

과

$$\int_1^\infty t^{x-1}e^{-t}\,dt < \infty$$

임을 보이면 된다. 마지막 부등식은

$$t^{x-1}e^{-t} \le \frac{c}{t^2} \qquad (1 \le t < \infty)$$

를 만족시키는 c 가 존재하기 때문에 성립한다 ($\lim_{t\to\infty} t^{x+1}e^{-t} = 0$ 임을 상기하라). 오일러는

$$\int_0^1 |\log x|^n\,dx = n!$$

에서 감마함수를 발견하였다 [Dunham, 2005].

[67] 제 1 장 부록 연습문제 참고.

[68] 이 문제에서 피적분함수를 **열방정식의 기본해**라고 부른다. 미분방정식

$$\left(\frac{\partial}{\partial t} - \left(\frac{\partial^2}{\partial x_1^2} + \cdots + \frac{\partial^2}{\partial x_n^2}\right)\right) u(\mathbf{x}, t) = 0$$

을 만족시키는 함수 $u(\mathbf{x}, t)$ 를 열방정식의 해라고 부른다. 위 식에서 $n-1$ 차원 단위 구 $\mathbb{S}^{n-1}$ 의 부피가 $2\pi^{n/2}/\Gamma(n/2)$ 임을 알 수 있다.

4. 푸비니 정리에서 제 11 장 1 절에 소개된 라이프니츠 정리, 즉 적분기호 속의 미분법을 유도하라.

5. 확률론이나 통계학에서는 실수 T 에 대하여 $\int_T^\infty e^{-x^2/2}\,dx$ 의 값을 평가하는 것이 중요하다. 이 값을 A 로 두면,

$$\begin{aligned} A &= \int_T^\infty e^{-x^2/2}\,dx \\ &= \int_T^\infty \left(-xe^{-x^2/2}\right)\cdot\left(-\frac{1}{x}\right)dx = \left[\frac{e^{-x^2/2}}{-x}\right]_T^\infty - \int_T^\infty \frac{e^{-x^2/2}}{x^2}\,dx \\ &= \frac{e^{-T^2/2}}{T} - \int_T^\infty \frac{e^{-x^2/2}}{x^2}\,dx \end{aligned}$$

를 얻는다. 한편

$$\int_T^\infty \frac{e^{-x^2/2}}{x^2}\,dx \le \int_T^\infty \frac{e^{-x^2/2}}{T^2}\,dx = \frac{A}{T^2}$$

이므로 부등식

$$A \ge \frac{e^{-x^2/2}}{T} - \frac{A}{T^2}$$

를 얻고, 이것을 정리하면

$$\frac{e^{-T^2/2}}{T\left(1+\frac{1}{T^2}\right)} \le \int_T^\infty e^{-x^2/2}\,dx \le \frac{e^{-T^2/2}}{T}$$

을 얻는다. 이제 임의의 실수 a, T 에 대하여

$$\frac{e^{-aT^2}}{2aT\left(1+\frac{1}{2aT^2}\right)} \le \int_T^\infty e^{-ax^2}\,dx \le \frac{e^{-aT^2}}{2aT}$$

임을 보이라.

6. 복소평면 $\mathbb{C}$ 의 단위 원판

$$D := \{z \in \mathbb{C} : |z| \le 1\} = \{(x,y) \mid x^2 + y^2 \le 1\}$$

에서 정의된 함수

$$f : D \to D, \qquad z \mapsto z^2$$

에 대하여 f 의 야코비 행렬식을 구하고, 이때 치환적분 공식이 성립하지 않는 이유, 즉

$$\iint_D dA \ne \iint_D |\det f'|\,dA$$

인 이유를 설명하라. 또 정수 n 에 대하여 함수 $g(z) = z^n$ 의 야코비 행렬식을 구하라.

7. 사차원 단위공 $\mathbb{B}^4$ 의 사차원 부피는

$$\iiint_{\mathbb{B}^3} 2\sqrt{1-r^2}\,\mathrm{dV} = \frac{\pi^2}{2}$$

임을 설명하라.

8. 정사각형에 내접하는 원판이 차지하는 넓이의 비율, 정육면체에 내접하는 공이 차지하는 부피의 비율, 사차원 초입방체에 내접하는 사차원 공이 차지하는 부피의 비율은 각각

$$\frac{\pi}{4} \approx 0.785, \qquad \frac{\pi}{6} \approx 0.524 \qquad \frac{\pi^2}{32} \approx 0.308$$

임을 확인하라. (참고: n-차원 입방체 $[0,1]^n$ 의 대각선의 길이는 $\sqrt{n}$ 이다.)

9. 원점 근방에서 정의된 연속함수 f 에 대하여

$$\lim_{a \searrow 0} \frac{1}{2\pi a^2} \iiint_{\mathbb{B}^3(a)} \frac{f}{r}\, \mathrm{dV} = f(0) = \lim_{a \searrow 0} \frac{1}{4\pi a} \iiint_{\mathbb{B}^3(a)} \frac{f}{r^2}\, \mathrm{dV}$$

임을 밝히라.

제 15 장

벡터장의 발산과 그린 정리

벡터장을 유체의 흐름에서 나타난 속도벡터로 이루어진 것으로 이해하면 벡터장의 발산은 유체의 부피의 순간팽창률을 뜻한다. 이 장에서는 평면 벡터장의 발산 정리를 공부하고 이를 이용하여 그린 정리를 유도한다. 그린 정리는 평면의 한 영역 U 에서 "미분된 벡터장" $d\mathbf{F}$ 를 적분하는 것과 영역의 경계 ∂U 에서 벡터장 $\mathbf{F}$ 를 적분한 것이 같음을 말한다:

$$\iint_U d\mathbf{F} = \int_{\partial U} \mathbf{F} \cdot \mathrm{d}\mathbf{s}.$$

이러한 원리는 일반적인 차원에서도 성립한다. 그린 정리는 삼차원 또는 그 이상의 차원에서는 **스토크스 정리**가 된다. 일차원에서 그린 정리는 우리가 이미 잘 알고 있는 **미적분학 기본정리**이다.

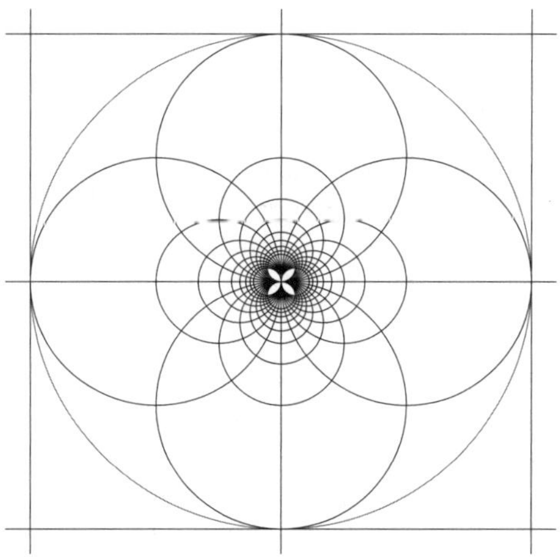

그림: 좌표평면과 반전사상(inversion)

제 1 절 벡터장과 발산

1.1 발산함수

좌표평면의 열린 집합에서 정의된 일급 벡터장

$$\mathbf{F}(x,y) = f_1(x,y)\,\mathbf{i} + f_2(x,y)\,\mathbf{j}$$

와 정의역의 점 X 에 대하여 실수

$$\operatorname{div}\mathbf{F}(X) := \frac{\partial f_1}{\partial x}(X) + \frac{\partial f_2}{\partial y}(X)$$

를 점 X 에서 $\mathbf{F}$ 의 **발산도**(divergence)라 하고 함수

$$\boxed{\operatorname{div}\mathbf{F} := \frac{\partial f_1}{\partial x} + \frac{\partial f_2}{\partial y}}$$

를 $\mathbf{F}$ 의 **발산함수**라고 한다.[1]

일반적으로 n-공간의 한 벡터장

$$\mathbf{F}\,(x_1,\ldots,x_n) = f_1(x_1,\ldots,x_n)\,\mathbf{e}_1 + \cdots + f_n(x_1,\ldots,x_n)\,\mathbf{e}_n$$

에 대하여 **함수**

$$\operatorname{div}\mathbf{F} := D_1 f_1 + \cdots + D_n f_n = \frac{\partial f_1}{\partial x_1} + \cdots + \frac{\partial f_n}{\partial x_n}$$

을 $\mathbf{F}$ 의 **발산함수**(divergence)라고 부른다.[2]

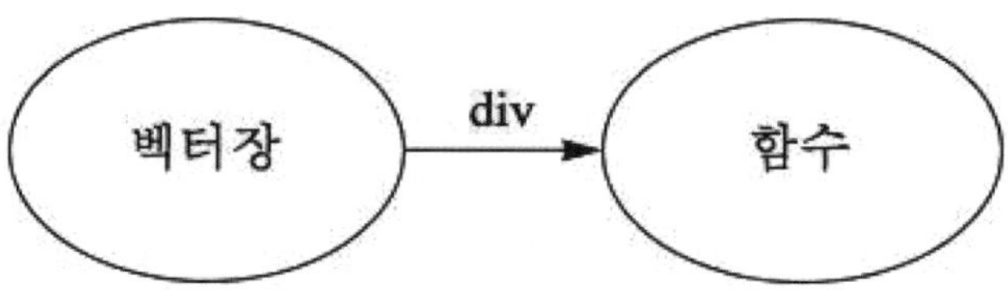

[1] 여기에서 사용하는 "발산"이라는 용어는 수열의 "수렴·발산"과는 관련이 없다.

[2] 사원수로 유명한 해밀턴(W. R. Hamilton)은 (하프 모양의 고대 악기를 본떠) "nabla" 기호

$$\nabla := \left(\frac{\partial}{\partial x_1},\ldots,\frac{\partial}{\partial x_n}\right)$$

을 (삼차원에) 도입하였는데, 사원수를 싫어하던 미국의 깁스(J. W. Gibbs, 1839–1903)는 ∇ 를 "del" 이라고 불렀다. 벡터장 $\mathbf{F}$ 의 발산함수 $\operatorname{div}\mathbf{F}$ 를 $\nabla\cdot\mathbf{F}$ 라고 쓰기도 한다.

1.1.1 보기: 위치벡터장

좌표평면에서 위치벡터장 $\mathbf{r}(x,y) = x\,\mathbf{i} + y\,\mathbf{j}$ 의 발산함수는

$$\operatorname{div}\mathbf{r}(x,y) = \frac{\partial x}{\partial x} + \frac{\partial y}{\partial y} = 1 + 1 = 2$$

이다.

삼차원 좌표공간에서 위치벡터장 $\mathbf{r}(x,y,z) = x\,\mathbf{i} + y\,\mathbf{j} + z\,\mathbf{k}$ 의 발산함수는 항등적으로

$$\operatorname{div}\mathbf{r} = \frac{\partial x}{\partial x} + \frac{\partial y}{\partial y} + \frac{\partial z}{\partial z} = 3$$

이다.[3]

1.1.2 보기

삼차원 공간의 벡터 $\mathbf{v} = (v_1, v_2, v_3)$ 에 대하여 벡터장

$$\mathbf{F}_{\mathbf{v}}(\mathbf{x}) := \mathbf{v} \times \mathbf{x} = (v_2 z - v_3 y, v_3 x - v_1 z, v_1 y - v_2 x)$$

는 발산이 없다: $\operatorname{div}\mathbf{F}_{\mathbf{v}} = 0$.

이 보기는 다음 선형벡터장의 특별한 경우이다.

1.1.3 보기: 선형벡터장

$n \times n$ 정사각행렬 $A = (a_{ij})$ 에 대하여 n-공간의 벡터장 $\mathbf{F}_A$ 를 다음과 같이 정의하자:

$$\mathbf{F}_A(x_1, \ldots, x_n) = \left(\sum_{j=1}^{n} a_{1j}x_j, \ldots, \sum_{j=1}^{n} a_{nj}x_j \right).$$

이때

$$\operatorname{div}\mathbf{F}_A(x_1, \ldots, x_n) = \sum_{i=1}^{n} \frac{\partial}{\partial x_i} \left(\sum_{j=1}^{n} a_{ij}x_j \right) = a_{11} + \cdots + a_{nn} = \operatorname{tr} A$$

이다.

위치벡터장이나 $\mathbf{F}_{\mathbf{v}}$ 등도 선형벡터장의 보기이다.[4]

[3]정의역의 차원과 마찬가지로. 항등사상의 대각합과 마찬가지로.

[4]벡터장 $\mathbf{F}$ 의 **영점**이란 $\mathbf{F}(P) = \mathbf{0}$ 인 점 P 를 뜻한다. 이때 테일러 전개를 하면 벡터장 $\mathbf{F}$ 의 영점 근방에서는 $\mathbf{F}$ 는 선형벡터장과 비슷함을 알 수 있다: $\mathbf{F}(P + \mathbf{x}) = \mathbf{F}'(P)\mathbf{x} + o(|\mathbf{x}|)$.

1.2 발산함수의 의미

벡터장은 공간에서 점들의 움직임을 서술하는데,[5] 이때 어떤 영역이 움직여 가면서 부피(차원이 2인 경우는 넓이)가 변화하는 정도가 어떠한지를 말해 주는 함수가 바로 발산함수이다.

보기를 들어 위치벡터장

$$\mathbf{r}(x,y) = x\,\mathbf{i} + y\,\mathbf{j}$$

를 평면에서 움직이는 유체의 속도벡터장으로 이해하자.[6] 즉, 평면의 임의의 점 $X_0 = (x_0, y_0)$ 이 운동방정식

$$X'(t) = \mathbf{r}(X(t)), \qquad X(0) = X_0$$

을 만족시키면서 움직인다고 하자. 이 식을 좌표계를 써서 나타내면 다음과 같다:

$$x'(t) = x(t), \quad x(0) = x_0, \qquad y'(t) = y(t), \quad y(0) = y_0.$$

이 운동방정식을 풀면

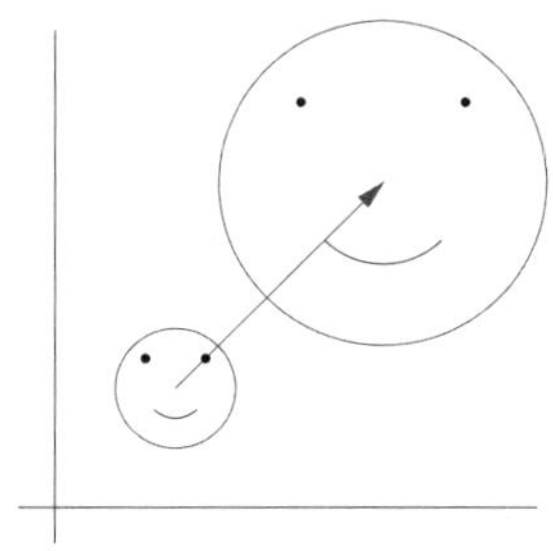

$$X(t) = e^t\,X_0$$

을 얻는다. 따라서 점 X_0 근방의 조그만 원판

$$D_\varepsilon := \{X \in \mathbb{R}^2 \mid |X - X_0| \le \varepsilon\}$$

이 벡터장 $\mathbf{r}$ 를 따라 시간 t 동안 흘러가면 반지름이 εe^t 인 원판

$$D_\varepsilon(t) = \{Y \in \mathbb{R}^2 \mid |Y - X(t)| \le \varepsilon e^t\}$$

가 된다.[7] 이 원판의 넓이는

$$a(t) := \text{area}\, D_\varepsilon(t) = \pi(\varepsilon e^t)^2$$

---

[5] 모든 벡터장은 유체의 속도벡터장으로 이해할 수 있다. 벡터장으로부터 생기는 운동을 **동역학계**(dynamical system)라고 부른다. 우리가 주로 다루는 벡터장은 시간에 대하여 독립적인 벡터장이다. 시간에 종속적인 벡터장 $\mathbf{F}_t(X)$ 는 "한 차원 높은 공간"에서 시간에 독립적인 벡터장으로 바꾸어 이해할 수 있다.

[6] 이때 원점에서 유체가 계속적으로 생성되고 있다.

[7] 방정식 $|X - X_0| = \varepsilon$ 을 만족시키는 점 X 가 t 초 후에 위치한 점을 Y 로 두면, $Y = e^t X$ 이고, 따라서 $|Y - e^t X_0| = |e^t(X - X_0)| = \varepsilon e^t$ 이다.

이다. 따라서 처음 원판의 넓이에 대한 t 시간 후의 넓이의 비는

$$\frac{a(t)}{a(0)} = \frac{\pi(\varepsilon e^t)^2}{\pi\varepsilon^2} = e^{2t}$$

이고, 이것의 $t = 0$ 일 때 순간변화율은

$$\left.\frac{d}{dt}\right|_0 \frac{a(t)}{a(0)} = 2 = \operatorname{div} \mathbf{r}(X_0)$$

이다.[8]

위와 같은 원리가 일반적인 벡터장에서도 항상 성립한다는 것은 부록에서 살펴보기로 한다.

1.2.1 기본연습문제

1. 좌표평면에서 벡터장

$$\mathbf{F}(x, y) := -y\,\mathbf{i} + x\,\mathbf{j}$$

의 발산함수가 항등적으로 영임을 보이라. 또 이 벡터장에 의하여 생기는 운동방정식을 서술하고, 이때 각 점 근방의 순간넓이변화율이 발산함수의 값과 같음을 보이라.[9]

2. 다음 그림과 같이 주어진 벡터장에서 각 점의 발산도가 양수임을 설명하라.

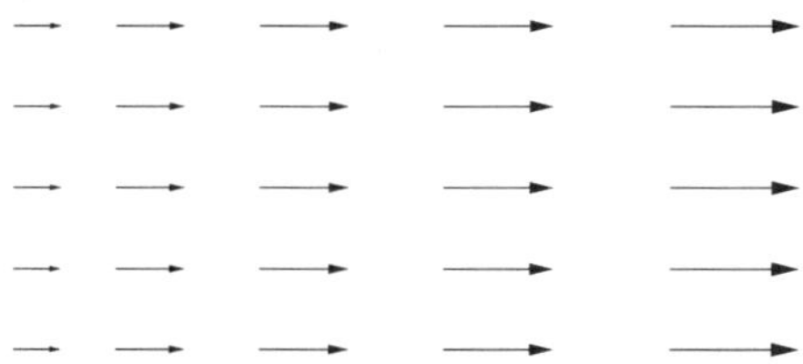

또 다음 그림과 같은 벡터장에서는 발산도가 음수임을 설명하라.

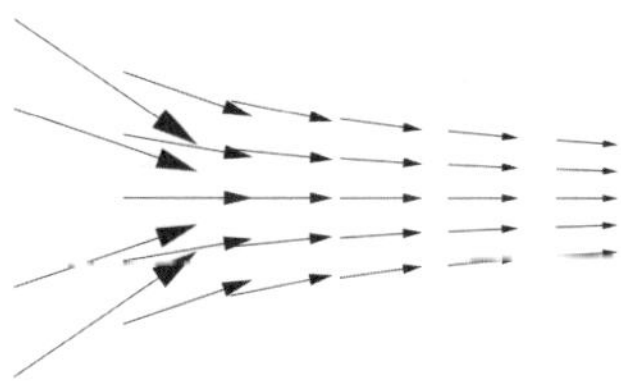

[8] $\frac{a'(t_0)}{a(t_0)} = \left.\frac{d}{dt}\right|_{t_0} \log a(t)$ 는 **상대 성장률**(relative growth rate) 또는 **상대 미분계수**라고 부른다. 공학에서는 "팽창계수"라는 용어를 쓰기도 한다. 함수 $a(t)$ 가 시각 t 에 따라 변하는 은행 예금의 **원리합계**(원금과 이자의 합)를 나타내면

$$r := \lim_{\Delta t \to 0} \frac{a(t_0 + \Delta t) - a(t_0)}{a(t_0) \cdot \Delta t} = \frac{a'(t_0)}{a(t_0)}$$

은 **순간이율**을 뜻한다.

[9] 제 2 장 4절 연습문제 8번 참조.

1.3 비압축장

각원소 벡터장

$$\mathbf{a}(x,y) = -\frac{y}{x^2+y^2}\,\mathbf{i} + \frac{x}{x^2+y^2}\,\mathbf{j}$$

의 발산함수는

$$\operatorname{div}\mathbf{a} = \frac{\partial}{\partial x}\left(-\frac{y}{x^2+y^2}\right) + \frac{\partial}{\partial y}\left(\frac{x}{x^2+y^2}\right) = \frac{2xy}{(x^2+y^2)^2} - \frac{2xy}{(x^2+y^2)^2} = 0$$

이다.

이와 같이 발산함수가 항등적으로 영인 벡터장을 **비압축장**(incompressible field) 이라고 부른다.[10] 그러므로 비압축장을 따라 흐르는 영역은 부피가 변하지 않는다.

1.3.1 보기

벡터장

$$\mathbf{A}(x,y) = \frac{x}{x^2+y^2}\,\mathbf{i} + \frac{y}{x^2+y^2}\,\mathbf{j}$$

의 발산함수 $\operatorname{div}\mathbf{A}$ 는

$$\frac{\partial}{\partial x}\left(\frac{x}{x^2+y^2}\right) + \frac{\partial}{\partial y}\left(\frac{y}{x^2+y^2}\right) = \frac{(x^2+y^2)-2x^2}{(x^2+y^2)^2} + \frac{(x^2+y^2)-2y^2}{(x^2+y^2)^2} = 0$$

이므로 $\mathbf{A}$ 는 비압축장이다.

1.3.2 기본연습문제

1. 좌표평면에서 함수 $f(x,y)$ 가 원점에서의 거리에만 의존한다고 하자. 이때 벡터장

$$\mathbf{F}(x,y) := f(x,y)(-y\,\mathbf{i} + x\,\mathbf{j})$$

는 비압축장임을 보이라.

2. 원점을 제외한 n-공간에서 정의되는 입체각 벡터장

$$\mathbf{A}_n := \frac{\mathbf{r}}{r^n}$$

는 비압축장임을 보이라.

3. 좌표평면의 열린 집합에서 정의된 이급함수 f 에 대하여 벡터장 $\mathbf{H} := -\dfrac{\partial f}{\partial y}\mathbf{i} + \dfrac{\partial f}{\partial x}\mathbf{j}$ 는 비압축장임을 보이라 (탐구문제 6 번 참고).

[10] 자기장은 비압축장이다.

연습문제: 제 15 장 1 절

1. 다음 벡터장의 발산함수를 구하라.

   (1) $\mathbf{F}(x,y) = (x^2 - y^2)\,\mathbf{i} + 2xy\,\mathbf{j}$

   (2) $\mathbf{F}(x,y,z) = yz\,\mathbf{i} + zx\,\mathbf{j} + xy\,\mathbf{k}$

   (3) $\mathbf{F}(x,y,z) = \left(x^2 + y^2 + z^2\right)(3\,\mathbf{i} + 4\,\mathbf{j} + 5\,\mathbf{k})$

2. n-공간의 열린 집합에서 정의된 벡터장 $\mathbf{F}$, $\mathbf{G}$ 및 함수 h 에 대하여

$$\operatorname{div}(\mathbf{F} + \mathbf{G}) = \operatorname{div}\mathbf{F} + \operatorname{div}\mathbf{G}$$

$$\operatorname{div}(h\mathbf{F}) = \operatorname{grad} h \cdot \mathbf{F} + h \operatorname{div}\mathbf{F}$$

   임을 보이라.[11]

3. 수직선 $\mathbb{R}$ 에서 벡터장 $\mathbf{F}(x) = x^2$ 에 의하여 생기는 운동을 서술하고, 이때 길이의 변화율이 바로 $\mathbf{F}$ 의 미분계수 $\mathbf{F}' = \operatorname{div}\mathbf{F}$ 임을 보이라.

4. $\mathbb{R}^n_o := \mathbb{R}^n - \{O\}$, $\mathbb{R}_o := \mathbb{R} - \{0\}$ 이라 하자. 미분가능한 함수 $g : \mathbb{R}^n_o \to \mathbb{R}$ 가 항등식

$$g(tX) = t^{-n} g(X), \qquad t \in \mathbb{R}_o,\ X \in \mathbb{R}^n_o$$

   을 만족시킬 때, 벡터장

$$\mathbf{F}(X) = g(X)\,X$$

   는 비압축장임을 보이라.[12]

5. 다음 벡터장의 발산함수의 부호는 무엇인가?

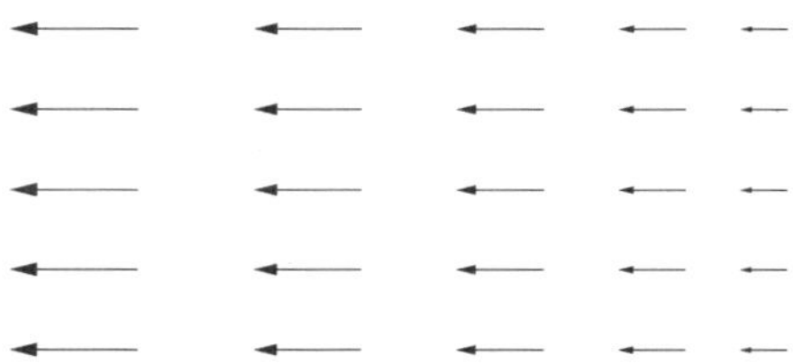

6. n-공간의 단위벡터 $\mathbf{v}$ 와 실수 k 에 대하여, 벡터장

$$\mathbf{F}(\mathbf{x}) := k(\mathbf{x} \cdot \mathbf{v})\mathbf{v}$$

   의 발산함수를 구하라.

7. 실수 k 와 n-공간의 점 P 에 대하여 벡터장 $\mathbf{F}(X) = \frac{X-P}{|X-P|^k}$ 의 발산함수는 $\frac{n-k}{|X-P|^k}$ 임을 보이라.

---

[11] 마지막 공식은 **라이프니츠 법칙**이다.

[12] 입체각 벡터장도 이런 보기이다 (제 10 장 5절 연습문제 2번 참고).

제 2 절 경계와 향

2.1 좌표평면과 향

좌표평면에서 한 점 주위를 도는 운동을 생각하자. 이때 시계 반대 방향으로 도는 것을 **양의 방향**[13]으로 움직인다고 말한다. 또 시계 방향[14]으로 도는 것을 **음의 방향**으로 움직인다고 말한다.

좌표평면에 일차독립인 두 벡터 $\mathbf{v}, \mathbf{w}$ 가 주어졌을 때, $\mathbf{v}$ 를 $180°$ 미만의 각도로 양의 방향 또는 음의 방향으로 돌려 $\mathbf{w}$ 와 같은 방향이 되게 할 수 있다. 이 경우에 $\mathbf{v}$ 를 돌리는 방향이 양의 방향이면 순서쌍 $(\mathbf{v}, \mathbf{w})$ 가 "**양으로 향해 있다**"고 말하고 $(\mathbf{v}, \mathbf{w})$ 의 향은 "**표준향**"이라고 말한다.

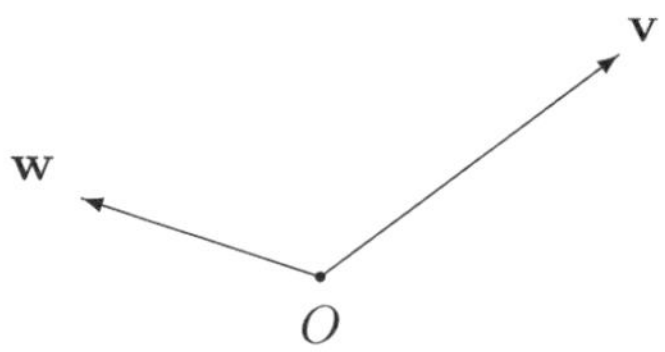

그림: $(\mathbf{v}, \mathbf{w}) > 0$

예를 들면 표준기저 $(\mathbf{i}, \mathbf{j})$ 는 양으로 향하여 있다.

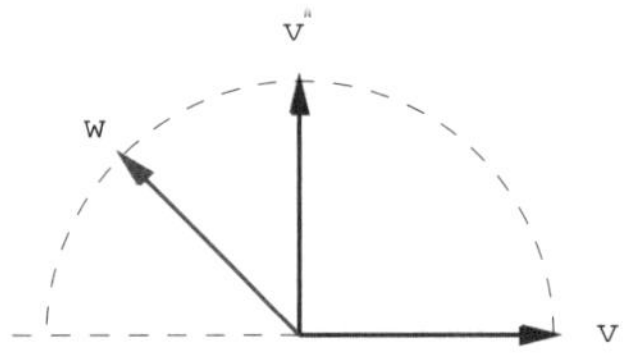

일차독립인 두 벡터 $(\mathbf{v}, \mathbf{w})$ 가 양으로 향하여 있기 위한 필요충분조건은

$$\det(\mathbf{v}, \mathbf{w}) > 0$$

이다.[15] 이러한 성질이 있는 이유는 다음과 같다.

먼저 평면 벡터 $\mathbf{v}$ 를 양의 방향으로 $90°$ 회전시킨 것을 $\mathbf{v}^*$ 라고 하자. 즉, $\mathbf{v} = (a, b)$ 이면 $\mathbf{v}^* = (-b, a)$ 이다. 그러면 임의의 평면 벡터 $\mathbf{w}$ 에 대하여

$$\det(\mathbf{v}, \mathbf{w}) = \mathbf{v}^* \cdot \mathbf{w}$$

임을 안다.[16] 이제 단위벡터 $\mathbf{w}$ 가 단위벡터 $\mathbf{v}$ 를 양의 방향으로 회전시켜 얻어지는 것이면 $\mathbf{w} = \mathbf{v}\cos\theta + \mathbf{v}^*\sin\theta$ 인 $\theta \in (0, \pi)$ 가 존재하고, 따라서

$$\det(\mathbf{v}, \mathbf{w}) = \mathbf{v}^* \cdot (\mathbf{v}\cos\theta + \mathbf{v}^*\sin\theta) = \sin\theta > 0$$

[13] 북반구에서 북극성 주위를 별들이 도는 것처럼 보이는 방향.

[14] 북반구에 세워 둔 막대기의 (해에 의한) 그림자가 움직이는 방향. 남반구에서 남십자성 주위를 별들이 도는 것처럼 보이는 방향.

[15] 이 "성질"로 벡터쌍의 향을 "정의"하여도 된다.

[16] $\det\begin{pmatrix} a & c \\ b & d \end{pmatrix} = \begin{pmatrix} -b \\ a \end{pmatrix} \cdot \begin{pmatrix} c \\ d \end{pmatrix}$

이다. $\mathbf{v}, \mathbf{w}$가 단위벡터가 아닌 경우에는 그 방향의 단위벡터를 생각하면 된다.

만약 $\mathbf{v}$를 음의 방향으로 (180° 미만으로) 돌려서 $\mathbf{w}$를 얻으면 $(\mathbf{v}, \mathbf{w})$는 "**음으로 향해 있다**"고 말한다. 순서쌍 $(\mathbf{v}, \mathbf{w})$가 음으로 향하여 있다는 것과 순서쌍 $(\mathbf{w}, \mathbf{v})$가 양으로 향하여 있다는 것은 같은 말이다.

2.1.1 기본연습문제

다음 벡터의 순서쌍 $(\mathbf{v}, \mathbf{w})$가 양으로 향하여 있는지 또는 음으로 향하여 있는지를 밝히라.

(1) $\mathbf{v} = (1, 1), \quad \mathbf{w} = (-1, 1)$ (2) $\mathbf{v} = (1, 2), \quad \mathbf{w} = (-1, -3)$

2.2 경계의 향

좌표평면의 영역 U의 경계 ∂U가 정규곡선들로 이루어져 있다고 하자. 이때 경계(선) ∂U의 향은 다음과 같이 정한다.

먼저 경계선의 각 점에서 **단위법벡터**, 즉 경계선에 수직인 단위벡터를 생각하자. 이러한 벡터는 영역의 내부를 향하고 있는 것과 영역의 외부를 향하는 것 두 가지가 있다. 우리는 영역의 외부를 가리키는 법벡터를 $\mathbf{n}$으로 나타내고, 이것을 영역의 경계에서의 **표준 단위법벡터**라고 부르기로 한다.

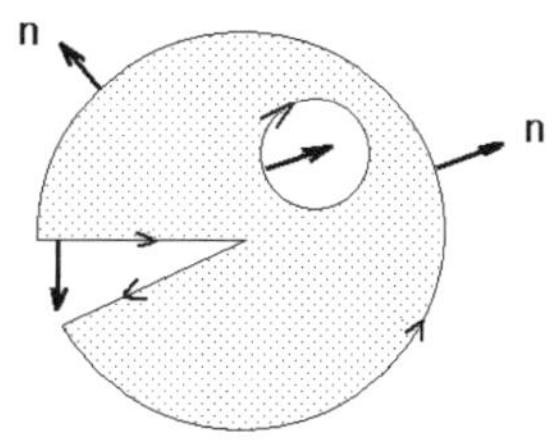

이제 경계선의 각 점에서 표준 단위법벡터 $\mathbf{n}$을 90° 만큼 회전시키면,[17] 경계선에 접하는 벡터 $\mathbf{t}$가 얻어지는데, 이 **표준 단위접벡터** $\mathbf{t}$가 가리키는 방향을 **경계의 향**이라고 부른다. 따라서

경계를 따라 향의 방향으로 걸으면,[18] *내부가 항상 왼쪽에 있다.*

만약 영역의 경계가 정규곡선은 아니지만 조각마다 정규인 곡선, 즉 조각적 정규곡선인 경우에는 접선이 정의되지 않는 점들이 **이산적**(discrete)으로 나타나고, 그러한 **특이점**(singularity)에서는 법방향을 생각하지 않는다. 선적분에서는 이산적인 특이점들이 적분값에 영향을 끼치지 않는다.

[17]특별한 언급이 없으면 항상 양의 방향으로 회전시킨다.

[18]물구나무서지 말 것.

제 3 절 평면 벡터장과 발산 정리

평면에서 정규곡선 C 의 각 점마다 C 에 수직인 단위벡터, 즉 **단위법벡터**를 연속적으로 대응시키는 방법에는 두 가지가 있다. 이때 $\mathbf{n}$ 이 C 의 단위법벡터장이면, $-\mathbf{n}$ 도 C 의 단위법벡터장이다.

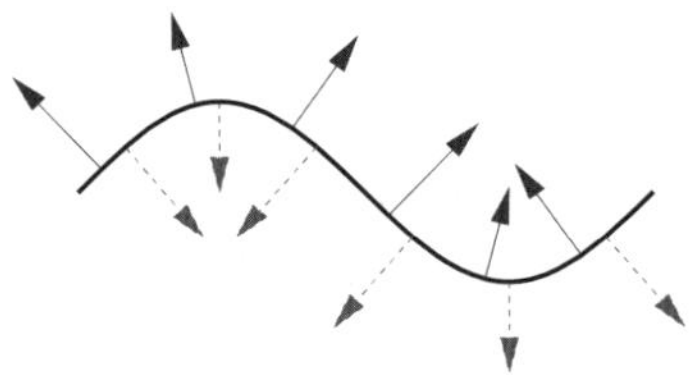

평면 곡선 C 의 단위법벡터장 $\mathbf{n}$ 과 벡터장 $\mathbf{F}(x, y)$ 에 대하여 선적분

$$\int_C \mathbf{F} \cdot \mathbf{n}\, \mathrm{ds}$$

를 "벡터장 $\mathbf{F}$ 가 곡선 C 를 $\mathbf{n}$-방향으로 통과하는(또는 빠져나가는) 양(flux)"이라고 부른다.[19]

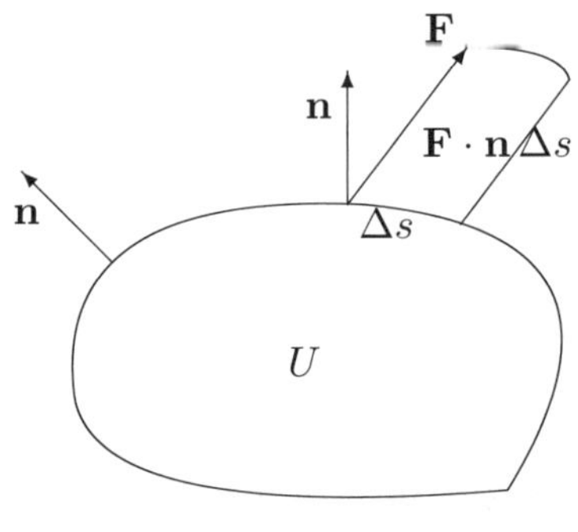

일반 곡선 C 에서 단위법벡터장을 택하는 방법에는 두 가지가 있지만, C 가 영역 U 의 경계인 곡선 ∂U 일 때에는 단위법벡터장 $\mathbf{n}$ 을 **영역 U 를 벗어나는 방향**으로 택한다.[20]

다음 발산 정리는 벡터장이 "영역을 빠져나가는 양의 순간변화율"은 "영역의

[19]벡터장 $\mathbf{F}$ 가 유체의 속도벡터장이면, 유체가 곡선 C 의 조그만 부분을 단위시간에 통과하는 양은 $\mathbf{F} \cdot \mathbf{n}\, \mathrm{ds}$ 이고, 따라서 곡선 전체를 통과하는 양은 $\int_C \mathbf{F} \cdot \mathbf{n}\, \mathrm{ds}$ 이다. 엄밀하게 말하면 "통과하는 양" 또는 "단위시간에 통과하는 양(量)"이라는 표현보다 "통과하는 양(量)의 순간변화율"이라는 표현이 더 정확하다.

[20]영역의 경계가 매끄럽지 않은 곳에서는 법벡터를 정의하지 않는다.

순간넓이변화율"과 같다는 것을 말하여 준다.[21] (영역으로 들어온 양은 빠져나간 양이 음인 것으로 이해한다.)

정리 3.0.1 (발산 정리) *좌표평면의 영역*[22] U *에서 정의된 벡터장* $\mathbf{F}(x, y)$ *에 대하여*

$$\int_{\partial U} \mathbf{F} \cdot \mathbf{n}\, \mathrm{ds} = \iint_U \mathrm{div}\, \mathbf{F}\, \mathrm{dV}_2$$

이다.

증명. 발산 정리의 대략적인 증명을 살펴보자. 먼저 $\mathbf{F} = P\,\mathbf{i} + Q\,\mathbf{j}$ 로 둔다.

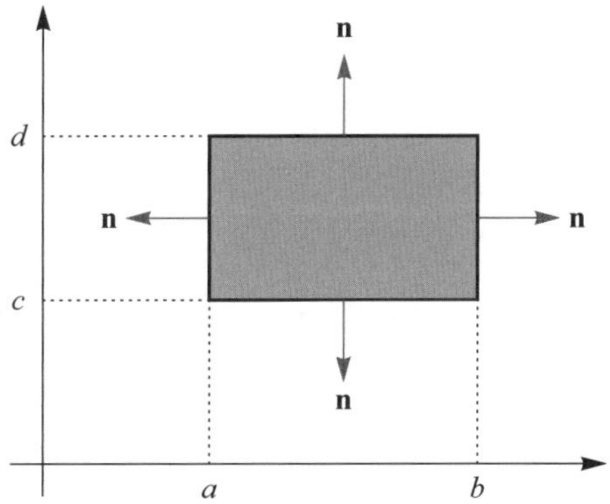

영역이 직사각형

$$U = [a, b] \times [c, d]$$

이면 이 영역의 경계를 벡터장이 통과한 양은

$$\begin{aligned}&\int_{\partial U} \mathbf{F} \cdot \mathbf{n}\, \mathrm{ds}\\ = \quad & -\int_a^b Q(x, c)\, dx + \int_c^d P(b, y)\, dy + \int_a^b Q(x, d)\, dx - \int_c^d P(a, y)\, dy\end{aligned}$$

[21] 영역을 고정하고 벡터장이 움직이는 것을 보거나, 벡터장을 고정하고 영역이 움직인 것을 보거나 마찬가지이다. 이 장의 부록에는

$$\iint_U \mathrm{div}\mathbf{F}\, \mathrm{dV}_2 = \left.\frac{d}{dt}\right|_0 \mathrm{area}(U_t)$$

임을 보인다. 제 17 장에서는 삼차원 영역에서의 발산 정리가 소개된다.

[22] 이때 U 가 유계인 닫힌 영역이고 U 의 경계 ∂U 는 조각적 정규곡선이라고 가정한다.

이다. 한편

$$\begin{aligned}\iint_U \operatorname{div}\mathbf{F}\,\mathrm{dV}_2 &= \iint_U \left(\frac{\partial P}{\partial x}+\frac{\partial Q}{\partial y}\right) dx\,dy \\ &= \int_c^d \left(\int_a^b \frac{\partial P}{\partial x}\,dx\right) dy + \int_a^b \left(\int_c^d \frac{\partial Q}{\partial y}\,dy\right) dx \\ &= \int_c^d (P(b,y)-P(a,y))\,dy + \int_a^b (Q(x,d)-Q(x,c))\,dx\end{aligned}$$

이므로 원하는 등식을 얻는다.

영역 U가 조금 더 일반적인 모양으로, 두 일급함수 $g(x) < h(x)$에 대하여

$$U = \{(x,y) \mid a \le x \le b, \quad g(x) \le y \le h(x)\}$$

인 경우에도 직사각형에서 증명하였던 것처럼 발산 정리의 증명을 어렵지 않게 할 수 있다.

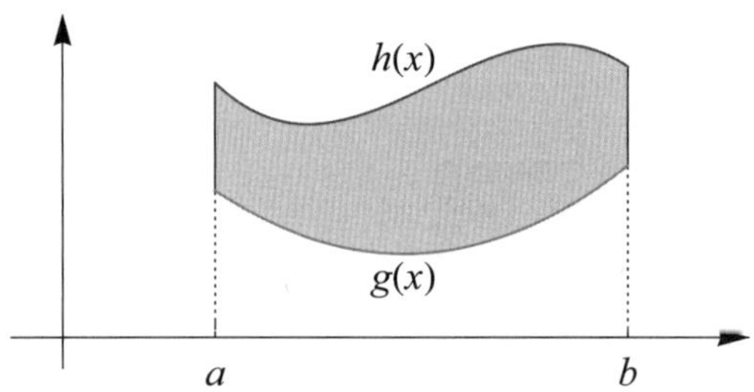

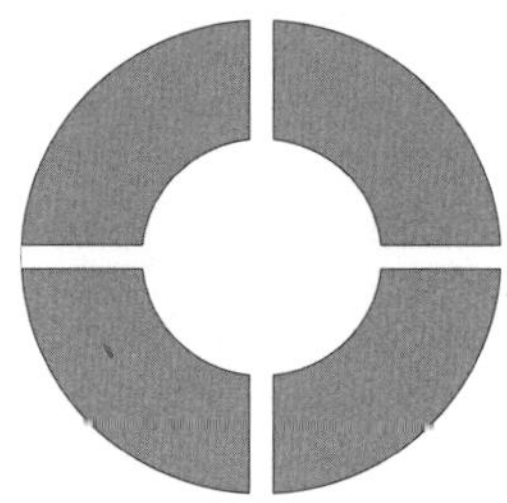

일반적인 영역의 경우에는 영역 U를 잘게 나누어 앞의 경우처럼 "쉬운 영역"들의 합으로 되게 하여 증명을 할 수 있다. 이때 주의할 점은 영역을 나눌 때 생겨나는 새로운 경계는 인접한 부분 영역들의 공통경계이지만, 서로 법벡터 $\mathbf{n}$의 방향이 반대로 나타나므로, 적분값이 사라진다는 것이다. □

3.0.2 보기

벡터장 $\mathbf{F}(x,y) = x\,\mathbf{i}$와 $\mathbf{G}(x,y) := y\,\mathbf{j}$는 발산함수가 모두 1이므로, 영역 U에 발산 정리를 적용하면

$$\boxed{\operatorname{area}(U) = \int_{\partial U} x\,\mathbf{i}\cdot\mathbf{n}\ \mathrm{ds} = \int_{\partial U} y\,\mathbf{j}\cdot\mathbf{n}\ \mathrm{ds} = \frac{1}{2}\int_{\partial U} \mathbf{r}\cdot\mathbf{n}\ \mathrm{ds}}$$

를 얻는다.[23]

[23] 이 원리를 바탕으로 땅의 넓이를 구하는 도구인 면적계(planimeter)가 개발되었다 (그린 정리의 따름정리 5.0.4 참고).

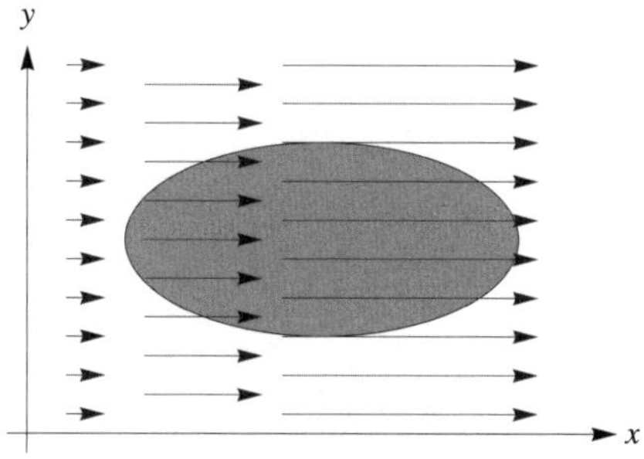

그림: 벡터장 $x\,\mathbf{i}$

보기를 들어, U가 타원판 $\frac{x^2}{a^2}+\frac{y^2}{b^2}\le 1\ \ (a,b>0)$ 인 경우는 경계의 매개화를

$$x=a\cos t, \qquad y=b\sin t \qquad (0\le t\le 2\pi)$$

로 할 수 있고, 이때 단위법벡터는

$$\mathbf{n}=(b\cos t, a\sin t)/v(t) \qquad \left(v(t)=\sqrt{a^2\sin^2 t+b^2\cos^2 t}\right)$$

이다. 따라서 타원의 넓이는

$$\frac{1}{2}\int_{\partial U}\mathbf{r}\cdot\mathbf{n}\ \mathrm{ds}=\frac{1}{2}\int_0^{2\pi}(a\cos t, b\sin t)\cdot(b\cos t, a\sin t)\,dt=\frac{1}{2}\int_0^{2\pi}ab\,dt=\pi ab$$

임을 확인할 수 있다.

3.0.3 기본연습문제

1. 좌표평면에서 점 P를 중심으로 하고 반지름이 r인 원판을 D_r이라고 하자. 이때 점 P 근방에서 정의된 벡터장 $\mathbf{F}$에 대하여

$$\operatorname{div}\mathbf{F}(P)=\lim_{r\to 0}\frac{1}{\pi r^2}\int_{\partial D_r}\mathbf{F}\cdot\mathbf{n}\,\mathrm{ds}$$

임을 보이라. 또 이로부터 발산의 의미를 설명하라.

2. 벡터장

$$\mathbf{F}_0(x,y):=x\,\mathbf{i}, \qquad \mathbf{F}_1(x,y):=y\,\mathbf{j}$$

에 대하여

$$\mathbf{F}_c:=(1-c)\mathbf{F}_0+c\mathbf{F}_1 \qquad (c\in\mathbb{R})$$

로 정의하면 평면의 영역 U에 대하여

$$\operatorname{area}(U)=\int_{\partial U}\mathbf{F}_c\cdot\mathbf{n}\,ds$$

임을 보이라.

3.1 이차원 가우스 정리

좌표평면에서 그 크기가 원점까지의 거리의 역수이고 방향은 위치벡터와 같은 벡터장[24]

$$\mathbf{A}(x,y) := \frac{x}{x^2+y^2}\,\mathbf{i} + \frac{y}{x^2+y^2}\,\mathbf{j}$$

를 생각하자. 이 벡터장의 발산은

$$\begin{aligned}\operatorname{div}\mathbf{A}(x,y) &= \frac{\partial}{\partial x}\left(\frac{x}{x^2+y^2}\right)+\frac{\partial}{\partial y}\left(\frac{y}{x^2+y^2}\right)\\ &= \frac{(x^2+y^2)-x(2x)}{(x^2+y^2)^2}+\frac{(x^2+y^2)-y(2y)}{(x^2+y^2)^2}\\ &= 0\end{aligned}$$

이다.[25]

따라서 임의의 **단순폐곡선**[26] $C \subset \mathbb{R}^2_o := \mathbb{R}^2 - \{O\}$ 가 안쪽 부분 $\operatorname{int} C$ 에 원점을 포함하지 않으면,

$$\int_C \mathbf{A}\cdot\mathbf{n}\,\mathrm{ds} = \iint_{\operatorname{int} C} \operatorname{div}\mathbf{A}\,\mathrm{dV}_2 = 0$$

이다.

만약 C 의 안쪽에 원점이 포함되면, 아주 작은 $\varepsilon > 0$ 에 대하여 영역

$$U := \big(C \cup \operatorname{int} C\big) - \{(x,y) \mid x^2+y^2 < \varepsilon^2\}$$

에 발산 정리를 적용하여

$$\begin{aligned}0 &= \iint_U \operatorname{div}\mathbf{A}\,\mathrm{dV}_2\\ &= \int_C \mathbf{A}\cdot\mathbf{n}\,\mathrm{ds} + \int_{x^2+y^2=\varepsilon^2}\mathbf{A}\cdot\mathbf{n}\,\mathrm{ds}\end{aligned}$$

[24] 이 벡터장은 "2 차원에서의 입체각 벡터장"이다. 이 벡터장을 90° 회전시키면 각원소 벡터장이 된다.

[25] 보기 1.3.1 참고.

[26] 단순폐곡선(單純閉曲線, simple closed curve)이란, 곡선의 양 끝점만 일치하고, 그 외에는 교차하지 않는 곡선을 뜻한다. 평면에서 단순폐곡선 C 의 여집합 $\mathbb{R}^2 - C$ 는 두 **덩어리**(**연결 성분**, connected component)로 이루어져 있는데, 한 덩어리는 유계이고, 나머지 한 덩어리는 유계가 아니다. 이때 유계인 덩어리 $\operatorname{int} C$ 를 C 의 **안쪽 부분**이라고 부르고 유계가 아닌 덩어리 $\operatorname{ext} C$ 를 **바깥쪽 부분**이라고 한다: $\mathbb{R}^2 - C = (\operatorname{int} C) \cup (\operatorname{ext} C)$. 또 곡선 C 는 $\operatorname{int} C$ 의 경계이고, 동시에 $\operatorname{ext} C$ 의 경계이다. 물론 C 에서의 법방향 $\mathbf{n}$ 은 바깥쪽을 향하게 정한다.

를 얻고, 따라서

$$\begin{aligned}\int_C \mathbf{A}\cdot\mathbf{n}\,\mathrm{ds} &= -\int_{x^2+y^2=\varepsilon^2} \mathbf{A}\cdot\mathbf{n}\,\mathrm{ds} \\ &= -\int_{x^2+y^2=\varepsilon^2} \frac{x\mathbf{i}+y\mathbf{j}}{\varepsilon^2}\cdot\left(-\frac{x\mathbf{i}+y\mathbf{j}}{\varepsilon}\right)\mathrm{ds} \\ &= \frac{1}{\varepsilon}\int_{x^2+y^2=\varepsilon^2} \mathrm{ds} \\ &= 2\pi\end{aligned}$$

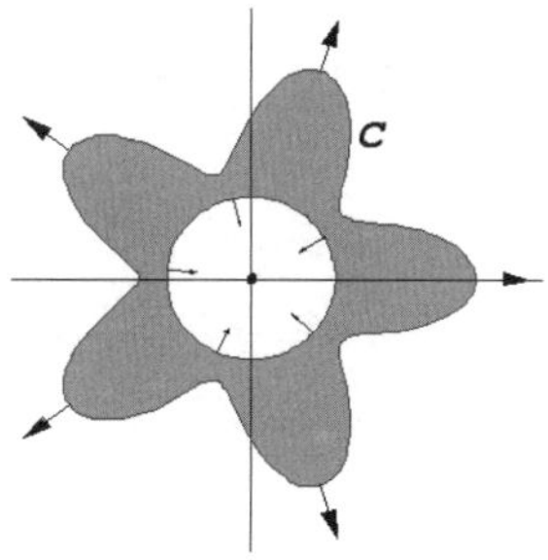

이다. 그러므로 다음 정리를 얻는다.[27]

정리 3.1.1 *임의의 단순폐곡선* $C \subset \mathbb{R}^2_o$ *에 대하여*

$$\int_C \mathbf{A}\cdot\mathbf{n}\,\mathrm{ds} = \begin{cases} 2\pi & (O \in \operatorname{int} C) \\ 0 & (O \in \operatorname{ext} C) \end{cases}$$

이다.

3.1.2 보기

좌표평면의 점 P 에 대하여 벡터장

$$\mathbf{A}_P(X) := \frac{X-P}{|X-P|^2}$$

를 "점 X 가 점 P 로부터 받는 힘"이라고 부르자.[28] 이때

$$\operatorname{div}\mathbf{A}_P = 0$$

이고 따라서 단순폐곡선 $C \subset \mathbb{R}^2 - \{P\}$ 에 대하여

$$\int_C \mathbf{A}_P(X)\cdot\mathbf{n}\,\mathrm{ds} = \begin{cases} 2\pi & (P \in \operatorname{int} C) \\ 0 & (P \in \operatorname{ext} C) \end{cases}$$

이다.

[27] 이 정리는 각원소 벡터장과 감는 수를 다루면서 (제 13 장 2절 연습문제 3번) 이미 살펴보았다.

[28] 점 P 를 지나고 좌표평면에 수직인 전선을 흐르는 전류가 만드는 자력의 크기처럼.

3.1.3 기본연습문제: 이차원 가우스 정리

좌표평면에서 서로 다른 점 $P_1, \ldots, P_k$ 와 실수 $q_1, \ldots, q_k$ 에 대하여

$$\mathbf{E} := q_1 \mathbf{A}_{P_1} + \cdots + q_k \mathbf{A}_{P_k}$$

로 두었을 때, 단순폐곡선 $C \subset \mathbb{R}^2 - \{P_1, \ldots, P_k\}$ 에 대하여

$$\frac{1}{2\pi} \int_C \mathbf{E} \cdot \mathbf{n} \, \mathrm{ds}$$

의 값을 구하라.[29]

3.1.4 보기: 이차원 중력

좌표평면에서 "점 X 가 원 $|P| = a$ 에서 받는 힘"을

$$\mathbf{F}(X) := \int_{|P|=a} \mathbf{A}_P(X) \, \mathrm{ds}(P) \qquad (|X| \neq a)$$

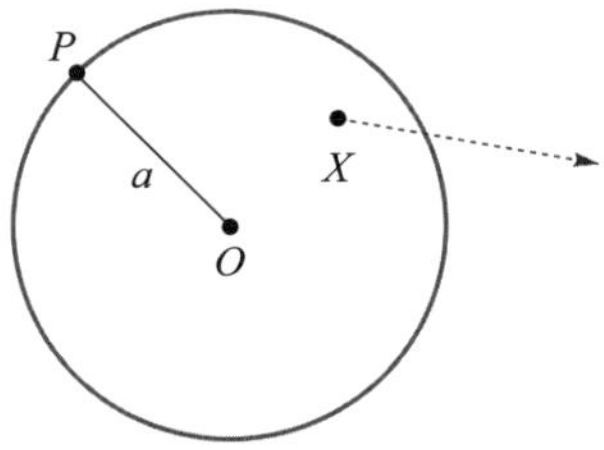

라고 하자.[30]

이 적분은 벡터값을 가지는 적분으로 $\mathbf{A}_P(X)$ 의 각 성분함수를 적분한 값이 $\mathbf{F}(X)$ 의 각 성분이라는 뜻이다. 다시 말하면

$$\mathbf{F}(X) \cdot \mathbf{i} = \int_{|P|=a} \mathbf{A}_P(X) \cdot \mathbf{i} \, \mathrm{ds}(P), \qquad \mathbf{F}(X) \cdot \mathbf{j} = \int_{|P|=a} \mathbf{A}_P(X) \cdot \mathbf{j} \, \mathrm{ds}(P)$$

이다. 예를 들어 원점에서는

$$\mathbf{F}(O) = \int_{|P|=a} \frac{-P}{|P|^2} \, \mathrm{ds}(P) = \int_{x^2+y^2=a^2} \frac{-(x,y)}{a^2} \, \mathrm{ds} = \mathbf{0}$$

이다. 벡터장 $\mathbf{F}(X)$ 는 발산함수가 영이다:[31]

$$\operatorname{div} \mathbf{F}(X) = \int_{|P|=a} \operatorname{div} \mathbf{A}_P(X) \, \mathrm{ds}(P) = 0.$$

한편 주어진 상황의 대칭성으로부터 벡터장 $\mathbf{F}(X)$ 는 위치벡터장 $\mathbf{r}(X) := X$ 에 비례하고 따라서

$$\mathbf{F}(X) = h(|X|)X \qquad (|X| \neq a)$$

[29] $q_1 = \cdots = q_k = 1$ 이면 $P_1, \ldots, P_k$ 중에서 폐곡선 안쪽 부분에 있는 것의 개수. 일반적으로 폐곡선 안쪽에 있는 "총전하량".

[30] 벡터장 $\mathbf{F}(X)$ 는 원 $|X| = a$ 의 점을 제외한 곳에서 정의된다.

[31] 라이프니츠의 "적분기호 속의 미분법"과 $\operatorname{div} \mathbf{A}_P(X) = 0$ 으로부터.

를 만족시키는 함수 $h : [0, \infty) \to \mathbb{R}$ 의 존재를 안다. 그러므로

$$\int_{|X|=r} \mathbf{F}(X) \cdot \mathbf{n}\, \mathrm{ds} = \int_{|X|=r} h(r) X \cdot \mathbf{n}\, \mathrm{ds} = h(r) \cdot 2\pi r^2 \tag{1}$$

이다. 이제 $h(r) = \begin{cases} 0 & (r < a) \\ \frac{2\pi a}{r^2} & (r > a) \end{cases}$ 임을 보인다. 달리 말하면

$$\boxed{\mathbf{F}(X) = \begin{cases} \mathbf{0} & (|X| < a) \\ 2\pi a\, \mathbf{A}(X) & (|X| > a) \end{cases}}$$

이다. 즉, 원 $|P| = a$ 의 내부에는 아무런 힘이 작용하지 않고, 이 원 밖에서는 원의 중심에 모든 힘의 근원이 몰려 있을 때와 같은 현상이 생긴다.[32]

증명. 먼저 $r := |X| < a$ 인 경우를 살펴보자. 벡터장 $\mathbf{F}$ 는 발산이 "없으므로"

$$\int_{|X|=r} \mathbf{F}(X) \cdot \mathbf{n}\, \mathrm{ds} = \iint_{|X| \le r} \operatorname{div} \mathbf{F}(X)\, \mathrm{dV}_2 = 0$$

이다. 그러므로 (1)에서 $h(r) \cdot 2\pi r^2 = 0$, 즉 $h(r) = 0$ 이다.

이제 $|X| > a$ 인 경우를 살펴보자. $a < r < R$ 이면 영역 $\{X \mid r \le |X| \le R\}$ 에 발산 정리를 적용하여

$$h(r) \cdot 2\pi r^2 = \int_{|X|=r} \mathbf{F}(X) \cdot \mathbf{n}\, \mathrm{ds} = \int_{|X|=R} \mathbf{F}(X) \cdot \mathbf{n}\, \mathrm{ds} = h(R) \cdot 2\pi R^2$$

을 얻는다. 그러므로 $h(r) \cdot 2\pi r^2$ 은 r 와 상관없는 상수이다. 따라서 어떤 상수 c 에 대하여 $h(r) = \dfrac{c}{r^2}$ 임을 안다. 이제 c 를 구하기만 하면 된다.

한편,

$$\mathbf{F}(X) \cdot X = h(|X|) X \cdot X = \frac{c}{r^2} \cdot r^2 = c \qquad (|X| > a)$$

이므로

$$c = \lim_{X \to \infty} \mathbf{F}(X) \cdot X = \int_{|P|=a} \left(\lim_{X \to \infty} \mathbf{A}_P(X) \cdot X \right) \mathrm{ds}(P) = \int_{|P|=a} 1\ \mathrm{ds} = 2\pi a$$

이다.[33] 그러므로 $h(r) = 2\pi a / r^2$ 이다. □

---

[32] 이 원리는 제 15 장 부록에서 다시 다룬다.

[33] $\mathbf{A}_P(X) \cdot X = \frac{(X-P) \cdot X}{|X-P|^2} = \frac{(X-P) \cdot (X-P) + (X-P) \cdot P}{|X-P|^2} = 1 + \frac{(X-P) \cdot P}{|X-P|^2}$ 이고 $\left| \frac{(X-P) \cdot P}{|X-P|^2} \right| \le \frac{|P|}{|X-P|} \le \frac{|P|}{|X|-a}$ 이므로 $\lim_{X \to \infty} \mathbf{A}_P(X) \cdot X = 1$ 이다. 아주 멀리 있는 원은 한 점처럼 보이므로 기하학적으로는 당연한 이치이다.

연습문제: 제 15 장 3 절

1. 평면 벡터장 $\mathbf{F}(x,y)$ 가 비압축장이라는 것을 안다고 하자. 이때 어떤 영역 U 의 경계 ∂U 에서 벡터장 $\mathbf{F}$ 가 정의되고 $\int_{\partial U} \mathbf{F}\cdot\mathbf{n}\,\mathrm{ds} \neq 0$ 이면 U 에는 $\mathbf{F}$ 가 정의되지 않는 점이 존재함을 설명하라.

2. (a) 원점이 빠진 좌표평면에서 정의된 벡터장 $\mathbf{A}(x,y) = \frac{(x,y)}{x^2+y^2}$ 와 미분가능함수 $h(x,y)$ 에 대하여 다음 두 명제가 동등함을 밝히라.

   (i) 벡터장 $\mathbf{F} := h\mathbf{A}$ 는 발산이 없다.[34]

   (ii) 각 점 (x,y) 에서 $\operatorname{grad} h$ 가 각원소 벡터장 $\mathbf{a}$ 에 비례한다.[35]

   (b) 미분가능함수 $g(c,s)$ 에 대하여

$$h(x,y) := g\left(\frac{x}{r}, \frac{y}{r}\right) \qquad \left(r = \sqrt{x^2+y^2}, \quad (x,y) \neq (0,0)\right)$$

   로 두면, h 의 기울기 벡터장은 각원소 벡터장 $\mathbf{a}$ 에 비례함을 밝히라. 또 이때 적분값 $\displaystyle\int_{x^2+y^2=\varepsilon^2} h\mathbf{A}\cdot\mathbf{n}\,\mathrm{ds}$ 는 ε 과 상관없이 일정함을 밝히라.[36]

3. 좌표평면의 점 P 에 대하여

$$\mathbf{A}_P(X) := \frac{X-P}{|X-P|^2} = \operatorname{grad}\log|X-P| \qquad (X \neq P)$$

   로 두고, 양수 a 에 대하여 벡터장

$$\mathbf{F}(X) := \int_{|P|=a} \mathbf{A}_P(X)\,\mathrm{ds}(P) \qquad (|X| \neq a)$$

   를 생각하자. 이때 함수

$$\varphi(X) := \int_{|P|=a} \log|X-P|\,\mathrm{ds} \qquad (|X| \neq a)$$

   가 $\mathbf{F}$ 의 잠재함수임을 보이고, 이를 이용하여

$$\int_{|P|=a} \log|X-P|\,\mathrm{ds} = \begin{cases} 2\pi a\,\log a & (|X| < a) \\ 2\pi a \log|X| & (|X| > a) \end{cases}$$

   임을 보이라.

4. 평면의 열린 집합에서 정의된 벡터장 $\mathbf{F}$ 가 정의역에 포함되는 임의의 닫힌 원판 D 에 대하여 $\displaystyle\int_{\partial D} \mathbf{F}\cdot\mathbf{n}\,\mathrm{ds} = 0$ 이면 $\operatorname{div}\mathbf{F} = 0$ 임을 보이라.

---

[34] $\operatorname{div}\mathbf{F} = 0$ 이라는 뜻이다.

[35] 제 13 장 2절 연습문제 6번 참고.

[36] 제1절 연습문제 4번 참고.

제 4 절　평면 벡터장과 회전도

좌표평면의 열린 집합에서 정의된 일급벡터장

$$\mathbf{F}(x,y) = P(x,y)\,\mathbf{i} + Q(x,y)\,\mathbf{j}$$

에 대하여 정의역의 점 X 에서 $\mathbf{F}$ 의 **회전도**는

$$\boxed{\operatorname{rot}\mathbf{F}(X) := \frac{\partial Q}{\partial x}(X) - \frac{\partial P}{\partial y}(X)}$$

로 정의한다. 또 회전도를 함수 $X \mapsto \operatorname{rot}\mathbf{F}(X)$ 로 이해할 때에는 "$\mathbf{F}$ 의 **회전함수**" 라고도 부른다.

4.0.1　보기

위치벡터장 $\mathbf{r}(x,y) = x\,\mathbf{i} + y\,\mathbf{j}$ 는

$$\operatorname{rot}\mathbf{r} = \frac{\partial y}{\partial x} - \frac{\partial x}{\partial y} = 0$$

이므로 회전도가 항등적으로 영이다.

4.0.2　보기

실수 ω 에 대하여 벡터장

$$\mathbf{F}(x,y) := \omega(-y\,\mathbf{i} + x\,\mathbf{j})$$

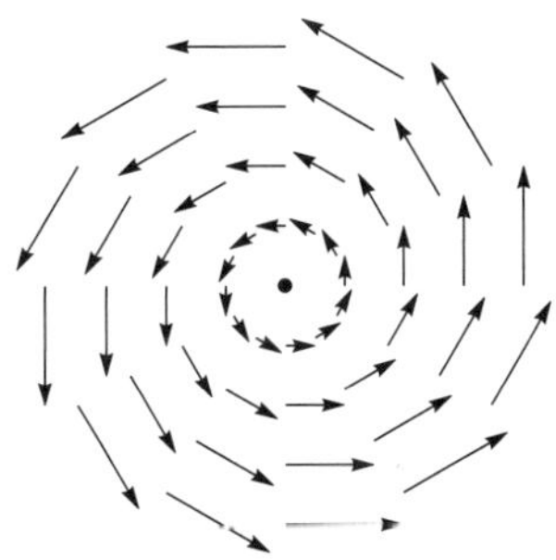

의 회전도는

$$\operatorname{rot}\mathbf{F}(x,y) = \omega\left(\frac{\partial x}{\partial x} - \frac{\partial(-y)}{\partial y}\right) = 2\omega$$

이다.

좌표평면에서 "각속력"이 ω 인 회전운동

$$X(t) = r(\cos\omega t, \sin\omega t)$$

를 생각하면[37]

$$X'(t) = \omega r(-\sin\omega t, \cos\omega t) = \mathbf{F}(X(t))$$

이므로 $\mathbf{F}$ 의 회전도 $\operatorname{rot}\mathbf{F}$ 는 $\mathbf{F}$ 가 서술하는 회전운동의 각속력의 두 배이다.

[37] 이 회전운동의 **각속도**는

$$\boldsymbol{\omega} := \omega\,\mathbf{k}$$

이다. 각속도는 벡터량으로 이 벡터가 가리키는 방향은 회전축과 같고, 크기는 **각속력**과 같다.

4.0.3 보기

각원소 벡터장

$$\mathbf{a}(x,y) = -\frac{y}{x^2+y^2}\,\mathbf{i} + \frac{x}{x^2+y^2}\,\mathbf{j}$$

의 회전도는 항등적으로 영이다:

$$\begin{aligned}\operatorname{rot}\mathbf{a} &= \frac{\partial}{\partial x}\left(\frac{x}{x^2+y^2}\right) - \frac{\partial}{\partial y}\left(-\frac{y}{x^2+y^2}\right) \\ &= \frac{(x^2+y^2)-x(2x)}{(x^2+y^2)^2} + \frac{(x^2+y^2)-y(2y)}{(x^2+y^2)^2} \\ &= 0.\end{aligned}$$

4.1 회전도의 의미

평면 벡터장

$$\mathbf{F}(x,y) = P(x,y)\,\mathbf{i} + Q(x,y)\,\mathbf{j}$$

의 회전도

$$\operatorname{rot}\mathbf{F} = \frac{\partial Q}{\partial x} - \frac{\partial P}{\partial y}$$

는 다음과 같은 의미를 가진다.[38]

편의상 $\mathbf{F}$가 원점 O 근방에서 정의되었다고 하자. 먼저 원점 근방의 작은 원

$$C_r: \qquad x^2+y^2 = r^2$$

을 생각하자.

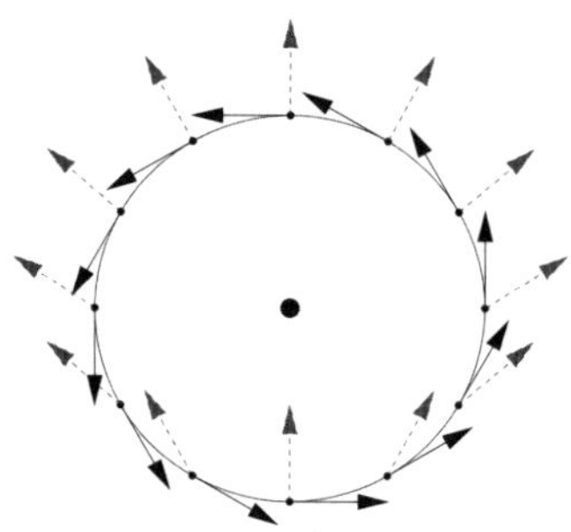

그림: 원의 단위접벡터장 $\mathbf{t}$와 벡터장 $\mathbf{F}$

[38] **의미**라는 것은 "장님이 코끼리 알듯이" 다양하게 나타난다. 위 해석에서는 벡터장을 "힘"으로 보기로 한다.

이때 원의 단위접벡터장은

$$\mathbf{t}(x,y) := \frac{1}{r}(-y,x)$$

이고, 원의 한 점 (x,y)가 벡터장 $\mathbf{F}$에 의하여 원점 주위를 돌려고 하는 회전력은

$$\begin{aligned}
& r\mathbf{F}(x,y)\cdot\mathbf{t}(x,y) \\
= \;& -y\,P(x,y) + x\,Q(x,y) \\
= \;& -y\big(P(O) + x\,P_x(O) + y\,P_y(O) + o(r)\big) + x\big(Q(O) + x\,Q_x(O) + y\,Q_y(O) + o(r)\big) \\
= \;& -y\,P(O) + x\,Q(O) + xy(Q_y(O) - P_x(O)) + x^2\,Q_x(O) - y^2\,P_y(O) + o(r^2)
\end{aligned}$$

이다.[39] 한편

$$\int_{C_r} x\ \mathrm{ds} = \int_{C_r} y\ \mathrm{ds} = \int_{C_r} xy\ \mathrm{ds} = 0$$

$$\int_{C_r} x^2\ \mathrm{ds} = \int_{C_r} y^2\ \mathrm{ds} = \int_{C_r} \frac{1}{2}(x^2+y^2)\ \mathrm{ds} = \pi r^3$$

이므로, 원 C_r 전체가 받는 회전력은

$$\int_{C_r} r\mathbf{F}(x,y)\cdot\mathbf{t}(x,y)\,ds = \pi r^3(Q_x(O) - P_y(O)) + o(r^3)$$

이다. 이로부터

$$\operatorname{rot}\mathbf{F}(O) = \lim_{r\to 0}\frac{1}{\pi r^2}\int_{C_r} \mathbf{F}\cdot\mathbf{t}\,\mathrm{ds}$$

를 얻는다.[40] 이와 같은 이유에서 $\operatorname{rot}\mathbf{F}$를 회전도라고 부른다.

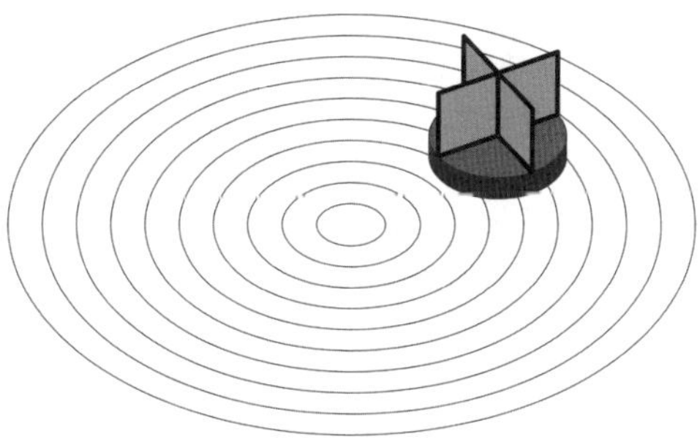

그림: 회전도는 **공전**(公轉)이 아니라 **자전**(自轉)을 측정하는 것이다.

---

[39] $Q_x = \dfrac{\partial Q}{\partial x}$, $Q_y = \dfrac{\partial Q}{\partial y}$ 등으로 두었다. 이 힘은 $C_r(t)\times\mathbf{F}\cdot\mathbf{k}$와 같다 (제 8 장에서 살펴보았듯이).

[40] 이와 같은 원리는 원점뿐 아니라 $\mathbf{F}$의 정의역의 임의의 점에서도 성립한다. 나중에 그린 정리를 배우면, 더욱 일반적인 곡선에 대하여도 이러한 공식을 얻는다.

4.2 회전과 발산

평면 벡터장 $\mathbf{F} = P\mathbf{i} + Q\mathbf{j}$ 를 90° 회전시켜 얻은 벡터장을 $\mathbf{F}^*$ 로 나타내면,

$$\mathbf{F}^* = -Q\mathbf{i} + P\mathbf{j}$$

이다. 이때 $\operatorname{div}\mathbf{F} = \operatorname{rot}\mathbf{F}^*$ 임을 바로 알 수 있다.

4.3 비회전장

앞으로 회전도가 항등적으로 영인 벡터장을 **비회전장**(irrotational field)이라고 부른다.[41] 다음 정리는 오일러의 편미분 교환법칙에서 바로 얻는다.

정리 4.3.1 *평면의 열린 집합에서 정의된 일급 벡터장 $\mathbf{F}(x, y)$ 가 잠재함수를 가지면 이 벡터장은 비회전장이다.*

증명. 만약 $\mathbf{F}(x, y) = P(x, y)\mathbf{i} + Q(x, y)\mathbf{j}$ 가 함수 φ 의 기울기 벡터장이면 $P = \dfrac{\partial\varphi}{\partial x}$, $Q = \dfrac{\partial\varphi}{\partial y}$ 이고, 따라서

$$\operatorname{rot}\mathbf{F} = \frac{\partial Q}{\partial x} - \frac{\partial P}{\partial y} = \frac{\partial}{\partial x}\left(\frac{\partial\varphi}{\partial y}\right) - \frac{\partial}{\partial y}\left(\frac{\partial\varphi}{\partial x}\right) = 0$$

이다. □

위 정리의 역이 국소적으로 성립한다는 것이 푸앵카레의 보조정리이다 (제 13 장 참조).

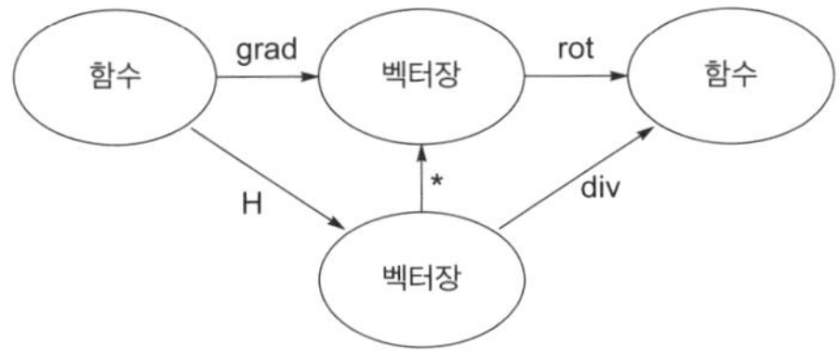

그림 $(n = 2)$: $\operatorname{rot} \circ \operatorname{grad} = 0$

4.3.2 기본연습문제

평면 벡터장 $\mathbf{F}$ 가 비압축장일 필요충분조건은 수직인 벡터장 $\mathbf{F}^*$ 가 비회전장임을 설명하라.

[41] 그러므로 $n = 2$ 일 때에는 비회전장이 바로 닫힌 벡터장이다.

제 5 절 그린 정리

그린의[42] 정리는 영역에서[43] 벡터장의 회전도를 적분한 것이 영역의 경계를 따른 벡터장의 순환도와 같다는 것을 말한다.

정리 5.0.1 (그린 정리) *좌표평면의 영역 U 에서 정의된 일급벡터장 $\mathbf{F}$ 에 대하여*

$$\int_{\partial U} \mathbf{F}\cdot d\mathbf{s} = \iint_U \operatorname{rot}\mathbf{F}\, dV_2$$

이다.[44]

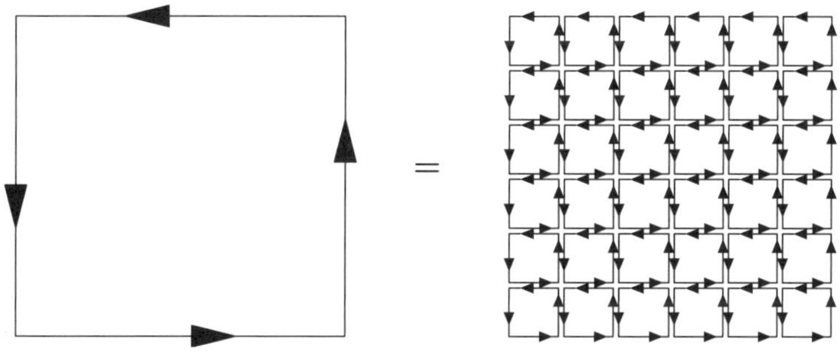

벡터장 $\mathbf{F}(x,y)$ 를 미분형식의 모양으로 표현하여

$$\mathbf{F}(x,y) = P(x,y)\,dx + Q(x,y)\,dy$$

---

[42]그린(George Green, 1793–1841). 영국의 수학자, 물리학자. 거의 혼자서 수학을 공부하였지만, 1828년 전기와 자기에 관한 그의 논문 "An essay on the application of mathematical analysis to the theories of electricity and magnetism"에 편미분 방정식의 경곗값 문제와 적분변환론에서 후일에 **그린 함수**라고 부르는 중요한 개념을 도입하였다. 이 논문에서 "potential"이라는 용어가 처음 소개된다. (오일러는 1744 년에 탄성체의 긴장(strain) 에너지를 *vis potentialis*라고 불렀다.) 그린의 업적은 당시에 잘 알려지지 않았지만, 톰슨(W. Thomson, 후일에 Kelvin경이 됨)의 노력으로 1850 년도에 그린의 논문이 다시 출판되어 널리 알려지게 되었다 [Birkhoff].

[43]여전히 유계인 닫힌 영역이고 그 경계가 조각적 정규곡선인 것을 가정한다.

[44]곡선을 따라 벡터장을 적분할 때에는 곡선의 단위 접벡터와 벡터장의 내적으로 주어진 함수를 적분하는 것이 보통이다. 만약 주어진 곡선이 **평면 곡선**이면, 이 곡선을 따라 평면 벡터장을 적분할 때에 곡선의 단위 법벡터와 벡터장의 내적으로 주어지는 함수를 적분할 수 있다. 접벡터와 내적한 함수를 적분하는 것은 **내재적인**(intrinsic) 개념으로, 주어진 곡선이 공간에 놓여 있는 모양과 상관없고 좌표계와도 무관하게 잘 정의되는 개념이다. 그러나 법벡터와 내적한 함수를 적분하는 것은 주어진 곡선만의 문제가 아니고, 그 곡선이 평면에 어떻게 놓여 있는지에 따라 달라지는 **상대적인** 개념이다. 경우에 따라 절대적인 개념이 중요할 때도 있고, 상대적인 개념이 유용할 때도 있다.

로 두면 그린 정리는

$$\boxed{\int_{\partial U} P(x,y)\,dx + Q(x,y)\,dy = \iint_U \left(\frac{\partial Q}{\partial x} - \frac{\partial P}{\partial y}\right) dxdy}$$

로 표현된다.

증명. 주어진 벡터장을

$$\mathbf{F} = P\,\mathbf{i} + Q\,\mathbf{j}$$

라고 두고, 영역 U 의 경계 ∂U 에서 표준 단위법벡터장을 $\mathbf{n}$, 표준 단위접벡터장을 $\mathbf{t}$ 라고 두자. 이때 벡터장

$$\mathbf{G} := Q\,\mathbf{i} - P\,\mathbf{j}$$

를 90° 회전시키면 $\mathbf{F}$ 가 되고, 법벡터장 $\mathbf{n}$ 을 90° 회전시키면 접벡터장 $\mathbf{t}$ 가 된다. 따라서

$$\mathbf{F} \cdot \mathbf{t} = \mathbf{G} \cdot \mathbf{n}$$

이다. 이제

$$\begin{aligned}\int_{\partial U} \mathbf{F} \cdot \mathbf{ds} &= \int_{\partial U} \mathbf{F} \cdot \mathbf{t}\,\mathrm{ds} = \int_{\partial U} \mathbf{G} \cdot \mathbf{n}\,\mathrm{ds} \\ &= \iint_U \operatorname{div} \mathbf{G}\,\mathrm{dV}_2 = \iint_U \left(\frac{\partial Q}{\partial x} - \frac{\partial P}{\partial y}\right) \mathrm{dV}_2 \\ &= \iint_U \operatorname{rot} \mathbf{F}\,\mathrm{dV}_2\end{aligned}$$

이다.[45] □

5.0.2 기본연습문제

좌표평면에서 "입체각 벡터장" $\mathbf{A}(X) := \frac{X}{|X|^2}$ 를 90° 회전시키면 각원소 벡터장 $\mathbf{a}$ 를 얻는다. 평면 곡선 C 의 단위법벡터장 $\mathbf{n}$ 을 90° 회전시켜 얻은 단위접벡터장을 $\mathbf{t}$ 라 하면

$$\int_C \mathbf{A} \cdot \mathbf{n}\ \mathrm{ds} = \int_C \mathbf{a} \cdot \mathbf{t}\ \mathrm{ds}$$

임을 설명하라.

---

[45] 평면에서는 발산 정리와 그린 정리가 동등한 명제이다. 이는 미분형식으로 표현된 식을 보면 바로 알 수 있다. 그린 정리를 먼저 증명한 다음 발산 정리를 유도하는 것이 더 자연스럽다고 생각하는 견해도 있다.

5.0.3 보기

향이 바르게 주어진 원

$$C: \quad x^2 + y^2 = 4$$

를 따라 적분

$$\int_C \left(2y + \sqrt{9 + x^3}\right) dx + \left(5x + e^{\arctan y}\right) dy$$

를 구하라.

풀이. 그린 정리에 의하면 이 값은

$$\iint_{x^2+y^2\le 4} (5-2)\, dxdy = 3 \cdot 4\pi = 12\pi$$

와 같다.

다음은 발산 정리의 따름정리 3.0.2 와 같은 정리이다.

따름정리 5.0.4 *좌표평면에서 영역 U 의 넓이는*

$$\frac{1}{2}\int_{\partial U} x\, dy - y\, dx = -\int_{\partial U} y\, dx = \int_{\partial U} x\, dy$$

와 같다.

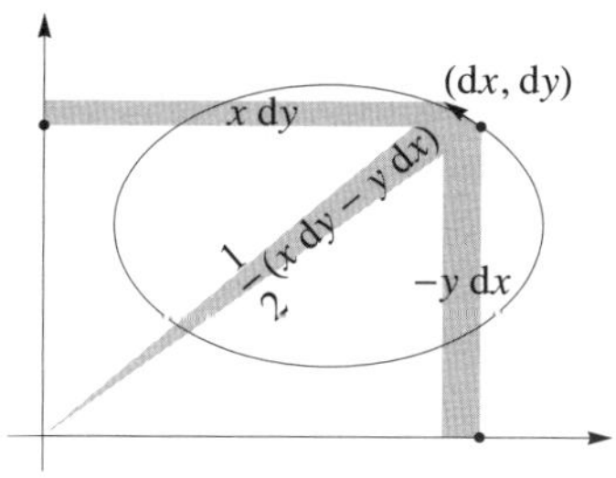

증명. 그린 정리에서

$$-\int_{\partial U} ydx = \iint_U dV_2 = \int_{\partial U} xdy$$

이므로 증명이 끝난다. □

5.0.5 보기: 사이클로이드 영역의 넓이

사이클로이드

$$x = t - \sin t, \quad y = 1 - \cos t \qquad (0 \le t \le 2\pi) \tag{2}$$

와 x 축으로 둘러싸인 부분의 넓이는

$$-\int_{\partial D} y\,dx = \int_0^{2\pi} (1-\cos t)^2\,dt = \int_0^{2\pi} (1 - 2\cos t + \cos^2 t)dt = 2\pi + \pi = 3\pi$$

이다. 그러므로 사이클로이드 영역의 넓이는 “기준 원판 넓이의 세 배”이다.

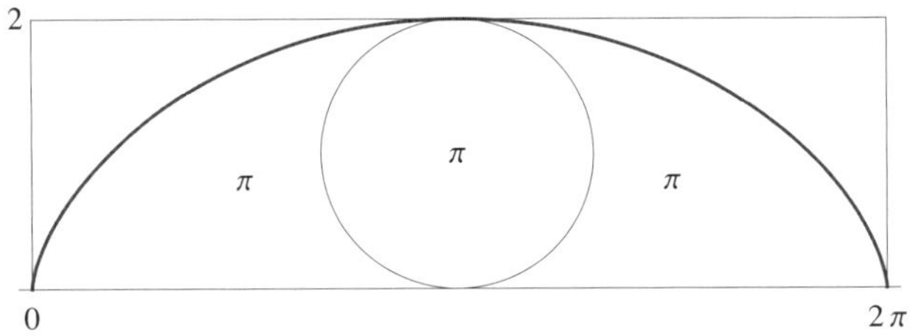

5.0.6 기본연습문제

1. 평면 벡터장 $\mathbf{F}(x,y)$ 의 정의역의 한 점 P 에 대하여

$$\operatorname{rot}\mathbf{F}(P) = \lim_{U\to P} \frac{1}{\operatorname{area} U} \int_{\partial U} \mathbf{F}\cdot d\mathbf{s}$$

를 보이라. (여기에서 U 는 P 를 포함하는 연결된 조그만 영역이고, U 가 P 에 수렴한다는 것은 $\sup\{|X-P| \mid X \in U\}$ 가 영에 수렴한다는 뜻이다.)

2. 좌표평면의 직교좌표계 (x,y) 와 극좌표계 (r,θ) 에 대하여

$$\boxed{\frac{1}{2}(-y\,dx + x\,dy) = \frac{1}{2}r^2\,d\theta}$$

임을 보이라.

3. 벡터장 $\mathbf{F}(x,y) := \dfrac{y^2}{(x^2+y^2)^2}(-y,x)$ 는 비회전장임을 밝히라. 또 $C \subset \mathbb{R}^2$ 가 내부에 원점을 포함하는 단순폐곡선일 때, $\displaystyle\int_C \frac{y^2}{(x^2+y^2)^2}(-y\,dx + x\,dy)$ 를 구하라.[46]

[46] 답: π

연습문제: 제 15 장 5 절

1. 좌표평면에서 단위원 $x^2+y^2=1$ 을 반시계 방향으로 한 바퀴 도는 곡선을 C 라고 할 때, 선적분 $\int_C \left(e^{\arctan x}+(xy+1)e^{xy}\right)dx+\left(x^3+3xy^2+x^2e^{xy}\right)dy$ 를 구하라.

2. 그린 정리를 이용하여 다음 적분을 구하라.

   (1) $\int_C (x+y^2)dx+(y+x^2)dy$,

   C 는 네 점 $(\pm1,\pm1)$ 을 꼭짓점으로 하는 정사각형의 둘레

   (2) $\int_C (x^2+y^2)dx-2xy\,dy$,

   C 는 $x=0$, $y=0$, $x+y=1$ 로 둘러싸인 삼각형의 둘레

   (3) $\int_C (y+e^x)dx+(2x^2+\cos y)dy$,

   C 는 점 $(0,0)$, $(1,1)$, $(2,0)$ 을 꼭짓점으로 하는 삼각형의 둘레

   (4) $\int_C (x^2-y^2)dx+xy\,dy$, C 는 $y=x$ 와 $y=x^2$ 으로 둘러싸인 부분의 경계

   (5) $\int_C \left(-y^2+e^{e^x}\right)dx+(\arctan y)dy$,

   C 는 $y=x^2$ 과 $x=y^2$ 으로 둘러싸인 부분의 경계

   (6) $\int_C x^2\,dy-y^2\,dx$, C 는 극좌표계에서 $r=1+\cos\theta$ 로 주어지는 곡선

3. 좌표평면에서 **별꼴 곡선**(astroid)

$$x(t)=\cos^3 t,\qquad y(t)=\sin^3 t\qquad (0\le t\le 2\pi)$$

로 둘러싸인 부분의 넓이를 구하라. 또 곡선

$$x(t)=\cos^5 t,\qquad y(t)=\sin^5 t\qquad (0\le t\le 2\pi)$$

로 둘러싸인 부분의 넓이를 구하라.

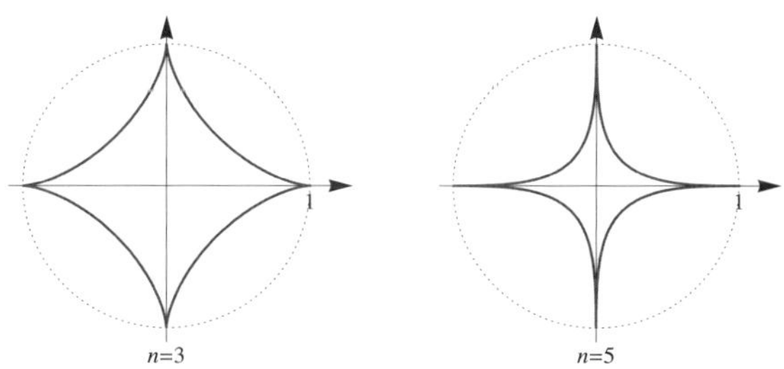

그림: $x=\cos^n t$, $y=\sin^n t$

4. 좌표평면의 제일사분면에서 데카르트 곡선 $x^3+y^3=3axy$ 로 둘러싸인 영역의 넓이는 $\frac{3}{2}a^2$ 임을 보이라. (단, $a>0$)

5. 좌표평면 위의 영역 U 의 중심을 $(\bar{x}, \bar{y})$ 라 하면

$$\bar{x} = \frac{1}{2A}\int_{\partial U} x^2\, dy, \qquad \bar{y} = -\frac{1}{2A}\int_{\partial U} y^2\, dx$$

임을 보이라. 여기에서 A 는 U 의 넓이를 나타내고, U 의 경계는 조각적 일급임을 가정한다.

6. 영역 $U = \{(x, y) \in \mathbb{R}^2 \mid y \geq 0\}$ 에서 정의된 함수 $Q(x, y) := e^{-y^2} \arctan x$ 에 대하여

$$\int_{\partial U} Q(x, y)\, dy \neq \iint_U \frac{\partial Q}{\partial x}\, dx\, dy$$

임을 보이라. 이로부터 그린 정리는 유계인 영역이 아니면 성립하지 않을 수 있음을 안다.

7. 평면에서 단순폐곡선 C 의 내부 U 가 원점을 포함하면, 각원소 벡터장 $\mathbf{a}$ 에 대하여

$$\int_C \mathbf{a} \cdot \mathrm{d}\mathbf{s} = 2\pi, \qquad \iint_U \operatorname{rot} \mathbf{a}\, \mathrm{dV}_2 = 0$$

임을 보이고,[47] 이것이 왜 그린 정리에 모순되지 않는지를 설명하라.

8. 다음 복소함수의 실수부와 허수부로 이루어진 벡터장의 회전도를 구하라.

   (1) $f(z) = z = x + yi$

   (2) $f(z) = z^2 = (x^2 - y^2) + 2xyi$

   (3) $f(z) = z^3 = (x^3 - 3xy^2) + (3x^2y - y^3)i$

   (4) $f(z) = e^z = e^x(\cos y + i \sin y)$

   또 위 함수의 켤레함수[48] $\bar{f}(z)$ 에 의하여 주어진 벡터장은 비회전장이고 동시에 비압축장임을 보이라.[49]

9. 사이클로이드(p. 724)와 x 축으로 둘러싸인 영역의 기하중심은 어디인가?

10. n-공간의 영역 U 에서 정의된 함수 f 에 대하여 함수 $g : U \to \mathbb{R}$ 를 구하는 방정식

$$\nabla^2 g = f$$

를 **푸아송 방정식**이라 한다. (여기에서 ∇^2 은 라플라스 작용소 $\frac{\partial^2}{\partial {x_1}^2} + \cdots + \frac{\partial^2}{\partial {x_n}^2}$ 을 뜻한다.) 이제 U 에서 정의된 벡터장 $\mathbf{F}$ 에 대하여 푸아송 방정식 $\nabla^2 g = \operatorname{div} \mathbf{F}$ 를 만족시키는 함수 g 에 대하여 $\mathbf{G} := \mathbf{F} - \operatorname{grad} g$ 로 두면 $\mathbf{G}$ 는 발산이 없는 벡터장임을 밝히라. 이때 벡터장 $\mathbf{F}$ 는 *보존장과 비압축장의 합*임을 밝히라.

---

[47] 이때 $C = \partial U$ 의 향은 표준향으로 준다.

[48] 복소수 $z = x + y\mathbf{i}$ 의 **켤레복소수**는 $\bar{z} = x - y\mathbf{i}$ 를 뜻한다.

[49] 비회전장이고 동시에 비압축장인 벡터장은 **라플라스 방정식** $\nabla^2 \mathbf{F} = \mathbf{0}$ 을 만족시키기 때문에 **조화벡터장**이라고 부른다.

제 6 절 부록: 발산함수와 부피 변화

벡터장의 발산함수는 영역의 부피가 팽창하는 정도를 나타냄을 설명한다. 편의상 차원이 $n = 3$ 인 경우를 살펴보는데, $n = 2$ 인 경우의 증명은 약간 쉬울 수 있지만 일반적인 차원의 증명도 다를 것이 없다.

발산함수의 의미를 이해하기 위하여 다음 도움정리를 먼저 살펴본다.

도움정리 6.0.1 (야코비) *실수 t 에 따라 변하는 정사각행렬*

$$A(t) = \begin{pmatrix} a_{11}(t) & a_{12}(t) & a_{13}(t) \\ a_{21}(t) & a_{22}(t) & a_{23}(t) \\ a_{31}(t) & a_{32}(t) & a_{33}(t) \end{pmatrix} = (\mathbf{a}_1(t), \mathbf{a}_2(t), \mathbf{a}_3(t))$$

가 $t = 0$ 일 때 항등행렬이면

$$\left.\frac{d}{dt}\right|_0 \det A(t) = \operatorname{tr} \left.\frac{d}{dt}\right|_0 A(t)$$

이다.[50]

증명. 먼저 $a_{ij}(0) = \delta_{ij}$ 이므로 3-치환 σ 에 대하여

$$\begin{aligned} \left.\frac{d}{dt}\right|_0 \det A(t) &= \left.\frac{d}{dt}\right|_0 \sum_\sigma (\operatorname{sgn}\sigma) a_{\sigma(1)1}(t)\, a_{\sigma(2)2}(t)\, a_{\sigma(3)3}(t) \\ &= \sum_\sigma (\operatorname{sgn}\sigma) \big(a'_{\sigma(1)1}(0)\, a_{\sigma(2)2}(0)\, a_{\sigma(3)3}(0) \\ &\qquad + a_{\sigma(1)1}(0)\, a'_{\sigma(2)2}(0)\, a_{\sigma(3)3}(0) + a_{\sigma(1)1}(0)\, a_{\sigma(2)2}(0)\, a'_{\sigma(3)3}(0)\big) \\ &= a'_{11}(0) + a'_{22}(0) + a'_{33}(0) \\ &= \operatorname{tr} \left.\frac{d}{dt}\right|_0 A(t) \end{aligned}$$

를 얻는다. 위 증명 과정의 식을 다시 쓰면

$$\frac{d}{dt}\det A(t) = \det(\mathbf{a}'_1(t), \mathbf{a}_2(t), \mathbf{a}_3(t)) + \det(\mathbf{a}_1(t), \mathbf{a}'_2(t), \mathbf{a}_3(t)) + \det(\mathbf{a}_1(t), \mathbf{a}_2(t), \mathbf{a}'_3(t))$$

이므로 $\mathbf{a}_i(0) = \mathbf{e}_i$ 에서 원하는 결론을 얻을 수도 있다. □

[50] 여기에서 $a_{ij}(t)$ 가 미분가능하다는 것을 가정한다. 이 정리는 삼차 정사각행렬에서만 성립하는 것이 아니고, 임의의 n 차 정사각행렬에서 성립한다. 만약 $n = 3$ 이 부담을 준다면, $n = 2$ 일 때를 살펴보는 것이 쉬울 것이다.

이제 벡터장

$$\mathbf{F}(x, y, z) = f_1\,\mathbf{i} + f_2\,\mathbf{j} + f_3\,\mathbf{k}$$

의 정의역에서 한 점 P를 고정하고, P를 포함하는 조그만 영역 U의 각 점들이 벡터장 $\mathbf{F}$를 따라 흘러서 t초 후에 차지하게 되는 영역을 U_t라고 하자. 물론 $U = U_0$이다.

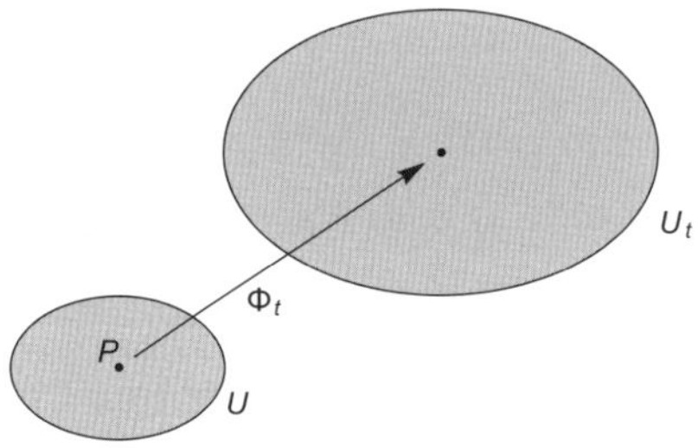

다시 말하면, U_t의 점들은 사상

$$\Phi_t : U \to U_t \subset \mathbb{R}^3$$

의 상(image, range, 치역)으로, 이때 Φ_t는 다음 조건을 만족시킨다.

$$\frac{d}{dt}\Phi_t(X) = \mathbf{F}\left(\Phi_t(X)\right), \qquad \Phi_0(X) = X.$$

여기에서 Φ_0은 항등사상이므로 그것의 미분[51] $\Phi_0'(P)$도 항등사상이고, 따라서

$$\det \Phi_0'(P) = 1 > 0$$

이다. 그러므로, 연속성에 의하여, t의 절댓값이 아주 작으면,

$$\det \Phi_t'(P) > 0$$

이다. 이제 역함수 정리에 의하여, 점 P 근방에서 Φ_t는 국소적으로 일급가역사상임을 안다. 따라서 치환적분법에 의하여

$$\mathrm{vol}\,(U_t) = \iiint_{U_t} dx\,dy\,dz = \iiint_U \det \Phi_t'\,dx\,dy\,dz$$

를 얻는다. 이제 위 도움정리에서 U의 순간부피변화율은

$$\begin{aligned}
\left.\frac{d}{dt}\right|_0 \mathrm{vol}\,(U_t) &= \iiint_U \left.\frac{d}{dt}\right|_0 \det \Phi_t'\,dx\,dy\,dz \\
&= \iiint_U \mathrm{tr}\left(\left.\frac{d}{dt}\right|_0 \Phi_t'\right) dx\,dy\,dz \\
&= \iiint_U \mathrm{tr}\left(\left(\left.\frac{d}{dt}\right|_0 \Phi_t\right)'\right) dx\,dy\,dz \\
&= \iiint_U \mathrm{tr}\,\mathbf{F}'\,dx\,dy\,dz
\end{aligned}$$

[51]여기에서 미분은 공간변수 (x, y, z)에 대한 미분, 즉 Φ_0의 야코비 행렬을 뜻하고, 시간변수 t에 대한 것을 뜻하지는 않는다.

이고 따라서[52]

$$\boxed{\left.\frac{d}{dt}\right|_0 \mathrm{vol}\,(U_t) = \iiint_U \mathrm{div}\,\mathbf{F}\,dx\,dy\,dz}$$

이다. 이 식에 평균값 정리를 쓰면 영역 U 의 한 점 P^* 가 존재하여

$$\left.\frac{d}{dt}\right|_0 \mathrm{vol}\,(U_t) = \mathrm{vol}(D)\,\mathrm{div}\,\mathbf{F}(P^*)$$

가 성립한다.[53] 따라서

$$\mathrm{div}\,\mathbf{F}(P^*) = \left.\frac{d}{dt}\right|_0 \frac{\mathrm{vol}\,(U_t)}{\mathrm{vol}(U)}$$

임을 안다. 이제 영역 U 가 점 P 에 수렴하면,

$$\boxed{\mathrm{div}\,\mathbf{F}(P) = \lim_{U\to P} \left.\frac{d}{dt}\right|_0 \frac{\mathrm{vol}\,(U_t)}{\mathrm{vol}(U)}}$$

를 얻는다.[54]

따라서 한 점 P 에서 벡터장 $\mathbf{F}$ 의 발산도 $\mathrm{div}\,\mathbf{F}(P)$ 는 점 P 의 근방의 **순간부피팽창률**을 측정한 값이다.

따름정리 6.0.2 *벡터장 $\mathbf{F}$ 에 의하여 점 P 근방의 조그만 영역 U 가 움직여 t 초 후에 위치한 것을 U_t 라고 하면,*

$$\frac{\mathrm{vol}\,(U_t)}{\mathrm{vol}\,(U)} \approx 1 + t\,\mathrm{div}\,\mathbf{F}(P) \qquad (|t| \ll 1)$$

이다.

---

[52]벡터장 $\mathbf{F}$ 의 발산함수는 벡터함수 $\mathbf{F}$ 의 미분 (즉, $\mathbf{F}$ 의 **야코비 행렬**)

$$\mathbf{F}' = \begin{pmatrix} \dfrac{\partial f_1}{\partial x_1} & \cdots & \dfrac{\partial f_1}{\partial x_n} \\ \vdots & \ddots & \vdots \\ \dfrac{\partial f_n}{\partial x_1} & \cdots & \dfrac{\partial f_n}{\partial x_n} \end{pmatrix}$$

의 대각합이다: $\mathrm{div}\,\mathbf{F} = \mathrm{tr}\,\mathbf{F}'$.

[53]편의상 영역 U 가 연결되었다고 가정한다.

[54]여기에서 영역 U 가 점 P 에 수렴한다는 것은 $\sup\{|X-P| : X \in U\}$ 가 영에 수렴한다는 뜻으로 사용하였다.

6.0.3 기본연습문제

1. 일반 t에 대하여

$$\boxed{\frac{d}{dt}\mathrm{vol}(U_t) = \iiint_{U_t} \mathrm{div}\,\mathbf{F}\,\mathrm{dV}}$$

임을 밝히라.

2. $\mathrm{div}\,\mathbf{F}$가 상수 k이면,

$$\frac{d}{dt}\mathrm{vol}(U_t) = k\,\mathrm{vol}(U_t)$$

이고, 따라서

$$\mathrm{vol}(U_t) = e^{kt}\,\mathrm{vol}(U)$$

임을 설명하라.

제 15 장 탐구문제

1. 각원소 벡터장 $\mathbf{a}$와 일급사상 $f : (0, \infty) \to \mathbb{R}$에 대하여 벡터장

$$\mathbf{F}(x, y) = f(r)\,\mathbf{a}(x, y) \qquad \left(r = \sqrt{x^2 + y^2}\right)$$

가 비회전장이면 f는 상수함수임을 보이라.

2. 좌표평면 전체에서 정의된 일급함수 $h(x, y)$에 대하여

$$\mathbf{F}(x, y) = h(x, y)\mathbf{A}(x, y), \qquad \mathbf{A}(x, y) := \frac{(x, y)}{x^2 + y^2}$$

라고 하자. 이때 $\operatorname{div}\mathbf{F} = 0$이면 $h(x, y)$는 상수함수임을 보이라 (제 3 절 연습문제 2 번 참고).

3. 일급함수 $f : (0, \infty) \to \mathbb{R}$에 대하여 벡터장

$$\mathbf{F}(X) = f(|X|)X \qquad (X \in \mathbb{R}^n_o)$$

가 비압축장이면, 어떤 실수 k에 대하여 $f(r) = k/r^n$ 임을 밝히라.

4. 좌표평면의 열린 집합 U에서 정의된 이급 벡터장

$$\mathbf{F}(x, y) = P(x, y)\,\mathbf{i} + Q(x, y)\,\mathbf{j}$$

에 대하여 다음을 보이라.

(i) 임의의 단순폐곡선 $C \subset U$에 대하여 $\displaystyle\int_C \mathbf{F} \cdot d\mathbf{s} = 0$이면 $\dfrac{\partial P}{\partial y} = \dfrac{\partial Q}{\partial x}$ 이다.

(ii) 임의의 단순폐곡선 $C \subset U$에 대하여 $\displaystyle\int_C \mathbf{F} \cdot \mathbf{n}\; ds = 0$이면 $\dfrac{\partial P}{\partial x} = -\dfrac{\partial Q}{\partial y}$ 이다.

(iii) 임의의 단순폐곡선 $C \subset U$에 대하여 $\displaystyle\int_C \mathbf{F} \cdot d\mathbf{s} = 0 = \int_C \mathbf{F} \cdot \mathbf{n}\, ds$ 이면

$$\left(\frac{\partial^2}{\partial x^2} + \frac{\partial^2}{\partial y^2}\right) P = 0, \qquad \left(\frac{\partial^2}{\partial x^2} + \frac{\partial^2}{\partial y^2}\right) Q = 0$$

이다.

5. 평면 벡터장 $\mathbf{F}(x, y)$ 중에서

$$\operatorname{div}\mathbf{F} = 0, \qquad \operatorname{rot}\mathbf{F} = 0$$

인 보기를 들라.

6. 좌표평면에서 벡터장 $\mathbf{F}(x, y) = f_1(x, y)\,\mathbf{i} + f_2(x, y)\,\mathbf{j}$를 $90°$ 회전시킨 것을 $\mathbf{F}^*$로 두자: $\mathbf{F}^* = -f_2\,\mathbf{i} + f_1\,\mathbf{j}$. 이제 함수 $g(x, y)$와 벡터장 $\mathbf{F}(x, y)$에 대하여

$$\operatorname{rot}(g\,\mathbf{F}) = (\operatorname{grad} g)^* \cdot \mathbf{F} + g \cdot \operatorname{rot}\mathbf{F}$$

임을 밝히라.[55]

7. n-공간의 기저 $\mathbf{v}_1, \ldots, \mathbf{v}_n$ 과 벡터장

$$\mathbf{F} = f_1\mathbf{v}_1 + \cdots + f_n\mathbf{v}_n$$

에 대하여

$$\operatorname{div}\mathbf{F} = D_{\mathbf{v}_1}f_1 + \cdots + D_{\mathbf{v}_n}f_n$$

임을 밝히라.

8. n-공간의 항등사상 $x : \mathbb{R}^n \to \mathbb{R}^n$ 는 표준좌표계

$$x_1, \ \ldots, \ x_n \ : \ \mathbb{R}^n \to \mathbb{R}$$

를 이루고, 이때 제1축 방향의 단위벡터 $\mathbf{e}_1$ 과, $\ldots$, 제n축 방향의 단위벡터 $\mathbf{e}_n$ 들이 벡터공간 $\mathbb{R}^n$ 의 기저를 이룬다. 이제 벡터 $(t_1, \ldots, t_n)$ 과 $n \times n$ 가역행렬 (a_{ij}) 에 대하여 n-공간에 새로운 좌표계

$$\tilde{x}_i = \sum_{j=1}^{n} a_{ij}x_j + t_i \qquad (i = 1, \ldots, n)$$

를 생각하자. 그러면 새 좌표계에서의 원점은

$$\tilde{x}_1 = 0, \quad \ldots, \quad \tilde{x}_n = 0$$

인 점이다. 또 $\tilde{x}_1$-축은 $\tilde{x}_2 = \cdots = \tilde{x}_n = 0$ 인 직선이고, $\ldots$, $\tilde{x}_n$-축은 $\tilde{x}_1 = \cdots = \tilde{x}_{n-1} = 0$ 인 직선이다.[56] 이때 n-공간의 벡터들에 대한 새로운 기저 $\tilde{\mathbf{e}}_1, \ldots, \tilde{\mathbf{e}}_n$ 은 방정식

$$D_{\tilde{\mathbf{e}}_i}\tilde{x}_k = \delta_{ik}$$

를 만족시키는 벡터들이다. 다음을 밝히라.

(a) $\mathbf{e}_j = \displaystyle\sum_{i=1}^{n} \tilde{\mathbf{e}}_i a_{ij}$

(b) n-공간의 벡터장 $\mathbf{F} = \sum_j f_j\mathbf{e}_j$ 를 새로운 기저로 표현할 때 $\mathbf{F} = \sum_i \tilde{f}_i\tilde{\mathbf{e}}_i$ 이면, $\tilde{f}_i = \displaystyle\sum_j a_{ij}f_j$ 이다.

(c) 벡터장 $\mathbf{F}$ 의 발산함수는 선형 좌표계의 선택과 무관하다. 즉,

$$\operatorname{div}\mathbf{F} = \sum_{i=1}^{n} \frac{\partial \tilde{f}_i}{\partial \tilde{x}_i}$$

이다.

---

[55] 벡터장 $H_f := -(\operatorname{grad} f)^* = \left(\dfrac{\partial f}{\partial y}, -\dfrac{\partial f}{\partial x}\right)$ 를 해밀턴 벡터장이라고 부른다. 해밀턴 벡터장은 비압축장이다. 거꾸로 비압축장은 국소적으로 해밀턴 벡터장이다. 평면 벡터장은 국소적으로 기울기 벡터장과 해밀턴 벡터장의 합이다.

[56] 축을 말할 때에는 향을 가진 것으로 이해한다.

제VI부

면적분과 발산 정리 및 스토크스 정리

제 16 장

곡면과 면적분

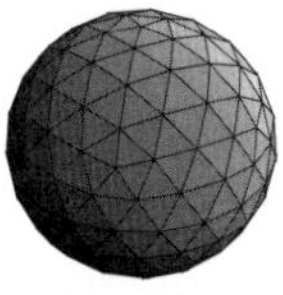

나는 문제를 풀 때에는 아름다움에 대하여 결코 생각하지 않는다.
그러나 문제를 풀고 나서 그 풀이가 아름답지 않다면
그 답이 틀렸다는 것을 안다.
— 풀러(Buckminster Fuller, 1895–1983), 미국 건축가

이 장에서는 곡면의 개념을 소개하고, 곡면의 넓이를 구하는 법을 공부한다. 또 곡면에서 함수를 적분하는 법과 벡터장을 적분하는 법을 공부한다. 벡터장은 어떤 경우에는 곡선을 따라 적분하지만, 어떤 경우에는 곡면을 따라 적분한다. 적분을 할 때에는 "적분되는 함수"와 "적분하는 영역"이 모두 필요하다. 이때 적분하는 영역이 구간 또는 곡선과 같은 일차원이면 "일차원 함수"를 적분하고, 적분하는 영역이 평면의 영역 또는 곡면과 같은 이차원이면 "이차원 함수"를 적분하며, 적분하는 영역이 일반적인 n 차원이면 "n 차원 함수"를 적분한다. 여기에서 "일차원 함수"는 벡터장(또는 미분 1-형식)을 뜻한다.

삼차원 공간에서는 원점을 지나는 직선과 거기에 수직인 평면 사이에 일대일 대응이 있듯이 "벡터장"을 "이차원 함수"로 이해하여도 좋고, 따라서 벡터장은 곡면에서 적분할 수 있다. 이때의 적분값을 벡터장의 **플럭스**(flux)라고 부른다. 벡터장을 적분하는 경우는 항상 향의 개념이 같이 있어야 한다.

점과 같은 영차원 영역에서 적분할 때에는 "영차원 함수"를 다루는데, 이는 평범한 뜻의 실숫값 함수이다. 이때 점 P 에서 함수 $f(X)$ 를 적분(?)하면 $f(P)$ 를 얻는다.

제 1 절 곡면

1.1 매개화된 곡면

곡면(曲面, surface)이라는 개념을 정의하는 방법에는 여러 가지가 있다. 우리가 다루는 곡면은 대부분 매개화된 곡면을 뜻한다.[1] (삼차원) 좌표공간 $\mathbb{R}^3$ 에서 (매개화된) **곡면**이란 좌표평면 $\mathbb{R}^2$ 의 한 영역 U 에서 정의된 연속사상

$$X : U \to \mathbb{R}^3, \qquad (u, v) \mapsto X(u, v)$$

를 뜻한다.

1.1.1 보기

함수

$$\begin{aligned} X(u,v) &= (\cos u, \sin u, v) \\ Y(r,\theta) &= (r\cos\theta, r\sin\theta, r) \\ Z(\varphi,\theta) &= (\cos\theta\sin\varphi, \sin\theta\sin\varphi, \cos\varphi) \end{aligned}$$

는 각각 **원기둥면**, **원뿔면**, **구면**의 매개화이다.

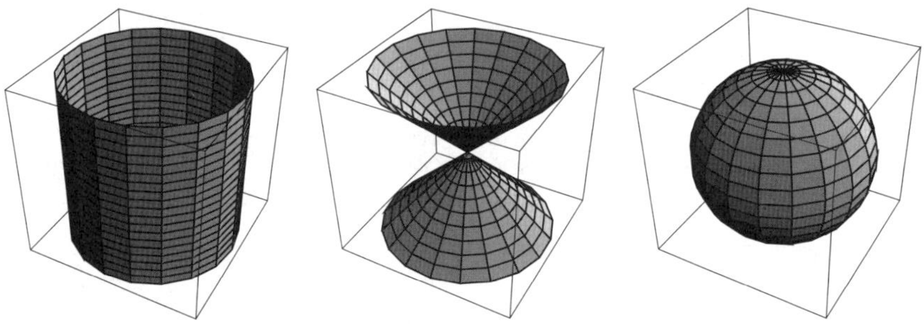

1.2 그래프와 곡면

곡면을 얻는 가장 쉬운 방법 중 하나로 이변수함수의 그래프를 생각할 수 있다. 함수 $z = f(x, y)$ 의 그래프는

$$G_f(x, y) := (x, y, f(x, y))$$

처럼 매개화할 수 있다.

[1]곡면을 표면이라고 부르는 삼류 번역가들이 있는데, 곡면은 다른 것의 표면일 필요가 없다.

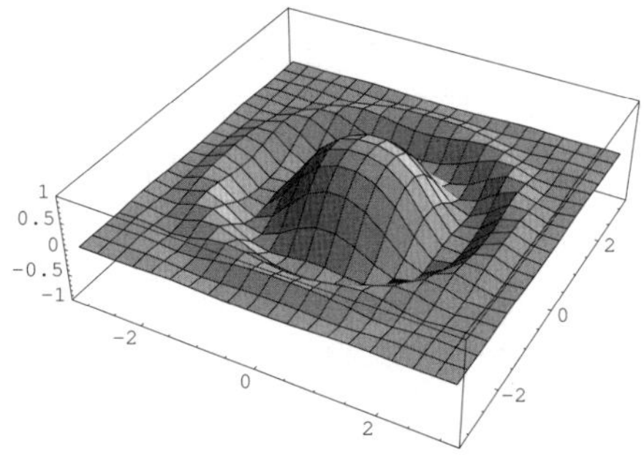

그림: 함수 $f(x, y) = e^{-(x^2+y^2)/3}\cos(x^2+y^2)$의 그래프

1.3 등위면과 곡면

곡면은 방정식으로 주어지는 경우가 있다. 좌표공간에서 점 $P = (x_0, y_0, z_0)$이 방정식

$$f(x, y, z) = 0 \tag{1}$$

을 만족시킨다고 하자. 이때 f가 일급함수이고

$$\frac{\partial f}{\partial z}(P) \neq 0$$

이면 음함수 정리에 의하여 식 (1)을 만족시키는 점들은 국소적으로

$$z = g(x, y)$$

의 꼴로 표현된다. 그러므로 등위면

$$Z(f) := \{(x, y, z) \mid f(x, y, z) = 0\}$$

은 P 근방에서 함수 $z = g(x, y)$의 그래프임을 알 수 있다.

만약 $\dfrac{\partial f}{\partial x}(P) \neq 0$이면, 음함수 정리에 의해서 등위면 $Z(f)$는 점 P 근방에서 어떤 함수

$$x = h(y, z)$$

의 그래프이고, 마찬가지로 $\dfrac{\partial f}{\partial y}(P) \neq 0$인 경우에도 등위면 $Z(f)$는 점 P 근방에서 어떤 함수의 그래프이다.

한편 $\operatorname{grad} f(P) \neq \mathbf{0}$이면

$$\frac{\partial f}{\partial x}(P), \qquad \frac{\partial f}{\partial y}(P), \qquad \frac{\partial f}{\partial z}(P)$$

가운데 적어도 어느 하나가 영이 아니므로 다음 결론을 얻는다:

정리 1.3.1 *공간의 영역 W 에서 정의된 일급함수*

$$f : W \to \mathbb{R}$$

가 등위면

$$Z(f) = \{P \in W \mid f(P) = 0\}$$

의 점 P 에서 $\operatorname{grad} f(P) \neq \mathbf{0}$ 이면,[2] *이 등위면은 그 점 근방에서 국소적으로 매개화할 수 있다.*

1.3.2 기본연습문제

한잎 쌍곡면(hyperboloid of one sheet)

$$x^2 + y^2 - z^2 = 1$$

과 **두잎 쌍곡면**(hyperboloid of two sheets)

$$x^2 - y^2 - z^2 = 1$$

을 매개화하라.[3]

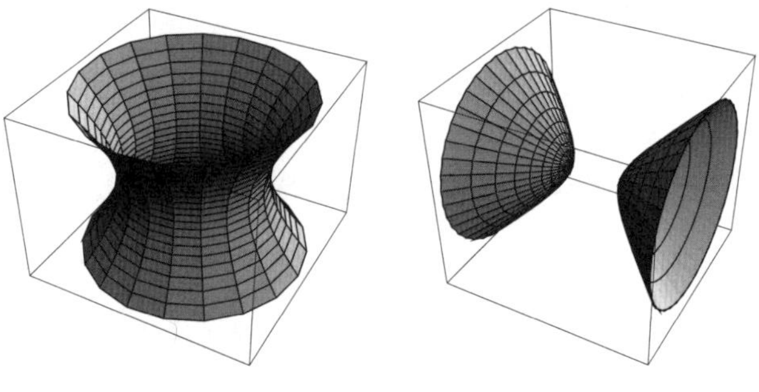

그림 : 두 가지 종류의 쌍곡면

[2]이러한 등위면을 **정규등위면**이라고 부른다.

[3]곡면을 매개화하는 방법에는 여러 가지가 있다. 이 문제에서는 한 가지만 구하면 된다. 예를 들어 한잎 쌍곡면은

$$x = \cosh u \cos v, \qquad y = \cosh u \sin v, \qquad z = \sinh u$$

로 둘 수 있다.

1.4 정규곡면

우리가 다루는 (매개화된) 곡면 $X : U \to \mathbb{R}^3$ 은 일급사상인 것을 가정한다. 이때 공간 속의 벡터

$$X_u := \frac{\partial X}{\partial u}, \qquad X_v := \frac{\partial X}{\partial v}$$

는 "곡면"에 접하는 벡터들이다.

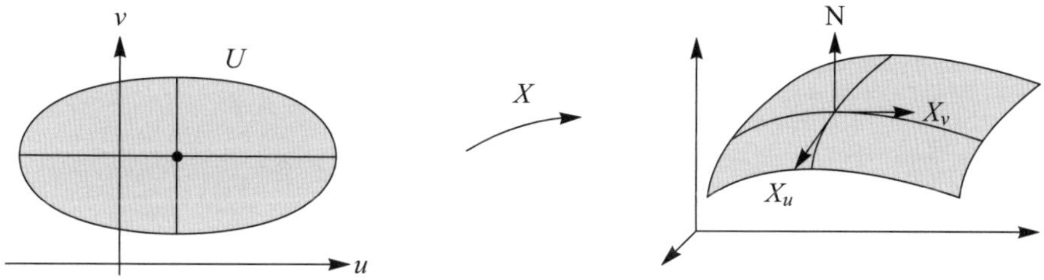

이 두 벡터가 곡면의 각 점에서 일차독립, 즉

$$\mathbf{N} := X_u \times X_v \neq \mathbf{0}$$

이면 X 를 **정규곡면**이라고 한다. 정규곡면에서는 접평면의 모든 벡터가 X_u 와 X_v 의 일차결합으로 나타난다. 이때 $\mathbf{N}$ 은 접평면에 수직인 벡터장, 즉 **법벡터장**이다.

앞으로 특별한 언급이 없으면, 모든 곡면은 정규곡면이라고 가정한다. 정규곡면에서는 접평면을 생각할 수 있다. 이때 **접평면**은 법벡터에 수직인 평면이다.

1.4.1 회전면

xz-평면의 정규곡선

$$(r(t), 0, z(t)) \qquad\qquad (r(t) > 0)$$

을 z 축 주위로 회전시켜 얻은 **회전면**의 매개화는

$$X(t,\theta) = (r(t)\cos\theta, r(t)\sin\theta, z(t)) = r(t)\mathbf{e}(\theta) + z(t)\mathbf{k}$$

로 둘 수 있다.[4] 이때

$$X_t = r'(t)\mathbf{e}(\theta) + z'(t)\mathbf{k}, \qquad X_\theta = r(t)\mathbf{e}'(\theta)$$

[4] 여기에서 $\mathbf{e}(\theta) = (\cos\theta, \sin\theta, 0)$ 으로 두었다. 그러므로 $\mathbf{e} \times \mathbf{e}' = \mathbf{k}$ 이다.

이므로

$$\mathbf{N} := X_t \times X_\theta = r(t)\big(-z'(t)\mathbf{e}(\theta) + r'(t)\mathbf{k}\big) \neq \mathbf{0}$$

이다. 따라서 회전면은 정규곡면이다.

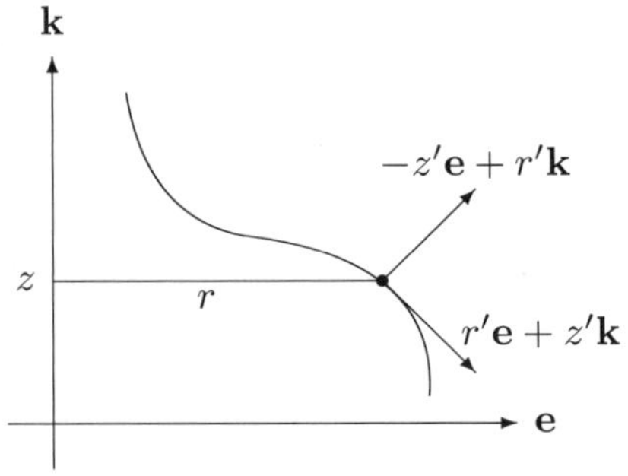

1.4.2 기본연습문제

위 회전면에서

$$\textbf{경선}(\text{經線, meridian}) \quad t \mapsto X(t, \theta_0)$$

의 접벡터 X_t 와

$$\textbf{위선}(\text{緯線, parallel}) \quad \theta \mapsto X(t_0, \theta)$$

의 접벡터 X_θ 는 서로 수직, 즉

$$X_t(t_0, \theta_0) \cdot X_\theta(t_0, \theta_0) = 0$$

임을 밝히라.[5]

[5]두 곡선이 수직으로 교차한다는 것은 그 교차점에서 접선들이 서로 수직으로 교차한다는 말이다.

연습문제: 제 16 장 1 절

1. 포물면 $z = x^2 + y^2$ 을 매개화하라.

2. 다음 곡면을 매개화하라.

   (1) $\dfrac{x^2}{a^2} + \dfrac{y^2}{b^2} + \dfrac{z^2}{c^2} = 1$ (2) $z = x^2 + 2y^2$

   (3) $x^2 + 2y^2 - 3z^2 = 0$ (4) $x^2 + 2y^2 - 3z^2 = 1$

   (5) $x^2 - 2y^2 - 3z^2 = 1$

3. yz-평면에서 중심이 $(0, R, 0)$ 이고 반지름이 r 인 원을 z-축 주위로 회전시켜 얻은 **원환면**(torus)을 매개화하라 (단, $0 < r < R$).

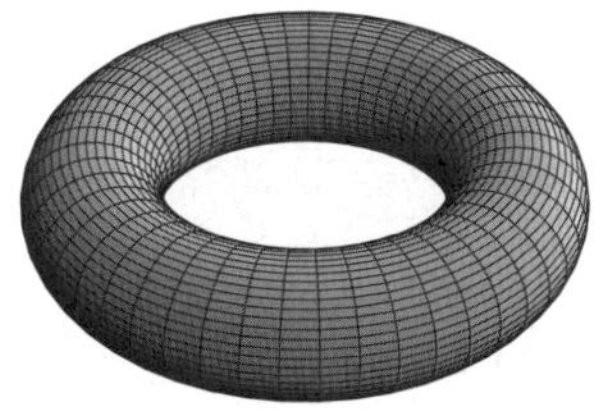

4. (**뫼비우스의**[6] **띠**) 영역 $0 \le u \le 2\pi$, $-\frac{1}{2} \le v \le \frac{1}{2}$ 에서 식

$$X(u, v) := \mathbf{e}(u) + v\left(\mathbf{k}\cos\frac{u}{2} + \mathbf{e}(u)\sin\frac{u}{2}\right)$$

로 표현된 곡면은 정규곡면임을 밝히라. (여기에서 $\mathbf{e}(u) = (\cos u, \sin u, 0)$ 이다.)

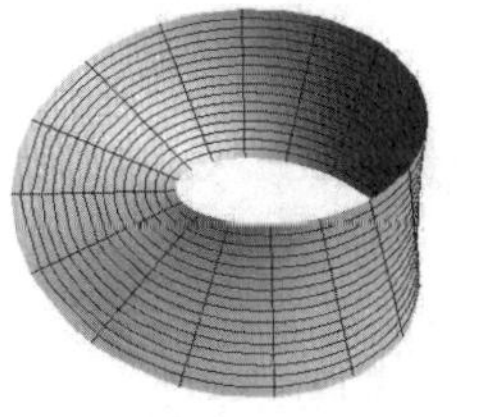

[6] 뫼비우스(August Ferdinand Möbius, 1790–1868). 독일의 천문학자, 수학자.

제 2 절 곡면의 넓이

곡면의 넓이를 구하는 것은 곡선의 길이를 구하는 것보다 조금 더 어렵다. 곡선의 길이를 구하는 과정에서는 곡선에서 몇 개의 점을 잡아, 그들을 이은 꺾은선의 길이를 구하여 곡선의 길이에 근사할 수 있고, 곡선의 분할을 더욱 잘게 하면 꺾은선의 길이는 곡선의 길이에 더욱 가까워진다.

그러나 곡면의 경우에는 곡면을 분할하여[7] 각 분할점들을 연결한 선분들을 모서리로 가지는 다면체의 넓이를 구한 다음, 더 잘게 분할해가며 그 극한값으로 곡면의 넓이를 구하려고 한다면 성공하지 못한다.[8]

이제 곡면의 넓이를 구하는 식이 어떻게 주어지는지 살펴보자. uv-평면의 영역 U 에서 정의된 정규곡면

$$X(u,v) = \big(x(u,v), y(u,v), z(u,v)\big)$$

에 대하여 벡터

$$\mathbf{N} := X_u \times X_v$$

는 곡면에 수직인 벡터이고, X_u 와 X_v 가 일차독립이므로 $\mathbf{N} \neq \mathbf{0}$ 이다.

---

[7] 정확하게 말하면, 곡면의 매개변수가 정의된 영역을 분할한다는 뜻이다.

[8] 보기를 들어 원기둥면을 옆 그림과 같이 분할하면, 이때 생기는 다면체의 넓이는 분할을 잘게 하면 할수록 한없이 더 커지게 된다. 곡면을 분할하여 얻은 다면체는 일반적으로 그 접평면이 곡면의 접평면과 가깝다고 말할 수 없다. 두 곡선의 길이가 가까운 것이 되기 위해서는 접선이 가까워야 하듯이, 두 곡면의 넓이가 가깝기 위해서는 접평면이 가까워야 한다.

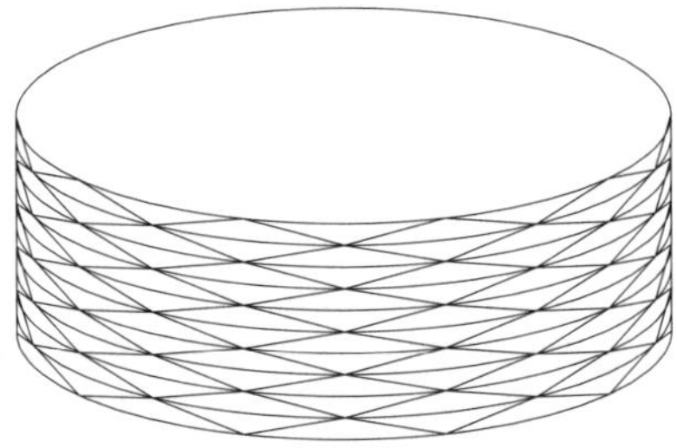

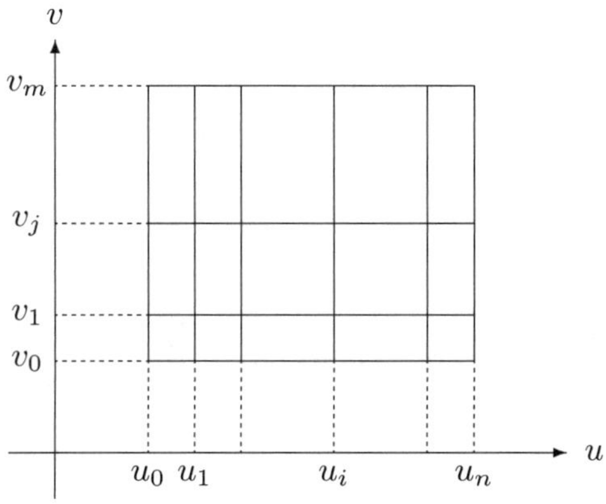

곡면의 넓이를 구하기 위하여 영역 U 를[9] 잘게 나누면, 곡면 위의 조그만 조각

$$\begin{aligned} X_{ij} &:= \{X(u_i + s\Delta u, v_j + t\Delta v) \mid 0 \le s, t \le 1\} \\ &\approx \{X(u_i, v_j) + sX_u(u_i, v_j)\Delta u + tX_v(u_i, v_j)\Delta v \mid 0 \le s, t \le 1\} \end{aligned}$$

은 거의 평행사변형이고, 따라서 조각 X_{ij} 의 넓이는

$$\text{area}(X_{ij}) \approx |X_u(u_i, v_j) \times X_v(u_i, v_j)| \, \Delta u \, \Delta v = |\mathbf{N}(u_i, v_j)| \Delta u \, \Delta v$$

이다.

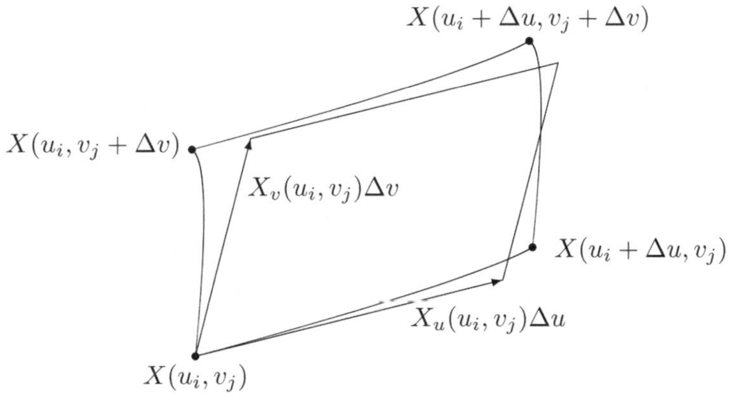

그러므로 X 의 넓이는

$$\text{area}(X) = \sum_{i,j} \text{area}\,(X_{ij}) \approx \sum_{i,j} |\mathbf{N}(u_i, v_j)| \, \Delta u \, \Delta v$$

이다.

[9] 편의상 영역이 상자형 $[a_1, b_1] \times [a_2, b_2]$ 인 경우를 본다.

이제 U 의 분할을 더욱 잘게 하여 극한을 취하면,

$$\boxed{\operatorname{area}(X) = \iint_U |\mathbf{N}(u,v)|\, du\, dv}$$

를 얻는다. 여기에서

$$\boxed{\mathrm{dS} := |\mathbf{N}(u,v)|\, du\, dv}$$

를 곡면의 **면적소**(面積素, area element)라고 부른다.[10] 이때

$$|\mathbf{N}| = \sqrt{|X_u|^2|X_v|^2 - (X_u \cdot X_v)^2}$$

이다. 특히 서로 수직인 좌표계(또는 매개화)에서는

$$|\mathbf{N}| = |X_u| \cdot |X_v|$$

이다.

2.1 그래프 곡면

함수 $f(x,y)$ 의 그래프인 곡면

$$X(x,y) := (x, y, f(x,y))$$

에서는

$$X_x = (1, 0, f_x)\,, \qquad X_y = (0, 1, f_y)$$

이고, 법벡터장은

$$\mathbf{N} = X_x \times X_y = (-f_x, -f_y, 1)$$

이다.[11] 이때 $|\mathbf{N}| = \sqrt{{f_x}^2 + {f_y}^2 + 1}$ 이므로 면적소는

$$\mathrm{dS} = \sqrt{{f_x}^2 + {f_y}^2 + 1}\; dx\, dy$$

이다.[12]

---

[10] 이 식에서 피타고라스 정리

$$\mathrm{dS}^2 = |dy \times dz|^2 + |dz \times dx|^2 + |dx \times dy|^2$$

을 얻는다 (제 5 장 3절 연습문제 6번과 제 18 장 3절 참고). 칠판에서 ds 와 dS 가 잘 구별되지 않는다. 하지만 ds 는 $\int$ 과 함께 쓰고, dS 는 $\iint$ 과 함께 쓰므로 크게 혼동되지는 않는다. 면적소를 $d\sigma$ 또는 dA 등으로 나타내기도 한다. "면적"이란 "넓이"라는 뜻이다. 다음 절에서 곡면의 넓이는 매개화와 상관없이 일정함을 밝힌다.

[11] 이 법벡터장은 $\operatorname{grad}(z - f(x,y))$ 와 같다. 기울기 벡터는 곡면 $z - f(x,y) = 0$ 에 수직이다.

[12] 좌표공간에서 xy-평면과 이루는 각의 크기가 θ 인 평행사변형을 xy-평면에 정사영한 것의 넓이는 원래 넓이의 $\cos\theta$ 배이다 (피타고라스 정리). 한편 $\mathbf{N} = (-f_x, -f_y, 1)$ 에 수직인 평행사변형과

2.1.1 회전 포물면의 넓이

양수 ε 에 대하여 곡면

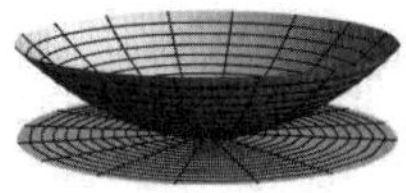

$$z = x^2 + y^2 \le \varepsilon^2$$

의 넓이는

$$\begin{aligned} &\iint_{x^2+y^2\le\varepsilon^2} \sqrt{4x^2+4y^2+1}\,dx\,dy \\ =\;& \int_0^{2\pi}\int_0^{\varepsilon} \sqrt{4r^2+1}\;r\,dr\,d\theta \;=\; 2\pi\cdot\left[\frac{1}{4\cdot 3}\left(4r^2+1\right)^{3/2}\right]_0^{\varepsilon} \\ =\;& \frac{\pi}{6}\left(\left(1+4\varepsilon^2\right)^{3/2}-1\right) \approx \frac{\pi}{6}\left(\left(1+\tfrac{3}{2}\cdot 4\varepsilon^2\right)-1\right) \\ =\;& \pi\varepsilon^2 \qquad (\varepsilon \ll 1) \end{aligned}$$

이므로, ε 이 아주 작으면 곡면을 원점에서의 접평면에 정사영한 넓이와 비슷함을 확인할 수 있다.

2.1.2 기본연습문제

1. 타원형 포물면 $z = \dfrac{x^2}{a^2} + \dfrac{y^2}{b^2}$ 과 쌍곡형 포물면 $z = \dfrac{x^2}{a^2} - \dfrac{y^2}{b^2}$ 은 같은 면적소를 가짐을 설명하라.

2. 좌표공간의 영역 $D:\ x^2+y^2 \le \varepsilon^2$ 에서 정의된 함수 $f(x,y) = \cosh\sqrt{x^2+y^2}$ 의 그래프의 넓이는

$$2\pi(\varepsilon\sinh\varepsilon - \cosh\varepsilon + 1) \approx \pi\varepsilon^2 \qquad (0 < \varepsilon \ll 1)$$

임을 보이라.

3. 밑면의 반지름이 r 이고, 모선의 길이가 l 인 직원뿔에서, 밑면과 옆면이 이루는 각의 코사인값이 $\dfrac{r}{l}$ 임을 확인하고, 밑면의 넓이는 옆면의 넓이(πrl)의 $\dfrac{r}{l}$ 배임을 설명하라. (연습문제 6 번 참고. 각뿔면이나 원뿔면, 또는 각기둥이나 원기둥 등은 펼친 도형으로 넓이를 구할 수 있다.)

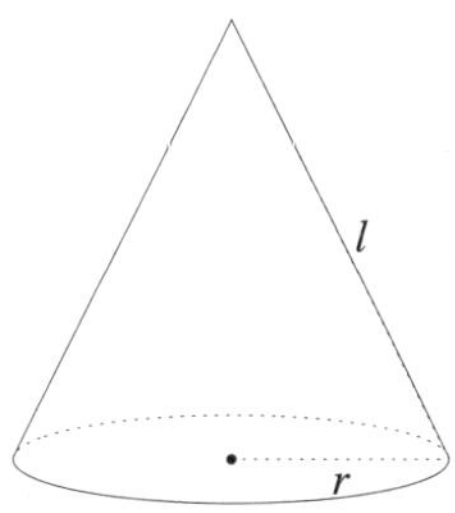

---

xy-평면 사이 각의 코사인값은 $\mathbf{N}$ 와 $\mathbf{k}$ 사이의 코사인값인

$$\frac{\mathbf{N}}{|\mathbf{N}|}\cdot\mathbf{k} = \frac{1}{\sqrt{{f_x}^2+{f_y}^2+1}}$$

과 같으므로 $dx\,dy = \dfrac{1}{\sqrt{{f_x}^2+{f_y}^2+1}}\,\mathrm{dS}$, 즉 $\mathrm{dS} = \sqrt{{f_x}^2+{f_y}^2+1}\,dx\,dy$ 를 얻는다.

2.1.3

일반적인 회전면의 넓이를 구하는 공식은 연습문제 3, 4, 6 에서 다룬다.

2.1.4 나선면의 넓이

$\mathbf{e}(v) = (\cos v, \sin v, 0)$ 이라 할 때, 나선면

$$X(u,v) := (\sinh u)\,\mathbf{e}(v) + v\,\mathbf{k} \qquad (0 \le u \le u_1,\ 0 \le v \le 2\pi)$$

의 넓이를 구하여 보자.

풀이. 먼저

$$X_u = (\cosh u)\,\mathbf{e}(v), \quad X_v = (\sinh u)\,\mathbf{e}^*(v) + \mathbf{k}, \quad \mathbf{N} = \cosh u\,((\sinh u)\,\mathbf{k} - \mathbf{e}^*(v))$$

에서[13] $|\mathbf{N}| = \cosh^2 u = \frac{1}{2}(1+\cosh 2u)$ 이다. 따라서

$$\mathrm{dS} = \frac{1}{2}(1+\cosh 2u)\,du\,dv \tag{2}$$

이므로, 나선면의 넓이는

$$\int_0^{2\pi}\int_0^{u_1} \frac{1}{2}(1+\cosh 2u)\,du\,dv = \pi\left(u_1 + \frac{1}{2}\sinh 2u_1\right)$$

이다.

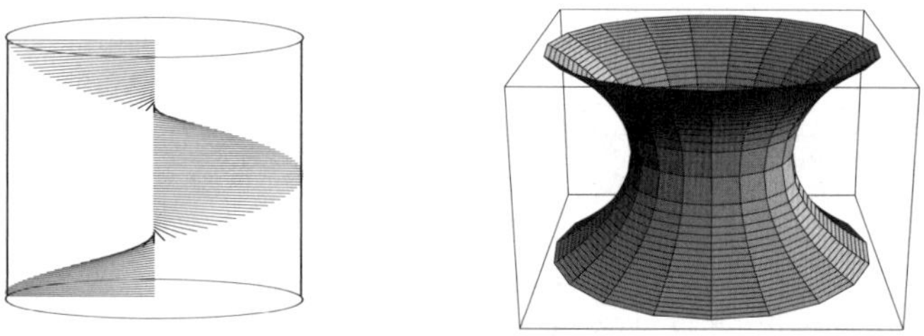

그림: 나선면과 현수면

2.1.5 기본연습문제

현수면

$$\cosh z = \sqrt{x^2+y^2} \qquad (0 \le z \le u_1)$$

의 넓이는 앞에서 구한 나선면의 넓이와 같음을 보이라.[14]

---

[13] $\mathbf{e}^*(v) = (-\sin v, \cos v, 0)$ 으로 두었다. 그러므로 $\mathbf{e} \times \mathbf{e}^* = \mathbf{k}$ 이다.

[14] 현수면은 $Y(u,v) = (\cosh u)\mathbf{e}(v) + u\,\mathbf{k}$ 처럼 매개화할 수 있다. 현수면을 경선을 따라 잘라서 펴면, 나선면을 얻는다.

2.2 구면의 넓이

아르키메데스는 구면의 넓이가 그것에 접하는 원기둥면의 넓이와 같다는 것을 보이고 더 나아가서

이 원기둥면의 중심축에 수직이고 서로 나란한 두 평면 사이의

구면 넓이와 원기둥면 넓이가 같다

는 것을 발견하였다[15] [Hsiang, 1995].

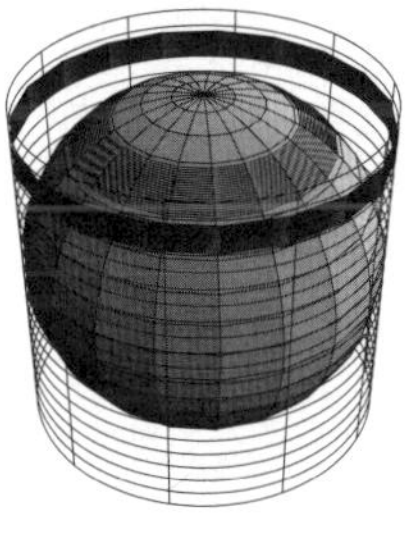

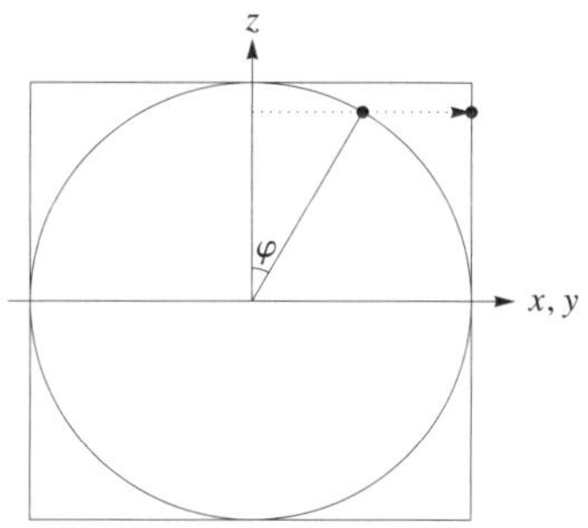

이러한 원리를 구면과 원기둥면의 매개화

$$\begin{aligned} X(\varphi,\theta) &= (\cos\theta\sin\varphi, \sin\theta\sin\varphi, \cos\varphi) = (\sin\varphi)\,\mathbf{e}(\theta) + (\cos\varphi)\,\mathbf{k} \\ Y(\varphi,\theta) &= (\cos\theta, \sin\theta, \cos\varphi) = \mathbf{e}(\theta) + (\cos\varphi)\,\mathbf{k} \end{aligned}$$

---

[15]아르키메데스의 "방법론(Methods)", "유체에 관하여", "구면과 원기둥", "나선에 관하여", "평면의 평형에 관하여" 등이 적힌 174 쪽에 달하는 양피지(羊皮紙, Palimpsest)가 1998 년 10 월 29 일 뉴욕의 경매 시장에서 2,202,500 불에 팔렸다 [뉴욕 타임스, 워싱턴 포스트]. 아르키메데스의 업적은 많은 책과 사람들에 의하여 언급되었지만 1899 년 이전까지는 그의 업적에 대한 "원본" 또는 "사본"은 발견되지 않고 번역본만이 있었다. 옛날에는 글을 쓸 곳이 귀하였기에 양피지에 글을 썼다가 그것을 지워서 다시 사용하곤 하였다. 십이삼세기경에 비잔틴 교회에서 종교적인 예식 등을 하는 법을 적은 양피지가 지금(?)부터 약 100 여 년 전 발견되었는데 처음 그 바탕에 썼다가 지운 것을 자외선을 이용하여 읽을 수 있었다. 지운 것을 복원하고 보니 10세기에 누군가에 의하여 베껴진 아르키메데스의 업적이라는 것을 알게 되었다. 이 양피지는 1920 년부터 프랑스인의 손에 있다가 1998 년 10 월 뉴욕의 경매 시장 크리스티(Christie's)에 나타나 경매에 부쳐졌다. 그리스 정교회는 그것이 자신들 소유이고 도난당하였다고 주장한다. 다음은 아르키메데스가 마지막에 한 말이라고 전해진다:

Noli turbare circulos meos! — *내 원들을 건드리지 마세요!*

를 통하여 살펴보자.[16]

먼저 구면에서

$$\begin{aligned} X_\varphi &= (\cos\varphi)\,\mathbf{e}(\theta) - (\sin\varphi)\,\mathbf{k} \\ X_\theta &= (\sin\varphi)\,\mathbf{e}^*(\theta) \end{aligned}$$

이므로

$$|X_\varphi| = 1, \qquad |X_\theta| = \sin\varphi, \qquad X_\varphi \cdot X_\theta = 0$$

이고 따라서

$$|\mathbf{N}| = |X_\varphi| \cdot |X_\theta| = \sin\varphi$$

이다. 그러므로 단위 구면의 면적소는

$$\boxed{\mathrm{dS} = \sin\varphi\, d\varphi\, d\theta}$$

이다.

한편 원기둥면에서는

$$Y_\varphi = -(\sin\varphi)\,\mathbf{k}, \qquad Y_\theta = \mathbf{e}^*(\theta), \qquad Y_\varphi \cdot Y_\theta = 0$$

이고 따라서

$$|\mathbf{N}| = |Y_\varphi| \cdot |Y_\theta| = \sin\varphi$$

이다. 그러므로 원기둥면의 면적소

$$\mathrm{dS} = \sin\varphi\, d\varphi\, d\theta$$

가 구면의 면적소와 같다.[17] 이로부터 "아르키메데스의 원리"를 얻는다.

특히 단위 구면(또는 원기둥면)의 넓이는

$$\int_0^{2\pi}\int_0^{\pi} \sin\varphi\, d\varphi\, d\theta = 4\pi$$

이다.[18]

[16]편의상 구면의 반지름을 1로 두자. 이때 $0 \le \varphi \le \pi$, $0 \le \theta \le 2\pi$로 두었다.

[17]그러므로 구면의 지형을 원기둥에 사영하여 펼친 지도는 넓이를 보존한다.

[18]구면에 접하는 원기둥면에 윗면과 아랫면이 있으면 구면의 넓이는 원기둥면의 넓이의 2/3이고, 그들 속의 부피의 비도 2/3이다. 단위 구면의 넓이인 4π는 720° 또는 "두 바퀴"라고 생각할 수도 있는데, 구멍이 없는 다면체에서 꼭짓점의 "외각"을 다 더하면 "두 바퀴"이다 [데카르트]. 물론 평면 다각형에서는 외각을 다 더하면 "한 바퀴"(360°)이다. 다면체의 한 꼭짓점에서 외각이란 그 꼭짓점에 접하고 있는 면에서의 꼭짓각들을 다 더한 값을 360° 에서 뺀 값을 말한다. 오일러는 (어쩌면 데카르트나 아르키메데스도) "두 바퀴"를 (면의 수) − (모서리 수) + (꼭짓점 수)로 해석하였다.

일반적으로 반지름이 r 인 구면의 넓이는

$$\boxed{A = 4\pi r^2}$$

이다.[19]

2.2.1 기본연습문제

반지름이 ρ 인 구면의 면적소를 “구면좌표계” (φ, θ) 로 표현하면

$$\boxed{\mathrm{dS} = \rho^2 \sin\varphi \, d\varphi \, d\theta}$$

임을 보이라.

2.2.2 보기

곡면

$$X(\theta, \varphi) := (\cos\theta \sin\varphi, \sin\theta \sin\varphi, \cos\varphi) \qquad 0 \le \theta \le 2\pi, \ \frac{\pi}{4} \le \varphi \le \frac{\pi}{2}$$

의 넓이를 구하라.

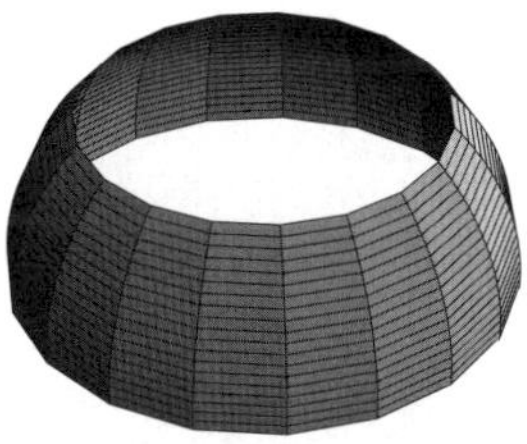

풀이. 앞에서

$$\mathrm{dS} - \sin\varphi \, d\varphi \, d\theta$$

이므로 구하는 넓이는

$$\text{area} = \int_{\pi/4}^{\pi/2} \int_0^{2\pi} \sin\varphi \, d\theta \, d\varphi = 2\pi \cdot (-\cos(\pi/2) + \cos(\pi/4)) = \sqrt{2}\pi$$

이다.[20]

---

[19]광원으로부터 거리가 r 만큼 떨어져 있는 점의 밝기가 반지름이 r 인 구면의 넓이에 반비례하지 않을 수가 있나? 등방적(isotropic)인 삼차원 공간에서 ....

[20]단위 구면에서 영역의 넓이를 구하는 문제이므로, 아르키메데스의 원리로부터 높이가 $1/\sqrt{2}$ 인 원기둥면에서 얻은 답과 비교하여 확인할 수 있다.

2.3 입체각

어떤 영역을 점 P에서 바라보았을 때의 **입체각**(solid angle)이란 그 영역의 상이 P를 중심으로 하는 단위 구면에 맺힌 넓이를 뜻한다.[21]

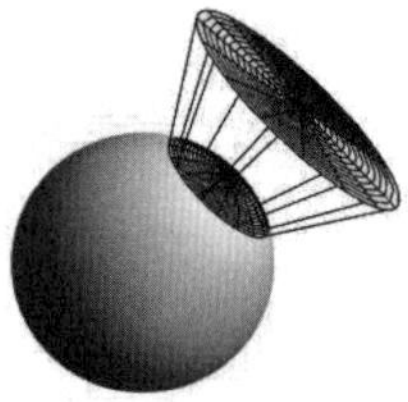

2.3.1 팔분체

좌표공간의 원점에서 **제일팔분체**

$$x > 0, \quad y > 0, \quad z > 0$$

의 입체각은 $\dfrac{4\pi}{8} = \dfrac{\pi}{2}$ 이다.

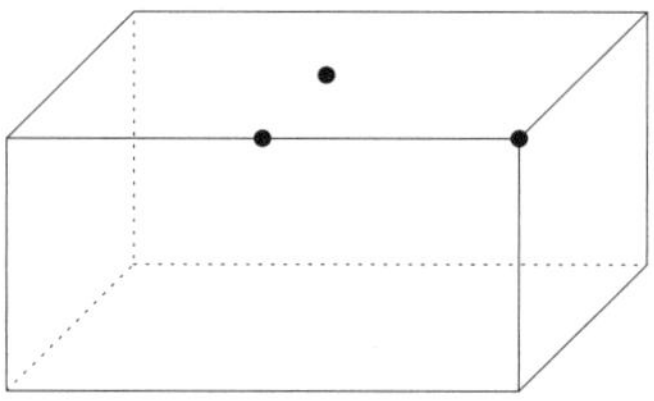

마찬가지로 직육면체의 한 꼭짓점에서 직육면체를 바라보는 입체각은 $\pi/2$ 이다.

또 직육면체의 모서리의 한 점에서는 입체각이 π 이고, 면의 중심에서는 입체각이 2π 이다.

2.3.2 보기

원점 $O := (0,0,0)$ 에서 식

$$C \ : \ z \geq \sqrt{x^2+y^2}$$

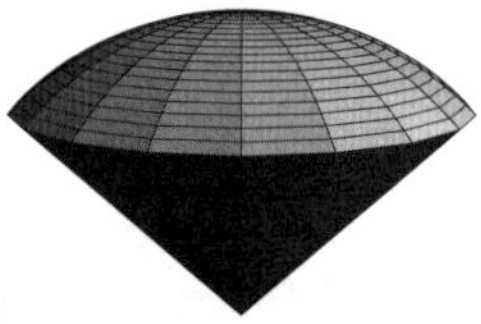

로 표현된 **원뿔**의 입체각은

$$\int_0^{2\pi}\int_0^{\pi/4} \sin\varphi \, d\varphi \, d\theta = 2\pi\big[-\cos\varphi\big]_0^{\pi/4} = 2\pi\left(1-\frac{1}{\sqrt{2}}\right)$$

이다 (연습문제 8번 참고).

---

[21]두 방향 사이의 "각의 크기"는 두 방향이 잘라내는 단위원의 "호의 길이"가 아니고, "원의 반지름에 대한 호의 길이의 비"로서 "단위가 없는 양"이다. 각의 크기는 "원의 둘레에 대한 호의 길이의 비"에 2π(온각, 한 바퀴)를 곱한 수로 볼 수도 있다. 입체각(의 크기)도 넓이라고 해석하는 것보다 "구면에 대한 넓이의 비"에 4π(두 온각, 입체온각)를 곱한 수로 보는 것이 적절하다. 천구(天球, heavenly sphere)의 크기는 4π 로 인위적인 단위가 없다.

연습문제: 제 16 장 2 절

1. 좌표평면의 점

$$A = (a, b+k), \qquad B = (a+h, b+k), \qquad C = (a, b), \qquad D = (a+h, b)$$

에 대하여 선분 AB, BC, CD 를 x-축 주위로 회전시켜 얻은 회전면의 넓이를 각각 S_1, S_2, S_3 이라고 하자. 이때 $S_1 \geq S_2 \geq S_3$ 인 경우가 언제인지를 밝히라.

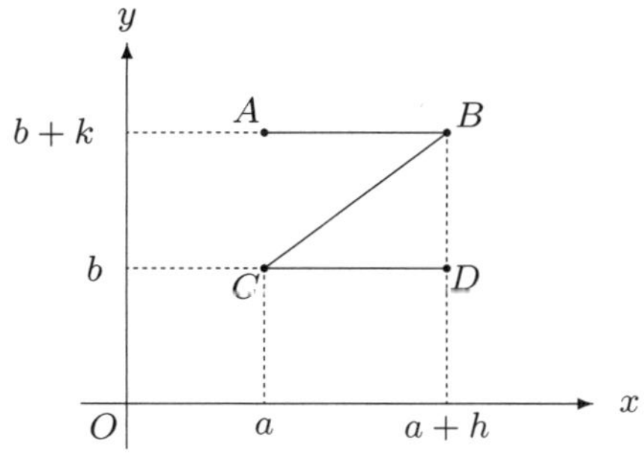

2. 곡면

$$x^2 + y^2 + z^2 = 1, \qquad \left(x - \frac{1}{2}\right)^2 + y^2 \leq \frac{1}{4}$$

의 넓이를 구하라.

3. 양의 함수

$$y = f(x) > 0 \qquad (x_0 \leq x \leq x_1)$$

의 그래프를 x-축 주위로 회전시켜 얻은 곡면의 넓이는

$$\int_{x_0}^{x_1} (2\pi y)\sqrt{1 + \left(\frac{dy}{dx}\right)^2}\, dx$$

임을 보이라.

4. 평면 곡선

$$(x(t), y(t)) \qquad (t_0 \leq t \leq t_1)$$

를 x축 주위로 회전시켜 얻은 곡면의 넓이는

$$\int_{t_0}^{t_1} (2\pi y)\sqrt{\left(\frac{dx}{dt}\right)^2 + \left(\frac{dy}{dt}\right)^2}\, dt$$

임을 보이라. (이 문제에서 $y(t) \geq 0$ 이라고 가정한다.)

5. 사이클로이드

$$x(t) = t - \sin t, \qquad y(t) = 1 - \cos t \qquad (0 \leq t \leq 2\pi)$$

를 x축 주위로 회전시켜 얻은 곡면의 넓이를 구하라.

6. (**파푸스의 정리 II**) 좌표평면에서 식 $y = f(x) > 0$ 으로 주어진 곡선의 중심과 x-축 사이의 거리를 d 라 하고, 이 곡선의 길이를 l 이라고 하자.

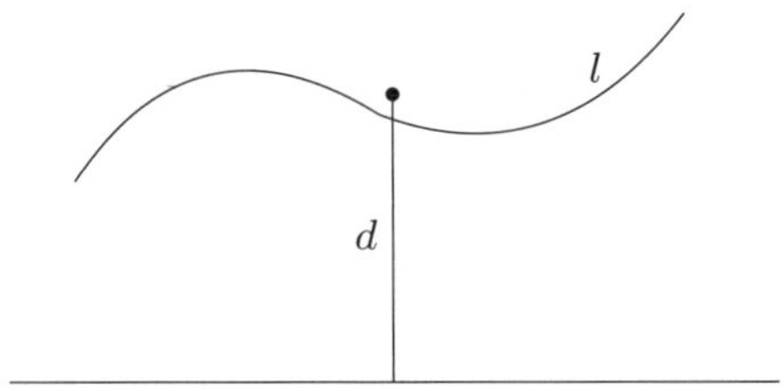

이 곡선을 x-축 둘레로 회전하여 얻은 곡면의 넓이는 $2\pi d \cdot l$ 임을 보이라 (3절 연습문제 7번 참고). 또 이를 이용하여 "큰 반지름"이 R 이고, "작은 반지름"이 r 인 원환면[22]의 넓이는 $(2\pi r) \times (2\pi R)$ 임을 보이라.

7. 구면 $x^2 + y^2 + z^2 = 1$ 의 부분 중에서 타원기둥 $x^2 + \dfrac{y^2}{a^2} \le 1$ 의 내부에 있는 부분의 넓이를 구하라. (여기에서 $0 < a \le 1$ 이다.)

8. 실수 a 에 대하여 식 $z \ge a\sqrt{x^2 + y^2}$ 으로 표현된 원뿔의 꼭짓점 O 에서 입체각은

$$2\pi\left(1 - \frac{a}{\sqrt{1 + a^2}}\right)$$

임을 보이라.[23]

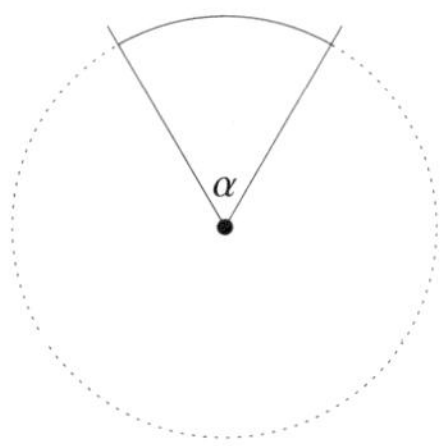

9. 구면의 삼각형, 즉 **구면삼각형**에서는 변들이 **대원**(大圓, great circle)의 호로 이루어져 있다. 구의 중심이 O 인 구면삼각형 ABC 에서 꼭짓점의 각도를 $\theta_A, \theta_B, \theta_C$ 라 하고, $\mathbf{a} := \overrightarrow{OA}$, $\mathbf{b} := \overrightarrow{OB}$, $\mathbf{c} := \overrightarrow{OC}$ 라 하면

$$\cos\theta_A = \frac{\mathbf{b}\cdot\mathbf{c}|\mathbf{a}|^2 - (\mathbf{a}\cdot\mathbf{b})(\mathbf{a}\cdot\mathbf{c})}{|\mathbf{a}\times\mathbf{b}|\cdot|\mathbf{a}\times\mathbf{c}|} = \frac{(\mathbf{a}\times\mathbf{b})\cdot(\mathbf{a}\times\mathbf{c})}{|\mathbf{a}\times\mathbf{b}|\cdot|\mathbf{a}\times\mathbf{c}|}$$

임을 보이라. 또 구면의 원점에서 구면삼각형 ABC 를 바라본 입체각은

$$\theta_A + \theta_B + \theta_C - \pi$$

임을 보이라. (구면삼각형의 내각의 합은 $180°$ 를 넘는다.)

---

[22]즉, 원 $x^2 + (y - R)^2 = r^2$ 을 x-축 주위로 회전시켜 얻은 회전면.

[23]이 원뿔의 **원뿔각**을 α 라고 하면 $\cos\dfrac{\alpha}{2} = \dfrac{a}{\sqrt{1 + a^2}}$ 이고, 따라서 입체각은

$$2\pi\left(1 - \cos\frac{\alpha}{2}\right) < 2\pi\frac{\alpha^2}{8}$$

이다. 보름달이나 태양은 모두 새끼손가락으로 가려지는데, 이들을 바라보는 시각은 $0.5° = \frac{\pi}{360}$ 정도이다. 그러므로 이들이 하늘(2π)에서 차지하는 넓이의 비율은 $\frac{(\pi/360)^2}{8} < 10^{-5}$ 이다. 즉, 10만 개의 태양도 하늘을 다 덮지는 못한다. 원뿔각의 다른 뜻은 제4장 3.2절 참고.

10. 다면체의 한 꼭짓점 V 가 n 개의 면 $F_1, \ldots, F_n$ 이 만나는 n **면각**이라 하자.[24] 또 이웃한 면 F_i, F_{i+1} 사이의 각을 모두 더한 것을 V 에서의 **이면각의 합**이라고 부르자:
$$(\text{이면각의 합}) := \sum_{i=1}^{n} \angle(F_i, F_{i+1}) \qquad (F_{n+1} := F_1).$$
이때 V 에서 이 다면체의 입체각은 (이면각의 합) $-\ (n-2)\pi$ 임을 보이라.[25]

11. 정사면체의 한 꼭짓점에서 입체각을 구하라. 또 정팔면체의 한 꼭짓점에서 입체각을 구하라.

12. 반지름이 1 보다 큰 구면 S 의 부분으로, S 의 한 점을 중심으로 하는 단위 공의 내부에 있는 부분의 넓이는 항상 π 임을 보이라.

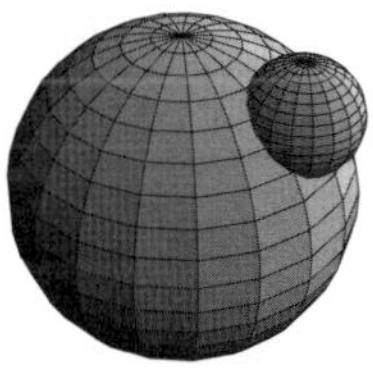

13. (토리첼리의 나팔) $1/2 < k \leq 1$ 일 때 함수
$$y = 1/x^k, \qquad 1 \leq x < \infty$$
의 그래프를 회전시켜 얻은 깔때기에 담긴 페인트로는 깔때기의 표면을 다 칠할 수 없음을 밝히라.

14. 곡면
$$z = \frac{1}{3}x^3 + x^2y - xy^2 - \frac{1}{3}y^3 \qquad (x^2 + y^2 \leq a^2)$$
의 넓이를 구하라.

---

[24]물론 $n \geq 3$ 이다.

[25]면 F_i 에 수직인 외향 단위벡터를 $\mathbf{v}_i$ 라 하면, $\angle(F_i, F_{i+1}) + \angle(\mathbf{v}_i, \mathbf{v}_{i+1}) = \pi$ 이다. 삼면각일 때 증명은 다음과 같다. 원점 O 를 중심으로 하는 구면의 세 점 A, B, C 에 대하여 면 OAB 와 면 OBC 가 이루는 각의 크기는 **구면삼각형** ABC 에서의 $\angle B$ 와 같다. 이로부터 삼면각 O 에서 이면각의 합이 "구면삼각형의 내각의 합"
$$\angle A + \angle B + \angle C = \pi + (\text{입체각})$$
임을 안다.

일반적으로 O 가 **다면각**일 때에는 삼면각의 합으로 이해하면 이면각의 합은 "구면다각형의 내각의 합"과 같다. **볼록다면각**의 경우는 모든 이면각의 크기가 180° 미만이지만, **오목다면각**일 때에는 크기가 π 를 넘는 이면각이 있다. 평면에서는 다각형의 외각의 합이 항상 2π 이고, 구면에서는 다각형의 외각의 합은 2π + (입체각) 이다. 위 문제의 식을 2π − (이면외각의 합) 으로 표현하면 더 좋아 보인다.

제 3 절 면적분

좌표평면의 영역 U 에서 정의된 곡면 $X : U \to \mathbb{R}^3$ 과 이 곡면에서 정의된 함수 $f(u,v)$ 의 **면적분**은

$$\boxed{\iint_X f\ \mathrm{dS} := \iint_U f(u,v)\,|X_u \times X_v|\,du\,dv}$$

로 정의한다. 적분가능한 함수를 "밀도함수"라고 부를 때에는 적분값을 **질량**이라고 부른다.[26]

만약 함수 f 가 영역 U 에서 정의된 함수가 아니고, 곡면 X 의 상을 포함하는 $\mathbb{R}^3$ 의 부분집합에서 정의된 함수이면, f 의 면적분은

$$\iint_X f\ \mathrm{dS} = \iint_U f\big(X(u,v)\big)\ |X_u \times X_v|\ du\,dv$$

를 뜻한다.

3.0.1 보기

원뿔면

$$X:\ z = \sqrt{x^2+y^2} \qquad (x^2+y^2 \le 1)$$

의 면적소는

$$\begin{aligned}\mathrm{dS} &= \sqrt{1+\left(\frac{\partial z}{\partial x}\right)^2+\left(\frac{\partial z}{\partial y}\right)^2}\,dx\,dy = \sqrt{1+\left(\frac{x}{z}\right)^2+\left(\frac{y}{z}\right)^2}\,dx\,dy \\ &= \sqrt{2}\,dx\,dy\end{aligned}$$

이고, 넓이는 $\sqrt{2}\,\pi$ 이다. (원뿔면과 xy-평면 사이의 각이 $\pi/4$ 이므로 당연하다.)

만약 원뿔면의 밀도함수가 $f(x,y,z)=z$ 이면, 평균밀도는

$$\begin{aligned}\frac{1}{\sqrt{2}\,\pi}\iint_X f\,\mathrm{dS} &= \frac{1}{\sqrt{2}\,\pi}\iint_{x^2+y^2\le 1} z\sqrt{2}\,dx\,dy = \frac{1}{\pi}\int_0^{2\pi}\int_0^1 r\cdot r\,dr\,d\theta \\ &= \frac{2}{3}\end{aligned}$$

이다. (물론 기하 중심점 $(0,0,2/3)$ 에서의 밀도가 평균밀도이다.)[27]

---

[26] 곡면을 얇은 금속으로 생각하고, 각 점에서의 밀도가 $f(u,v)$ 라고 하면 곡면의 조그만 조각의 질량은 f dS 이므로, 곡면의 넓이를 구할 때와 마찬가지 방법으로, 면적분의 값은 곡면의 질량임을 알 수 있다.

[27] 원뿔면 $z=|c|\sqrt{x^2+y^2}$, $0\le z\le h$ 의 기하 중심은, 삼각형의 중심처럼, $(0,0,\frac{2}{3}h)$ 이다.

3.1 면적소와 재매개화

좌표평면의 두 영역 $U, \tilde{U}$ 사이의 일급 가역 사상 $G : \tilde{U} \to U$ 와 U 에서 정의된 곡면 $X : U \to \mathbb{R}^3$ 에 대하여, 사상

$$\tilde{X} := X \circ G : \tilde{U} \to \mathbb{R}^3$$

을 곡면 X 의 **재매개화**라고 한다. 이때 G 의 야코비 행렬식 $\det G'$ 이 항상 양이면 $\tilde{X}$ 를 **동향** 재매개화라 하고, 항상 음이면 **역향** 재매개화라고 한다.

정리 3.1.1 *매개곡면 $X : U \to \mathbb{R}^3$ 에서 정의된 함수 f 의 면적분값은 곡면을 재매개하여도 변하지 않는다.*

증명. 먼저 일급 가역 사상

$$G : \tilde{U} \to U, \qquad G(\tilde{u}, \tilde{v}) = (u, v)$$

에 대하여 $\tilde{X} := X \circ G : \tilde{U} \to \mathbb{R}^3$ 를 X 의 재매개화라고 하자. 우리가 밝히려는 것은

$$\iint_X f \; \mathrm{dS} = \iint_{\tilde{X}} f \circ G \; \mathrm{dS}$$

이다. 한편 치환적분 공식에서

$$\begin{aligned} \iint_X f \; \mathrm{dS} &= \iint_U f(u,v)\, |X_u \times X_v| \; du\, dv \\ &= \iint_{\tilde{U}} f\big(G(\tilde{u},\tilde{v})\big)\, |X_u \times X_v| \; \big|\det G'(\tilde{u},\tilde{v})\big| \; d\tilde{u}\, d\tilde{v} \end{aligned}$$

이므로

$$|X_u \times X_v| \, \big|\det G'(\tilde{u},\tilde{v})\big| = \big|\tilde{X}_{\tilde{u}} \times \tilde{X}_{\tilde{v}}\big|$$

를 밝히면 증명이 끝난다. 그런데

$$\tilde{X}_{\tilde{u}} = (X \circ G)_{\tilde{u}} = X_u \frac{\partial u}{\partial \tilde{u}} + X_v \frac{\partial v}{\partial \tilde{u}}, \qquad \tilde{X}_{\tilde{v}} = (X \circ G)_{\tilde{v}} = X_u \frac{\partial u}{\partial \tilde{v}} + X_v \frac{\partial v}{\partial \tilde{v}}$$

에서

$$\tilde{X}_{\tilde{u}} \times \tilde{X}_{\tilde{v}} = (X_u \times X_v) \det \frac{\partial(u,v)}{\partial(\tilde{u},\tilde{v})} = (X_u \times X_v) \det G'$$

이므로 원하는 결론을 얻는다. □

위 정리를

$$|\mathbf{N}| \, du\, dv = |\tilde{\mathbf{N}}| \, d\tilde{u}\, d\tilde{v}$$

와 같이 쓸 수 있는데 (물론 이 공통값이 dS 이다), 이는 곡면의 면적소는 "매개화에 따라 변하는 것이 아님"을 말한다.

3.1.2 보기

반지름이 ρ 인 구면 $S\ :\ x^2+y^2+z^2=\rho^2$ 에 대하여 적분

$$V(t) := \iint_S \frac{\mathrm{dS}}{\sqrt{x^2+y^2+(z-t)^2}} \qquad (-\rho < t < \rho)$$

를 구하여 보자.[28]

위 정리 덕분에 구면을 편리한 대로 매개화하여 풀이할 수 있다.
영역 $0 \le \theta \le 2\pi,\ 0 \le \varphi \le \pi$ 에서 구면을 매개화하여

$$x = \rho\cos\theta\sin\varphi, \qquad y = \rho\sin\theta\sin\varphi, \qquad z = \rho\cos\varphi$$

로 두면

$$\mathrm{dS} = \rho^2 \sin\varphi\, d\varphi\, d\theta$$

이고

$$\begin{aligned} V(t) &= \int_0^{2\pi}\int_0^{\pi} \frac{\rho^2\sin\varphi\, d\varphi\, d\theta}{\sqrt{\rho^2\sin^2\varphi + (\rho\cos\varphi - t)^2}} \\ &= \rho^2\cdot 2\pi \cdot \int_0^{\pi} \frac{\sin\varphi\, d\varphi}{\sqrt{\rho^2+t^2-2\rho t\cos\varphi}} \\ &= \rho^2\cdot 2\pi\cdot \int_{\rho-t}^{\rho+t} \frac{\frac{u}{\rho t}\, du}{u} \qquad (\Leftarrow\ u := \sqrt{\rho^2+t^2-2\rho t\cos\varphi}\ ) \\ &= \rho^2 \cdot 2\pi \cdot \frac{2}{\rho} \\ &= 4\pi\rho \end{aligned}$$

이다. 이 값은 t 의 값과는 상관없다.

3.1.3 기본연습문제

구면 $\mathbb{S}(4)\ :\ x^2+y^2+z^2=4^2$ 에 대하여 다음 적분값을 구하라.[29]

$$\iint_{\mathbb{S}(4)} \frac{\mathrm{dS}}{\sqrt{(x-1)^2+(y-2)^2+(z-3)^2}}$$

---

[28] 이러한 함수는 포텐셜(potential) 이론에서 가장 중요한 함수 중 하나이다 [Kellogg], [Davis, Snider]. 나중에 발산 정리를 공부하고 나면, 쉽게(?) 적분값을 구할 수 있다. 이 보기는 구면의 내부에서 중력장의 위치에너지가 상수임을 말한다. 따라서 구면 내부는 무중력 상태이다. 구면의 바깥 부분에 대한 잠재함수는 연습문제 5 번 참고.

[29] 점 $(1,2,3)$ 이 구면 $S(4)$ 의 내부에 있으므로 답은 $4\pi\cdot 4$.

3.1.4 기본연습문제 (Fubini 정리)

평면 곡선

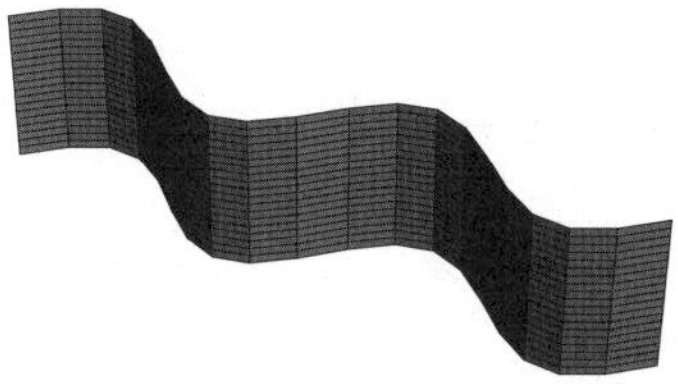

$$C(t) = (x(t), y(t)) \qquad (t_0 \le t \le t_1)$$

에 대하여 **기둥면**

$$X(t,u) := (x(t), y(t), u) \qquad (u_0 \le u \le u_1)$$

을 생각하자. 이때 함수 $f(x, y, z)$ 에 대하여

$$\iint_X f \; \mathrm{dS} = \int_C \left(\int_{u_0}^{u_1} f(x, y, u)\, du \right) \mathrm{ds}$$

임을 보이라.

3.2 함수의 평균값

곡면 X 에서 정의된 함수 f 의 평균값은

$$\frac{1}{\operatorname{area} X} \iint_X f \; \mathrm{dS}$$

로 정의한다. 또 X 에서 x-좌표함수의 평균값을 $\bar{x}$, y-좌표함수의 평균값을 $\bar{y}$, z-좌표함수의 평균값을 $\bar{z}$ 로 두면, 점 $\bar{X} := (\bar{x}, \bar{y}, \bar{z})$ 를 X 의 (기하학적인) **중심**이라고 부른다.

3.2.1 기본연습문제

곡면 X 의 중심 $\bar{X} := (\bar{x}, \bar{y}, \bar{z})$ 는 식

$$\iint_X (x - \bar{x})\, \mathrm{dS} = 0, \qquad \iint_X (y - \bar{y})\, \mathrm{dS} = 0, \qquad \iint_X (z - \bar{z})\, \mathrm{dS} = 0$$

을 만족시킴을 보이라.[30]

3.2.2 보기: 반구의 중심

반구

$$H \;:\; z = \sqrt{a^2 - x^2 - y^2}$$

[30]벡터함수의 적분을 이용하면, 이 식을 간단히 $\iint_X (X - \bar{X})\, \mathrm{dS} = \mathbf{0}$ 으로 나타낼 수 있다.

의 중심 $(\bar{x}, \bar{y}, \bar{z})$ 를 구하라.[31]

풀이. 먼저 곡면의 **대칭성**에서

$$\bar{x} = 0, \qquad \bar{y} = 0$$

을 얻는다. 한편

$$\frac{\partial z}{\partial x} = -\frac{x}{z}, \qquad \frac{\partial z}{\partial y} = -\frac{y}{z}$$

이므로

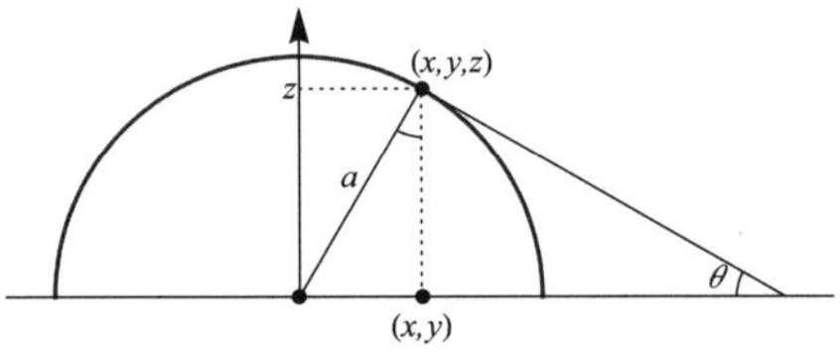

그림: $\cos\theta \ \mathrm{dS} = dx\,dy$

$$\begin{aligned}\mathrm{dS} &= \sqrt{1 + \left(\frac{x}{z}\right)^2 + \left(\frac{y}{z}\right)^2}\, dx\, dy \\ &= \frac{1}{z}\sqrt{x^2 + y^2 + z^2}\, dx\, dy = \frac{a}{z}\, dx\, dy\end{aligned}$$

이다. 따라서

$$\bar{z} = \frac{1}{\text{area}} \iint_{x^2+y^2 \leq a^2} z \cdot \frac{a}{z}\, dx\, dy = \frac{1}{2\pi a^2} \cdot a \cdot \pi a^2 = \frac{a}{2}$$

이고 반구의 (기하) 중심은

$$(\bar{x}, \bar{y}, \bar{z}) = \left(0, 0, \frac{a}{2}\right)$$

이다. (반구를 평면 $z = ka/n$ $(k = 1, \ldots, n)$ 들로 나누면, 각 조각들의 넓이는 모두 같다. — 아르키메데스)

3.2.3 질량 중심

곡면 X 의 밀도함수가 μ 이면, X 의 **질량**은

$$m := \iint_X \mu\, \mathrm{dS}$$

이고, X 의 **질량 중심** $(\bar{x}, \bar{y}, \bar{z})$ 는

$$\bar{x} = \frac{1}{m}\iint_X x\,\mu\, \mathrm{dS}, \qquad \bar{y} = \frac{1}{m}\iint_X y\,\mu\, \mathrm{dS}, \qquad \bar{z} = \frac{1}{m}\iint_X z\,\mu\, \mathrm{dS}$$

이다. 밀도가 상수함수인 곡면의 질량 중심은 기하학적인 중심과 일치한다.

3.2.4 기본연습문제

밀도함수가 μ 인 곡면의 질량 중심 $(\bar{x}, \bar{y}, \bar{z})$ 에 대하여

$$\iint_X (x - \bar{x})\mu\ \mathrm{dS} = 0, \qquad \iint_X (y - \bar{y})\mu\ \mathrm{dS} = 0, \qquad \iint_X (z - \bar{z})\mu\ \mathrm{dS} = 0$$

임을 보이라.

[31] 제 14 장 4.5.1 참고.

3.2.5　보기

반구

$$H \;:\; z = \sqrt{a^2 - x^2 - y^2}$$

의 밀도함수가 $\mu(x,y,z) = z$ 일 때, 이 곡면의 질량 중심 $(\bar{x}, \bar{y}, \bar{z})$ 와 평균밀도 $\bar{\mu}$ 를 구하여 보자.

먼저 보기 (3.2.2)에서

$$\mathrm{dS} = \frac{a}{z}\, dx\, dy, \qquad \mu\, \mathrm{dS} = a\, dx\, dy$$

이다. 따라서 질량은

$$m = \iint_H \mu\, \mathrm{dS} = \iint_{x^2+y^2 \le a^2} a\, dx\, dy = \pi a^3$$

이다. 한편 H 의 넓이는 $A := 2\pi a^2$ 이므로 평균밀도는

$$\bar{\mu} = \frac{m}{A} = \frac{\pi a^3}{2\pi a^2} = \frac{a}{2}$$

이다. (밀도함수가 일차식이므로 평균밀도는 기하 중심에서의 밀도이다.)

또 대칭성에서 $\bar{x} = \bar{y} = 0$ 이고 ($\mathbb{S}(a) = \{(x,y,z) \mid x^2 + y^2 + z^2 = a^2\}$ 으로 두면)

$$\begin{aligned}
\bar{z} &= \frac{1}{m}\iint_H z\,\mu\ \mathrm{dS} = \frac{1}{m}\iint_H z^2\,\mathrm{dS} = \frac{1}{m}\cdot\frac{1}{2}\iint_{\mathbb{S}^2(a)} z^2\,\mathrm{dS} \\
&= \frac{1}{m}\cdot\frac{1}{2}\cdot\frac{1}{3}\iint_{\mathbb{S}^2(a)} (x^2 + y^2 + z^2)\,\mathrm{dS} \\
&= \frac{1}{\pi a^3}\cdot\frac{1}{2}\cdot\frac{1}{3}\cdot a^2 \cdot 4\pi a^2 \\
&= \frac{2}{3}a
\end{aligned}$$

이다. 그러므로 H 의 질량 중심은

$$(\bar{x}, \bar{y}, \bar{z}) = \left(0, 0, \frac{2}{3}a\right)$$

이다.

연습문제: 제 16 장 3 절

1. 단위 구면 $S : x^2+y^2+z^2=1$ 에서 함수

$$x, \quad y, \quad z, \quad x^2, \quad y^2, \quad z^2, \quad xy, \quad yz, \quad zx, \quad x^2y, \quad xyz$$

를 적분한 값을 각각 구하라.

2. 다음 곡면의 넓이와 중심을 구하라. (여기에서 $r=\sqrt{x^2+y^2}$, $\rho=\sqrt{x^2+y^2+z^2}$ 이다.)

   (1) 포물면 $z=r^2$, $r \le a$

   (2) 원뿔면 $z=kr$, $r \le a$

   (3) 구면 $\rho=a$ 의 점 중에서 원뿔면 $z=r$ 의 내부에 있는 부분

   (4) $x^2+y^2+z^2=4$ 의 점 중에서 원기둥면 $x^2+y^2=2x$ 의 내부이고, $z \ge 0$ 인 부분

3. 다음 곡면 S 에서 밀도함수가 f 일 때, 곡면의 질량, 평균밀도 및 질량 중심을 구하라.

   (1) $f(x,y,z)=xyz$, S 는 $x+y+z=1$ 에서 x,y,z 가 양인 부분

   (2) $f(x,y,z)=x+y$,
   S 는 $z=2x+3y$ 이고, 원기둥 $x^2+y^2=9$ 의 내부이며 $x \ge 0$, $y \ge 0$

   (3) $f(x,y,z)=z$, S 는 원기둥좌표로 $z=r^2$ 이고, 원기둥면 $r=2$ 의 내부

   (4) $f(x,y,z)=(x^2+y^2)z$, S 는 구면좌표로 $\rho=1$ 이고, $z \ge 0$ 인 부분

   (5) $f(x,y,z)=z^2$, S 는 $x=\cos\theta$, $y=\sin\theta$, $0 \le \theta \le 2\pi$, $0 \le z \le 2\pi$ 인 부분

4. 곡면 X 에서 정의된 연속함수 f 가 최댓값과 최솟값을 가질 때 f 의 평균값을 $\bar{f}$ 라고 하자. 만약 X 가 연결된 곡면이면,

$$\bar{f}=f(X_0)$$

을 만족시키는 점 X_0 가 곡면에 존재함을 보이라.

5. 밀도 μ 가 일정한 상수인 구면

$$\mathbb{S}(\rho) \ : \ x^2+y^2+z^2=\rho^2$$

의 질량을

$$m := \iint_{\mathbb{S}(\rho)} \mu \, \mathrm{dS} = 4\pi\mu\rho^2$$

으로 두자. 이때 실수 $t>\rho$에 대하여

$$\iint_{\mathbb{S}(\rho)} \frac{\mu \, \mathrm{dS}}{\sqrt{x^2+y^2+(z-t)^2}} = \frac{m}{t}$$

임을 보이라.

6. 다음 적분을 구하라.

(1) $\displaystyle\iint_{\mathbb{S}(4)} \frac{\mathrm{dS}}{\sqrt{(x-1)^2+y^2+z^2}}$

(2) $\displaystyle\iint_{\mathbb{S}(4)} \frac{\mathrm{dS}}{\sqrt{x^2+(y-3)^2+z^2}}$

(3) $\displaystyle\iint_{\mathbb{S}(5)} \frac{\mathrm{dS}}{\sqrt{(x-2)^2+(y-3)^2+z^2}}$

7. (**파푸스의 정리 III**) 밀도함수가 μ 인 평면 곡선 $C \subset \mathbb{R}^2$ 의 질량을

$$m := \int_C \mu \,\mathrm{ds}$$

로 두자. 또 이 곡선을 직선[32] $L \subset \mathbb{R}^2$ 의 둘레로 회전시켜 얻은 회전면 S 의 질량을

$$M := \iint_S \mu \,\mathrm{dS}$$

라고 두자. 이때 C 의 질량 중심과 L 사이의 거리를 d 라고 하면,

$$M = 2\pi d m$$

임을 보이라 (2절 연습문제 6번 참고).

8. $\mathbb{R}^3$ 에서 원점을 중심으로 하고 반지름이 r 인 구면을 $\mathbb{S}(r)$ 이라 하자. 이때 벡터 $\mathbf{v}$ 에 대하여 다음 벡터 적분을 구하라.

$$\mathbf{G}(\mathbf{v}) := \frac{3}{4\pi r^4} \iint_{\mathbf{x}\in\mathbb{S}(r)} (\mathbf{x}\cdot\mathbf{v})\mathbf{x} \,\mathrm{dS}(\mathbf{x})$$

9. 구면 영역

$$x^2+y^2+z^2=r^2, \qquad z_0 \le z \le z_1$$

의 중심 $(\bar{x}, \bar{y}, \bar{z})$ 를 구하라 (단, $-r \le z_0 \le z_1 \le r$).

---

[32] L 과 C 가 만나지 않는다고 가정한다.

제 4 절 벡터장과 면적분

4.1 곡면과 향

벡터장을 곡선을 따라 적분할 때에 곡선의 향이 중요한 것처럼, 벡터장을 곡면을 따라 적분할 때에도 곡면의 향이 중요한 역할을 한다.

삼차원 공간 속에서 곡면의 **향**(向, orientation)이란, 곡면의 각 점에서 곡면에 수직인 방향을 연속적으로 정해 준 것을 뜻한다.

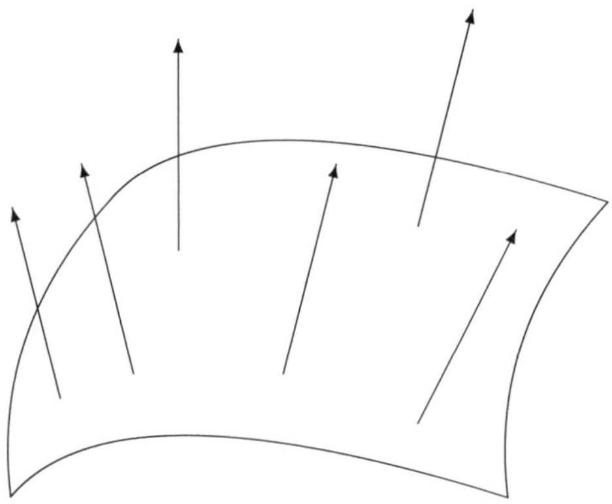

만약 곡면 S를 $X(u,v)$로 매개화하면, **단위법벡터장**

$$\mathbf{n} := \frac{X_u \times X_v}{|X_u \times X_v|}$$

는 곡면의 향을 정해 준다. 그러나 S를 재매개화하여

$$\tilde{X}(\tilde{u},\tilde{v}) := X(\tilde{v},\tilde{u})$$

로 두면,

$$\tilde{X}_{\tilde{u}} \times \tilde{X}_{\tilde{v}} = -X_u \times X_v$$

이므로 향은 반대가 된다.

매개화된 곡면에서 동향 재매개화에 대해서는 향이 변화하지 않지만, 역향 재매개화에 대해서는 향이 반대로 된다.[33]

모든 곡면은 국소적으로 매개화할 수 있으므로, 곡면에는 국소적으로 향이 존재함을 안다.

[33]모든 곡면에 향이 존재하는 것은 아니다. 예를 들면 뫼비우스의 띠에는 향이 존재하지 않는다.

4.2 닫힌 곡면

구면이나 원환면 등과 같이 경계[34]를 가지지 않고 유계이고 연결된 곡면을 **폐곡면**[35] 또는 **닫힌 곡면**이라고 부른다.

그림: 삼차원 공간 속의 모든 닫힌 곡면은 위상적으로 구면이거나, 원환면이거나 또는 몇 개의 원환면들을 연결하여 얻는다.[36]

삼차원 공간에서 닫힌 곡면 S의 여집합 $\mathbb{R}^3 - S$는 두 개의 연결성분으로 이루어진다. 이 중에 한 성분은 유계이고, 나머지 성분은 유계가 아니다. 유계인 성분 $\operatorname{In} S$를 S의 **안쪽 부분**이라고 부르고, 유계가 아닌 성분 $\operatorname{Out} S$를 S의 **바깥쪽 부분**이라고 부른다:[37]

$$\mathbb{R}^3 - S = (\operatorname{In} S) \cup (\operatorname{Out} S).$$

닫힌 곡면에서는, 특별한 언급이 없으면, 곡면의 바깥쪽 부분을 가리키는 단위법벡터, 즉 **외향 단위법벡터**로 향이 주어진 것으로 가정한다.

4.3 벡터장과 면적분

유향곡면, 즉 향이 주어진 곡면 S의 각 점에서 정의된 벡터장 $\mathbf{F}(x, y, z)$에 대하여 면적분

$$\iint_S \mathbf{F} \cdot \mathrm{d}\mathbf{S} := \iint_S \mathbf{F} \cdot \mathbf{n}\, \mathrm{dS}$$

를 "곡면 S에서 벡터장 $\mathbf{F}$의 적분"이라 한다. 벡터장의 면적분값은 곡면의 향이 바뀌면, 부호가 바뀐다.

벡터장 $\mathbf{F}$가 유체의 속도를 나타내면, 위 적분값은 단위시간에 곡면 S를 통과하는 유체의 양이고, 이때 적분값을 "유향곡면 S에서 벡터장 $\mathbf{F}$의 **플럭스**(flux)"라고 부른다.

[34] "곡면의 경계"란 곡면을 전체 공간으로 보았을 때의 경계를 뜻한다.

[35] 閉曲面, closed surface, compact connected surface without boundary

[36] 우리는 스스로 교차하는 클라인 병 같은 곡면은 다루지 않는다.

[37] 이때 S는 $\operatorname{In} S$의 경계이고, 동시에 $\operatorname{Out} S$의 경계이다.

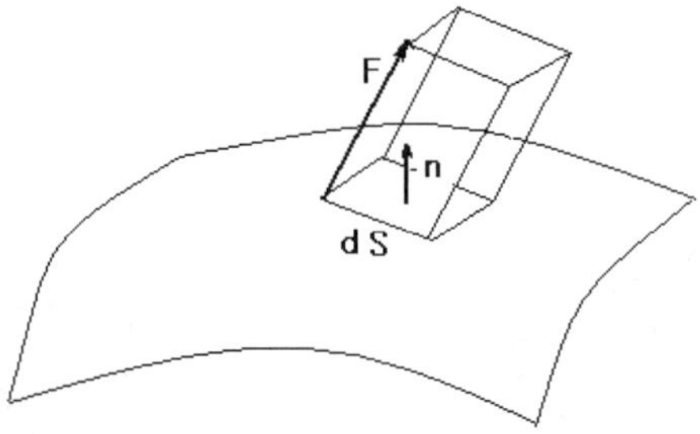

만약 S가 평면 영역 U에서 사상 $X : U \to S \subset \mathbb{R}^3$로 매개화 되면

$$\mathbf{N} = X_u \times X_v, \qquad \mathbf{n} = \frac{\mathbf{N}}{|\mathbf{N}|}, \qquad \mathrm{dS} = |\mathbf{N}|\, du\, dv, \qquad \mathbf{n}\ \mathrm{dS} = \mathbf{N}\, du\, dv$$

이므로

$$\iint_S \mathbf{F} \cdot \mathrm{d}\mathbf{S} = \iint_S \mathbf{F} \cdot \mathbf{n}\ \mathrm{dS} = \iint_U \mathbf{F} \cdot \mathbf{N}\, du\, dv$$

임을 알 수 있다. 이 식을

$$\mathrm{d}\mathbf{S} = \mathbf{N}\, du\, dv = X_u \times X_v\, du\, dv$$

라고 쓸 수 있다.[38]

4.3.1 보기

위치벡터장 $\mathbf{r} = x\,\mathbf{i} + y\,\mathbf{j} + z\,\mathbf{k}$가 포물면 $z = \dfrac{x^2}{a^2} + \dfrac{y^2}{b^2}$과 평면 $z = h > 0$으로 둘러싸인 영역 R에서 빠져나가는 양 $\displaystyle\int_{\partial R} \mathbf{r} \cdot \mathrm{d}\mathbf{S}$를 구하라.

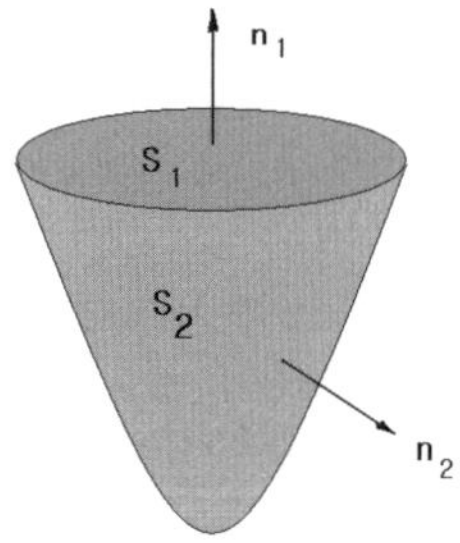

풀이. 위쪽 타원판

$$\frac{x^2}{a^2} + \frac{y^2}{b^2} \le h, \qquad z = h$$

를 S_1이라고 하면, 외향 단위법벡터는 $\mathbf{n}_1 := \mathbf{k}$이다. 또 포물면

$$X(x,y) := \left(x, y, \frac{x^2}{a^2} + \frac{y^2}{b^2}\right), \qquad \frac{x^2}{a^2} + \frac{y^2}{b^2} \le h$$

[38] 이 식에서 $\mathbf{F} = f_1\,\mathbf{i} + f_2\,\mathbf{j} + f_3\,\mathbf{k}$로 두면 다음을 얻는다 (제 18 장 부록 참고).

$$\mathrm{d}\mathbf{S} = dy \wedge dz\,\mathbf{i} + dz \wedge dx\,\mathbf{j} + dx \wedge dy\,\mathbf{k}, \qquad \mathbf{F} \cdot \mathrm{d}\mathbf{S} = f_1\, dy \wedge dz + f_2\, dz \wedge dx + f_3\, dx \wedge dz$$

를 S_2 라 하면 외향 단위법벡터 $\mathbf{n}_2$ 는

$$\mathbf{N} := -X_x \times X_y = -\left(1, 0, \frac{2x}{a^2}\right) \times \left(0, 1, \frac{2y}{b^2}\right) = \left(\frac{2x}{a^2}, \frac{2y}{b^2}, -1\right)$$

을 "단위화"하여 얻는다. 따라서

$$\iint_{S_1} \mathbf{r} \cdot \mathbf{n}_1 \ \mathrm{dS} = \iint_{S_1} z \ \mathrm{dS} = \iint_{S_1} h \ \mathrm{dS} = \pi abh^2$$

이고

$$\begin{aligned}
\iint_{S_2} \mathbf{r} \cdot \mathbf{n}_2 \ \mathrm{dS} &= \iint_{\frac{x^2}{a^2}+\frac{y^2}{b^2} \le h} \mathbf{r} \cdot \mathbf{N}\, dx\, dy \\
&= \iint_{\frac{x^2}{a^2}+\frac{y^2}{b^2} \le h} \left(\frac{2x^2}{a^2} + \frac{2y^2}{b^2} - \left(\frac{x^2}{a^2} + \frac{y^2}{b^2}\right)\right) dx\, dy \\
&= ab \iint_{\tilde{x}^2+\tilde{y}^2 \le h} (\tilde{x}^2 + \tilde{y}^2)\, d\tilde{x}\, d\tilde{y} \\
&= \frac{1}{2}\pi abh^2
\end{aligned}$$

이다. 따라서 구하는 값은

$$\pi abh^2 + \frac{1}{2}\pi abh^2 = \frac{3}{2}\pi abh^2$$

이다.[39]

4.3.2 기본연습문제

입체각 벡터장 $\mathbf{A} = \dfrac{\mathbf{r}}{r^3}$ 에 대하여 다음에 답하라.

1. 구면 $x^2 + y^2 + z^2 = a^2$ 의 영역 S 에 대하여

$$\iint_S \mathbf{A} \cdot \ \mathrm{d}\mathbf{S} = \frac{1}{a^2}\ \mathrm{area}(S)$$

   임을 보이라.[40]

2. 벡터장 $\mathbf{A}$ 가 곡면

$$S_1 : \quad \text{곡면 } z = 1 - x^2 - y^2 \text{ 에서 } z \ge 0 \text{ 인 부분}$$

   을 벗어나는 적분을 구하라.[41] (이때 향을 정하는 단위 법벡터 $\mathbf{n}$ 은 $\mathbf{n}\cdot\mathbf{k} \ge 0$ 이 되도록 한다.)

---

[39] 영역 R 의 부피는 $V = \frac{1}{2} \times$ (밑넓이) $\times$ (높이) $= \frac{1}{2}\pi abh^2$ 이므로 위에서 구한 적분값은 $3V$ 이다 (제 14 장 3절 연습문제 21 번 참고). 이러한 까닭은 발산 정리를 배우면 바로 알게 된다.

[40] 구면의 법벡터는 바깥을 향하는 것을 표준으로 삼는다.

[41] 답은 단위 반구의 넓이와 같은 2π 이다.

연습문제: 제 16 장 4 절

1. 다음 곡면 S 에서 벡터장 $\mathbf{F}$ 의 적분 $\iint_S \mathbf{F}\cdot d\mathbf{S}$ 의 절댓값을 구하라.

   (1) $\mathbf{F} = x\mathbf{i} + y\mathbf{j} + z\mathbf{k}$, S 는 평면 $2x + 2y + z = 3$ 의 x, y, z 가 양인 부분

   (2) $\mathbf{F} = 2y\mathbf{i} + 3z\mathbf{k}$, S 는 $z = 3x + 2$ 의 부분으로 원기둥 $x^2 + y^2 = 4$ 의 내부

   (3) $\mathbf{F} = z\mathbf{k}$, S 는 구면좌표계에서 $\rho = 2$ 로 표현되는 구의 위쪽 반구

   (4) $\mathbf{F} = y\mathbf{i} - x\mathbf{j}$, S 는 원기둥좌표계에서 $z = r$ 로 표현되고, 원기둥 $r = 3$ 의 내부

   (5) $\mathbf{F} = 2x\mathbf{i} + 2y\mathbf{j} + 3\mathbf{k}$, S 는 포물면 $z = 4 - x^2 - y^2$ 의 부분으로 xy 평면의 윗부분

   (6) $\mathbf{F} = 3xy^2\,\mathbf{i} + 3x^2y\,\mathbf{j} + z^3\,\mathbf{k}$, S 는 구면 $x^2 + y^2 + z^2 = 1$

2. 좌표평면들과 평면 $2x + 3y + z = 6$ 으로 둘러싸인 부분의 경계를 S 라고 할 때, 벡터장 $\mathbf{F} = x\mathbf{i} - y\mathbf{j}$ 가 곡면 S 에서 빠져나오는 플럭스를 구하라.

3. 포물면 $z = 4 - x^2 - y^2$ 과 xy 평면으로 둘러싸인 부분의 경계를 S 라고 할 때, 벡터장 $\mathbf{F} = 2x\mathbf{i} + 2\mathbf{j} + 3\mathbf{k}$ 가 곡면 S 에서 빠져나오는 플럭스를 구하라.

4. 포물면 $z = x^2 + y^2$ 과 $z = 18 - x^2 - y^2$ 으로 둘러싸인 부분의 경계를 S 라고 할 때, $\mathbf{F} = z^2\mathbf{k}$ 가 S 에서 빠져나오는 플럭스를 구하라.

5. 정규곡면 $X(u, v)$ 에서 얻은 법벡터장 $\mathbf{N}(u, v)$ 와 이 곡면의 동향 재매개화 $\tilde{X}(\tilde{u}, \tilde{v})$ 에서 얻은 법벡터장 $\tilde{\mathbf{N}}(\tilde{u}, \tilde{v})$ 에 대하여,

$$\frac{\mathbf{N}}{|\mathbf{N}|} = \frac{\tilde{\mathbf{N}}}{|\tilde{\mathbf{N}}|}$$

   임을 보이라.

6. 좌표공간에서 정의된 벡터장 $\mathbf{F}$ 와 원점을 중심으로 하는 구면 S 에 대하여

$$\iint_S \mathbf{r}\times\mathbf{F}\cdot d\mathbf{S} = 0$$

   임을 보이라. 여기에서 $\mathbf{r}$ 는 위치벡터장을 나타낸다.

제 17 장

발산 정리

조화의 실현은 모든 것의 목표이다.

— 피타고라스

삼차원 공간의 유한한 영역에서 정의된 벡터장에 대하여, 이 벡터장이 영역의 경계를 빠져나가는 양은 영역의 내부에서 벡터장의 발산함수를 적분한 값과 같다는 것을 발산 정리라고 부른다. 이러한 원리는 이미 제 15 장에서 평면벡터장을 다룰 때에도 살펴보았으며 실수 구간에서의 미적분학 기본정리에서 나타나는 원리와 마찬가지이다. 발산 정리의 응용으로 가우스 정리를 살펴본다. 더 읽을 거리를 갈망하는 독자에게는 [Schey], [Davis, Snider], [Danielson] 등을 추천한다.

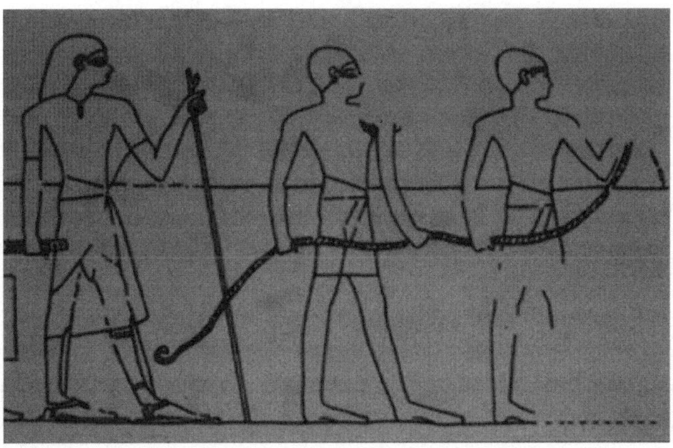

고대 이집트의 줄을 당기는 사람들 [Tompkins]: 줄은 자와 컴퍼스(規)로 진화하였다.
자(ruler)는 통치자를 뜻하기도 하고, 矩(직각자)와 規는 법도와 규범을 뜻한다.
자와 컴퍼스의 계산술은 "로그"로, "컴퓨터"로 진화하였다.

제 1 절 발산 정리

이 장에서는 삼차원 공간의 영역과[1] 벡터장에 대한 발산 정리를 소개한다.[2]

정리 1.0.1 (발산 정리) *공간 속의 한 영역 R 에서 정의된 일급 벡터장 $\mathbf{F}$ 에 대하여*

$$\iint_{\partial R} \mathbf{F} \cdot d\mathbf{S} = \iiint_{R} \operatorname{div} \mathbf{F} \, dV$$

이다.

발산 정리는 다음과 같이 말할 수 있다:

> *삼차원 공간의 한 영역에서 정의된 벡터장이 그 영역의 경계를 통과하는 양의 순간변화율(flux)은 그 영역이 벡터장을 따라 흐른다는 관점에서 볼 때 영역의 순간부피변화율과 같다.*

발산 정리의 일반적인 증명은 부록에 두지만, 영역 R 가

$$x_0 \le x \le x_1, \quad y_0 \le y \le y_1, \quad z_0 \le z \le z_1$$

---

[1] 여기에서 영역이란, 유계이고 닫힌 영역을 뜻하고, 그 경계가 "조각적 정규곡면"인 것을 가정한다. 경계가 조각적 정규곡선인 정규곡면 $S_1, \ldots, S_n$ 들의 합으로 이루어진 곡면이

$$i \neq j \quad \Rightarrow \quad S_i \cap S_j \subseteq \partial S_i \cap \partial S_j$$

를 만족시키면, 이 곡면을 **조각적 정규곡면**이라고 불렀다. 그리고 영역 R 의 경계 ∂R 에서 외향 단위 법벡터 $\mathbf{n}$ 이 곡면 ∂R 의 향을 결정한다.

[2] 제 15장 부록 참조. 발산 정리(divergence theorem)는 라그랑주가 1762 년에 발견하였다. 이 정리는 1813 년에는 독일의 가우스가, 1826 년에는 러시아의 오스트로그라드스키(Mikhail Ostrogradsky, 1801–1862)가 독립적으로 재발견하였다. 오늘날 사람들은 그 중요성을 잘 인식하지 않고 당연한 것으로 여기지만, 인류의 역사를 보면 시간, **도량형**(度量衡–길이, 부피, 무게), 화폐 등 각종 양의 기준을 정하는 것은 공동 사회를 이끌어 가는 데 매우 중요한 역할을 하였다. 고대 이집트 벽화에는 "줄을 당겨서 기준을 정하는 사람"의 모습이 있고, 중국의 진시황이 사회를 통일하는 과정에는 단순한 땅의 통일이 아니라 각종 기준량의 통일이 있었다. 18세기 말 프랑스 혁명을 실천하는 과정에서도 도량형의 통일이 매우 중요한 역할을 하였다. 국어 사전에는 "도량"을 "마음이 너그러워 사물을 잘 포용하는 품성"이라고도 해석하는데, 그런 품성을 가진 것을 "도량이 넓다"고 한다. 가우스는 1832 년 지구의 자기장을 설명하면서 "길이, 질량, 시간"의 단위가 기본이라고 하여, 자연을 측정하는 현대적인 기본 단위의 틀을 밝혔다. 그의 이름은 자기장의 기본단위로 쓰인다.

과 같은 직육면체 모양일 때의 발산 정리를 증명하여 보자. 이때 R의 경계는 여섯 개의 면으로 이루어져 있다:

$$\begin{aligned} S_1^- &:= \{x_0\} \times [y_0, y_1] \times [z_0, z_1], & S_1^+ &:= \{x_1\} \times [y_0, y_1] \times [z_0, z_1] \\ S_2^- &:= [x_0, x_1] \times \{y_0\} \times [z_0, z_1], & S_2^+ &:= [x_0, x_1] \times \{y_1\} \times [z_0, z_1] \\ S_3^- &:= [x_0, x_1] \times [y_0, y_1] \times \{z_0\}, & S_3^+ &:= [x_0, x_1] \times [y_0, y_1] \times \{z_1\}. \end{aligned}$$

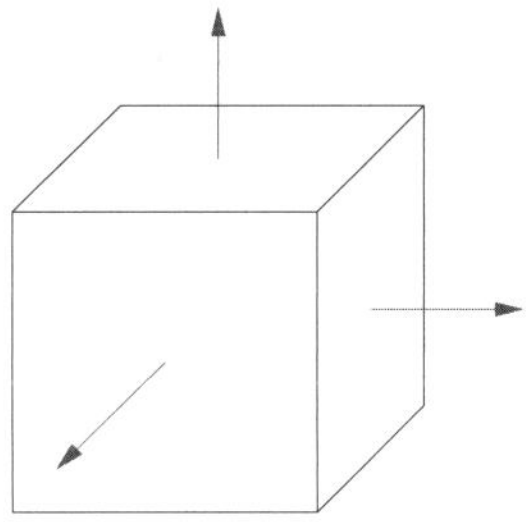

그림: 영역 $[x_0, x_1] \times [y_0, y_1] \times [z_0, z_1]$과 법벡터장

이제 벡터장을 $\mathbf{F} = f_1\mathbf{i} + f_2\mathbf{j} + f_3\mathbf{k}$로 두면

$$\iint_{S_1^+} \mathbf{F} \cdot \mathrm{d}\mathbf{S} = \int_{z_0}^{z_1} \int_{y_0}^{y_1} f_1(x_1, y, z)\, dydz$$

$$\iint_{S_1^-} \mathbf{F} \cdot \mathrm{d}\mathbf{S} = -\int_{z_0}^{z_1} \int_{y_0}^{y_1} f_1(x_0, y, z)\, dydz$$

$$\iint_{S_1^+ \cup S_1^-} \mathbf{F} \cdot \mathrm{d}\mathbf{S} = \int_{z_0}^{z_1} \int_{y_0}^{y_1} (f_1(x_1, y, z) - f_1(x_0, y, z))\, dydz = \iiint_R \frac{\partial f_1}{\partial x}\, \mathrm{dV} \quad (1)$$

이다. 마찬가지로

$$\iint_{S_2^+ \cup S_2^-} \mathbf{F} \cdot \mathrm{d}\mathbf{S} = \int_{z_0}^{z_1} \int_{x_0}^{x_1} (f_2(x, y_1, z) - f_2(x, y_0, z))\, dxdz = \iiint_R \frac{\partial f_2}{\partial y}\, \mathrm{dV} \quad (2)$$

$$\iint_{S_3^+ \cup S_3^-} \mathbf{F} \cdot \mathrm{d}\mathbf{S} = \int_{y_0}^{y_1} \int_{x_0}^{x_1} (f_3(x, y, z_1) - f_3(x, y, z_0))\, dxdy = \iiint_R \frac{\partial f_3}{\partial z}\, \mathrm{dV} \quad (3)$$

이므로 등식 (1), (2), (3)을 더하면 원하는 결론을 얻는다. □

1.0.2 보기

세 평면 $z = 0$, $y = 0$, $y = 2$와 포물기둥면

$$z = 1 - x^2$$

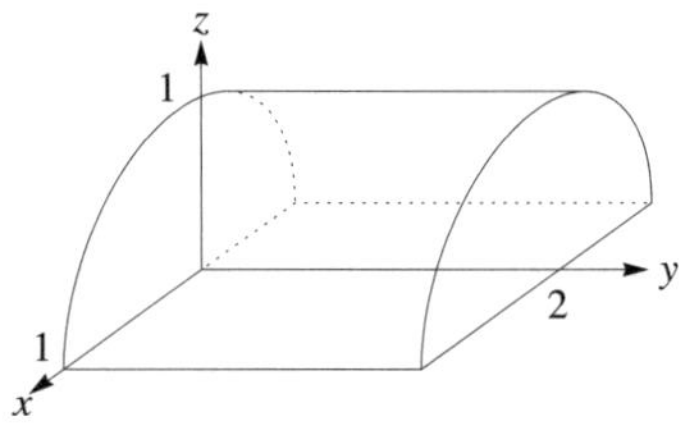

으로 둘러싸인 영역 R의 경계를 S라 하자. 이때 벡터장

$$\mathbf{F} = (x + \cos y)\,\mathbf{i} + (y + \sin z)\,\mathbf{j} + (z + e^x)\,\mathbf{k}$$

에 대하여 $\iint_S \mathbf{F} \cdot \mathrm{d}\mathbf{S}$를 구하라.

풀이. $\operatorname{div} \mathbf{F} = 3$ 이므로

$$\begin{aligned} \iint_S \mathbf{F} \cdot \mathrm{d}\mathbf{S} &= \iiint_R \operatorname{div} \mathbf{F}\, \mathrm{dV} = \int_{-1}^{1} \int_0^2 \int_0^{1-x^2} 3\, dz\, dy\, dx \\ &= 3 \cdot 2 \cdot 2 \int_0^1 (1 - x^2)\, dx = 8 \end{aligned}$$

이다.[3]

1.0.3 보기

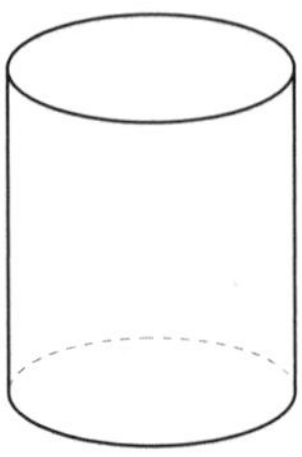

두 평면 $z = 0$, $z = 3$과 원기둥 $x^2 + y^2 = 2^2$ 으로 둘러싸인 영역 R의 경계를 S라고 하자. 이때 곡면 S에 대한 벡터장

$$\mathbf{F} = (x^2 + y^2 + z^2)(x\,\mathbf{i} + y\,\mathbf{j} + z\,\mathbf{k})$$

의 플럭스를 구하라.

풀이.

$$\begin{aligned} \operatorname{div} \mathbf{F} &= \left(\operatorname{grad}(x^2 + y^2 + z^2)\right) \cdot (x\,\mathbf{i} + y\,\mathbf{j} + z\,\mathbf{k}) + (x^2 + y^2 + z^2) \operatorname{div}(x\,\mathbf{i} + y\,\mathbf{j} + z\,\mathbf{k}) \\ &= 5(x^2 + y^2 + z^2) \end{aligned}$$

[3] 포물선과 한 현으로 둘러싸인 영역의 넓이는

$$A = \frac{2}{3} \times (\text{현의 길이}) \times (\text{높이})$$

이므로 (제 14 장 3절 연습문제 25 번 참조) 영역 R의 부피는 $V = 2 \times A = \frac{8}{3}$ 이다.

이므로

$$\begin{aligned}\iint_S \mathbf{F}\cdot d\mathbf{S} &= \iiint_R 5(x^2+y^2+z^2)\,dx\,dy\,dz \\ &= \int_0^{2\pi}\int_0^2\int_0^3 5(r^2+z^2)\,r\,dz\,dr\,d\theta \qquad \text{(원기둥 좌표계)} \\ &= 5\left(\int_0^{2\pi} d\theta\right)\int_0^2 (3r^3+9r)\,dr = 10\pi\cdot\left(\frac{3}{4}\cdot 2^4+\frac{9}{2}\cdot 2^2\right) \\ &= 300\pi\end{aligned}$$

이다.

1.1 영역의 부피

삼차원 좌표공간에서 벡터장

$$x\,\mathbf{i},\qquad y\,\mathbf{j},\qquad z\,\mathbf{k}$$

는 모두 발산함수가 항등적으로 1이다. 그러므로 발산 정리에 의하여 공간에서 영역 R의 부피는

$$\mathrm{vol}(R) = \iint_{\partial R} x\mathbf{i}\cdot d\mathbf{S} = \iint_{\partial R} y\mathbf{j}\cdot d\mathbf{S} = \iint_{\partial R} z\mathbf{k}\cdot d\mathbf{S}$$

이다. 또 위치벡터장

$$\mathbf{r} = x\,\mathbf{i}+y\,\mathbf{j}+z\,\mathbf{k}$$

에서 $\mathrm{div}\,\mathbf{r}=3$이므로

$$\mathrm{vol}(R) = \frac{1}{3}\iint_{\partial R}\mathbf{r}\cdot d\mathbf{S}$$

이다.

1.1.1 기본연습문제

3×3 행렬 A에 대한 선형벡터장[4] $\mathbf{F}_A$와 공간의 영역 R에 대하여

$$\iint_{\partial R}\mathbf{F}_A\cdot d\mathbf{S} = \mathrm{tr}(A)\cdot\mathrm{vol}(R)$$

임을 밝히라.

[4]제 13 장 5.3.3 참고.

연습문제: 제 17 장 1 절

1. 다음 상황에서 발산 정리가 성립함을 보이라.

   (1) $\mathbf{F} = x\mathbf{i} + y\mathbf{j} + z\mathbf{k}, \quad S : x^2 + y^2 + z^2 = 1$

   (2) $\mathbf{F} = |\mathbf{r}|\mathbf{r}, \quad \mathbf{r} = x\mathbf{i} + y\mathbf{j} + z\mathbf{k}, \quad S : x^2 + y^2 + z^2 = 9$

   (3) $\mathbf{F} = x\mathbf{i} + y\mathbf{j} + z\mathbf{k}$, S는 세 좌표평면과, $x = 2$, $y = 2$, $z = 2$ 로 둘러싸인 영역의 경계

   (4) $\mathbf{F} = xy\mathbf{i} + yz\mathbf{j} + zx\mathbf{k}$, S는 문제 (3) 의 곡면

   (5) $\mathbf{F} = (x + y)\mathbf{i} + (y + z)\mathbf{j} + (z + x)\mathbf{k}$, S는 세 좌표평면과 평면 $x + y + z = 1$ 로 둘러싸인 사면체의 경계

2. 벡터장 $\mathbf{F} = 3xy^2\,\mathbf{i} + 3x^2y\,\mathbf{j} + z^3\,\mathbf{k}$가 표준 단위구면 $\mathbb{S}^2 : \ x^2 + y^2 + z^2 = 1$을 빠져나오는 플럭스를 구하라.

3. 닫힌 곡면 S의 외향 단위 법벡터장

$$\mathbf{n} = n_1\,\mathbf{i} + n_2\,\mathbf{j} + n_3\,\mathbf{k}$$

   에 대하여 S 의 내부의 부피 V 는

$$V = \iint_S n_1 x \ \mathrm{dS} = \iint_S n_2 y \ \mathrm{dS} = \iint_S n_3 z \ \mathrm{dS}$$

   임을 보이라.

4. 공간의 열린 영역 U에서 정의된 일급벡터장 $\mathbf{F}$가 U에 포함되는 임의의 공 B에 대하여

$$\iint_{\partial B} \mathbf{F} \cdot \mathrm{d}\mathbf{S} = 0$$

   이면 $\mathbf{F}$는 비압축장임을 보이라.

5. 공간 속의 한 열린 집합 U에서 정의된 비압축장 $\mathbf{F}$가, U 속의 한 닫힌 곡면 S에 대하여

$$\iint_S \mathbf{F} \cdot \mathrm{d}\mathbf{S} \neq 0$$

   이면, S의 안쪽에 $\mathbf{F}$가 정의되지 않는 점이 존재함을 보이라.

제 2 절 가우스 정리

2.1 입체각 벡터장

좌표공간의 영역 R가 내부에 원점을 포함한다고 하자. 이때 입체각 벡터장

$$\mathbf{A} = \frac{\mathbf{r}}{r^3}$$

이 영역 R를 빠져나가는 양은 "온입체각"인 4π 임을 밝혀 보자.

풀이. 구하는 양은

$$\iint_{\partial R} \mathbf{A} \cdot d\mathbf{S}$$

이다. 원점을 중심으로 하고 반지름 r가 아주 작은 공을 B라고 하자. 그러면 영역

$$R - B$$

에서 벡터장 $\mathbf{A}$는 잘 정의되고, $\operatorname{div} \mathbf{A} = 0$ 이므로, 발산 정리에서

$$0 = \iiint_{R-B} \operatorname{div} \mathbf{A} \, dV = \iint_{\partial R} \mathbf{A} \cdot d\mathbf{S} - \iint_{\partial B} \mathbf{A} \cdot d\mathbf{S}$$

를 얻는다. 따라서

$$\begin{aligned} \iint_{\partial R} \mathbf{A} \cdot d\mathbf{S} &= \iint_{\partial B} \mathbf{A} \cdot d\mathbf{S} \\ &= \iint_{\partial B} \frac{\mathbf{r}}{r^3} \cdot \frac{\mathbf{r}}{r} \, dS = \iint_{\partial B} \frac{1}{r^2} \, dS \\ &= \frac{1}{r^2} \cdot \left(4\pi r^2\right) = 4\pi \end{aligned}$$

이다.

2.1.1

공간에서 점 P를 중심으로 하는 입체각 벡터장은

$$\mathbf{A}_P(X) := \frac{X - P}{|X - P|^3}$$

이다. 앞에서 P가 원점인 경우를 살펴본 것과 마찬가지 방법으로 다음 정리를 얻는다. 이 정리에서 닫힌 곡면 S의 내부 영역과 외부 영역을 각각 $\operatorname{In} S$, $\operatorname{Out} S$로 나타내었다.[5]

[5] 닫힌 곡면 $S \subset \mathbb{R}^3$ 에서 $\mathbb{R}^3 - S$는 두 개의 연결성분을 가지는데, 한 성분은 유계이고, 또 한 성분은 유계가 아니다. 이때 유계인 성분이 S의 내부 영역이고, 유계가 아닌 성분이 S의 외부 영역이다.

정리 2.1.2 *공간의 닫힌 곡면 S 에 대하여, 다음이 성립한다.*

$$\frac{1}{4\pi}\iint_S \mathbf{A}_P \cdot \mathrm{d}\mathbf{S} = \begin{cases} 1 & (P \in \mathrm{In}\, S) \\ 0 & (P \in \mathrm{Out}\, S) \end{cases}$$

2.1.3 기본연습문제

원환면 T 의 내부의 한 점을 P 라 하자. 이때

$$\iint_T \mathbf{A}_P \cdot \mathrm{d}\mathbf{S}$$

를 구하라.[6]

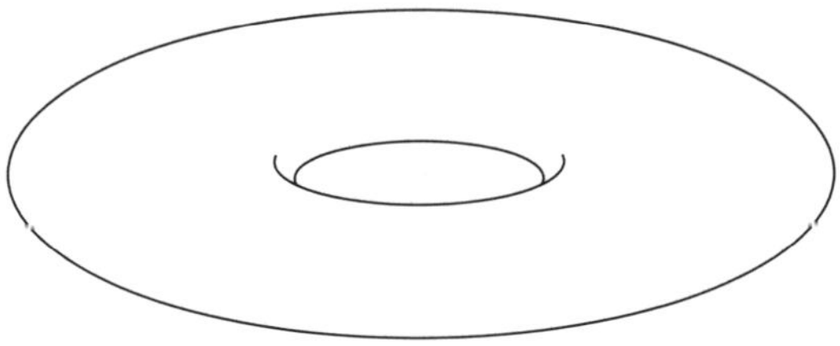

2.2 가우스 정리

공간에서 위치가 $P_1, \ldots, P_n$ 이고 전하가 $q_1, \ldots, q_n$ 인 입자들이 만드는 전기장을 각각 $\mathbf{E}_1, \ldots, \mathbf{E}_n$ 이라고 하자.[7] 그러면 쿨롱의 법칙에서

$$\mathbf{E}_i(X) = \frac{q_i}{4\pi}\mathbf{A}_{P_i}(X) \qquad (i = 1, \ldots, n)$$

이다. 따라서 각각의 전기장 $\mathbf{E}_i$ 는 $\mathbb{R}^3 - \{P_i\}$ 에서 정의되는 비압축장이고, 전체 전기장

$$\mathbf{E} := \mathbf{E}_1 + \cdots + \mathbf{E}_n$$

도 $\mathbb{R}^3 - \{P_1, \ldots, P_n\}$ 에서 정의된 비압축장이다: $\mathrm{div}\,\mathbf{E} = 0$.

[6]답: 4π

[7]$P_1, \ldots, P_n$ 은 모두 다른 점이라고 가정한다. 이때 $q_i > 0$ 이면 $\mathbf{E}_i$ 는 **척력**을, $q_i < 0$ 이면 **인력**을 의미한다.

정리 2.2.1 (가우스 정리) *닫힌 곡면*

$$S \subset \mathbb{R}^3 - \{P_1, \ldots, P_n\}$$

에 대하여 S 의 안쪽에 있는 전하의 총합을 Q 라고 하면[8]

$$Q = \iint_S \mathbf{E} \cdot \mathrm{d}\mathbf{S}$$

이다.

증명.

$$\iint_S \mathbf{E} \cdot \mathrm{d}\mathbf{S} = \sum_{i=1}^{n} \frac{q_i}{4\pi} \iint_S \mathbf{A}_{P_i} \cdot \mathrm{d}\mathbf{S} = \sum_{P_i \in \mathrm{In} S} q_i = Q$$

□

2.2.2 기본연습문제

1. 입체각 벡터장이 곡면 S 를 빠져나가는 양은 S 의 입체각임을 설명하라. 단, 원점을 지나는 한 직선이 곡면 S 와 만나면, 오직 한 점에서만 만난다고 가정한다.
2. 좌표공간에서 중심이 $(0, 3, 2)$ 이고 반지름이 1 인 구면을 S 라고 할 때, 입체각 벡터장 $\mathbf{A}$ 가 S 를 벗어나는 양을 구하라.[9]

[8] 만약 $P_1, \ldots, P_m$ 이 S 의 안쪽에 있고, $P_{m+1}, \ldots, P_n$ 이 S 의 바깥쪽에 있으면, $Q = q_1 + \cdots + q_m$ 이다. 가우스 정리는 전기장에 관한 것이라고 보아도 좋고, 또는 입체각 벡터장의 성질이라고 보아도 좋다.

[9] 원점이 구면의 외부에 있으므로 답은 0 이다.

연습문제: 제 17 장 2 절

1. 입체각 벡터장 $\mathbf{A}$ 가 다음 각 곡면을 벗어나는 양을 구하라. 이때 향을 정하는 단위 법벡터 $\mathbf{n}$ 은 $\mathbf{n}\cdot\mathbf{k} \ge 0$ 이 되도록 한다.

   (1) 구면 $x^2+y^2+z^2=4$ 에서 $z\ge 0$ 인 부분

   (2) 구면 $x^2+y^2+z^2=9$ 에서 $z\le 0$ 인 부분

   (3) 타원면 $\dfrac{x^2}{a^2}+\dfrac{y^2}{b^2}+\dfrac{z^2}{c^2}=1$ 에서 x,y,z 가 모두 0 이상인 부분

2. z-축에서 거리 r 만큼 떨어진 곳에 위치한 점 $P=(r,0,0)$ 이 z-축으로부터 받는 중력 $\mathbf{G}(P):=\int_{-\infty}^{\infty}\mathbf{A}_P(0,0,z)\,dz$ 의 크기는 r 에 반비례함을 보이라.

3. 가우스의 원리(2.2.1)는 전하가 이산적으로 분포되어 있는 경우뿐 아니라 연속적으로 분포되어 있을 때에도 성립한다. 예를 들어 유계인 영역[10] R 에서 정의된 연속함수 ρ 에 대하여 벡터장

$$\mathbf{E}(X) := \frac{1}{4\pi}\iiint_{P\in R}\rho(P)\mathbf{A}_P(X)\,\mathrm{dV}(P) = -\frac{1}{4\pi}\iiint_R \rho\,\mathbf{A}_X\,\mathrm{dV}$$

를 생각하자.[11] 이 적분은 $X\notin R$ 인 경우에는 연속인 벡터장의 적분이므로 잘 정의된다. 한편 $X\in R$ 인 경우에는 특이적분이지만 여전히 그 적분값이 수렴하여[12] 결국 $\mathbf{E}$ 는 전 공간에서 잘 정의된다. 이제 **가우스 정리**는 다음과 같이 서술된다.

> **정리 2.2.3 (가우스 정리)** *임의의 영역 R 에 대하여 R 의 내부에 있는 "전하의 총량"은 영역 R 를 벗어나는 전기장의 총량과 같다:*
>
> $$\iiint_R \rho\,\mathrm{dV} = \iint_{\partial R}\mathbf{E}\cdot d\mathbf{S}.$$

위에서 ρ 가 미분가능하고, R 의 경계 근방에서 영이면, $\mathbf{E}$ 는 일급임이 알려져 있다 [Zeidler, p. 555]. 이때 X 가 R 의 내점이면, $\operatorname{div}\mathbf{E}(X)=\rho(X)$ 임을 유도하라.[13]

---

[10] 경계가 조각적 정규곡면이라고 가정한다.

[11] 이 벡터장을 전하밀도함수가 ρ 로 주어진 공간의 전기장이라고 보아도 좋다.

[12] 예를 들어 X 가 원점이고 R 의 내점인 경우를 살펴보자. 이때에 원점을 중심으로 하는 공의 반지름 ϵ 이 작으면 이 공이 영역 R 에 포함되고 따라서 다음을 얻는다 (제 14 장 4 절 연습문제 21 번 참고).

$$\begin{aligned}\left|\iiint_{|P|\le\epsilon}\rho(P)\mathbf{A}(P)\,\mathrm{dV}(P)\right| &\le \left(\max_{|P|\le\epsilon}|\rho(P)|\right)\cdot\iiint_{|P|\le\epsilon}\frac{1}{|P|^2}\,\mathrm{dV}(P)\\ &= \left(\max_{|P|\le\epsilon}|\rho(P)|\right)\cdot\int_0^{\epsilon}\left(\iint_{|P|=r}\frac{\mathrm{dS}}{r^2}\right)dr < \infty\end{aligned}$$

[13] 맥스웰 방정식 중의 하나이다 (제 18 장 탐구문제 6 번 참고).

제 3 절 부록: 발산 정리의 증명과 뉴턴의 중력 공식

3.1 발산 정리의 증명

우리는 영역 R가 다음과 같이 주어졌을 경우를 증명하기로 한다.[14]

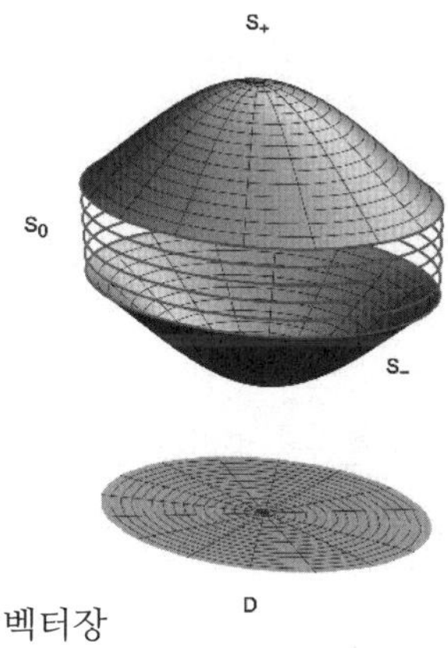

$$R: \qquad g(x,y) \le z \le h(x,y), \qquad (x,y) \in U.$$

여기에서 U는 $\mathbb{R}^2$의 닫힌 영역으로, 그 경계가 조각적 정규곡선으로 이루어져 있다.

이제 $h(x,y)$와 $g(x,y)$의 그래프로 주어지는 곡면을 각각

$$S_+: \quad z = h(x,y), \qquad S_-: \quad z = g(x,y)$$

로 두고, S_+와 S_- 사이의 기둥면을 S_0으로 두자. 주어진 일급 벡터장

$$\mathbf{F} = f_1\mathbf{i} + f_2\mathbf{j} + f_3\mathbf{k}$$

에 대하여

$$\iiint_R \operatorname{div}\mathbf{F}\,\mathrm{dV} = \iiint_R \left(\frac{\partial f_1}{\partial x} + \frac{\partial f_2}{\partial y} + \frac{\partial f_3}{\partial z}\right) dx\,dy\,dz \tag{4}$$

$$= \iint_U \left(\int_{g(x,y)}^{h(x,y)} \left(\frac{\partial f_1}{\partial x} + \frac{\partial f_2}{\partial y} + \frac{\partial f_3}{\partial z}\right) dz\right) dx\,dy \tag{5}$$

이다. 한편 위 식에서

$$\begin{aligned}
&\int_{g(x,y)}^{h(x,y)} \left(\frac{\partial f_1}{\partial x} + \frac{\partial f_2}{\partial y} + \frac{\partial f_3}{\partial z}\right) dz \\
=\ &\left(\frac{\partial}{\partial x}\int_{g(x,y)}^{h(x,y)} f_1\,dz - f_1(x,y,h)\frac{\partial h}{\partial x} + f_1(x,y,g)\frac{\partial g}{\partial x}\right) \\
&+ \left(\frac{\partial}{\partial y}\int_{g(x,y)}^{h(x,y)} f_2\,dz - f_2(x,y,h)\frac{\partial h}{\partial y} + f_2(x,y,g)\frac{\partial g}{\partial y}\right) \\
&+ \left(f_3(x,y,h) - f_3(x,y,g)\right)
\end{aligned}$$

이다.

[14]일반적인 경우에는 영역을 잘게 나누어서 다루면 된다.

그러므로 식 (5) 에서

$$
\begin{aligned}
&\iiint_R \operatorname{div}\mathbf{F}\,\mathrm{dV} \\
=\ & \iint_U \left(-f_1(x,y,h)\frac{\partial h}{\partial x} - f_2(x,y,h)\frac{\partial h}{\partial y} + f_3(x,y,h)\right) dx\,dy && (6)\\
&+ \iint_U \left(f_1(x,y,g)\frac{\partial g}{\partial x} + f_2(x,y,g)\frac{\partial g}{\partial y} - f_3(x,y,g)\right) dx\,dy && (7)\\
&+ \iint_U \left(\frac{\partial}{\partial x}\int_{g(x,y)}^{h(x,y)} f_1\,dz + \frac{\partial}{\partial y}\int_{g(x,y)}^{h(x,y)} f_2\,dz\right) dx\,dy && (8)
\end{aligned}
$$

이다. 이제 식 (6), (7), (8)이 각각

$$
\iint_{S_+} \mathbf{F}\cdot \mathrm{d}\mathbf{S}, \qquad \iint_{S_-} \mathbf{F}\cdot \mathrm{d}\mathbf{S}, \qquad \iint_{S_0} \mathbf{F}\cdot \mathrm{d}\mathbf{S}
$$

와 같음을 밝히면 증명이 끝난다.

그런데 위쪽 경계 S_+ 는

$$
X_+(x,y) := (x,y,h(x,y)) \qquad ((x,y)\in U)
$$

로 매개화할 수 있고, 따라서 S_+ 에 수직인 벡터장으로

$$
\mathbf{N} := \frac{\partial X_+}{\partial x}\times\frac{\partial X_+}{\partial y} = -\frac{\partial h}{\partial x}\mathbf{i} - \frac{\partial h}{\partial y}\mathbf{j} + \mathbf{k}
$$

를 잡을 수 있다.[15] 따라서 S_+ 에서 바른 향을 가진 단위 법벡터장은 세 번째 성분, 즉 $\mathbf{k}$ 성분이 양이므로

$$
\mathbf{n} = \mathbf{N}/|\mathbf{N}|
$$

이고,

$$
\mathbf{n}\,\mathrm{dS} = \mathbf{N}\,dx\,dy
$$

이다. 그러므로

$$
\begin{aligned}
\iint_{S_+} \mathbf{F}\cdot \mathrm{d}\mathbf{S} &= \iint_{S_+} \mathbf{F}\cdot\mathbf{n}\,\mathrm{dS} \\
&= \iint_U \mathbf{F}(x,y,h)\cdot\mathbf{N}\,dx\,dy \\
&= \iint_U \left(-f_1(x,y,h)\frac{\partial h}{\partial x} - f_2(x,y,h)\frac{\partial h}{\partial y} + f_3(x,y,h)\right) dx\,dy
\end{aligned}
$$

이고 이것은 식 (6)과 일치한다.

---

[15] 일반적으로 곡면 $z = g(x,y)$ 에서

$$
\frac{\partial}{\partial x}(x,y,g(x,y)) \times \frac{\partial}{\partial y}(x,y,g(x,y)) = \operatorname{grad}(z - g(x,y)) = -\frac{\partial g}{\partial x}\mathbf{i} - \frac{\partial g}{\partial y}\mathbf{j} + \mathbf{k}
$$

이다.

마찬가지로 아래쪽 경계 S_- 는

$$(x, y, g(x,y)) \qquad ((x,y) \in U)$$

로 매개화할 수 있고

$$\mathbf{N} := \text{grad}(z - g(x,y)) = -\frac{\partial g}{\partial x}\mathbf{i} - \frac{\partial g}{\partial y}\mathbf{j} + \mathbf{k}$$

가 S_- 에 수직인 벡터장이다. 이때 S_- 의 향을 정해 주는 단위 법벡터장은

$$\mathbf{n} = -\mathbf{N}/|\mathbf{N}|$$

이고, 따라서

$$\begin{aligned}
\iint_{S_-} \mathbf{F} \cdot d\mathbf{S} &= \iint_{S_-} \mathbf{F} \cdot \mathbf{n}\, dS \\
&= \iint_U \mathbf{F}(x,y,g) \cdot (-\mathbf{N})\, dx\, dy \\
&= \iint_U \left(f_1(x,y,g)\frac{\partial g}{\partial x} + f_2(x,y,g)\frac{\partial g}{\partial y} - f_3(x,y,g) \right) dx\, dy
\end{aligned}$$

이다. 이것은 식 (7)과 일치한다.

마지막으로 평면에서 영역 U 를 벗어나는 단위 법벡터장을

$$\mathbf{n}(x,y) = n_1(x,y)\,\mathbf{i} + n_2(x,y)\,\mathbf{j}$$

로 두면

$$\begin{aligned}
\iint_{S_0} \mathbf{F} \cdot d\mathbf{S} &= \int_{\partial U} \left(\int_{g(x,y)}^{h(x,y)} \mathbf{F} \cdot \mathbf{n}\, dz \right) ds \\
&= \int_{\partial U} \left(\int_{g(x,y)}^{h(x,y)} (f_1 n_1 + f_2 n_2)\, dz \right) ds \\
&= \int_{\partial U} \left(n_1 \int_{g(x,y)}^{h(x,y)} f_1\, dz + n_2 \int_{g(x,y)}^{h(x,y)} f_2\, dz \right) ds \\
&= \iint_U \left(\frac{\partial}{\partial x} \int_{g(x,y)}^{h(x,y)} f_1\, dz + \frac{\partial}{\partial y} \int_{g(x,y)}^{h(x,y)} f_2\, dz \right) dx\, dy
\end{aligned}$$

는 식 (8)과 같고 이것으로 정리가 증명되었다. □

3.2 뉴턴의 중력 공식

행성의 운동에 관한 케플러의 법칙을 이해하는 과정에서 뉴턴은 중력에 관한 위대한 발견을 하고, 두 행성들 사이의 인력을 구하는 법을 설명하였다.[16] 이때 태양이나 지구의 크기는 그들이 떨어져 있는 거리에 비하여 아주 작으므로,[17] 마치 두 질점 사이의 인력을 구하는 것으로 보아도 좋다. 이때 인력의 크기는 두 질점 사이의 거리 r 의 제곱에 반비례하고[18] 두 질량 m, M 의 곱에 비례한다[19]:

$$f = G\frac{m \cdot M}{r^2}.$$

더구나 이러한 원리가 만물에 적용된다는 것이 뉴턴의 발견이다.

그러나 지구와 사과는 아주 가까이 있으므로, 뉴턴이 알고 싶어한 문제는 한 점과 큰 공[20] 사이의 중력을 구하는 것이었다. 뉴턴은 이 문제를 푸는 데 오랜 시간이 걸려, 프린키피아를 출판하는 것을 연기하기까지 하였다.[21]

정리 3.2.1 (뉴턴의 공식) *각 점에서의 밀도가 공의 중심까지의 거리에 대한 함수로 주어진 공과 그 공 밖의 한 점 P 사이의 중력은, 공과 같은 질량을 가지고 공의 중심에 위치한 질점과 P 사이의 중력과 같다.*

---

[16]뉴턴의 해석은 상당한 문제점을 가지고 있고, 시공과 물질에 관한 상대론적인 해석은 20세기 초에 이루어진다.

[17]태양과 지구의 평균거리는 149,600,000 km 이고, 태양의 지름은 1,390,000 km 이다.

[18]마치 구면의 넓이가 반지름의 제곱에 비례하듯이 .... 케플러는 빛의 밝기는 광원으로부터 거리의 제곱에 반비례한다고 하였다 [Bochner].

[19]비례식에서 **비례상수**가 가장 흥미롭다는 것을 나이 들어서야 알았다고 고백한다.

[20]수학에서 말하는 공(ball)은 항상 속이 차 있다. 속이 비어 있는 것은 구면(球面, sphere)이라고 부르기로 한다. 반지름이 a 인 구면의 "넓이"는 거기에 외접하는 원기둥의 옆넓이와 같은 $4\pi a^2$ 이다. 시라쿠사의 아르키메데스가 가장 자랑스럽게 여겼던 발견 중의 하나이다. 시라쿠사와 싸워서 승리한 로마군의 장수 마르켈스는 아르키메데스의 유언에 따라 그의 묘비에 구면과 거기에 외접하는 원기둥의 그림을 새기도록 하였다. 아르키메데스의 무덤은 잊혀졌다가 키케로가 시칠리아의 총독이던 시절(75 BCE)에 다시 발견하여 복원하였으나 오랫동안 상실되었다. 그러다가 1965 년에 시라쿠사에서 호텔을 짓는 기초 공사를 하던 중 원기둥에 내접하는 구의 그림이 새겨진 묘비가 하나 발견되었다 [이종우]. 플루타르코스는 "영웅전"에 다음과 같이 쓰고 있다 [김, 김, 김]:

> *아르키메데스는 높은 지혜와 깊은 정신과 또 그처럼 광범한 이론적 지식을 가지고 있었으므로 인간이라기보다는 어딘가 신령적인 것을 연상케 하는 포괄적인 판단력을 갖고 있다는 평판을 얻었다. 그러나 그는 발명에 대한 기록은 한 권도 남기려 하지 않았고, 기계학에 관한 연구를 비롯하여 실리적 활용과 결부된 기술을 비천한 것으로 간주하였다. 그의 관심은 아름답고 섬세한 사색에 온 정신을 집중시키는 일이었다.*

[21]물론 뉴턴은 미적분학을 스스로 개발하여야 했다 [Hsiang, 1995].

뉴턴의 공식을 밝히기 전에 가장 핵심적인 정리를 먼저 본다.[22]

정리 3.2.2 *좌표공간에서 원점 O 를 중심으로 하고 반지름이 a 인 구면을 $\mathbb{S}(a)$ 라고 하자. 이때 $\mathbb{S}(a)$ 에서 공간의 점 X 를 기준으로 한 입체각 벡터장 $\mathbf{A}_X$ 의 평균 벡터 값은 다음과 같다.*

$$\frac{1}{4\pi a^2}\iint_{\mathbb{S}(a)} \mathbf{A}_X \,\mathrm{dS} = \begin{cases} \mathbf{A}_X(O) & (|X| > a) \\ \mathbf{0} & (|X| < a) \end{cases}$$

증명. 이 정리의 증명은 제15장 3.1 절 “이차원 가우스 정리”의 증명과 유사하다. 구하는 벡터장을

$$\mathbf{F}(X) := \frac{1}{4\pi a^2}\iint_{\mathbb{S}(a)} \mathbf{A}_X \,\mathrm{dS} \qquad (|X| \neq a) \tag{9}$$

라고 하면

$$\operatorname{div}\mathbf{F}(X) = \frac{1}{4\pi a^2}\iint_{P\in\mathbb{S}(a)} \operatorname{div}(-\mathbf{A}_P(X))\,\mathrm{dS}(P) = 0$$

이다. 또 구면의 대칭성에서 $\mathbf{F}(O) = \mathbf{0}$ 이고, 일반적으로 등식

$$\mathbf{F}(X) = h(|X|)\,X \tag{10}$$

를 만족시키는 함수 $h : (0,\infty) \to \mathbb{R}$ 가 있음을 안다.

우리가 밝히고자 하는 것은

$$h(r) = \begin{cases} 0 & (0 < r < a) \\ -\frac{1}{r^3} & (r > a) \end{cases}$$

이다. 한편 등식 (10)에서 $r \neq a$ 이면

$$\iint_{|X|=r} \mathbf{F}\cdot \mathrm{d}\mathbf{S} = h(r)r\cdot 4\pi r^2 \tag{11}$$

을 얻는다.

이 값은 $|X| = r < a$ 인 경우에는, 발산 정리에서

$$\iint_{|X|=r} \mathbf{F}\cdot\,\mathrm{d}\mathbf{S} = \iiint_{|X|\le r} \operatorname{div}\mathbf{F}\,\mathrm{dS} = 0$$

이므로 $h(r) = 0$ 이다.

---

[22]우리가 살펴보는 원리는 삼차원 공간에서뿐 아니라 일반 차원에서도 성립한다.

한편 $a < r < R$ 인 경우에는 영역 $\{X : r \le |X| \le R\}$ 에 발산 정리를 적용하여

$$h(r) \cdot 4\pi r^3 = \iint_{|X|=r} \mathbf{F} \cdot d\mathbf{S} = \iint_{|X|=R} \mathbf{F} \cdot d\mathbf{S} = h(R) \cdot 4\pi R^3$$

을 얻는다. 그러므로 $h(r)r^3$ 은 상수이고, $h(r) = c/r^3$ 인 상수 c 가 존재한다.

이때 $\mathbf{F}(X) \cdot |X|\, X = h(r)X \cdot r\, X = c$ 이므로

$$\begin{aligned} c &= \lim_{X\to\infty} \mathbf{F}(X) \cdot |X|\, X = \lim_{X\to\infty} \frac{1}{4\pi a^2} \iint_{\mathbb{S}(a)} \mathbf{A}_X \cdot |X|\, X \, \mathrm{dS} \\ &= \frac{1}{4\pi a^2} \left(\iint_{\mathbb{S}(a)} \lim_{X\to\infty} \mathbf{A}_X \cdot |X|\, X \right) \mathrm{dS} = \frac{1}{4\pi a^2} \iint_{\mathbb{S}(a)} (-1)\, \mathrm{dS} \\ &= -1 \end{aligned}$$

이므로[23] $h(r) = -\frac{1}{r^3}$ 이다. □

이제 뉴턴의 공식 (3.2.1)을 증명하기 위하여 원점을 중심으로 하고 반지름이 a 인 공 $\mathbb{B}$ 의 밀도함수가 공의 중심 O 에서의 거리 r 에만 의존하는 $\mu(r)$ 로 주어졌다고 하자. 그러면 공의 질량은

$$m = \iiint_{\mathbb{B}} \mu(r)\, \mathrm{dV} = \int_0^a \left(\iint_{\mathbb{S}(r)} \mu(r)\, \mathrm{dS} \right) dr = \int_0^a 4\pi r^2 \mu(r)\, dr$$

이다. (여기에서 $\mathbb{S}(r)$ 는 반지름이 r 인 구면을 나타낸다.) 이때 공 밖의 단위 질점 X 가 공에서 받는 힘은

$$\begin{aligned} \mathbf{G}(X) &= \iiint_{\mathbb{B}} \mu \mathbf{A}_X \, \mathrm{dV} = \int_0^a \iint_{\mathbb{S}(r)} \mu(r) \mathbf{A}_X \, \mathrm{dS}\, dr = \int_0^a 4\pi r^2 \mu(r) \mathbf{A}_X(O)\, dr \\ &= m\, \mathbf{A}_X(O) \end{aligned}$$

이다. 이 등식이 바로 뉴턴의 공식이다.

따름정리 3.2.3 *좌표공간에서 원점 O 를 중심으로 하고 반지름이 a 인 구면을 $\mathbb{S}$ 라 고 하자. 이때*

$$\frac{1}{4\pi a^2} \iint_{P\in\mathbb{S}} \frac{\mathrm{dS}(P)}{|X-P|} = \begin{cases} \frac{1}{|X|} & (|X| > a) \\ \frac{1}{a} & (|X| < a) \end{cases}$$

이다.[24]

[23] $\mathbf{A}_X(P) \cdot |X|\, X = \frac{(P-X)\cdot|X|\, X}{|P-X|^3} = \frac{(P-X)\cdot|X|\,(X-P)+(P-X)\cdot|X|\, P}{|P-X|^3} = -\frac{|X|}{|P-X|} + \frac{(P-X)\cdot|X|\, P}{|P-X|^3}$ 에서 $\displaystyle\lim_{X\to\infty} \frac{|X|}{|P-X|} = 1$ 이고, $\displaystyle\lim_{X\to\infty} \left| \frac{(P-X)\cdot|X|\, P}{|P-X|^3} \right| \le \lim_{X\to\infty} \frac{|X|\,|P|}{|P-X|^2} = 0$ 이다.

증명. 구하는 적분값을 $f(X)$ 라고 하면

$$\operatorname{grad} f(X) = \frac{1}{4\pi a^2} \iint_{\mathbb{S}} \mathbf{A}_X \ \mathrm{dS} = \begin{cases} \mathbf{A}_X(O) = \operatorname{grad} \frac{1}{|X|} & (|X| > a) \\ 0 & (|X| < a) \end{cases}$$

이다. 그러므로 $|X| < a$ 이면 $f(X) = \text{const} = f(O) = \frac{1}{a}$ 이다. 또 $|X| > a$ 이면 $f(X) = \frac{1}{|X|} + c$ 인데, $f(\infty) = 0$ 이므로[25] $c = 0$ 이다. □

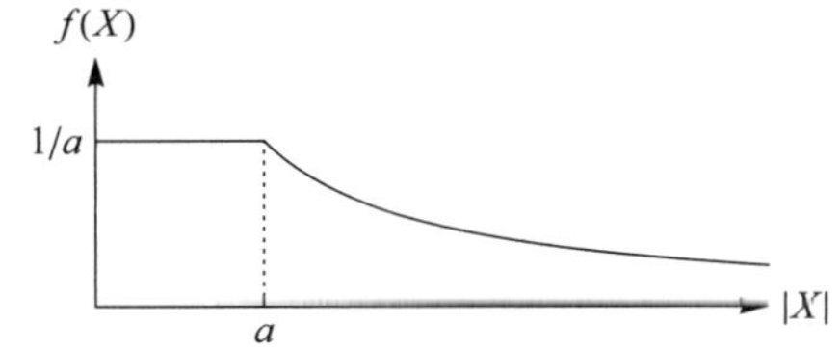

3.2.4 기본연습문제

1. 구면 $\mathbb{S}$ 내부의 점은 구면에서 아무런 힘도 받지 않음을 설명하라.

2. 좌표공간에서 원점을 중심으로 하고 반지름이 r 인 공을 $\mathbb{B}$ 라고 하면

$$\frac{1}{4\pi r^3/3} \iiint_{\mathbb{B}} \mathbf{A}_X \, \mathrm{dV} = \begin{cases} -\frac{X}{|X|^3} & (|X| \geq r) \\ -\frac{X}{r^3} & (|X| \leq r) \end{cases}$$

임을 보이라.

3. 좌표공간의 밀도가 원점에서의 거리 ρ 에 대한 함수 $\mu(\rho)$ 로 주어질 때, 공 $\mathbb{B}(\rho)$ 의 질량을 $m(\rho)$ 라고 하자: $m(\rho) := \iiint_{|P| \leq \rho} \mu(|P|) \, \mathrm{dV}(P)$. 이때 $0 < |X| \leq r$ 이면[26]

$$\iiint_{|P| \leq r} \mu(|P|) \mathbf{A}_X(P) \, \mathrm{dV}(P) = -m(|X|) \frac{X}{|X|^3}$$

임을 보이라.

---

[24] 제 16 장 3.1.2 참고.

[25] $\lim_{|X| \to \infty} f(X)$ 를 $f(\infty)$ 로 나타내었다.

[26] 즉, 공 속의 점 X 가 받는 힘은 . . .

제 17 장 탐구문제

1. 함수 $f(x_1, \ldots, x_n)$ 의 **라플라시안**은

$$\nabla^2 f := \mathrm{div}(\mathrm{grad} f) = \frac{\partial^2 f}{\partial {x_1}^2} + \cdots + \frac{\partial^2 f}{\partial {x_n}^2}$$

으로 정의한다.[27] 이때 두 함수 f, g 에 대하여 다음을 밝히라.

$$\nabla^2(fg) = (\nabla^2 f)\, g + 2\, \mathrm{grad}\, f \cdot \mathrm{grad}\, g + f\, (\nabla^2 g)$$

2. 삼차원 좌표공간에서 원점까지의 거리함수 r 에 대하여

$$\nabla^2 \left(\frac{1}{r}\right) = 0$$

임을 보이라. 또 공간의 점 P 에 대하여 $r_P(X) := |X - P|$ 로 둘 때, $\nabla^2 \left(\frac{1}{r_P}\right) = 0$ 임을 보이라. 다른 차원에서도 이 등식이 성립하는가?

3. 영역 $R \subset \mathbb{R}^3$ 에서 정의된 연속함수 μ 와 R 밖의 점 (x, y, z) 에 대하여

$$f(x, y, z) := \iiint_R \frac{\mu(x', y', z')}{\sqrt{(x - x')^2 + (y - y')^2 + (z - z')^2}}\, dx'\, dy'\, dz'$$

으로 정의하면 $\nabla^2 f = 0$ 임을 보이라.

4. 공간 속의 영역 R 의 경계 S 에 대한 외향 단위 법벡터를 $\mathbf{n}$ 이라 하고, **$\mathbf{n}$-방향미분**을

$$\frac{\partial f}{\partial \mathbf{n}} := \mathrm{grad} f \cdot \mathbf{n}$$

으로 쓰면

$$\iint_S \frac{\partial f}{\partial \mathbf{n}}\, \mathrm{dS} = \iiint_R \nabla^2 f\, \mathrm{dV}$$

임을 보이라. 또 $\nabla^2 f = 0$ 이면

$$\iint_S f\, \frac{\partial f}{\partial \mathbf{n}}\, \mathrm{dS} = \iiint_R |\mathrm{grad} f|^2\, \mathrm{dV}$$

임을 보이라.

5. 좌표공간의 유계인 영역 R 에서 정의된 일급함수 f 에 대하여 다음 벡터 적분의 등식을 밝히라.

$$\iint_{\partial R} f\, \mathbf{n}\, \mathrm{dS} = \iiint_R \mathrm{grad}\, f\, \mathrm{dV}.$$

또 다음을 밝히라.

$$\iint_{\partial R} \mathbf{n}\, \mathrm{dS} = \mathbf{0}$$

---

[27] $\nabla^2 f$ 를 Δf 로 나타내기도 한다. 라플라스(Pierre Simon Laplace, 1749–1827)는 전기장(또는 중력장)에서 위치에너지 함수 f 가 **라플라스 방정식** $\nabla^2 f = 0$ 을 만족시킨다는 것을 보였다. 푸아송(Siméon-Denis Poisson, 1781–1840)은 라플라스 방정식이 전하가 없는 곳에서만 만족되고, 전하밀도가 μ 인 곳에서는 **푸아송 방정식** $\nabla^2 f = \mu$ 가 성립한다는 것을 보였다.

6. 공간에서 유계인 영역 R를 정의역으로 가지는 함수 f가 조화함수이고, R의 경계에서 함숫값이 항등적으로 영이면 f는 R에서 항등적으로 영임을 보이라.

7. (**그린 정리**) 공간 영역 R의 경계를 S라 할 때, 다음을 보이라.

   (1) $\iint_S f\,\frac{\partial g}{\partial \mathbf{n}}\,\mathrm{dS} = \iiint_R (f\nabla^2 g + \mathrm{grad} f \cdot \mathrm{grad}\, g)\,\mathrm{dV}$

   (2) $\iint_S \left(f\,\frac{\partial g}{\partial \mathbf{n}} - g\,\frac{\partial f}{\partial \mathbf{n}}\right)\mathrm{dS} = \iiint_R (f\nabla^2 g - g\nabla^2 f)\,\mathrm{dV}$

8. n차원 유클리드 공간 $\mathbb{E}^n$의 한 점 P에 대하여 n차원 **입체각 벡터장**을 다음과 같이 정의한다:

$$\mathbf{A}_P(X) := \frac{X - P}{|X - P|^n}, \qquad X \in \mathbb{E}^n - \{P\}.$$

이때

$$\mathrm{div}\,\mathbf{A}_P = 0$$

임을 보이라. 또 $r(X) := r_P(X) = |X - P|$로 두면,

$$\mathbf{A}_P = \begin{cases} \mathrm{grad}\left(\frac{1}{2-n}\,\frac{1}{r^{n-2}}\right) & (n \neq 2) \\ \mathrm{grad}(\log r) & (n = 2) \end{cases}$$

임을 보이라.

9. 미분가능함수 $f : (0, \infty) \to \mathbb{R}$에 대하여 n-공간의 벡터장

$$\mathbf{F} := f(r)\,\frac{\mathbf{r}}{r^n}$$

의 발산함수가 영이 되기 위한 필요충분조건은 f가 상수함수인 것임을 보이라.

10. (**연속방정식**(continuity equation)) 어떤 유체가 점 (x, y, z)에서 시각 t일 때의 밀도를 $\rho(x, y, z, t)$라고 하고, 유체의 속도벡터를 $\mathbf{v}(x, y, z, t)$라고 하자. 그러면 영역 R 속 질량의 순간변화율은

$$\frac{d}{dt}\iiint_R \rho(x, y, z, t)\,\mathrm{dV} = \iiint_R \frac{\partial \rho}{\partial t}\,\mathrm{dV}$$

이고, 이것은 유체가 영역 R의 경계 ∂R를 통과하여 내부로 들어오는 양과 같다:

$$\iiint_R \frac{\partial \rho}{\partial t}\,\mathrm{dV} = -\iint_{\partial R} \rho\mathbf{v} \cdot \mathrm{d}\mathbf{S}.$$

이 식에서

$$\frac{\partial \rho}{\partial t} = -\mathrm{div}\,(\rho\mathbf{v})$$

를 유도하라.[28]

[28] 보통 $\mathbf{J} := \rho\mathbf{v}$를 **흐름밀도**(current density)라고 부른다.

11. 공간에서 점 P 를 중심으로 하고 반지름이 r 인 공을 B_r 라 하자. 그러면 점 P 근방에서 정의된 벡터장 $\mathbf{F}$ 에 대하여

$$\iint_{\partial B_r} \mathbf{F}\cdot d\mathbf{S} = \iiint_{B_r} \operatorname{div}\mathbf{F}\,dV = \operatorname{vol}(B_r)\cdot \operatorname{div}\mathbf{F}(P^*)$$

를 만족시키는 점 $P^* \in B_r$ 가 존재한다. 따라서

$$\operatorname{div}\mathbf{F}(P) = \lim_{r\to 0} \frac{1}{\operatorname{vol}(B_r)} \iint_{\partial B_r} \mathbf{F}\cdot d\mathbf{S}$$

를 얻는다. 이 식에서 $\operatorname{div}\mathbf{F}$ 를 "발산"이라고 부르는 이유를 설명하여 보라. 또 다음 정리를 증명하라.

> *공간의 점 P 근방에서 정의된 벡터장 $\mathbf{F}$ 와, 점 P 를 포함하는 영역 R 에 대하여*
>
> $$\operatorname{div}\mathbf{F}(P) = \lim_{R\to P} \frac{1}{\operatorname{vol}(R)} \iint_{\partial R} \mathbf{F}\cdot d\mathbf{S}$$
>
> *이다.*

12. 좌표공간에서 원점을 중심으로 하고 반지름이 r 인 공 B 에 대하여

(a) 다음 특이적분을 보이라.

$$\iiint_{P\in B} \frac{dV(P)}{|P|} = 2\pi r^2$$

(b) 다음을 보이라.

$$\iiint_{P\in B} \frac{dV(P)}{|X-P|} = \begin{cases} 2\pi r^2 - \frac{2\pi}{3}|X|^2 & (|X|\le r) \\ \frac{4\pi r^3/3}{|X|} & (|X|>r) \end{cases}$$

13. 공 $B:\ x^2+y^2+z^2 \le 4$ 에서 다음 적분을 보이라.

(1) $\displaystyle\iiint_B \frac{dx\,dy\,dz}{\sqrt{(x-1)^2+y^2+z^2}} = \frac{22\pi}{3}$

(2) $\displaystyle\iiint_B \frac{dx\,dy\,dz}{\sqrt{(x-3)^2+y^2+z^2}} = \frac{32\pi}{9}$

(3) $\displaystyle\iiint_B \frac{dx\,dy\,dz}{\sqrt{(x-9)^2+(y-2)^2+z^2}} = \frac{32\sqrt{85}\pi}{255}$

제 18 장

회전장과 스토크스 정리

배를 만들고 싶다면 사람들에게 나무를 해 오라고 닦아세우거나 임무와 일거리를 주는 대신, 끝없이 광대한 바다를 갈망하도록 가르치세요.

– 생텍쥐페리(Antoine de Saint-Exupéry, 1900–1944)

벡터장 $\mathbf{F}$ 를 미분하는 방법 가운데 하나로 회전장 $\operatorname{curl}\mathbf{F}$ 를 들 수 있다. 회전장은, 그 이름이 말하듯이, 주어진 벡터장의 소용돌이를 측정한다. 회전장의 개념은 맥스웰(James Clerk Maxwell, 1831–1879)의 저서 *A Treatise on Electricity and Magnetism* (1873)에서 처음 소개되었다. 이러한 미분의 개념은 나중에 카르탕(Élie Cartan, 1869–1951)에 의하여 그 일반 원리가 발견되었고 **외미분**(exterior derivative)이라고 불린다. 스토크스 정리는 스토크스가 1854 년 케임브리지 대학생을 위한 현상 문제(Smith's Prize)로 출제하였다. 이 정리는 1850 년 톰슨이 스토크스에게 보낸 편지에서 처음 발견되었다.[1] 1769 년부터 매년 시행된 Smith 상은 현재까지도 시행되고 있는 오랜 전통을 가지고 있는데, 스토크스는 1841 년, 톰슨은 1845 년, 맥스웰은 1854 년에 이 상을 수상하였다. 유명한 튜링도 1936 년에 이 상을 수상하였다.

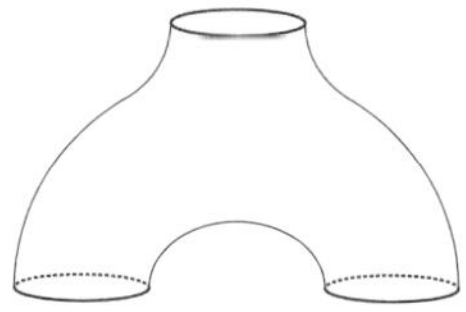

[1] 스토크스(George Stokes, 1819–1903)의 이름은 유체역학에서 가장 중요하게 쓰이는 나비어-스토크스(Navier-Stokes) 방정식에도 나온다. 톰슨(William Thomson, 1824–1907)은 1892 년에 빅토리아(Victoria) 여왕에 의하여 그가 살던 동네의 강 이름을 따 켈빈(Kelvin) 경(卿, Lord)이 된다. 켈빈은 구면에 대한 반전사상(inversion)을 중력 이론에 처음으로 도입하였다. 절대온도의 개념은 켈빈에 의하여 생겼다. 그의 이름은 절대온도를 나타내는 단위(K)로도 사용된다.

제 1 절 회전장

삼차원 공간의 벡터장

$$\begin{aligned}\mathbf{F}(x,y,z) &= (f_1(x,y,z),\ f_2(x,y,z),\ f_3(x,y,z)) \\ &= f_1(x,y,z)\,\mathbf{i} + f_2(x,y,z)\,\mathbf{j} + f_3(x,y,z)\,\mathbf{k} \\ &= \sum_{j=1}^{3} f_j(x,y,z)\,\mathbf{e}_j\end{aligned}$$

에 대하여 $\mathbf{F}$ 의 **회전장**(curl)을

$$\begin{aligned}\operatorname{curl}\mathbf{F} &:= (D_2f_3 - D_3f_2)\,\mathbf{i} + (D_3f_1 - D_1f_3)\,\mathbf{j} + (D_1f_2 - D_2f_1)\,\mathbf{k} \\ &= \left(\frac{\partial f_3}{\partial y} - \frac{\partial f_2}{\partial z}\right)\mathbf{i} + \left(\frac{\partial f_1}{\partial z} - \frac{\partial f_3}{\partial x}\right)\mathbf{j} + \left(\frac{\partial f_2}{\partial x} - \frac{\partial f_1}{\partial y}\right)\mathbf{k}\end{aligned}$$

로 정의한다.[2]

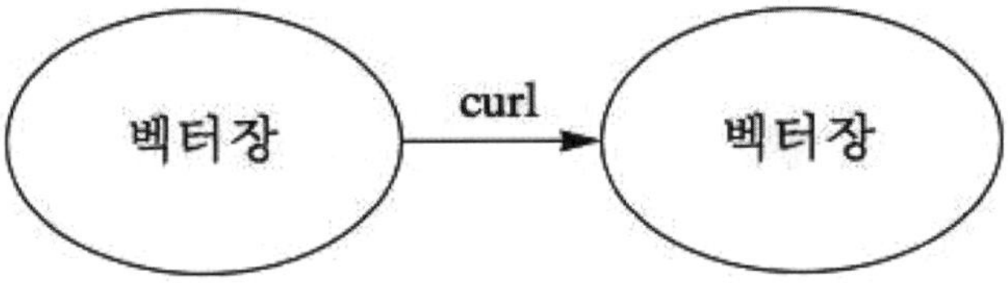

특히

$$\begin{aligned}\operatorname{curl}(f\mathbf{i}) &= \frac{\partial f}{\partial z}\mathbf{j} - \frac{\partial f}{\partial y}\mathbf{k} = (\operatorname{grad} f) \times \mathbf{i} \\ \operatorname{curl}(f\mathbf{j}) &= \frac{\partial f}{\partial x}\mathbf{k} - \frac{\partial f}{\partial z}\mathbf{i} = (\operatorname{grad} f) \times \mathbf{j} \\ \operatorname{curl}(f\mathbf{k}) &= \frac{\partial f}{\partial y}\mathbf{i} - \frac{\partial f}{\partial x}\mathbf{j} = (\operatorname{grad} f) \times \mathbf{k}\end{aligned}$$

이다.

---

[2]회전장의 공식이 마치

$$\det\begin{pmatrix}\mathbf{e}_1 & \mathbf{e}_2 & \mathbf{e}_3 \\ D_1 & D_2 & D_3 \\ f_1 & f_2 & f_3\end{pmatrix} = (D_1, D_2, D_3) \times (f_1, f_2, f_3) = \nabla \times (f_1, f_2, f_3)$$

과 비슷하다고 해서, $\operatorname{curl}\mathbf{F}$ 를 $\nabla \times \mathbf{F}$ 로 쓰기도 한다 (제 8 장 참고). $\operatorname{curl}\mathbf{F}$ 대신에 "rotation"의 몇 자를 따서 $\operatorname{rot}\mathbf{F}$ 로 쓰는 경우도 있지만 우리는 이 기호를 이차원에 한정하여 쓰기로 한다. 회전장이 좌표계의 선택과 무관하다는 것을 보이는 것은 연습문제 5 번 참고.

1.0.1 보기

$$\begin{array}{ccc} \operatorname{curl}(x\,\mathbf{i}) = \mathbf{0} & \operatorname{curl}(y\,\mathbf{i}) = -\mathbf{k} & \operatorname{curl}(z\,\mathbf{i}) = \mathbf{j} \\ \operatorname{curl}(x\,\mathbf{j}) = \mathbf{k} & \operatorname{curl}(y\,\mathbf{j}) = \mathbf{0} & \operatorname{curl}(z\,\mathbf{j}) = -\mathbf{i} \\ \operatorname{curl}(x\,\mathbf{k}) = -\mathbf{j} & \operatorname{curl}(y\,\mathbf{k}) = \mathbf{i} & \operatorname{curl}(z\,\mathbf{k}) = \mathbf{0} \end{array}$$

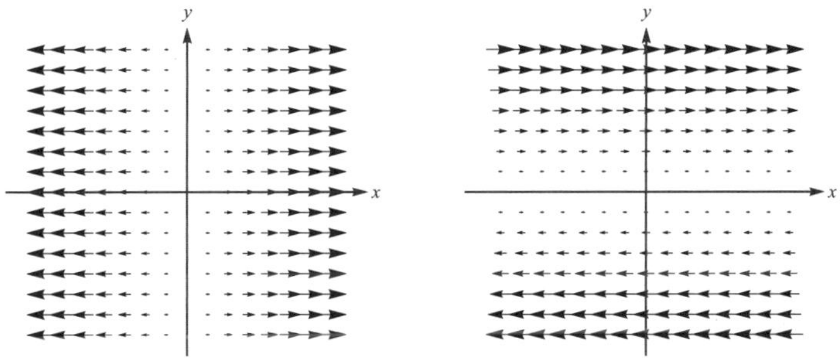

그림: $\operatorname{curl}(x\,\mathbf{i}) = \mathbf{0}$, $\operatorname{curl}(y\,\mathbf{i}) = -\mathbf{k}$

1.0.2 보기

벡터장

$$\mathbf{F}(x, y, z) = \omega(-y, x, 0)$$

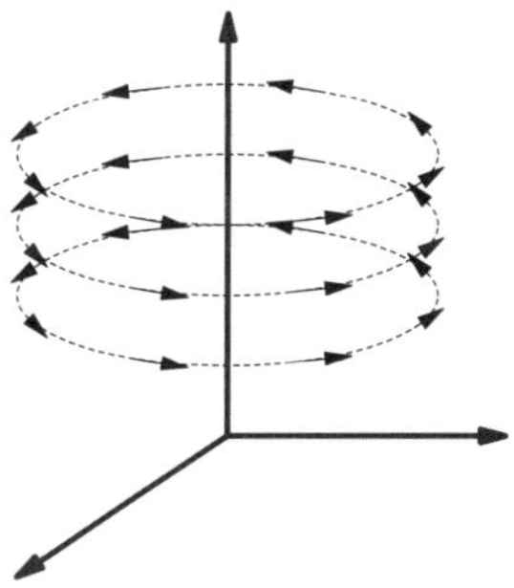

의 회전장은

$$\operatorname{curl}\mathbf{F}(x, y, z) = \omega(0, 0, 2) = 2\omega\,\mathbf{k}$$

이다. 일반적으로 벡터 $\mathbf{v} = (v_1, v_2, v_3)$ 에 대하여

$$\mathbf{F_v} := \mathbf{v} \times \mathbf{r} = (v_2 z - v_3 y, v_3 x - v_1 z, v_1 y - v_2 x)$$

로 두면

$$\boxed{\operatorname{curl}\mathbf{F_v} = 2\mathbf{v}}$$

이다.

1.0.3 기본연습문제

1. 벡터장 $\mathbf{F}(x, y, z)$ 가 xy-평면의 벡터장 $\mathbf{f}(x, y)$ 에서 얻은 것이면, 즉

$$\mathbf{F}(x, y, z) = f_1(x, y)\,\mathbf{i} + f_2(x, y)\,\mathbf{j} = \mathbf{f}(x, y)$$

이면

$$\operatorname{curl}\mathbf{F} = (0,\ 0,\ D_1 f_2 - D_2 f_1) = (\operatorname{rot}\mathbf{f})\,\mathbf{k}$$

임을 보이라.

2. 다음을 보이라.[3]

$$\begin{aligned}\operatorname{curl}\mathbf{F} &= \sum_{j=1}^{3}(\operatorname{grad} f_j)\times\mathbf{e}_j = \sum_{i,j=1}^{3}(D_i f_j\,\mathbf{e}_i)\times\mathbf{e}_j \\ &= \sum_{i,j,k=1}^{3}\epsilon_{ijk}D_i f_j\,\mathbf{e}_k = \sum_{i,j,k=1}^{3}\frac{1}{2}\epsilon_{ijk}\,(D_i f_j - D_j f_i)\,\mathbf{e}_k\end{aligned}$$

3. 벡터장 $\mathbf{F}, \mathbf{G}$ 및 함수 h 에 대하여

$$\boxed{\begin{aligned}&\operatorname{curl}(\mathbf{F}+\mathbf{G}) = \operatorname{curl}\mathbf{F} + \operatorname{curl}\mathbf{G} \\ &\operatorname{curl}(h\,\mathbf{F}) = (\operatorname{grad} h)\times\mathbf{F} + h\operatorname{curl}\mathbf{F}\end{aligned}}$$

임을 밝히라.[4]

1.0.4 보기

점 $P = (x_0, y_0, z_0)$ 을 지나는 평면 $z = z_0$ 속의 연결된 영역 U 에 대하여 그 경계 ∂U 에서 벡터장

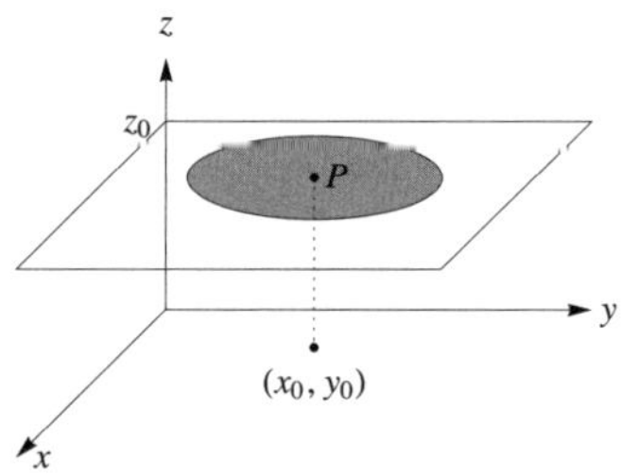

$$\mathbf{F}(x,y,z) = f_1\,\mathbf{e}_1 + f_2\,\mathbf{e}_2 + f_3\,\mathbf{e}_3$$

의 순환도는

$$\begin{aligned}&\int_{\partial U}\mathbf{F}\cdot d\mathbf{s} \\ =\;& \int_{\partial U}(f_1\,\mathbf{e}_1 + f_2\,\mathbf{e}_2)\cdot d\mathbf{s} \qquad (\Leftarrow\;\mathbf{e}_3\cdot d\mathbf{s} = 0) \\ \underset{\text{Green}}{=}\;& \iint_U \operatorname{rot}(f_1\,\mathbf{e}_1 + f_2\,\mathbf{e}_2)\,dV_2 = \iint_U\left(\frac{\partial f_2}{\partial x} - \frac{\partial f_1}{\partial y}\right)dV_2\end{aligned}$$

이다. 그러므로

$$\lim_{U\to P}\frac{1}{\operatorname{area}U}\int_{\partial U}\mathbf{F}\cdot d\mathbf{s} = \left(\frac{\partial f_2}{\partial x} - \frac{\partial f_1}{\partial y}\right)(P)$$

는 $\operatorname{curl}\mathbf{F}(P)$ 의 "z-성분"이다. (일반 원리는 2.0.7 에 서술되어 있다.)

---

[3] 레비치비타(Tullio Levi-Civita, 1873–1941)의 기호 ϵ_{ijk} 는 제 8 장에서 소개되었다.

[4] 두 번째 식은 **라이프니츠 법칙**이다. 이 법칙은 두 함수의 곱의 미분법을 말한다. 위 식에서 h 가 상수함수이면,

$$\operatorname{curl}(h\mathbf{F}) = h\operatorname{curl}\mathbf{F}$$

이다.

1.1 비회전장

위치벡터장 $\mathbf{r}(x,y,z) = x\,\mathbf{i} + y\,\mathbf{j} + z\,\mathbf{k}$ 의 회전장은 항등적으로 영이다:

$$\boxed{\operatorname{curl}\mathbf{r} = \mathbf{0}}$$

이와 같이 회전장이 항등적으로 영인 벡터장, 즉 닫힌 벡터장을 **비회전장**이라고 부른다.[5]

위 연습문제 1.0.3.3 에서 임의의 함수 $h : (0,\infty) \to \mathbb{R}$ 와 $r = \sqrt{x^2+y^2+z^2}$ 에 대하여

$$\operatorname{curl}(h(r)\mathbf{r}) = (\operatorname{grad} h(r)) \times \mathbf{r} + h(r)\operatorname{curl}\mathbf{r} = h'(r)\frac{\mathbf{r}}{r} \times \mathbf{r} + h(r)\mathbf{0} = \mathbf{0}$$

이므로 $h(r)\mathbf{r}$ 는 비회전장이다. 특히 입체각 벡터장

$$\mathbf{A}(x,y,z) = \frac{\mathbf{r}}{r^3}$$

도 비회전장이다:

$$\operatorname{curl}\mathbf{A} = \mathbf{0}.$$

1.1.1 기본연습문제

1. 공간에서 점 P 를 기준으로 하는 입체각 벡터장

$$\mathbf{A}_P(X) := \frac{X-P}{|X-P|^3} \qquad (X \in \mathbb{R}^3 - \{P\})$$

에 대하여 $\operatorname{curl}\mathbf{A}_P = \mathbf{0}$ 임을 밝히라.

2. 벡터장 $\mathbf{F}(x,y,z) = (yz, zx, xy)$ 는 비회전장임을 보이라.

3. 3×3 행렬 A 에 대하여

$$\mathbf{F}_A(X) = AX \qquad (X \in \mathbb{R}^3)$$

라고 하자. 이때 A 가 대칭행렬이면 $\mathbf{F}_A$ 는 비회전장임을 밝히라.[6]

---

[5] '닫힌 벡터장'이라는 용어는 차원과 상관없이 사용하는 용어이고, '비회전장'이라는 용어는 주로 삼차원에 한정하여 사용한다.

[6] 행렬 A 는 대칭행렬 A^+ 와 반대칭행렬 A^- 의 합인데, 이때 반대칭 부분은 $A^-\mathbf{x} = \mathbf{v}\times\mathbf{x}$ 인 벡터 $\mathbf{v}$ 에 대응된다 (제 8 장 2 절 참고). 그러므로 $\operatorname{curl}(\mathbf{F}_A) = \operatorname{curl}(\mathbf{F}_{A^+} + \mathbf{F}_{A^-}) = 2\mathbf{v}$ 이다 (1.0.2 참고). 일반 벡터장 $\mathbf{F} = (f_1, f_2, f_3)$ 의 경우, 야코비 행렬 $D\mathbf{F} = (D_i f_j)$ 가 $\mathbf{F}$ 의 모든 미분을 가지고 있는데, 이때 $D\mathbf{F}$ 의 반대칭 부분이 $\frac{1}{2}\operatorname{curl}\mathbf{F}$ 라고 볼 수 있다. 이런 관점에서 보면 삼차원이 아닌 일반 차원의 경우에도 벡터장의 회전장(?)이 의미를 가진다.

다음 정리는 비회전장을 얻는 방법을 말하여 준다 (제13장 정리 3.4.3 참고).

정리 1.1.2 *삼차원 공간의 한 열린 집합에서 정의된 일급 벡터장이 잠재함수를 가지면, 이 벡터장은 비회전장이다.*

역으로, 비회전장은 국소적으로 보존장이다.

증명. 벡터장 $\mathbf{F}(x,y,z) = (f_1, f_2, f_3)$ 이 잠재함수 φ를 가지면,

$$D_i f_j - D_j f_i = D_i(D_j\varphi) - D_j(D_i\varphi) = 0$$

이다. 이로부터 $\operatorname{curl}\mathbf{F} = \mathbf{0}$을 얻는다.

역명제는 푸앵카레 도움정리(제 13 장 정리 3.5.3)의 결과이다. □

1.1.3 기본연습문제

1. 입체각 벡터장 $\mathbf{A}(x,y,z)$에 대하여

$$\mathbf{A} = \operatorname{grad}\left(-\frac{1}{r}\right)$$

임을 보이고, 이로부터 $\mathbf{A}$가 비회전장임을 설명하라. 여기에서 r는 원점에서의 거리함수를 나타낸다.

2. 공간에서 z-축 주위의 **각원소 벡터장**

$$\mathbf{a}(x,y,z) := -\frac{y}{x^2+y^2}\,\mathbf{i} + \frac{x}{x^2+y^2}\,\mathbf{j}$$

에 대하여

(1) $\mathbf{a}$는 비회전장임을 보이라.

(2) z-축을 지나지 않는 유향폐곡선 $C \subset \mathbb{R}^3$에 대하여

$$\frac{1}{2\pi}\int_C \mathbf{a}\cdot d\mathbf{s}$$

가 정수임을 보이라.[7]

[7] 이 정숫값은 곡선 C가 z-축을 양의 방향으로 **감는 수**(winding number)이다. 이로부터 각원소 벡터장은 보존장이 아님을 알 수 있다.

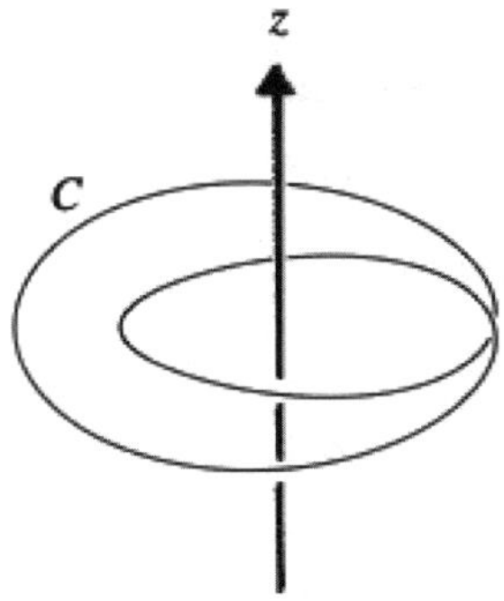

(3) **a** 는 잠재함수를 가지는가?

(4) 구면 $x^2 + (y-3)^2 + z^2 = 2^2$ 과 원기둥면 $x^2 + (y-2)^2 = 1$ 의 교선을 C 라 할 때,

$$\frac{1}{2\pi}\int_C \mathbf{a} \cdot \mathrm{ds}$$

를 구하라.[8]

[8] 답은 0.

연습문제: 제 18 장 1 절

1. 다음 벡터장의 회전장을 구하라.

   (1) $\mathbf{F}(x,y,z) = y\mathbf{i} + x\mathbf{j}$

   (2) $\mathbf{F}(x,y,z) = \left(x^2+y^2+z^2\right)(3,4,5)$

2. (**정전기장**) 쿨롱의 법칙에 의하면 위치가 P 이고 전하가 q 인 입자에 의하여 생기는 전기장은

$$\mathbf{E}(X) = \frac{q}{4\pi\epsilon_0}\mathbf{A}_P(X) = \frac{q}{4\pi\epsilon_0}\frac{X-P}{|X-P|^3} \qquad (X \neq P)$$

   로 주어진다.[9] 일반적으로 전하를 가진 입자 $(P_1,q_1), (P_2,q_2), \ldots, (P_n,q_n)$ 이 만드는 전기장은

$$\mathbf{E} = \frac{1}{4\pi\epsilon_0}\left(q_1\mathbf{A}_{P_1} + q_2\mathbf{A}_{P_2} + \cdots + q_n\mathbf{A}_{P_n}\right)$$

   이다. 이때

$$\operatorname{curl}\mathbf{E} = \mathbf{0}$$

   임을 보이라. 또 전하가 연속적으로 어떤 영역 U 에 분포하고, U 의 각 점 P 에서 "전하밀도"가 $\rho(P)$ 이면, 전기장은

$$\mathbf{E}(X) = \frac{1}{4\pi\epsilon_0}\iiint_U \rho(P)\,\mathbf{A}_P(X)\,\mathrm{dV}(P)$$

   이다. 이때 $\mathbb{R}^3 - U$ 에서 전기장은 비회전장임을 보이라.

3. 공간의 점 P 근방에서 정의된 벡터장

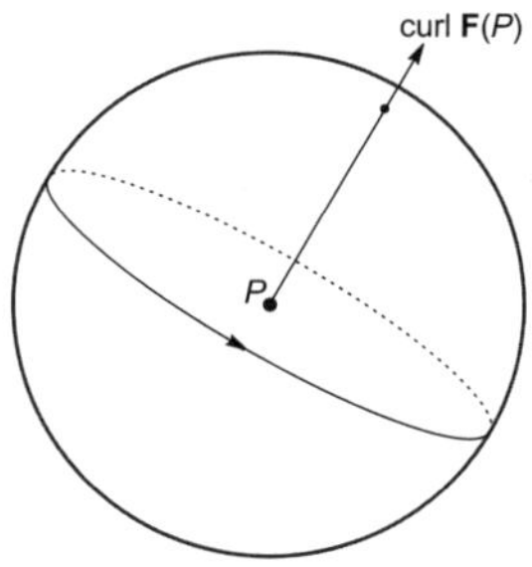

$$\mathbf{F}(x,y,z) = \sum_j f_j(x,y,z)\,\mathbf{e}_j$$

   에 대하여, 점 $P+\mathbf{x}$ 가 $\mathbf{F}$ 에 의하여 기준점 P 주위를 돌려고 하는 힘은

$$\mathbf{x} \times \mathbf{F}(P+\mathbf{x})$$

   이다. 따라서 점 P 를 중심으로 하고 반지름이 r 인 구면이 점 P 주위를 돌려고 하는 힘은

$$\mathbf{G}(r) := \iint_{|\mathbf{x}|=r} \mathbf{x} \times \mathbf{F}(P+\mathbf{x})\ \mathrm{dS}$$

   이다. 이제 $\mathbf{x} = \sum_i x_i\,\mathbf{e}_i$ 로 두면,

$$\mathbf{x} \times \mathbf{F}(P+\mathbf{x}) = \sum_{i,j} x_i f_j(P+\mathbf{x})\,\mathbf{e}_i \times \mathbf{e}_j = \sum_{i,j,k} \epsilon_{ijk} x_i f_j(P+\mathbf{x})\,\mathbf{e}_k$$

---

[9] 여기에서 4π 는 단위 구면의 넓이 또는 총입체각이고, ϵ_0 은 사용하는 단위에 따라 결정되는 상수이다.

를 얻는다. 한편 테일러 전개에서

$$f_j(P+\mathbf{x}) = f_j(P) + \sum_l x_l D_l f_j(P) + o(\mathbf{x})$$

이므로

$$\mathbf{x}\times\mathbf{F}(P+\mathbf{x}) = \sum_{i,j,k} \epsilon_{ijk} x_i \left(f_j(P) + \sum_l x_l D_l f_j(P) + o(\mathbf{x}) \right) \mathbf{e}_k$$

이다. 이로부터

$$\mathbf{G}(r) = \frac{4\pi r^4}{3}\operatorname{curl}\mathbf{F}(P) + o(r^4)$$

임을 보이라. 또 이 식으로부터 회전장의 의미를 설명하라.

4. 벡터장 $\mathbf{F}, \mathbf{G}$ 에 대하여 다음을 보이라.

$$\boxed{\operatorname{div}(\mathbf{F}\times\mathbf{G}) = \operatorname{curl}\mathbf{F}\cdot\mathbf{G} - \mathbf{F}\cdot\operatorname{curl}\mathbf{G}}$$

5. (이 문제는 회전장이 좌표계의 선택과 무관함을 보여 준다.) 좌표공간에서 새로운 정규직교기저 $\tilde{\mathbf{e}} = (\tilde{\mathbf{e}}_1, \tilde{\mathbf{e}}_2, \tilde{\mathbf{e}}_3)$ 는 기존의 정규직교기저 $\mathbf{e} = (\mathbf{e}_1, \mathbf{e}_2, \mathbf{e}_3)$ 에 대하여 일차결합으로 표현된다:

$$\tilde{\mathbf{e}}_j = \sum_{i=1}^{3} a_{ij}\mathbf{e}_i.$$

이때 직교행렬 $A := (a_{ij})$ 를 사용하여 위 식을 간단히 $\tilde{\mathbf{e}} = \mathbf{e}A$ 와 같이 나타낼 수 있다.

(1) 공간의 점들을 새로운 기저 $\tilde{\mathbf{e}}$ 에 의하여 나타내면 점들의 새로운 좌표 $\tilde{X} = \begin{pmatrix}\tilde{x}_1\\ \tilde{x}_2\\ \tilde{x}_3\end{pmatrix}$ 와 기존의 좌표 $X = \begin{pmatrix}x\\ y\\ z\end{pmatrix}$ 사이에는 관계 $A\tilde{X} = X$ 가 있음을 보이라.

(2) 연쇄법칙을 이용하여 편미분 사이의 관계식

$$\tilde{D}_j = \sum_i a_{ij} D_i \qquad (\text{즉, } \tilde{\nabla} = \nabla A)$$

를 유도하라.

(3) 벡터장 $\mathbf{F} = \sum_i f_i\mathbf{e}_i$ 를 새로운 기저에 대하여 $\mathbf{F} = \sum_j \tilde{f}_j\tilde{\mathbf{e}}_j$ 로 둘 때 $f_i = \sum_j a_{ij}\tilde{f}_j$, 즉 $f = A\tilde{f}$ 임을 보이라.

(4) 다음 식을 유도하라.

$$\operatorname{curl}\mathbf{F} = \sum_{i,j}(D_i f_j)\,\mathbf{e}_i\times\mathbf{e}_j = \sum_{i,j}\left(\tilde{D}_i\tilde{f}_j\right)\tilde{\mathbf{e}}_i\times\tilde{\mathbf{e}}_j.$$

6. 좌표공간에서 상수 벡터장 $\mathbf{v}$ 와 함수 f 에 대하여

$$\boxed{\mathbf{v}\cdot\operatorname{curl}(f\,\mathbf{v}) = 0}$$

임을 밝히라.

제 2 절 스토크스 정리

미적분학 기본정리

$$\int_{[a,b]} f'(t)\,dt = f(b) - f(a) = \Big[f \Big]_{\partial[a,b]}$$

에서 정의역 $[a,b]$ 가 곡선으로 바뀌면 선적분 기본정리

$$\int_C \operatorname{grad} f \cdot \mathbf{ds} = \Big[f \Big]_{\partial C}$$

가 얻어지듯이, 그린 정리

$$\iint_U \operatorname{rot} \mathbf{F}(x,y)\,dx\,dy = \int_{\partial U} \mathbf{F} \cdot \mathbf{ds}$$

의 정의역 $U\,(\subset \mathbb{R}^2)$ 가 곡면으로 바뀌면 스토크스의 정리를 얻는다.

정리 2.0.1 (스토크스 정리 1) *좌표평면의 한 영역*[10] $U \subset \mathbb{R}^2$ *에서 정의된 곡면* $X : U \to \mathbb{R}^3$ *과 이 곡면에서 정의된 일급 벡터장* $\mathbf{F}$ *에 대하여*

$$\iint_X \operatorname{curl} \mathbf{F} \cdot d\mathbf{S} = \int_{\partial X} \mathbf{F} \cdot \mathbf{ds}$$

이다.

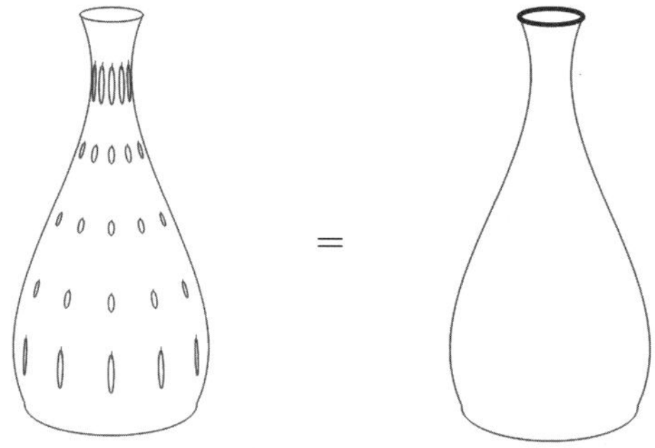

그림: 스토크스 정리 – 조그만 소용돌이를 다 더하면 경곗값만 남는다.

[10] 유계인 닫힌 영역이고 경계는 조각적 정규곡선이라고 가정한다.

위 식에서 곡면

$$X : U \to \mathbb{R}^3$$

의 **경계**(선),

$$\partial X : \partial U \to \mathbb{R}^3$$

은 X 의 정의역을 U 의 경계 ∂U 에 제한하여 얻은 곡선을 뜻한다. 곡면의 **경계**란 삼차원 공간의 부분집합으로 보았을 때의 경계를 뜻하는 것이 아니라, 곡면을 "전체집합"으로 보았을 때의 경계를 뜻한다.

스토크스 정리의 증명은 부록에서 다루기로 한다.[11]

스토크스 정리는 매개화가 구체적으로 주어져 있지 않은 유향곡면 S 에 대하여도 성립한다. 이때 S 의 경계 ∂S 에서의 향은 평면영역의 경계에 향을 주는 방법과 마찬가지로 정해진다. 즉, 경계를 따라 바른 향의 방향으로 걸으면 곡면 S 가 왼쪽에 있다.[12]

정리 2.0.2 (스토크스 정리 2) *유향곡면 S 에서 정의된 일급 벡터장 $\mathbf{F}$ 에 대하여*

$$\iint_S \operatorname{curl} \mathbf{F} \cdot d\mathbf{S} = \int_{\partial S} \mathbf{F} \cdot d\mathbf{s}$$

이다.

이 정리의 증명은 곡면을 부분적으로 매개화한 다음 "매개곡면에 대한" 스토크스 정리 1을 사용하면 된다.

---

[11]이러한 일반적인 경우의 증명을 피하려면 정의역 U 가 직사각형 모양의 영역이고, $\mathbf{F} = f\mathbf{k}$ 인 경우를 살펴보면 약간 쉽게 증명할 수 있다.

[12]유향곡면에서 걸을 때에는 항상 머리가 곡면의 표준 법방향을 향하도록 한다. 유향곡면에서 경계의 향을 "수학적으로" 정하려면 다음과 같이 한다: 먼저 유향곡면의 경계에서 곡면을 벗어나는 방향의 단위접벡터를 $\mathbf{v}$ 라 한다. 그러면 경계에 접하는 단위벡터 $\mathbf{w}$ 가 "바른 향"이라는 것은 순서쌍 $(\mathbf{v}, \mathbf{w})$ 가 곡면의 향과 같다는 뜻, 즉 $\mathbf{v} \times \mathbf{w}$ 가 곡면의 표준 단위법벡터라는 뜻이다.

2.0.3 보기

벡터장

$$\mathbf{F} = ye^z\,\mathbf{i} + xe^z\,\mathbf{j} + xye^z\,\mathbf{k}$$

는 비회전장, 즉 $\operatorname{curl}\mathbf{F} = 0$ 이다. 한편 삼차원 공간의 임의의 단순폐곡선 C 는 어떤 유향곡면 S 의 경계임이 알려져 있다.[13] 그러므로

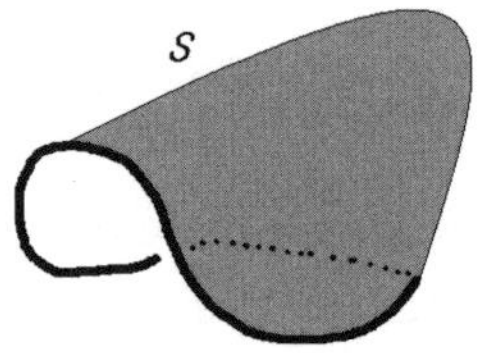

$$\oint_C \mathbf{F}\cdot d\mathbf{s} = \iint_S \operatorname{curl}\mathbf{F}\cdot d\mathbf{S} = 0$$

이다.[14]

2.0.4 보기

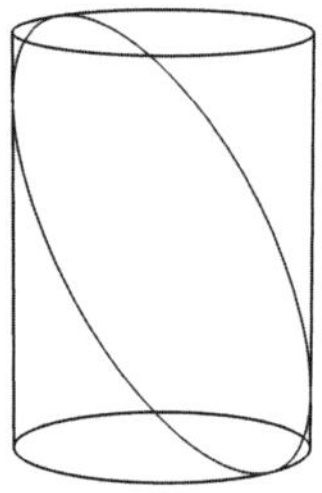

원기둥면 $x^2 + y^2 = 1$ 과 평면 $x + y + z = 1$ 이 교차하는 부분을 C 라고 하자. 이때 선적분

$$\int_C -y^3\,dx + x^3\,dy - z^3\,dz \qquad (*)$$

를 구하라. (곡선 C 의 향은 xy-평면으로 정사영한 것의 향이 반시계 방향이 되도록 정한다.)

풀이. 주어진 벡터장

$$\mathbf{F} := -y^3\,\mathbf{i} + x^3\,\mathbf{j} - z^3\,\mathbf{k}$$

의 회전장이

$$\operatorname{curl}\mathbf{F} = \operatorname{grad}(-y^3)\times\mathbf{i} + \operatorname{grad}(x^3)\times\mathbf{j} + \operatorname{grad}(-z^3)\times\mathbf{k} = 3(x^2+y^2)\mathbf{k}$$

임을 안다. 곡선 C 는 영역 $D := \{(x,y) \mid x^2+y^2 \le 1\}$ 에서 정의된 곡면

$$X(x,y) = (x, y, 1-x-y)$$

의 경계이다. 이때 $\mathbf{N} = \dfrac{\partial X}{\partial x}\times\dfrac{\partial X}{\partial y} = (1,0,-1)\times(0,1,-1) = (1,1,1)$ 이다. 따라서 위 선적분 $(*)$ 는 스토크스 정리에 의하여

$$\iint_X \operatorname{curl}\mathbf{F}\cdot d\mathbf{S} = \iint_D 3(x^2+y^2)\mathbf{k}\cdot(1,1,1)\,dxdy = \iint_D 3(x^2+y^2)\,dx\,dy$$

---

[13] 반캄펜(van Kampen), c. 1930

[14] 푸앵카레 도움정리는 $\mathbf{F}$ 가 보존장임을 알려주기 때문에 당연한 결과이다.

와 같다. 극좌표로 치환하면

$$\iint_D 3(x^2+y^2)\,dx\,dy = \int_0^{2\pi}\int_0^1 3r^2\cdot r\,dr\,d\theta = \frac{3\pi}{2}$$

이고, 이것이 구하는 값이다.

위 문제를 스토크스 정리의 도움 없이 풀 수도 있다. 예를 들어, C 를 매개화하여,

$$x=\cos t,\quad y=\sin t,\quad z=1-\cos t-\sin t \qquad (0\le t\le 2\pi)$$

로 두면,

$$\begin{aligned}
&\int_C -y^3\,dx + x^3\,dy - z^3\,dz\\
=&\int_0^{2\pi}\left((-\sin^3 t)(-\sin t)+(\cos^3 t)(\cos t)\ -(1-\cos t-\sin t)^3(\sin t-\cos t)\right)dt\\
=&\int_0^{2\pi}(\cos^4 t+\sin^4 t)\,dt-\int_0^{2\pi}(1-\cos t-\sin t)^3\,d(1-\cos t-\sin t)\\
=&\int_0^{2\pi}\left(\left(\frac{1+\cos 2t}{2}\right)^2+\left(\frac{1-\cos 2t}{2}\right)^2\right)dt\ +\ \frac{1}{4}\big[(1-\cos t-\sin t)^4\big]_0^{2\pi}\\
=&\frac{1}{2}\int_0^{2\pi}\left(1+\cos^2 2t\right)\,dt\ +\ 0\\
=&\frac{1}{2}(2\pi+\pi)=\frac{3\pi}{2}
\end{aligned}$$

를 얻는다.

다음 정리는 스토크스 정리의 간단한 응용이다.

정리 2.0.5 *삼차원 공간의 열린 영역 U 속의 유향곡면 S_1 과 S_2 가 같은 경계를 가진다고 하자. 그러면 U 에서 정의된 임의의 벡터장 $\mathbf{F}$ 에 대하여*

(i) *만약 ∂S_1 과 ∂S_2 가 같은 향이면*

$$\iint_{S_1}\operatorname{curl}\mathbf{F}\cdot d\mathbf{S} = \iint_{S_2}\operatorname{curl}\mathbf{F}\cdot d\mathbf{S}$$

(ii) *만약 ∂S_1 과 ∂S_2 가 반대 향이면*

$$\iint_{S_1}\operatorname{curl}\mathbf{F}\cdot d\mathbf{S} = -\iint_{S_2}\operatorname{curl}\mathbf{F}\cdot d\mathbf{S}$$

이다.

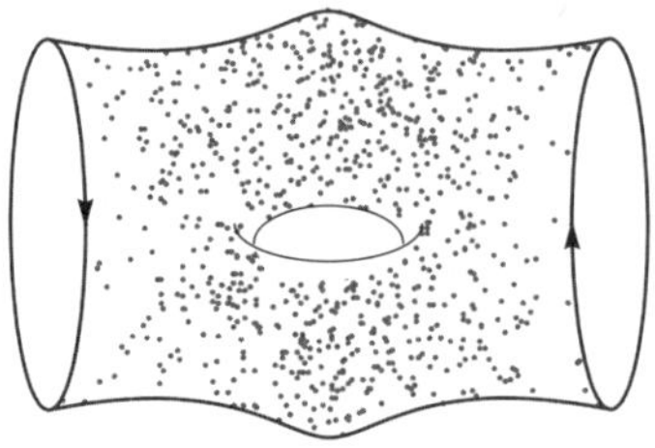

그림: 두 원을 경계로 가지는 곡면

닫힌 곡면을 두 곡면의 합으로 이해하면 다음을 얻는다.

따름정리 2.0.6 *닫힌 곡면 S 에서 정의된 벡터장 $\mathbf{F}$ 에 대하여*

$$\iint_S \operatorname{curl}\mathbf{F}\cdot d\mathbf{S} = 0$$

이다.[15]

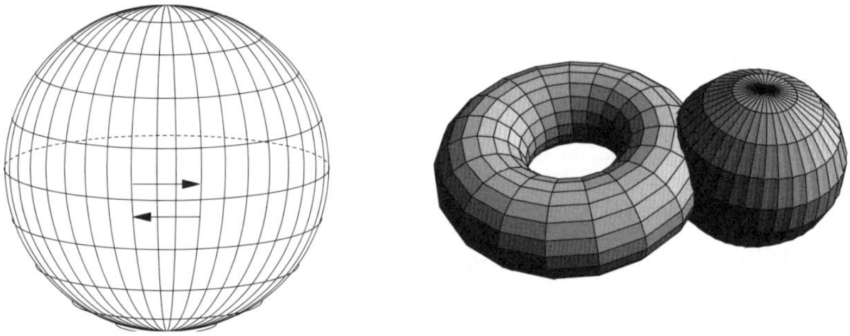

2.0.7 기본연습문제

점 P 근방에서 정의된 벡터장 $\mathbf{F}$ 와 점 P 를 지나고 단위벡터 $\mathbf{n}$ 에 수직인 평면의 영역 U 에 대하여

$$\lim_{U\to P}\frac{1}{\operatorname{area}U}\int_{\partial U}\mathbf{F}\cdot d\mathbf{s} = \operatorname{curl}\mathbf{F}(P)\cdot\mathbf{n}$$

임을 보이라.[16]

---

[15]마치 기울기 벡터장을 닫힌 곡선을 따라 적분하면 영이 되듯이. 위 식을 간단히 $\oiint \operatorname{curl}\mathbf{F}\cdot d\mathbf{S} = 0$ 으로 쓸 수 있다.

[16]벡터장 $\mathbf{F}$ 의 평면 영역 U 에 대한 성분을 $\mathbf{F}_U$ 로 두면, 위 등식의 오른쪽 항은 $\operatorname{rot}\mathbf{F}_U$ 를 뜻한다.

2.1 비압축장

발산하지 않는 벡터장, 즉

$$\operatorname{div}\mathbf{F} = 0$$

인 벡터장 $\mathbf{F}$를 **비압축장**이라고 하였다 [제 15 장 참고]. 다음 정리는 비압축장을 얻는 방법을 알려 준다.

> **정리 2.1.1** *삼차원 공간의 한 벡터장 $\mathbf{F}$가 다른 벡터장의 회전장이면, $\mathbf{F}$는 비압축장이다.*

증명. 만약 $\mathbf{F} = f_1\,\mathbf{e}_1 + f_2\,\mathbf{e}_2 + f_3\,\mathbf{e}_3$이 벡터장 $\mathbf{G} = g_1\,\mathbf{e}_1 + g_2\,\mathbf{e}_2 + g_3\,\mathbf{e}_3$의 회전장이면,

$$f_1 = D_2g_3 - D_3g_2, \qquad f_2 = D_3g_1 - D_1g_3, \qquad f_3 = D_1g_2 - D_2g_1$$

이고, 따라서 (멋진 편미분 교환법칙에서)

$$\operatorname{div}\mathbf{F} = D_1(D_2g_3 - D_3g_2) + D_2(D_3g_1 - D_1g_3) + D_3(D_1g_2 - D_2g_1) = 0$$

이다. □

앞으로 $\mathbf{F} = \operatorname{curl}\mathbf{G}$일 때 $\mathbf{G}$를 $\mathbf{F}$의 **잠재벡터장**(vector potential)이라 부르기로 한다.

위 정리의 역이 항상 성립하는 것은 아니다. 벡터장의 정의역에 '구멍'이 있으면, 비압축장이지만 회전장이 아닌 것이 존재한다. 그러한 것의 대표적인 보기가 바로 **입체각 벡터장**

$$\mathbf{A}(x, y, z) = \frac{1}{r^3}(x\,\mathbf{i} + y\,\mathbf{j} + z\,\mathbf{k})$$

이다. 이 벡터장이 회전장이 아닌 것은 다음과 같이 알 수 있다.

표준 단위 구면 $\mathbb{S}$의 표준 단위법벡터장 $\mathbf{n}$에 대하여 $\mathbf{A} = \mathbf{n}$이고 따라서

$$\iint_{\mathbb{S}} \mathbf{A}\cdot d\mathbf{S} = 4\pi$$

이다.[17]

[17] 일반적으로, $\mathbb{R}^3 - \{O\}$의 임의의 유향곡면 S에서 입체각 벡터장 $\mathbf{A}$를 적분한 것은 S를 단위구면에 원점을 기준으로 방사사영한 것의 넓이, 또는 S의 **입체각**이다.

만약 $\mathbf{A}$ 의 잠재벡터장 $\mathbf{G}$ 가 존재한다고 가정하면, 따름정리 2.0.6 에서

$$\iint_{\mathbb{S}} \mathbf{A} \cdot d\mathbf{S} = \iint_{\mathbb{S}} \operatorname{curl} \mathbf{G} \cdot d\mathbf{S} = 0$$

이라는 모순이 생긴다. 그러므로 입체각 벡터장 $\mathbf{A}(x, y, z)$ 는 비압축장이지만 잠재벡터장을 가지지 않는 보기이다.

그러나 다음 푸앵카레 도움정리 II 는 비압축장은 국소적으로 회전장임을 말한다. 그러므로 $\mathbf{A}$ 는 국소적으로는 회전장이다.[18]

정리 2.1.2 (푸앵카레 도움정리 II) *삼차원 공간의 볼록 영역 U 에서 정의된 벡터장 $\mathbf{F}$ 가 비압축장이면 $\mathbf{F}$ 는 회전장이다. 이때 $P \in U$ 이면*

$$\mathbf{G}(X) := \int_0^1 \mathbf{F}\big((1-t)P + tX\big) \times t(X - P)\, dt$$

가 $\mathbf{F}$ 의 잠재벡터장이다.

위 정리에서 정의역 U 가 볼록 영역이라고 하였지만, 사실은 훨씬 더 일반적인 모양의 영역에서도 성립하는 명제이다. 또 이 정리는 단순한 존재정리가 아니고 비압축장의 잠재벡터장을 구하는 구체적인 방법까지 알려 준다. 증명은 부록에 두었다.

2.1.3 기본연습문제

상수 벡터장 $\mathbf{k}$ 의 잠재벡터장을 모두 구하라.[19]

---

[18]마치 비회전장이 (국소적으로) 보존장이듯이 $\cdots$.

n-공간에서 모든 벡터장은 국소적으로 비압축장과 보존장의 합이다.

[19]풀이: 벡터장 $\mathbf{k}$ 는 z-축에 대한 회전이동 및 z-축 방향 평행이동에 대한 대칭성을 가지고 있다. $\mathbf{k}$ 의 잠재벡터장 중에서 그런 성질을 가진 것을 하나 구한다: $\mathbf{G}(x, y, z) := \frac{1}{2}(-y, x, 0)$. 그러면

$$\mathbf{F}(x, y, z) = \frac{1}{2}(-y, x, 0) + \operatorname{grad} \varphi \qquad (\varphi \in \mathcal{C}^2(\mathbb{R}^3))$$

이다.

연습문제: 제 18 장 2 절

1. 반구 $z = \sqrt{1-x^2-y^2}$ 과 벡터장 $\mathbf{F} = x\mathbf{i} + y\mathbf{j} + z\mathbf{k}$ 에 대하여 스토크스 정리가 성립함을 보이라.

2. 세 점 $(1,0,0)$, $(0,1,0)$, $(0,0,1)$ 을 꼭짓점으로 하는 삼각형(면)을 S 라고 하자. 이때 벡터장

$$\mathbf{F} = yz\,\mathbf{i} + zx\,\mathbf{j} + xy\,\mathbf{k}$$

에 대하여 스토크스 정리가 성립함을 보이라.

3. 벡터장 $\mathbf{F}$ 가 곡면 S 의 경계에 수직이면, $\iint_S \operatorname{curl}\mathbf{F}\cdot d\mathbf{S} = 0$ 인가?

4. 곡면

$$S_1 : x^2 + y^2 = 1, \quad 0 \le z \le 1$$

과 곡면

$$S_2 : x^2 + y^2 + (z-1)^2 = 1, \quad z \ge 1$$

의 합으로 이루어진 곡면을 S 라고 하자. 이때

$$\mathbf{F} = (xz + yz^2 + x)\mathbf{i} + (xyz^3 + y)\mathbf{j} + x^2z^4\mathbf{k}$$

에 대하여 $\iint_S \operatorname{curl}\mathbf{F}\cdot d\mathbf{S}$ 를 구하라. (단, S 의 향은 $\mathbf{n}\cdot\mathbf{k} \ge 0$ 이도록 정한다.)

5. 곡면

$$S \;:\; 2z = x^2 + y^2, \quad z \le 2$$

와 벡터장 $\mathbf{F} = 3y\mathbf{i} - xy\mathbf{j} + yz^2\mathbf{k}$ 에 대하여 $\iint_S \operatorname{curl}\mathbf{F}\cdot d\mathbf{S}$ 를 구하라. (단, S 의 향은 $\mathbf{n}\cdot\mathbf{k} > 0$ 이도록 정한다.)

6. 공간에서 점 P 를 중심으로 하고 단위벡터 $\mathbf{n}$ 에 수직이며, 반지름이 r 인 원판을 D_r 라고 하자. 이때

$$\frac{1}{\pi r^2}\iint_{D_r} \operatorname{curl}\mathbf{F}\cdot\mathbf{n}\,dV_2 = \operatorname{curl}\mathbf{F}(P_*)\cdot\mathbf{n}$$

을 만족시키는 점 $P_* \in D_r$ 가 존재함을 보이고, 이를 이용하여

$$\operatorname{curl}\mathbf{F}(P)\cdot\mathbf{n} = \lim_{r\to 0}\frac{1}{\pi r^2}\int_{\partial D_r} \mathbf{F}\cdot d\mathbf{s}$$

임을 보이라. 또 이 등식의 의미를 설명하라.

7. 공 $\mathbb{B} := \{\mathbf{x} \in \mathbb{R}^3 : |\mathbf{x}| \le a\}$ 근방에서 정의된 벡터장 $\mathbf{F}$ 와 위치벡터장 $\mathbf{r}$ 에 대하여

$$\iiint_{\mathbb{B}} \mathbf{r}\cdot\operatorname{curl}\mathbf{F}\,dV = 0$$

임을 설명하라.

제 3 절 부록: 스토크스 정리의 증명과 벡터장의 미분

3.1 스토크스 정리의 증명

곡면

$$X(u,v) = (x(u,v), y(u,v), z(u,v)) \in \mathbb{R}^3, \qquad (u,v) \in U$$

의 경계

$$\partial X : \partial U \to \mathbb{R}^3$$

를 매개화하기 위하여 곡선 ∂U 의 매개화[20]

$$(u(t), v(t)) \in \partial U, \qquad a \le t \le b$$

를 하나 생각하자. 그러면 경계선 ∂X 는

$$X(u(t), v(t)), \qquad a \le t \le b$$

로 매개화된다. 따라서 이 곡선의 속도벡터는

$$X_u\, u'(t) + X_v\, v'(t)$$

이다.[21] 그러므로

$$\int_{\partial X} \mathbf{F} \cdot d\mathbf{s} = \int_a^b \mathbf{F} \cdot (X_u u'(t) + X_v v'(t))\, dt = \int_{\partial U} (\mathbf{F} \cdot X_u)\, du + (\mathbf{F} \cdot X_v)\, dv$$

이다. 한편

$$\iint_X \operatorname{curl} \mathbf{F} \cdot d\mathbf{S} = \iint_U (\operatorname{curl} \mathbf{F}) \cdot (X_u \times X_v)\, du\, dv$$

이므로,

$$\iint_U (\operatorname{curl} \mathbf{F}) \cdot (X_u \times X_v)\, du\, dv = \int_{\partial U} (\mathbf{F} \cdot X_u)\, du + (\mathbf{F} \cdot X_v)\, dv$$

를 밝히면 증명이 끝난다.

이제 $\mathbb{R}^3$ 의 표준 단위기저 $\mathbf{e}_1, \mathbf{e}_2, \mathbf{e}_3$ 에 대하여

$$\mathbf{F} = \sum_{i=1}^{3} f_i\, \mathbf{e}_i$$

---

[20] 일반적으로 ∂U 의 연결 성분이 여러 개일 수 있지만, 각 성분마다 매개화하여 살펴보면 된다.

[21] 이 식에서

$$X_u = \left(\frac{\partial x}{\partial u}, \frac{\partial y}{\partial u}, \frac{\partial z}{\partial u}\right), \qquad X_v = \left(\frac{\partial x}{\partial v}, \frac{\partial y}{\partial v}, \frac{\partial z}{\partial v}\right)$$

이다.

로 두면,[22]

$$\operatorname{curl}\mathbf{F} = \sum_{i=1}^{3} \nabla f_i \times \mathbf{e}_i$$

이다. 그러므로

$$\begin{aligned}
(\operatorname{curl}\mathbf{F}) \cdot \big(X_u \times X_v\big) &= \sum_{i=1}^{3} (\nabla f_i \times \mathbf{e}_i) \cdot (X_u \times X_v) \\
&=^{23} \sum_i (\nabla f_i \cdot X_u)(\mathbf{e}_i \cdot X_v) - \sum_i (\nabla f_i \cdot X_v)(\mathbf{e}_i \cdot X_u) \\
&= \left(\sum_i (\nabla f_i \cdot X_u)\,\mathbf{e}_i\right) \cdot X_v - \left(\sum_i (\nabla f_i \cdot X_v)\,\mathbf{e}_i\right) \cdot X_u \\
&= \left(\sum_i \frac{\partial f_i}{\partial u}\mathbf{e}_i\right) \cdot X_v - \left(\sum_i \frac{\partial f_i}{\partial v}\mathbf{e}_i\right) \cdot X_u \\
&= \mathbf{F}_u \cdot X_v - \mathbf{F}_v \cdot X_u \\
&=^{24} \frac{\partial(\mathbf{F} \cdot X_v)}{\partial u} - \frac{\partial(\mathbf{F} \cdot X_u)}{\partial v}
\end{aligned}$$

이다. 따라서

$$\iint_U (\operatorname{curl}\mathbf{F}) \cdot (X_u \times X_v)\,du\,dv = \iint_U \left(\frac{\partial(\mathbf{F} \cdot X_v)}{\partial u} - \frac{\partial(\mathbf{F} \cdot X_u)}{\partial v}\right) du\,dv$$

이다. 그린 정리에서 이 적분값은

$$\int_{\partial U} (\mathbf{F} \cdot X_u)\,du + (\mathbf{F} \cdot X_v)\,dv$$

와 같으므로 증명이 끝난다. □

---

[22]상수 벡터 $\mathbf{v}$에 대하여 $\mathbf{F} = f\,\mathbf{v}$라고 가정하여도 좋지만, 증명이 크게 간단해지는 것은 아니다.

[23]임의의 벡터 $\mathbf{a}, \mathbf{b}, \mathbf{c}, \mathbf{d}$에 대하여

$$(\mathbf{a} \times \mathbf{b}) \cdot (\mathbf{c} \times \mathbf{d}) = \det\begin{pmatrix} \mathbf{a}\cdot\mathbf{c} & \mathbf{a}\cdot\mathbf{d} \\ \mathbf{b}\cdot\mathbf{c} & \mathbf{b}\cdot\mathbf{d} \end{pmatrix} = (\mathbf{a}\cdot\mathbf{c})(\mathbf{b}\cdot\mathbf{d}) - (\mathbf{a}\cdot\mathbf{d})(\mathbf{b}\cdot\mathbf{c})$$

이다 (제 8 장 1절 연습문제 9 번 참고).

[24]증명을 쉽게 하기 위하여 X가 이급곡면이라고 가정하면, $X_{uv} = X_{vu}$이다.

3.2 푸앵카레 도움정리의 증명

정리 2.1.2 (푸앵카레 도움정리 II) *삼차원 공간의 볼록 영역 U 에서 정의된 벡터장 $\mathbf{F}$ 가 비압축장이면 $\mathbf{F}$ 는 회전장이다. 이때 $P \in U$ 이면*

$$\mathbf{G}(X) := \int_0^1 \mathbf{F}\big((1-t)P + tX\big) \times t(X-P)\, dt$$

가 $\mathbf{F}$ 의 잠재벡터장이다.

증명. 편의상 $\mathbb{R}^3$ 의 원점이 U 에 속하고, $P = O$ 라고 하자. 그러면

$$\mathbf{G}(X) := \int_0^1 \mathbf{F}(tX) \times tX\, dt$$

가 $\mathbf{F}$ 의 잠재벡터장임을 보인다. 먼저 $\mathbf{F}$ 가 비압축장이라는 가정에서

$$\mathrm{curl}\,(\mathbf{F} \times \mathbf{r}) = 2\mathbf{F} + D_{\mathbf{r}}\mathbf{F}$$

임을 안다.[25] 따라서

$$\begin{aligned}\mathrm{curl}\,\mathbf{G}(X) &= \int_0^1 \mathrm{curl}\,(\mathbf{F}(tX) \times t\,X)\, dt \\ &\overset{26}{=} \int_0^1 t\big(2\,\mathbf{F}(tX) + D_{tX}\mathbf{F}(tX)\big)\, dt \\ &= \int_0^1 \frac{d}{dt}(t^2\mathbf{F}(tX))\, dt \\ &= \mathbf{F}(X)\end{aligned}$$

이다. □

이 증명을 보면 영역이 볼록하지 않더라도 한 점 P 에 대하여 별꼴이기만 하면 비압축장의 잠재벡터장을 구할 수 있음을 알 수 있다. 푸앵카레 도움정리는 더욱 일반적인 영역에서도 성립한다.

[25] $\mathrm{curl}\,(\mathbf{F} \times \mathbf{H}) = D_{\mathbf{H}}\mathbf{F} - D_{\mathbf{F}}\mathbf{H} + (\mathrm{div}\,\mathbf{H})\mathbf{F} - (\mathrm{div}\,\mathbf{F})\mathbf{H}$ 이다 (탐구문제 2번 참고).

[26] $\mathbf{H}_t(X) := \mathbf{H}(tX)$ 이면 $(\mathrm{curl}\,\mathbf{H}_t)(X) = t\,(\mathrm{curl}\,\mathbf{H})(tX)$ 이다.

3.3 벡터장의 미분

3.3.1 다중벡터

벡터는 방향과 크기를 가진 "직선의 조각"이라 말할 수 있다. 이와 마찬가지로 "평면의 조각"을 **이중벡터**로 나타낼 수 있다. 일차독립인 두 벡터 $\mathbf{v}, \mathbf{w}$에 대하여

$$\mathbf{v} \wedge \mathbf{w}$$

는 $\mathbf{v}$와 $\mathbf{w}$가 만드는 평면 $\{s\,\mathbf{v} + t\,\mathbf{w} | s, t \in \mathbb{R}\}$의 조각인데, 그 크기는 $\mathbf{v}$와 $\mathbf{w}$가 만드는 평행사변형의 넓이와 같고, 평면에 향을 정해 준다. 이때 향은 벡터의 순서에 의존하므로

$$\mathbf{w} \wedge \mathbf{v} = -\mathbf{v} \wedge \mathbf{w}$$

이다. ($\mathbf{v} \wedge \mathbf{w}$를 평행사변형의 동등류로 해석할 수 있다.)

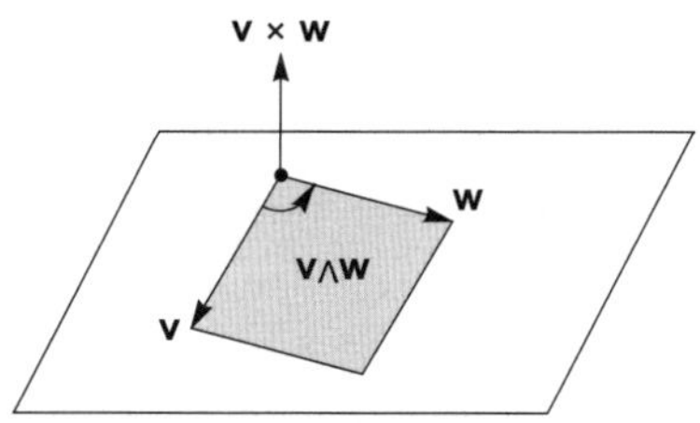

그림: 삼차원 공간에서는 $\mathbf{v} \wedge \mathbf{w}$와 $\mathbf{v} \times \mathbf{w}$는 본질적으로 같다.

또 $\mathbf{v}$와 $\mathbf{w}$가 일차종속일 때에는 이들이 만드는 평행사변형의 넓이가 영이듯이 $\mathbf{v} \wedge \mathbf{w}$는 영벡터가 된다. 특히 $\mathbf{v} \wedge \mathbf{v} = \mathbf{0}$이다.

마찬가지로 일차독립인 세 벡터 $\mathbf{u}, \mathbf{v}, \mathbf{w}$에 대하여

$$\mathbf{u} \wedge \mathbf{v} \wedge \mathbf{w}$$

는 $\mathbf{u}, \mathbf{v}, \mathbf{w}$가 만드는 삼차원 공간의 조각으로 그 크기는 이들이 만드는 나란히꼴의 부피와 같고, 이들의 순서는 삼차원 공간의 향을 정한다. 또 세 벡터가 일차종속일 때에는 그 곱은 영벡터가 된다. 삼차원 공간에서는 $\mathbf{u} \wedge \mathbf{v} \wedge \mathbf{w}$는 본질적으로 $\mathbf{u} \times \mathbf{v} \cdot \mathbf{w}$와 같다.

이와 같이 순서에 따라 부호가 달라지는 곱은 이미 삼차원 공간에서 벡터곱을 다루거나 행렬식을 공부할 때에 "교대다중선형"의 성질로 등장하였는데, 역사적으로는 독일의 그라스만(Hermann Günther Graßmann, 1809–1877)이 19세기 초반에 처음으로 설명하였다. 20세기 초에는 프랑스의 카르탕(E. Cartan)을 비롯한 여러 학자들에 의하여 이러한 **교대곱**(또는 **외적**(exterior product))이 미적분학에 획기적으로 응용되었다.

이런 중요한 개념이 개발된 지 200년 가까이 되었으니 이제는 초급 미적분학에서도 다룰 때가 되었다.

3.3.2

삼차원 공간에서 함수나 벡터장을 미분하는 방법을 도표를 써서 살펴보면 다음과 같다.

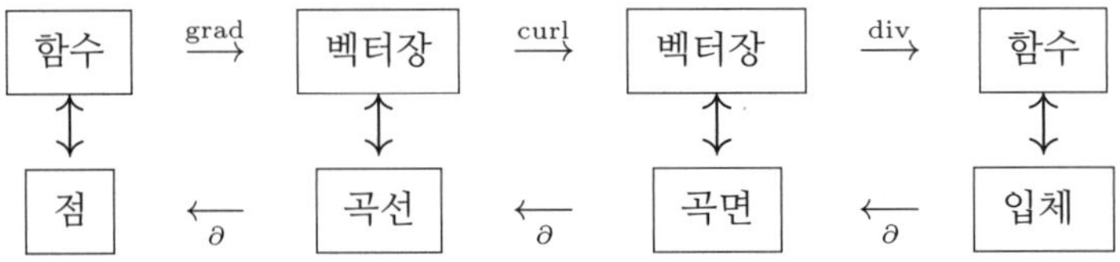

이 도표에서 처음 화살표 $\xrightarrow{\text{grad}}$ 는 선적분 기본정리와 관련된 부분이고, 가운데 화살표 $\xrightarrow{\text{curl}}$ 는 스토크스 정리와 관련된 부분이며, 마지막 화살표 $\xrightarrow{\text{div}}$ 는 발산 정리와 관련된 부분이다. 따라서 기울기 벡터장은 곡선과 만나는 것이 자연스럽고, 벡터장의 회전장은 곡면과 만나는 것이 자연스러우며, 벡터장의 발산 함수는 공간의 영역에서 적분하는 것이 자연스럽다.

위 도표의 화살표 $\xleftarrow[\partial]{}$ 들은 "경계"를 추출하는 것을 뜻한다. 위 도표의 또 다른 중요한 점은 "이웃한 화살표를 합성하면 영"이라는 것이다. 다시 말하면, 기울기 벡터장은 비회전장이고, 회전장은 비압축장이다.[27] 또 입체의 표면인 곡면은 경계가 없고, 곡면의 경계인 곡선은 경계가 없다.

곡선과 같은 일차원 집합에서 적분할 때에는 "일차 형식", 즉 벡터장을 적분하고, 이때 적분하는 방법은 벡터장의 곡선(에 접하는) 성분을 적분한다.

마찬가지로 곡면과 같은 이차원 집합에서 적분할 때에는 "이차 형식"을 적분한다. 이때 이차 형식의 적분은 "이차 형식"의 곡면(에 접하는) 성분에만 의존한다. 이차 형식은 삼차원 공간에서는

$$\varphi = f_1\,dy \wedge dz + f_2\,dz \wedge dx + f_3\,dx \wedge dy$$

와 같은 꼴로 주어지고, 이 이차 형식에 대응되는 벡터장은 '이차 형식에 수직인' 벡터장

$$\mathbf{F} = f_1\,\mathbf{i} + f_2\,\mathbf{j} + f_3\,\mathbf{k}$$

이다. 그러므로 삼차원 공간 속의 유향곡면 S 에서 이차 형식 φ 의 접성분 $\varphi \cdot \tau$ 를 적분하는 것은 φ 에 수직인 벡터장 $\mathbf{F}$ 의 법성분을 적분하는 것과 마찬가지이다. 즉,

$$\iint_S \varphi = \iint_S \varphi \cdot \tau \;\mathrm{dS} = \iint_S \varphi^{\perp} \cdot \tau^{\perp}\;\mathrm{dS} = \iint_S \mathbf{F} \cdot \mathbf{n}\;\mathrm{dS} = \iint_S \mathbf{F} \cdot \mathbf{dS}$$

이다.[28]

---

[27] 국소적으로는 이 명제의 역이 성립한다.

[28] τ 는 가우스가 설명한 '넓이 형식'인 $|\mathbf{N}|\,du \wedge dv$ 를 뜻한다.

조금 더 설명하면, 곡면 $X(u,v) = (x(u,v), y(u,v), x(u,v))$ 에서

$$\mathbf{N} = X_u \times X_v = (y_u z_v - z_u y_v,\ z_u x_v - x_u z_v,\ x_u y_v - y_u x_v)$$

이고, 따라서 $\mathbf{F}\cdot\mathbf{N} = f_1\,(y_u z_v - z_u y_v) + f_2\,(z_u x_v - x_u z_v) + f_3\,(x_u y_v - y_u x_v)$ 이다. 이때

$$\begin{aligned} dy \wedge dz &= (y_u du + y_v dv) \wedge (z_u du + z_v dv) = (y_u z_v - z_u y_v)\ du \wedge dv \\ dz \wedge dx &= (z_u du + z_v dv) \wedge (x_u du + x_v dv) = (z_u x_v - x_u z_v)\ du \wedge dv \\ dx \wedge dy &= (x_u du + x_v dv) \wedge (y_u du + y_v dv) = (x_u y_v - y_u x_v)\ du \wedge dv \end{aligned}$$

로 두면

$$\mathbf{F}\cdot \mathrm{d}\mathbf{S} = (\mathbf{F}\cdot\mathbf{N})\, du \wedge dv = f_1\, dy \wedge dz + f_2\, dz \wedge dx + f_3\, dx \wedge dy$$

임을 알 수 있다.[29]

곡면과 벡터장의 차원이 서로 다름에도 불구하고, 삼차원 공간에서 서로 적분할 수 있는 까닭은 이와 같은 이유에서이다.

사실 영역 $U \subset \mathbb{R}^2$ 에서 정의된 곡면 $X = (x,y,z) : U \to \mathbb{R}^3$ 에 대한 적분값

$$\iint_X dy \wedge dz, \qquad \iint_X dz \wedge dx, \qquad \iint_X dx \wedge dy$$

는 X 를 yz-평면, zx-평면, xy-평면에 각각 정사영한 상의 "부호를 가진 넓이"를 뜻한다. 그 까닭은 다음과 같다. 영역 U 의 조그만 사각형 $[u, u+\Delta u] \times [v, v+\Delta v]$ 의 상은

$$\{X(u+s\Delta u, v+t\Delta v) \mid 0 \le s,t \le 1\} \approx \{X(u,v) + sX_u\Delta u + tX_v\Delta v \mid 0 \le s,t \le 1\}$$

이므로 이를 xy-평면에 정사영하면 나란히꼴

$$\{(x,y) + s(x_u, y_u)\Delta u + t(x_v, y_v)\Delta v \mid 0 \le s,t \le 1\}$$

을 얻는다. 이 나란히꼴의 "부호를 가진 넓이"는

$$(x_u y_v - y_u x_v)\Delta u\, \Delta v$$

와 같다. 그러므로

$$\begin{aligned} \iint_X dx \wedge dy &= \iint_X \mathbf{k}\cdot \mathrm{d}\mathbf{S} \\ &= \iint_U \mathbf{k}\cdot\mathbf{N}\, du\, dv \\ &= \iint_U (x_u y_v - y_u x_v) du\, dv \end{aligned}$$

---

[29]이 식에서

$$\mathrm{d}\mathbf{S} = dy \wedge dz\, \mathbf{i} + dz \wedge dx\, \mathbf{j} + dx \wedge dy\, \mathbf{k}$$

라 할 수도 있다. 곡면의 조각의 넓이는 yz-평면, zx-평면, xy-평면에 정사영한 조각의 넓이들에서 알 수 있다는 것이 바로 피타고라스 정리이다 (제 5 장 3 절 연습문제 6 번 참고).

가 의미하는 바는 X 를 xy-평면에 정사영하였을 때의 부호넓이임을 알 수 있다.

마찬가지로

$$\iint_X dy \wedge dz = \iint_X \mathbf{i} \cdot d\mathbf{S}, \qquad \iint_X dz \wedge dx = \iint_X \mathbf{j} \cdot d\mathbf{S}$$

도 비슷한 의미를 가진다.

사실 일차원 적분도 향을 가진 개념이다.

$$\int_a^b f(x)\,dx = -\int_b^a f(x)\,dx.$$

uv-평면에서도 향을 강조할 때에는 면적소를 $du \wedge dv$ 로 쓴다.

마찬가지로 삼차원 영역에서 함수 $f(x, y, z)$ 를 적분하는 것은 "삼차 형식"

$$f(x, y, z)\,dx \wedge dy \wedge dz$$

를 적분하는 것과 같다.

벡터장의 적분보다 미분형식의 적분이 훨씬 자연스럽다. 예를 들면, 벡터장의 등식

$$\operatorname{curl}(f_1\,\mathbf{i} + f_2\,\mathbf{j} + f_3\,\mathbf{k}) = (D_2 f_3 - D_3 f_2)\mathbf{i} + (D_3 f_1 - D_1 f_3)\mathbf{j} + (D_1 f_2 - D_2 f_1)\mathbf{k}$$

는 미분형식의 등식

$$d(f_1\,dx + f_2\,dy + f_3\,dz) = df_1 \wedge dx + df_2 \wedge dy + df_3 \wedge dz$$

와 같은 것이다. 그러므로 스토크스 정리 등이 훨씬 자연스럽게 표현되고, 더 나아가 높은 차원의 경우도 이해가 쉬워진다.

이러한 이론은 다면체의

(오일러 수) := (꼭짓점 수) − (모서리 수) + (면의 수)

가 위상적 불변량이라는 것과 밀접한 관계가 있다. 나무와 토양이 밀접한 관계에 있듯이, 함수나 벡터장들도 공간의 구조와 밀접한 관계가 있다.

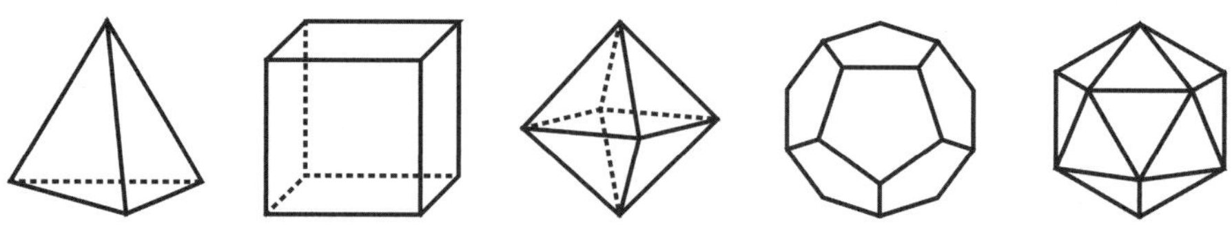

제 18 장 탐구문제

1. $\mathbb{R}^3$ 에서 서로 수직인 임의의 단위벡터 $\mathbf{v}_1, \mathbf{v}_2$ 에 대하여

$$\mathbf{v}_3 := \mathbf{v}_1 \times \mathbf{v}_2$$

라 할 때 임의의 벡터장

$$\mathbf{F} := \sum_{i=1}^{3} f_i \mathbf{v}_i$$

에 대하여

$$\operatorname{curl} \mathbf{F} = \sum_{i=1}^{3} \nabla f_i \times \mathbf{v}_i = \sum_{i<j} \big(D_{\mathbf{v}_i} f_j - D_{\mathbf{v}_j} f_i \big) \, \mathbf{v}_i \times \mathbf{v}_j$$

임을 보이라.

2. 좌표공간의 벡터장 $\mathbf{F} = \sum_i f_i \mathbf{e}_i$ 와 $\mathbf{G} = \sum_j g_j \mathbf{e}_j$ 에 대하여

$$D_{\mathbf{F}} \mathbf{G} := \sum_j \big(D_{\mathbf{F}} g_j \big) \, \mathbf{e}_j = \sum_{i,j} (f_i \, D_i g_j) \, \mathbf{e}_j$$

로 정의하였을 때, 다음을 보이라.

$$\begin{aligned} \operatorname{grad} (\mathbf{F} \cdot \mathbf{G}) &= D_{\mathbf{F}} \mathbf{G} + D_{\mathbf{G}} \mathbf{F} + \mathbf{F} \times \operatorname{curl} \mathbf{G} + \mathbf{G} \times \operatorname{curl} \mathbf{F} \\ \operatorname{curl} (\mathbf{F} \times \mathbf{G}) &= D_{\mathbf{G}} \mathbf{F} - D_{\mathbf{F}} \mathbf{G} + (\operatorname{div} \mathbf{G}) \mathbf{F} - (\operatorname{div} \mathbf{F}) \mathbf{G} \end{aligned}$$

3. 벡터장 $\mathbf{F}$ 에 대하여 등식

$$\operatorname{curl}(\operatorname{curl} \mathbf{F}) = \operatorname{grad}(\operatorname{div} \mathbf{F}) - \nabla^2 \mathbf{F}$$

를 밝히라.[30]

4. 벡터장 $\mathbf{F}(x, y, z)$ 를 곡면 S 의 한 접평면 T 에 정사영한 것을 $\mathbf{F}_T$ 라고 하면, 이 평면 벡터장의 회전함수 $\operatorname{rot} \mathbf{F}_T$ 가 $\operatorname{curl} \mathbf{F} \cdot \mathbf{n}$ 과 같음을 보이라. 여기에서 $\mathbf{n}$ 는 T 에 수직인 단위벡터이다.

5. 앙페르의 법칙에 의하면 전기장이 일정할 때 단힌 곡선 C 를 따라 자기장 $\mathbf{B}$ 를 적분한 값은 C 를 통과하는 전류의 양 I 에 비례한다:

$$\oint_C \mathbf{B} \cdot d\mathbf{s} = \mu_0 I.$$

만약 C 가 곡면 S 의 경계이고 **전류밀도**(벡터)[31]가 $\mathbf{J}$ 이면

$$I = \iint_S \mathbf{J} \cdot d\mathbf{S}$$

---

[30] 위 식은 $\nabla \times (\nabla \times \mathbf{F}) = \nabla (\nabla \cdot \mathbf{F}) - \nabla^2 \mathbf{F}$ 처럼 쓸 수 있는데, 마치 벡터들 사이의 관계 $\mathbf{v} \times (\mathbf{v} \times \mathbf{w}) = \mathbf{v}(\mathbf{v} \cdot \mathbf{w}) - |\mathbf{v}|^2 \mathbf{w}$ 를 연상시킨다.

[31] 제 17 장 탐구문제 참조.

이고, 따라서 앙페르의 법칙은

$$\oint_{\partial S} \mathbf{B} \cdot d\mathbf{s} = \mu_0 \iint_S \mathbf{J} \cdot d\mathbf{S}$$

이다. 이제 스토크스 정리에서

$$\operatorname{curl} \mathbf{B} = \mu_0 \mathbf{J}$$

를 유도하라.

6. **맥스웰 방정식**은 전기장 $\mathbf{E}$, 자기장 $\mathbf{B}$, 전하밀도 ρ, 전류밀도 $\mathbf{J}$에 대하여

$$\begin{aligned} \operatorname{div} \mathbf{E} &= \rho/\epsilon_0 && (1) \\ \operatorname{div} \mathbf{B} &= 0 && (2) \\ \operatorname{curl} \mathbf{E} &= -\frac{\partial \mathbf{B}}{\partial t} && (3) \\ c^2 \operatorname{curl} \mathbf{B} &= \frac{\partial \mathbf{E}}{\partial t} + \frac{1}{\epsilon_0}\mathbf{J} && (4) \end{aligned}$$

로 표현된다.[32] 처음 두 식은 (전기와 자기에 관한) **가우스 법칙**이라 불린다.

패러데이(M. Faraday, 1791–1867)는 곡면 S에 대하여

$$\oint_{\partial S} \mathbf{E} \cdot d\mathbf{s} = -\frac{d}{dt} \iint_S \mathbf{B} \cdot d\mathbf{S}$$

를 발견하였다. 이로부터 세 번째 맥스웰 방정식 (3)을 유도하라.

또 렌츠(H. Lenz, 1804–1865)의 법칙

$$c^2 \oint_{\partial S} \mathbf{B} \cdot d\mathbf{S} = \frac{d}{dt} \iint_S \mathbf{E} \cdot d\mathbf{S} + \frac{1}{\epsilon_0} \iint_S \mathbf{J} \cdot d\mathbf{S}$$

에서 마지막 맥스웰 방정식 (4)를 유도하라. 또 연속방정식

$$\frac{\partial}{\partial t}\rho + \operatorname{div} \mathbf{J} = 0$$

을 유도하라. 마지막으로 $\rho = 0$, $\mathbf{J} = \mathbf{0}$이면 파동방정식

$$\left(\nabla^2 - \frac{1}{c^2}\frac{\partial^2}{\partial t^2}\right)\mathbf{E} = 0, \qquad \left(\nabla^2 - \frac{1}{c^2}\frac{\partial^2}{\partial t^2}\right)\mathbf{B} = 0$$

이 성립함을 밝히라.

---

[32]고전적인 **전자기학**은 위 네 가지 미분방정식으로 서술된다. 이 미분방정식은 (시간에 의존하는) 전기장, 자기장과 이들을 유도하는 전하와 전류 사이의 관계를 서술한다. 전기장과 자기장이 같은 단위가 되도록 가우스 단위로 조정하여 $\mathcal{E} = \epsilon_0 \mathbf{E}$, $\mathcal{B} = c\epsilon_0 \mathbf{B}$로 두면, 맥스웰 방정식은

$$\nabla \cdot \mathcal{E} = \rho, \qquad \nabla \cdot \mathcal{B} = 0, \qquad \nabla \times \mathcal{E} = -\frac{1}{c}\frac{\partial \mathcal{B}}{\partial t}, \qquad \nabla \times \mathcal{B} = \frac{1}{c}\left(\mathbf{J} + \frac{\partial \mathcal{E}}{\partial t}\right)$$

로 표현된다. 양과 밀즈(Yang-Mills) 이후의 현대적인 관점에서는 힘이 곡률로 바뀌고, 맥스웰 방정식은 곡률에 관한 방정식으로 해석된다.

7. 시간에 의존하는 함수 $\varphi(\mathbf{x}, t)$ 와 벡터장 $\mathbf{C}(\mathbf{x}, t)$ 에 대하여

$$\mathbf{B} := \operatorname{curl} \mathbf{C}, \qquad \mathbf{E} := \operatorname{grad} \varphi - \frac{\partial \mathbf{C}}{\partial t}$$

로 두면

$$\operatorname{div} \mathbf{B} = 0, \qquad \operatorname{curl} \mathbf{E} = -\frac{\partial \mathbf{E}}{\partial t}$$

임을 보이라.

8. 공간의 한 영역에서 정의된 벡터장 $\mathbf{F}$ 에 대하여

   (i) 영역 속의 임의의 닫힌 곡선 C 에 대하여 $\oint_C \mathbf{F} \cdot \mathbf{ds} = 0$ 이면 $\mathbf{F}$ 는 비회전장임을 밝히라.

   (ii) $\mathbf{F}$ 가 비회전장이면 영역 속의 임의의 닫힌 곡선 C 에 대하여 $\oint_C \mathbf{F} \cdot \mathbf{ds} = 0$ 인가? 만약 영역이 볼록영역이면[33] 어떤가?

9. 삼차원 공간의 영역 R 에서 정의된 벡터장 $\mathbf{F}$ 에 대하여

$$\iint_{\partial R} \mathbf{n} \times \mathbf{F} \,\mathrm{dS} = \iiint_R \operatorname{curl} \mathbf{F} \,\mathrm{dV}$$

임을 보이라. (여기에서 $\mathbf{n}$ 은 ∂R 의 외향 단위법벡터이다.)

10. 유계인 곡면 S 에서 정의된 함수 f 에 대하여

$$\int_{\partial S} f \,\mathbf{t} \,\mathrm{ds} = \iint_S \mathbf{n} \times \operatorname{grad} f \,\mathrm{dS}$$

임을 보이라. 또 C 가 닫힌 곡선이면

$$\oint_C \mathbf{t} \,\mathrm{ds} = \mathbf{0}$$

임을 보이라.

[33] 또는 더 일반적으로 단순연결된 영역, 즉 그 속의 임의의 닫힌 곡선을 연속적으로 변형하여 한 점으로 만들 수 있는 영역.

부록

수학사전 2

여기에는 본문에서 언급은 되었지만 자세하게 설명하지 못한 것들을 모았다.

극소곡면(極小曲面, minimal surface): 유클리드 공간 속의 곡면이 극소곡면이라는 것은 부분적으로 곡면의 넓이를 더 이상 줄일 수 없는 곡면을 말한다. 이러한 곡면의 보기로는 현수면이나 나선면 등을 들 수 있다. 곡면이 극소곡면일 필요충분조건은 평균곡률(mean curvature), 즉 모든 방향 곡률들의 평균이 항등적으로 영인 것이다.

대수학의 기본정리: 가우스의 정리 "차수가 1 이상인 복소계수 다항식은 복소수체 안에서 근을 가진다"를 뜻한다. 가우스는 달랑베르(Jean le Rond d'Alembert, 1717–1783)가 1746 년에 한 증명의 오류를 바로잡았다. 이 정리 덕분에 수의 체계의 확장은 더 이상 필요 없다고도 말할 수 있다. 데카르트 당시만 하더라도 음수의 개념이 확립되지 않았다. 데카르트는 "다항식의 실근의 개수를 구하는 법"을 발견하였는데, 그가 실근이라고 부르는 것은 "양수 근"을 뜻하였다 [Anderson, Jackson, Sitharam]. 대수학의 기본정리를 증명하는 법은 여러 가지가 있지만 최대최소 정리를 이용하여 다음과 같이 증명할 수 있다.

먼저 다항식

$$f(z) = z^n + a_1 z^{n-1} + \cdots + a_{n-1} z + a_n$$

이 하나 주어졌다고 하자. 이때 $n = 1$ 인 경우는 자명하므로, $n > 1$ 이라고 가정하자. 또 $a_1 = \cdots = a_{n-1} = 0$ 인 경우에도 다항식 $z^n + a_n$ 은 근을 가지므로,

$$f(z) = z^n + a_1 z^{n-1} + \cdots + a_k z^{n-k} + a_n \qquad (a_k \neq 0,\ k \in \{1, \ldots, n-1\})$$

인 경우를 따지면 된다. 한편 $|z|$ 가 아주 크면

$$|f(z)| = |z|^n \left| 1 + \frac{a_1}{|z|} + \cdots + \frac{a_k}{|z|^k} + \frac{a_n}{|z|^n} \right| \geq \frac{1}{2}|z|^n$$

이다. 따라서 $\lim_{|z| \to \infty} |f(z)| = \infty$ 이고, 함수 $|f(z)|$ 는 최솟값을 가진다.[1] 편의상 $|f(z)|$ 의 최소점을 원점이라고 두어도 좋다.[2] 그러면 $|a_n| = |f(0)|$ 이 $|f(z)|$ 의 최솟값이다. 만약 $a_n \neq 0$ 이면

$$f(z) - a_n = z^n + a_1 z^{n-1} + \cdots + a_k z^{n-k} = z^{n-k}(z^k + a_1 z^{k-1} + \cdots + a_k)$$

에서 z 의 절댓값이 아주 작으면 $z^k + a_1 z^{k-1} + \cdots + a_k$ 는 a_k 근방의 값이고, 이 값에 z^{n-k} 을 곱한 $f(z) - a_n$ 은 $a_k z^{n-k}$ 근방의 값이 된다. 이제 $z = z_0$ 을 잘 취하면 $f(z_0) - a_n$ 과 a_n 사이의 "각"을 $180°$ 에 가깝게 할 수 있다.

[1] 이 부분이 최대최소 정리를 사용한 부분이다.

[2] 필요하다면 평행이동하면 된다.

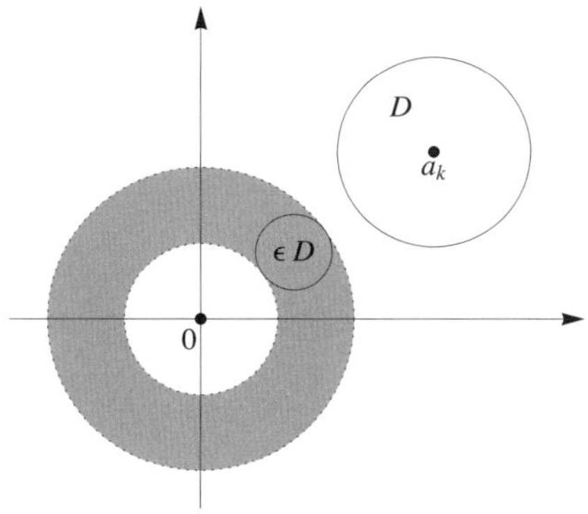

따라서

$$|f(z_0)| = |(f(z_0) - a_n) + a_n| < |a_n|$$

이므로 $|a_n|$이 $|f(z)|$의 최솟값이라는 가정에 어긋난다. 그러므로 $a_n = 0$이라야 하고, 이때 $z = 0$이 $f(z)$의 근이므로 증명이 끝난다.

등방(等方, isotropic) 공간: 어떤 리만 다양체가 이리 봐도 저리 봐도 다 같아 보이면, 등방적이라고 한다. 리만 다양체가 등방 공간일 필요충분조건은 길이가 같은 임의의 두 (측지)선분이 합동인 것, 즉 "두 점 균질 공간"인 것이다.

라그랑주 승수법: 미분법은 보편성을 가지고 있어서, 두 미분다양체 사이의 사상 $h : M \to U$와 함수 $f : U \to \mathbb{R}$에 대하여 다음 성질이 있다: $h^*(df) = d(h^*f)$. 우리가 다룬 라그랑주 승수법은 U가 $\mathbb{R}^n$의 열린 집합이고, M이 함수 $g : U \to \mathbb{R}$의 등위면이고, $h : M \to U$는 포함사상(inclusion)인 경우를 다룬 것으로 위 보편성의 특수한 경우이다.

반전사상(inversion): 평면에서 직선에 대한 선대칭변환을 생각할 수 있고, 공간에서는 평면에 대한 면대칭변환을 생각할 수 있다. 이러한 반사변환들은 원이나 구면에 대한 반사변환의 극한으로 생각할 수 있다. 유클리드 공간에서, 구면 S의 중심 O가 아닌 점 P를 O에서 P 방향의 반직선 위의 점 P_*에 대응시키되, 선분 OP와 OP_*의 길이를 곱한 것이 구면 S의 반지름의 제곱이 되도록 하자. 이때 P를 P_*에 대응시키는 변환을 구면 S에 대한 반전사상이라고 한다. 입체사영은 (제5장 4절 연습문제 9번 참고) 반전사상의 특별한 경우이다.

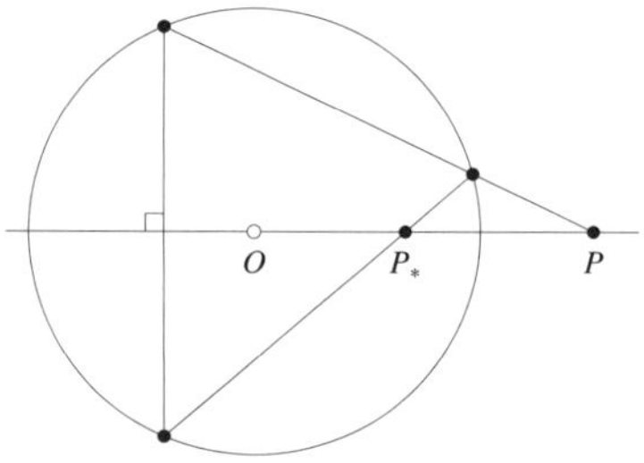

반전사상은 임의의 차원에서 마찬가지 방법으로 정의된다. 이 사상은 1824년 슈타이너(Jakob Steiner, 1796–1863)에 의하여 처음으로 발견되었다 [Boyer, p. 575].

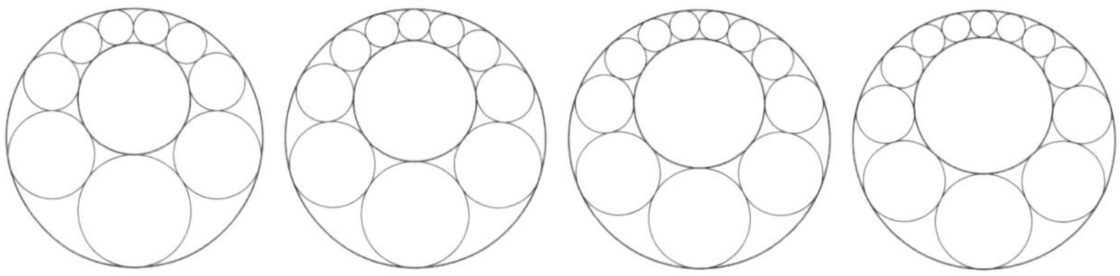

스토크스(Stokes) 정리: 넓은 의미의 스토크스 정리는 공간과 함수의 **쌍대성**(duality)을 말한다. 이것은 마치 땅을 보면 거기에서 자라는 나무를 알 수 있고, 거꾸로 나무를 보면 땅이 어떤지를 알 수 있는 것과 같은 이치이다. 좀 더 자세히 서술하면, 공간을 이해하기 위하여는 그 속에 곡선이나, 곡면 등의 "부분공간"들이 어떻게 놓여 있는지를 아는 것이 크게 도움이 된다는 **호몰로지**(homology) 이론과, 공간에서 자라는 함수나 벡터장, 또는 일반적으로 그 공간에서 정의된 미분형식을 연구하는 것이 크게 도움이 된다는 **코호몰로지**(cohomology) 이론이 있다.

그런데 적분론은 곡선과 벡터장의 만남을 선적분으로 표현하고, 곡면과 벡터장의 만남을 면적분으로 표현한다. 더군다나 이러한 만남에서는 다음과 같은 일반 원리, 즉 스토크스 정리가 성립한다.

$$\int_S d\varphi = \int_{\partial S} \varphi$$

이 원리는 고교수학에서 "기본정리"로 불리며

$$\int_{[a,b]} f'(x)\,dx = f(b) - f(a) =: \big[f\big]_a^b$$

로 나타난다.

스토크스 정리를 이용하여 "닫힌 원판 또는 닫힌 공에서 정의된 자기사상은 움직이지 않는 점을 가진다"는 브라우어(Brouwer)의 부동점 정리를 증명할 수도 있다.

쌍대성(雙對性, duality): 두 집합 A와 B가 쌍대적이려면, 먼저 **자연스러운** 사상

$$\langle\ |\ \rangle : A \times B \to \mathbb{R}, \qquad (a,b) \mapsto \langle a|b\rangle$$

가 존재하여야 한다. 다시 말하면, A의 원소 a와 B의 원소 b가 자연스럽게 만나면, a, b 다 사라지고 실수값 $\langle a|b\rangle$ 가 생긴다. 이때 A, B에서 정의된 (허용되는) 함수 전체의 공간을 각각 A^* 와 B^* 로 두면, 이러한 **짝짓기**사상(pairing) $\langle\ |\ \rangle$ 은 사상

$$A \to B^*, \qquad a \mapsto \langle a|$$

와

$$B \to A^*, \qquad b \mapsto |b\rangle$$

를 만든다. 이 사상들이 동형이면, $\langle\ |\ \rangle$ 을 **비퇴화**된(non-degenerate) 사상이라고 부른다. 이제 A와 B가 쌍대적이라는 것은 비퇴화된 자연스러운 짝짓기사상 $\langle\ |\ \rangle$ 이 존재한다는 것을 뜻한다. **자연스럽다**는 것은 **범주론**(Category Theory)에서 사용하는 전문 수학 용어이지만, 이러한 개념을 미적분학 강의에서 설명하는 것이 불가능하지는 않다.

완비거리공간: 임의의 코시(Cauchy) 열이 수렴하는 거리공간을 뜻한다. 거리공간에서 점열 (x_i) 가 수렴한다는 것을 보이려면 먼저 공간의 점 x를 잘 잡아서

$$\lim_{i\to\infty} \mathrm{dist}(x_i, x) = 0$$

이라는 것을 보여야 한다. 수렴한다는 것을 보이기 위해서는 수렴하는 극한점 x를 먼저 알아야 한다. 완비공간에서는 수렴하는 점을 구체적으로 알지 못하더라도 주어진 점열이 Cauchy 열이라는 것만 밝히면 수렴성을 얻는다. 어떤 점열이 Cauchy 열이라는 것은 임의의 $\epsilon > 0$에 대하여 i가 아주 크면

$$\sup\left\{\mathrm{dist}(x_j, x_k) \mid j, k \geq i\right\} < \epsilon$$

이라는 것을 뜻한다. 수렴하는 점열은 모두 Cauchy 열이다.

입체각 벡터장: 벡터장 $\mathbf{A}(x,y,z) = \frac{(x,y,z)}{(x^2+y^2+z^2)^{3/2}}$ 를 "입체각 벡터장"이라고 부르는 이유는, 벡터장을 곡면을 따라 적분하면 그 곡면을 표준 단위 구에 (원점을 기준으로) 사영시켰을 때의 그림자의 넓이가 되기 때문이다. "입체각 벡터장"은 "입체각원소 벡터장"이라고 부르는 것이 바르다고 본다. 입체각 벡터장은 뉴턴의 중력 이론이나, 쿨롱(Charles Augustin de Coulomb, 1736–1806)의 전자기력 이론 등에서도 발견된다. 이 벡터장이 "미분위상수학"(Differential Topology)에서 중요한 이유는 그것이 공간의 **구멍**을 말해 주기 때문이다. n-공간에서 입체각 벡터장은

$$\mathbf{A} = \frac{\mathbf{r}}{r^n}$$

로 주어진다. 미분형식을 사용하면 $\mathbf{A}$는

$$\alpha := \frac{1}{r^n}\left(\sum_{i=1}^{n}(-1)^{i-1}x^i dx^1 \wedge \cdots \wedge dx^{i-1} \wedge dx^{i+1} \wedge \cdots \wedge dx^n\right)$$

이고 $\mathbb{R}^n - \{O\}$ 에 $(n-1)$-차원 **구멍**이 하나 있음을 말한다. (진실을 알고 싶은 이를 위하여)

최대최소 정리 "n-공간의 유계인 닫힌 집합[3]에서 정의된 연속함수는 최댓값과 최솟값을 가진다"는 정리를 말한다. 이 정리의 증명을 위하여

도움정리 *유계인 닫힌 집합에서 정의된 연속함수는 유계이다*

를 이용한다.[4] 이제 유계인 닫힌 집합 U 에서 정의된 연속함수 f 를 생각하자. 이 함수는 도움정리에 의하여 유계이므로

$$m := \sup\{f(X) \mid X \in U\}$$

가 유한한 값이다.

만약 f 가 최댓값을 가지지 않는다면, 임의의 $X \in U$ 에 대하여 $f(X) \neq m$ 이다. 따라서 함수

$$g : U \to \mathbb{R}, \qquad X \mapsto \frac{1}{f(X) - m}$$

이 U 에서 연속인 함수이고, 도움정리 덕분에 유계인 함수이다. 그런데 m 의 정의에서

$$\lim_{i\to\infty} f(X_i) = m$$

인 수열 $(X_i \in U)$ 가 존재하므로, 함수 g 가 유계일 수 없다. 이러한 모순은 f 가 최댓값을 가지지 않는다고 가정한 것에서 나온 것이다. 그러므로 f 는 최댓값을 가진다.

최솟값을 가진다는 것은 비슷하게 증명하여도 되고, 또는 f 대신에 $-f$ 를 생각하면 최솟값 문제가 최댓값 문제로 바뀌므로 해결된다.

---

[3]유클리드 공간에서는 유계인 닫힌 집합을 **옹골집합**(compact set)이라고 불러도 된다.

[4]만약 유계인 닫힌 집합 U 에서 정의된 함수 f 가 위로 유계가 아니면,

$$f(X_i) > i \qquad (i = 1, 2, 3, \dots)$$

를 만족시키는 수열 $(X_i \in U)$ 가 존재한다. 한편 U 가 유계인 닫힌 집합이므로 (X_i) 는 U 의 한 점 X_∞ 로 수렴하는 부분수열을 가지고, 이때 $f(X_\infty)$ 와 $f(X_i)$ 의 차가 궁극적으로 커지므로 이것은 f 의 연속성에 모순된다. 그러므로 f 는 위로 유계이다. 마찬가지로 f 가 아래로 유계임을 보일 수 있다.

연습문제 풀이

연습문제 중에서 선택하여 풀이 또는 답을 둔다. 풀이나 답을 구하기 위하여 시간을 들여 노력을 하지 않았다면, 해답을 보지 않는 것이 좋다. 생각하면서 보낸 시간은 스스로를 더욱 성장하게 한다.

제 10 장

1.1 3, 6, 9, 12

1.4 (1) 은 함수 $(\sin \pi r)/\pi r$ 의 그래프

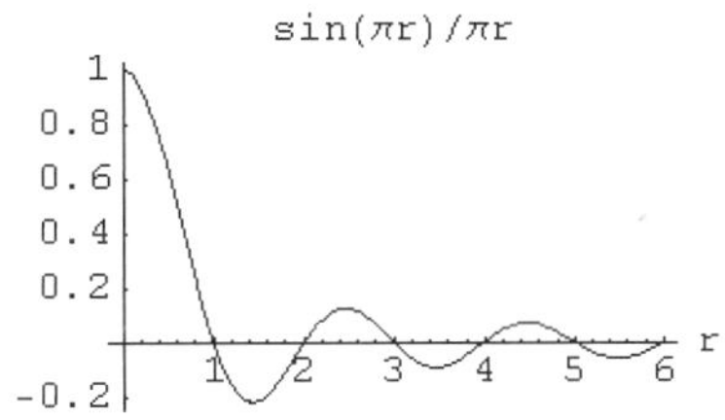

를 $r = 0$ 인 축 둘레로 회전시킨 것이다. (2) 는 함수 $2r^2e^{-r^2}$ 의 그래프

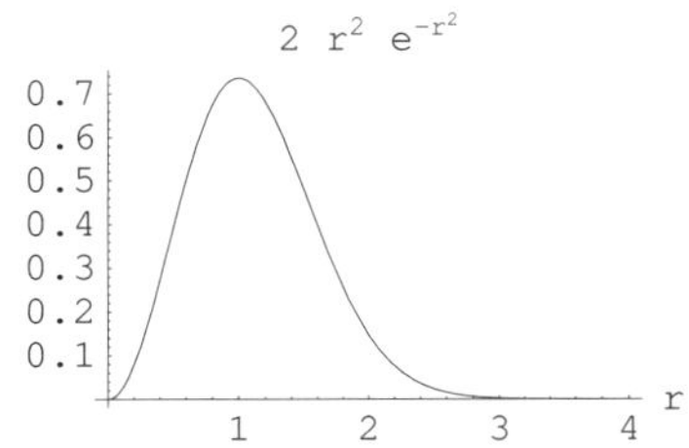

를 $r = 0$ 인 축 둘레로 회전시킨 것이다.

1.7 $(1, 2, 3) \cdot (1, 1, 1)/\sqrt{3} = 6/\sqrt{3} = 2\sqrt{3}$

2.1 (2) $1/(x^2 + y^2) = t$ 로 두면 주어진 문제는 $\lim_{t\to\infty} t/e^t$ 과 같다. 답: 0

2.2 모두 원점이 아닌 곳에서는 연속함수이므로 원점에서만 조사하면 된다.

(1) $x = y^2$, $(x, y) \neq (0, 0)$ 이면 함숫값이 1/2 이다. 따라서 불연속.

(2) $x \neq 0$, $y = 0$ 이면 함숫값이 1 이다, 따라서 불연속.

(3) $x^2y - xy^2 = xy(x - y)$ 이고 $|xy| \leq \dfrac{1}{2}(x^2 + y^2)$ 이므로 $|f(x, y)| \leq \dfrac{1}{2}|x - y|$ 이다. 따라서 원점 근방에서 극한값이 0 이고, 연속임을 안다.

2.4 바로 앞 문제의 보기에서 알 수 있듯이 답은 "아니요".

2.5 $a = 0$, $b = 0$

2.7 정의역이 닫힌 집합이 아니거나 또는 정의역이 유계가 아닌 경우이다. (닫힌 집합이 아니라고 해서 열린 집합일 필요는 없다.)

3.1 $\mathrm{grad} f(x, y, z) = (2xy^3, 3x^2y^2, 1)$ 에서 $\mathrm{grad} f(1, 2, 3) = (16, 12, 1)$ 이다.

3.2 (1) 52 (2) 3 (3) $2 + 1/e$ (4) $3\sqrt{2}/2$ (5) 3/2

3.6 (1) $X/|X|^2$ (2) $-2e^{-|X|^2}X$ (3) $(-1 + 1/|X|)e^{-|X|}X$

3.7 예.

3.9 $\dfrac{\partial A}{\partial W} = 0.007 \cdot 0.425W^{-0.575}H^{0.725} \approx 0.007 \cdot 0.425 \cdot 0.10 \cdot 40.5 \approx 0.012$ 이고 $\dfrac{\partial A}{\partial H} = 0.007 \cdot 0.725W^{0.425}H^{-0.275} \approx 0.007 \cdot 0.725 \cdot 5.4 \cdot 0.25 \approx 0.007$ 이다. 따라서 몸무게가 54 kg 이고 키가 165 cm 인 사람의 피부 면적은 1.5 m^2 정도인데 이 사람의 몸무게가 1 kg 늘어나면 피부 면적은 대략 0.012 m^2 정도 증가하고, 키가 1 cm 더 커지면 피부 면적은 대략 0.007 m^2 정도 증가한다.

일반적으로 $A = kW^aH^b$ 에서 $\dfrac{\partial A}{\partial W} = aA/W$, $\dfrac{\partial A}{\partial H} = bA/H$ 이므로,

$$A(W+\Delta W, H+\Delta H) - A(W,H) \approx (a\Delta W/W + b\Delta H/H)A$$

이다. 그러므로 키와 몸무게가 각각 1%씩 증가하면, 피부 면적은 0.425 + 0.725 = 1.15 % 정도 증가한다.

4.2 3, (1,0)

4.5 $\pm(2,1)/\sqrt{5}$

5.2 등식 $f(tx_1, \ldots, tx_)) = t^k f(x_1, \ldots, x_n)$ 을 t 에 대하여 미분하면 등식 $\sum x_i D_i f(tx_1, \ldots, tx_n) = kt^{k-1}f(x_1, \ldots, x_n)$ 을 얻는다. 이 등식에서 $t = 1$ 로 두면 원하는 식을 얻는다.

5.6 $f(x,y) = f(y,x)$ 이므로 $\dfrac{\partial f}{\partial x}(1,0) = \dfrac{\partial f}{\partial y}(0,1)$ 이다. 답: 모두 2.

5.7 $D_1f(x,y) = g(b(x,y))D_1b(x,y) - g(a(x,y))D_1a(x,y)$, $D_2f(x,y) = g(b(x,y))D_2b(x,y) - g(a(x,y))D_2a(x,y)$

5.10 -3

5.11 $\frac{d}{dt}f(x,y) = \dfrac{\partial f}{\partial x}\dfrac{dx}{dt} + \dfrac{\partial f}{\partial y}\dfrac{dy}{dt} = 1\cdot 2 + (-1)\cdot 3 = -1$ (°C/time)

5.16 $\operatorname{grad} f(X) = g'(|X|)\frac{X}{|X|}$ 이므로 이것은 X 와 나란하다.

5.17 원점을 중심으로 하고 반지름이 r 인 구면의 두 점 X_0, X_1 을 연결하는 "구면 곡선"을 $X(t)$ 라 하자. 그러면 $|X(t)|^2 = r^2$ 을 미분하여 $X(t)\cdot X'(t) = 0$ 을 얻고,

$$\frac{d}{dt}f(X(t)) = \operatorname{grad} f(X(t))\cdot X'(t) = h(X(t))X(t)\cdot X'(t) = 0$$

이다. 따라서 $f(X(t))$ 가 상수함수이고 $f(X_0) = f(X_1)$ 이다.

5.18 $-\frac{3}{125}\mathbf{a}_1 + \frac{3}{125}\mathbf{a}_2$

6.4 $\frac{x_0x}{a^2} + \frac{y_0y}{b^2} - \frac{z_0z}{c^2} = 1$, $\frac{x_0x}{a^2} + \frac{y_0y}{b^2} - \frac{z_0z}{c^2} = -1$

7.9 예.

7.10 $\mathbb{R}^n$ 자신과 공집합 $\varnothing$ 은 경계가 없고, 다른 부분집합은 모두 경계를 가진다.

탐구문제.2 답: 예, 예, 아니요.

탐구문제.3 곡선 $y = x^2 - x^3$ 의 점에서는 (원점이 빠진 근방의 점일 때)

$$f(x,y) = \frac{xy}{x^2-y} = \frac{x(x^2-x^3)}{x^2-(x^2-x^3)} = \frac{x^3-x^4}{x^3} = 1-x$$

이다.

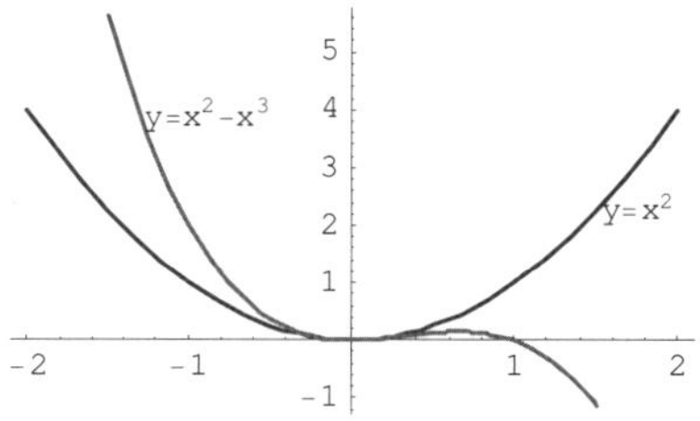

따라서 이 곡선을 따라 원점에 수렴하는 점열에 대하여 함숫값은 $\lim_{x\to 0}(1-x) = 1$ 에 수렴한다. 한편 이 값이 $f(0,0) = 0$ 과 다르므로, $f(x,y)$ 는 원점에서 연속이 아니다.

그러나 원점에서 (x,y)-방향미분계수가 존재함은 다음과 같이 알 수 있다.

먼저 $y = 0$ 일 때에는 $f(x,0) = 0$ 이고 따라서 원점에서 $(x,0)$-방향미분계수는

$$\lim_{t\to 0}\frac{f(tx,0) - f(0,0)}{t} = 0$$

이다.

이제 $y \neq 0$ 인 경우를 살펴보자. 이때에는

$$\lim_{t\to 0}\frac{f(tx,ty)-f(0,0)}{t} = \lim_{t\to 0}\frac{t^2xy}{t(t^2x^2-ty)} = \lim_{t\to 0}\frac{xy}{tx^2-y} = \frac{xy}{-y} = -x$$

이다.

그러나 문제에서 주어진 함수 $f(x,y)$ 는 원점이 아닌 "특이점"(즉, 분모가 영이 되는 점)에서는 일반 방향의 미분계수가 존재하는 것은 아니다. 보기를 들어 특이점 $(1,1)$ 에서 (x,y)-방향미분계수를 구하려면 극한

$$\lim_{t\to 0}\frac{f(1+tx,1+ty)-f(1,1)}{t} = \lim_{t\to 0}\frac{(1+tx)(1+ty)}{t((1+tx)^2-(1+ty))}$$

가 존재하여야 하지만, 그렇지 않다는 것을 안다.

제 11 장

1.1 $3e^{x^7}/x-2e^{x^5}/x+\int_{x^2}^{x^3} ye^{xy^2}\,dy = 3e^{x^7}/x-2e^{x^5}/x+e^{x^7}/2x-e^{x^5}/2x = \left(7e^{x^7}-5e^{x^5}\right)/2x$

1.3 $\pi/8$

1.4 0

2.2 $D_1f(x,y) = y^2+ye^{-x}(-\sin(x-y)+\cos(x-y))$, $D_2f(x,y) = 2xy+e^{-x}(\sin(x-y)-y\cos(x-y)$ 에서 $D_1{}^2f(x,y) = -2ye^{-x}\cos(x-y)$, $D_1D_2f(x,y) = 2y+e^{-x}(-\sin(x-y)+\cos(x-y)+y\cos(x-y)+y\sin(x-y))$, $D_2{}^2f(x,y) = 2x+e^{-x}(-\cos(x-y)-\cos(x-y)-y\sin(x-y)$ 를 얻는다.

2.4 같다.

2.5 $4, 8$

2.9 아니요.

2.10 $D_1f(x,y) = y/(1+xy)$, $D_2f(x,y) = x/(1+xy)$ 에서 $D_1{}^2f(x,y) = -y^2/(1+xy)^2$, $D_1D_2f(x,y) = [(1+xy)-yx]/(1+xy)^2 = 1/(1+xy)^2$, $D_2{}^2f(x,y) = -x^2/(1+xy)^2$ 이다. 따라서 $D_1{}^3f(x,y) = 2y^3/(1+xy)^3$, $D_1{}^2D_2f(x,y) = -2y/(1+xy)^2+2xy^2/(1+xy)^3 = -2y/(1+xy)^3$, $D_1D_2{}^2f(x,y) = -2x/(1+xy)^3$, $D_2{}^3f(x,y) = 2x^3/(1+xy)^3$ 이다. 그러므로 $D^2_{(1,2)}f(1,1) = D_1{}^2f(1,1)+4D_1D_2f(1,1)+4D_2{}^2f(1,1) = -1/4+1-1 = -1/4$ 이다. 따라서 $(1,2)$-방향으로 오목이다. 그리고 $D^3_{(1,2)}f(1,1) = D_1{}^3f(1,1)+6D_1{}^2D_2f(1,1)+12D_1D_2{}^2f(1,1)+8D_2{}^3f(1,1) = 2/8-12/8-24/8+16/8 = -9/4$ 이다.

3.1 (1) xy (2) x (3) x^2+y^2 (4) $-\sin 1+y\cos 1+x^2\cos 1+\frac{1}{2}y^2(\cos 1+\sin 1)$
(5) xy (6) $x+xy+2y^2+x^2$ (7) $1+x+y+(x+y)^2/2$ (8) $x-y+x^2/2-y^2/2$
(9) $1+x^2+y^2$ (10) $y+xy$ (11) $1+xy$ (12) $\sin 1+xy\cos 1$

3.4 $|\sin(xy)| \le |xy|$ 이므로 극한값이 존재하고 그 값은 0 이다.

3.5 0

3.6 $f(x,y,z) = \sum_{i,j,k} a_{ijk}x^iy^jz^k$ 이다. 이제 $D_1{}^iD_2{}^jD_3{}^kf(0,0,0) = i!j!k!a_{ijk}$ 이고 따라서 $Tf(x,y,z) = \sum_{n=0}^{\infty}\frac{1}{n!}(xD_1+yD_2+zD_3)^nf(0,0,0) = \sum_{n=0}^{\infty}\frac{1}{n!}\sum_{i+j+k=n}\frac{n!}{i!j!k!}x^iy^jz^kD_1{}^iD_2{}^jD_3{}^kf(0,0,0) = \sum_{i,j,k}a_{ijk}x^iy^jz^k = f(x,y,z)$ 이다.

3.7 $3+3(x-1)+3(y-1)+(x-1)^2+4(x-1)(y-1)+(y-1)^2+(x-1)^2(y-1)+(x-1)(y-1)^2$

3.9 주어진 등식을 t 에 대하여 k 번 미분하면

$$(x_1D_1+\cdots+x_nD_n)^k f(tx_1,\ldots,tx_n)=k!f(x_1,\ldots,x_n)$$

을 얻는다. 이 식에 $t=0$ 을 대입하면 원하는 등식을 얻는다. 특히 f 는 (동차)다항함수이다.

3.10 이 문제는 함수를 어떻게 두느냐에 따라 다른 답이 나온다. 예를 들어 (1) 에서

$$f(x,y)=x^y,\quad P=(1,1),\quad \mathbf{v}=(0.02,0.01)$$

로 두면

$$\mathrm{grad}f(x,y)=(yx^{y-1},x^y\log x),\quad D_{\mathbf{v}}f(P)=(1,0)\cdot(0.02,0.01)=0.02$$

이고 따라서

$$(1.02)^{1.01}=f(P+\mathbf{v})\approx 1+0.02=1.02$$

이다. 그러나

$$g(x,y)=(1+2x^2)^y,\quad P=(0,1),\quad \mathbf{v}=(0.1,0.01)$$

로 두면

$$\mathrm{grad}g(x,y)=(4xy(1+2x^2)^{y-1},(1+2x^2)^y\log(1+2x^2)),\quad D_{\mathbf{v}}g(P)=(0,0)\cdot(0.1,0.01)=0$$

이고 따라서

$$(1.02)^{1.01}=g(P+\mathbf{v})\approx 1+0=1$$

이다. 이 보기에서 알 수 있듯이 $g(x,y)$ 보다 $f(x,y)$ 가 더 좋은 함수이다. 이제 잉여항을 평가하기 위하여 $f(x,y)$ 의 이계 편미분을 구하면

$$\frac{\partial^2 f}{\partial x^2}=y(y-1)x^{y-2},\quad \frac{\partial^2 f}{\partial x\partial y}=x^{y-1}+yx^{y-1}\log x,\quad \frac{\partial f}{\partial y^2}=x^y(\log x)^2$$

이고, 구간 $[(1,1),(1.02,1.01)]$ 에서 $x^y\ \le\ 1.02^{1.01}\ \le\ 1.02^2\ =\ 1+0.04+0.0004\ \le\ 1.1$ 이다. 이로부터 $M_2\le 2.2$ 를 얻는다. 따라서

$$|R_1(\mathbf{v})|\le\frac{M_2}{2}(0.02+0.01)^2=1.1\times 3^2\times 10^{-4}\le 10^{-3}$$

이다. 따라서

$$1.02^{1.01}=1+0.02\pm 10^{-3}$$

을 안다.

3.13 $k>0$ 이면, 등식

$$\begin{aligned}f(\mathbf{x}+\varepsilon\mathbf{e}_k)-f(\mathbf{x})&=\varepsilon D_kf(\mathbf{x})+\frac{1}{2}\varepsilon {D_k}^2f(\mathbf{x}+\varepsilon^*\mathbf{e}_k)\\ f(\mathbf{x}-\varepsilon\mathbf{e}_k)-f(\mathbf{x})&=-\varepsilon D_kf(\mathbf{x})+\frac{1}{2}\varepsilon {D_k}^2f(\mathbf{x}-\varepsilon^{**}\mathbf{e}_k)\end{aligned}$$

를 만족시키는 $\varepsilon^*,\varepsilon^{**}$ 가 0과 ε 사이에 존재한다. 위 두 식을 더하여 정리하면

$$\frac{1}{\varepsilon^2}\left(f(\mathbf{x}+\varepsilon\mathbf{e}_k)+f(\mathbf{x}-\varepsilon\mathbf{e}_k)+2f(\mathbf{x})\right)=\frac{1}{2}\left({D_k}^2f(\mathbf{x}+\varepsilon^*\mathbf{e}_k)+{D_k}^2f(\mathbf{x}-\varepsilon^{**}\mathbf{e}_k)\right)$$

를 얻는다. 이제 ε 을 0 으로 보내면, 오른쪽 항은 ${D_k}^2f(\mathbf{x})$ 에 수렴한다. 이 결과를 모두 더하면 원하는 등식을 얻는다. 일반 정규직교기저를 사용하여도 당연히 성립한다.

4.2 $f(a,b) := \sum_i (y_i - ax_i - b)^2$ 으로 두고 $\dfrac{\partial f}{\partial a} = 0$, $\dfrac{\partial f}{\partial b} = 0$ 인 점 (a,b) 를 구하면 된다. (또는 완전제곱꼴로 바꾸어도 된다.)

$$\overline{x} = \sum x_i/n,\ \sigma^2 = \frac{1}{n}\sum (x_k - \bar{x})^2,\ \overline{y} = \sum y_i/n$$

으로 두면

$$a = \frac{\frac{1}{n}\sum_k (x_k - \bar{x})(y_k - \bar{y})}{\sigma^2}, \qquad b = \bar{y} - a\bar{x}.$$

4.3 (3) 곡선 $(x,y) = (t, 2t^2)$ 을 생각하라.

4.4 P 가 임계점이면 $\text{grad} f(P) = \frac{P-A}{|P-A|} + \frac{P-B}{|P-B|} + \frac{P-C}{|P-C|} = 0$ 이다. 이때 $\mathbf{a} := \frac{P-A}{|P-A|}$, $\mathbf{b} := \frac{P-B}{|P-B|}$ $\mathbf{c} := \frac{P-C}{|P-C|}$ 라 하면, 이들은 단위벡터이고 $\mathbf{a}+\mathbf{b}+\mathbf{c} = \mathbf{0}$ 이다. 이 식과 $\mathbf{a}$ 를 내적하면

$$1 + \mathbf{a}\cdot\mathbf{b} + \mathbf{a}\cdot\mathbf{c} = 0$$

을 얻는다. 마찬가지로 $\mathbf{b}$ 또는 $\mathbf{c}$ 를 내적하면

$$\mathbf{a}\cdot\mathbf{b} + 1 + \mathbf{b}\cdot\mathbf{c} = 0, \qquad \mathbf{a}\cdot\mathbf{c} + \mathbf{b}\cdot\mathbf{c} + 1 = 0$$

을 얻는다. 이 연립방정식을 풀면

$$\mathbf{a}\cdot\mathbf{b} = \mathbf{b}\cdot\mathbf{c} = \mathbf{c}\cdot\mathbf{a} = -\frac{1}{2}$$

을 얻고, 이것은 사잇각이 $120°$ 임을 말한다.

5.2 예.

5.3 (1) 극대점: $\left(-\frac{1}{2}, 4\right)$ (2) 안장점: $(1,-1)$ (3) 극소점: $\left(-3(-1)^k, k\pi\right)$, $k \in \mathbb{Z}$, 안장점: $\left(0, (k+\frac{1}{2})\pi\right)$, $k \in \mathbb{Z}$ (12) 최대점: $(0, \pm 1)$, 최소점: $(0,0)$, 안장점: $(\pm 1, 0)$ (13) 이 경우는 임계점이 $P := \pi(2n+1, 2m+1)$ 과 $Q_\pm := \pm\pi(2n+\frac{1}{3}, 2m+\frac{1}{3})$ 이다 $(m,n \in \mathbb{Z})$. 점 P 에서는 헤세 행렬이 영행렬이므로 헤세 판정법을 사용할 수 없다. 그러나 테일러 전개를 하면 $f(P+(x,y)) = \frac{1}{2}xy(x+y) + o((x^2+y^2)^2)$ 이므로 P 는 안장점이다. 점 $Q_\pm$ 에서의 헤세 행렬은 $\mp\begin{pmatrix}\sqrt{3} & \sqrt{3}/2 \\ \sqrt{3}/2 & \sqrt{3}\end{pmatrix}$ 이므로 Q_+ 는 극대점, Q_- 는 극소점이다.

5.7 극대점에서는 $\dfrac{\partial^2}{\partial x^2} \le 0$ 이고 마찬가지로 $\dfrac{\partial^2}{\partial y^2} \le 0$ 이다. 이 두 식을 더하면 $\dfrac{\partial^2}{\partial x^2} + \dfrac{\partial^2}{\partial y^2} \le 0$ 을 얻는다. 극소점의 경우에도 마찬가지로 푼다.

5.10 아니요.

6.3 (4) 영역을 그려 보면 유계인 닫힌 영역이므로 최대점과 최소점이 (따라서 극점이) 존재함을 안다. 한편 영역의 내부에서 $\text{grad} f(x,y) \neq \mathbf{0}$ 이므로 극점은 경계에 있음을 안다. 이제 경계 $2x+y=0$, $x=0$, $y=0$ 각각에서 f 를 조사하면 f 의 최솟값은 0, 최댓값은 $f(\frac{5}{2}, 5) = 25/2$ 이다. 다른 종류의 극값은 없다. (6) 최댓값은 2, 최솟값은 -2. 다른 극값은 없다.

6.7 $\sqrt{3}/2$

6.8 $(2,2,4)$, $(-2,-2,4)$

6.10 (4) $3/\sqrt{6}$

6.11 가로, 세로, 높이를 10, 10, 20 (cm) 으로 하면 된다.

6.15 먼저 주어진 문제의 영역이 옹골집합임을 상기하자. 따라서 해가 존재함을 안다. 이제 함수 $f(x,y,z) = xy + yz + zx - 2xyz$ 의 기울기 벡터는

$$\text{grad} f(x,y,z) = (y + z - 2yz, z + x - 2zx, x + y - 2xy)$$

이고, 따라서 구하는 극점 (x,y,z)가 $x>0$, $y>0$, $z>0$이면, 기울기 벡터 $\mathrm{grad}f(x,y,z)$가 $\mathrm{grad}\,(x+y+z)=(1,1,1)$에 비례하여야 한다. 그러므로

$$y+z-2yz=z+x-2zx=x+y-2xy$$

를 얻는다.

첫 식에서 $0=y-x-2z(y-x)=(1-2z)(y-x)$, 즉, $z=\dfrac{1}{2}$ 또는 $x=y$를 얻고, 그 다음 식에서는 $0=z-y-2x(z-y)=(1-2x)(z-y)$, 즉, $x=\dfrac{1}{2}$ 또는 $y=z$를 얻는다.

만약 $z=\frac{1}{2}$이고 $x=\frac{1}{2}$이면, 조건 $x+y+z=1$에서 $y=0$을 얻고, 이때 $f\left(\frac{1}{2},0,\frac{1}{2}\right)=\frac{1}{4}$이다.

만약 $z=\frac{1}{2}$이고 $x\neq\frac{1}{2}$이면, $y=z$이고, 따라서 조건 $x+y+z=1$에서 $x=0$, $y=z=\frac{1}{2}$을 얻는다. 이때 $f\left(0,\frac{1}{2},\frac{1}{2}\right)=\frac{1}{4}$이다.

만약 $z\neq\frac{1}{2}$이고 $x=\frac{1}{2}$이면, $x=y$이고, 조건 $x+y+z=1$에서 $x=y=\frac{1}{2}$, $z=0$을 얻고, 이때 $f\left(\frac{1}{2},\frac{1}{2},0\right)=\frac{1}{4}$이다.

만약 $z\neq\frac{1}{2}$이고 $x\neq\frac{1}{2}$이면, $x=y=z$이고, 조건 $x+y+z=1$에서 $x=y=z=\frac{1}{3}$을 얻는다. 이때 $f\left(\frac{1}{3},\frac{1}{3},\frac{1}{3}\right)=\frac{7}{27}$이다.

만약 구하는 극값이 $z=0$일 때 나타난다면[1], 최댓값과 최솟값을 구하는 함수는

$$f(x,y)=xy$$

이고 조건은 $x+y=1$, $x\geq 0$, $y\geq 0$이다. 이때 최솟값은 0이고, 최댓값은 1/4이다.

따라서 구하는 최댓값과 최솟값은 각각 7/27과 0이다.

6.16 답: 5

6.18 최댓값은 1, 최솟값은 −1 이다. 최대점 $(0,1)$과 최소점 $(1,0)$이 모두 영역 D의 경계에 있지만, 미분법이 적용되지 않는 점들이므로 라그랑주 승수법이 도움을 주지 않는다.

탐구문제.3 함수

$$u(x,y):=\frac{1}{4}x^4+\frac{1}{6}y^6+x^2y-3ye^{\sin x}+7x-5y$$

에서 점 (x,y)가 원점에서 아주 멀어지면 $u(x,y)$ 의 값이 아주 커진다. 그러므로 $u(x,y)$는 최솟값을 가지고, 따라서

$$\mathrm{grad}\,u(x_0,y_0)=\mathbf{0}$$

이 되는 점 (x_0,y_0)이 존재한다. 이 점이 바로 주어진 연립방정식의 해이다 [Kazdan].

제 12 장

1.6 야코비 행렬식은 항등적으로 영이다. 사상 $(u,v)=F(x,y)$의 상은 곡선 $v=\sin u$이고, 따라서 넓이 변화율이 영이다.

[1]주어진 함수 $f(x,y,z)$는 대칭함수이다.

제 13 장

1.3 점 (x,y) 가 방정식 $(x-a)^2+y^2=a^2$ 을 만족시키면 $\big((x,y)-(a,0)\big)\cdot\mathbf{F}(x,y)=(x-a,y)\cdot(-2xy,x^2-y^2)=-(x-a)2xy+y(x^2-y^2)=-y(x^2+y^2-2ax)=-y\big((x-a)^2+y^2-a^2\big)=0$ 이다. 따라서 $\mathbf{F}$ 는 원의 반지름에 수직임을 알고, 원하는 결론을 얻는다.

1.4 (1) L (2) R

2.1 (1) 4π (2) -2π (3) 9

2.2 답: (1) $\pi/2$ (2) $\pi/2$ (3) $-3\pi/2$

2.3 (1) (a) 3 (b) -1

2.5 (1) $-\pi/2$ (2) $3\pi/2$

3.5 아니요.

3.6 (1) $|X|+c$, (2) $\log|X|+c$, (3) $\frac{1}{k+2}|X|^{k+2}+c$

4.1 (1) 69/4 (2) 6/5 (3) 105/2 (4) 315 (5) -9

4.9 $\varphi(x,y)=\text{const}+\int_1^{\sqrt{x^2+y^2}} tf(t)\,dt$

4.10 상수 k 에 대하여 $f(r)=k/r^2$

탐구문제.3 $(x(t),y(t))=(t+1)(x_0,y_0)$

탐구문제.5 함수 $\varphi(X):=\int_1^{|X|} t\,f(t)\,dt$ 가 잠재함수이다.

탐구문제.6 $\mathbf{F}$ 는 선형벡터장이다. 즉 정사각행렬 A 에 대하여 $\mathbf{F}(X)=AX$

제 14 장

2.2 만약 f 의 최대점 $x_{\max}$ 와 최소점 $x_{\min}$ 이 존재한다면 다소 쉽게 밝힐 수 있다. 영역 A 가 곡선 연결되어 있으므로 $X(0)=x_{\min}$, $X(1)=x_{\max}$ 인 곡선 $X:[0,1]\to A$ 가 존재한다. 따라서 $f(X(0))\le\bar f\le f(X(1))$ 이므로 $\bar f=f(X(t_*))$ 인 $t_*\in[0,1]$ 가 존재한다. 이제 $P=X(t_*)$ 로 두면 된다.

일반적으로 $f(A)$ 의 상한과 하한을 각각 M,m 이라 하자. 만약 $\bar f=M$ 이면 f 가 A 의 내부(interior)에서 항등적으로 M 이므로 A 내부의 임의의 점 P 에 대하여 $f(P)=M$ 이다. (영역은 부피를 가지고 그 부피가 영이 아니라고 하였으므로, 영역의 내부는 공집합이 아니다.)

마찬가지로 만약 $\bar f=m$ 일 때에도 A 의 내부의 임의의 점 P 에 대하여 $f(P)=m$ 이다.

이제 $m<\bar f<M$ 인 경우를 생각하면, $f(P_0)<\bar f<f(P_1)$ 인 점 P_0,P_1 이 정의역 A 에 존재한다. 한편 A 가 곡선연결되어 있으므로 $X(0)=P_0$, $X(1)=P_1$ 인 곡선 $X:[0,1]\to A$ 이 존재하고, 따라서 연속함수의 사잇값 정리에서 $f(X(t_*))=\bar f$ 인 $t_*\in[0,1]$ 가 존재한다. 이제 $P:=X(t_*)$ 로 두면 원하는 것을 얻는다.

2.3 $\int d\mu=1$ 이면, $0\le\int(f-\bar f)^2\,d\mu=\int f^2\,d\mu-\big(\bar f\big)^2$ 이다.

2.4 $x\in A$ 일 때, $h(x):=\bar f\,g(x)-\bar g\,f(x)$ 로 두면 h 는 적분가능하고, $\bar h=0$ 이다. 그러므로 적분의 평균값 정리에서 $h(P)=0$ 인 점 $P\in A$ 가 존재한다.

3.1 (1) 16 (2) $4224/5-160\sqrt{10}-72\sqrt{6}$ (3) 0 (4) 0

3.2 $3(2e-5)$

3.3 $400(4/e-1)$

3.5 먼저 밑면 R 의 중심을 B 라 하자. 그리고 꼭짓점과의 거리가 x 이고 밑면과 나란한 평면으로 뿔을 자른 단면을 R_x 라 하자. 그러면 R_x 의 단면적은 $(x/h)^2A$ 이고, 중심은 $\frac{x}{h}B+\left(1-\frac{x}{h}\right)P$ 이다.

그러므로 뿔의 중심은

$$\frac{1}{\frac{1}{3}Ah}\int_0^h (x/h)^2 A\left(\frac{x}{h}B + \left(1-\frac{x}{h}\right)P\right)\,dx = 3\int_0^1 \left(t^3B + t^2(1-t)P\right)\,dt = \frac{3}{4}B + \frac{1}{4}P$$

이다. 따라서 원하는 결론을 얻는다.

3.9 (1) 7 (2) 11/5 (3) 4/15 (4) π^2 (5) 5/6 (6) $\pi/4$ (7) $\frac{3\pi}{4}\log 5$ (8) $-\log\sqrt{2}$ (9) 1/3 (10) $\sqrt{2}/3 - 1/6$ (11) $2(2\sqrt{2}-1)/15$ (12) $(2\sqrt{2}-1)/15$ (13) 6 (14) $(e-2)/2$ (15) 1 (16) $2e-4$ (17) $\frac{5}{4}\log 5 - 1$

3.10 (3) 8

3.14 x-축을 하나 정하고, 바위를 x-축에 수직으로 잘랐을 때, 단면의 넓이를 $g(x)$, 특정 광물의 넓이를 $f(x)$ 라 하자. 이때 $f(x), g(x)$ 는 모두 연속함수라고 가정한다. 그러면

$$\int f(x)\,dx \;:\; \int g(x)\,dx = f(x_0) : g(x_0)$$

이 되는 점 x_0 이 존재한다.

3.22 $\bar{x} = 0$, $\bar{y} = \frac{2\sin^3 a}{3(a - \frac{1}{2}\sin 2a)}$

3.27 $2/(3\pi) \approx 21\%$

3.28 $34\pi\,\mathrm{cm}^3$. cf. [Gardner, 1994]

4.7 원기둥 $x^2+z^2 \le 1$, $y^2+z^2 \le 1$ 및 $x^2+y^2 \le 1$ 을 각각 xy-평면에 정사영한 그림은 다음과 같다.

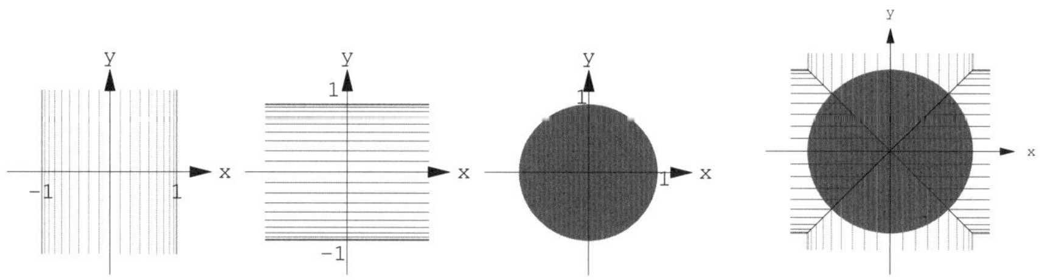

따라서 이들의 공통 부분은 부채꼴 영역의 부피를 알면 된다. 그러므로 구하는 부피를 원기둥좌표계를 이용하여 구하면 $16\int_0^{\pi/4}\int_0^1\int_0^{\sqrt{1-r^2\cos^2\theta}} r\,dz\,dr\,d\theta = 16\int_0^{\pi/4}\int_0^1 r\sqrt{1-r^2\cos^2\theta}\,dr\,d\theta = 16\int_0^{\pi/4}\int_1^{\sin\theta} -\frac{t^2dt}{\cos^2\theta}\,d\theta = \frac{16}{3}\int_0^{\pi/4}\frac{1-\sin^3\theta}{\cos^2\theta}\,d\theta = \frac{16}{3}\int_0^{\pi/4}\sec^2\theta - \frac{1-\cos^2\theta}{\cos^2\theta}\sin\theta\,d\theta = \frac{16}{3}\left[\tan\theta - \frac{1}{\cos\theta} - \cos\theta\right]_0^{\pi/4} = 16 - 8\sqrt{2}$ 이다.

4.12 (5) $(0, 0, 3/8)$

4.20 $(a^2+b^2+c^2)/5$

4.24 $\frac{3}{4}R$

4.25 (1) $\pi(\pi-2)$ (2) $\pi(\pi-2)(\pi+2)$

5.1 $I_x = I_y = 400\mu/3$, $I_z = 16\mu/3$

5.2 $M = 5/2$, $(\bar{x}, \bar{y}, \bar{z}) = (\frac{8}{15}, \frac{8}{15}, \frac{8}{15})$, $I_x = I_y = I_z = 11/6$

5.3 $I_x = 29$, $I_y = 24$, $I_z = 35$

5.10 $I = \iiint_R |(X-C)-((X-C)\cdot\mathbf{v})\mathbf{v}|^2\mu(X)\,\mathrm{dV}(X) = \iiint_R \left(|X-C|^2 - ((X-C)\cdot\mathbf{v})^2\right)\mu(X)\,\mathrm{dV}(X) = \sum_i {a_i}^2 \iiint_R \left(|X-C|^2 - ((X-C)\cdot\mathbf{e}_i)^2\right)\mu(X)\,\mathrm{dV}(X) = \sum_i {a_i}^2 I_i$

탐구문제.5 처음 T 를 $\sqrt{2a}T$ 로 치환하여 얻는다.

제 15 장

1.5 +

1.6 $\mathrm{div}\mathbf{F}(\mathbf{x}) \equiv k$

3.2 적분값은 $\int_0^{2\pi} g(\cos\theta, \sin\theta)\, d\theta$ 이므로 ε 과 상관없다.

3.3 $|X| > a$ 인 경우는 $\mathrm{grad}\,\varphi(X) = 2\pi a\,\mathrm{grad}\,\log|X|$ 이고, 따라서

$$\varphi(X) - 2\pi a \log|X| = \mathrm{const}$$

를 얻는다. 이제

$$\mathrm{const} = \lim_{X\to\infty}\big(\varphi(X) - 2\pi a\log|X|\big) = \lim_{X\to\infty}\int_{|P|=a}(\log|X-P| - \log|X|)\ \mathrm{ds} = 0$$

을 유도하면 된다.

5.3 $3\pi/8$, $5\pi/8$

5.4 구하는 영역의 경계는

$$x = 3at/(1+t^3), \quad y = 3at^2/(1+t^3) \quad (0 \le t < \infty)$$

로 매개화할 수 있다. 그러므로 영역의 넓이는 $\int_C -y, dx = \frac{3}{2}a^2$ 이다. 참고로 데카르트 곡선은 $x+y = -a$ 를 점근선으로 가진다.

5.9 $(\pi, \frac{5}{6})$

탐구문제.2 $0 = \mathrm{div}\mathbf{F} = \mathrm{grad}\,h \cdot \mathbf{A} + h\mathrm{div}\,\mathbf{A} = \mathrm{grad}\,h \cdot \mathbf{A}$ 이므로, 임의의 양수 a, b, t 에 대하여 $0 = \int_a^b \mathrm{grad}\,h(r(\cos t, \sin t)) \cdot (\cos t, \sin t)\, dr = \int_a^b \frac{d}{dr}h(r(\cos t, \sin t))\, dr = h(b(\cos t, \sin t)) - h(a(\cos t, \sin t))$ 이다. 그러므로 $h(x, y)$ 는 원점에서 방사선 방향으로 상수이다. 한편 h 가 원점에서도 연속이므로, h 는 평면 전체에서 상수이다.

제 16 장

2.5 $\frac{64\pi}{3}$ 또는 (사이클로이드의 길이 $= 8$) $\times 2\pi \times$ (회전축에서 사이클로이드의 중심까지의 거리 $= \frac{4}{3}$)

2.11 정사면체에서 두 면 사이의 각은 $\arccos(1/3)$ 이고, 정팔면체에서 두 면 사이의 각은 $\arccos(-1/3) = \pi - \arccos(1/3)$ 이다. 그러므로 답은 $3\arccos(1/3) - \pi$ 과 $4\arccos(-1/3) - 2pi = 2\pi - 4\arccos(1/3)$

2.14 $\frac{\pi}{2}\left(\log\left(a^2 + \sqrt{a^4+1}\right) + 2a^2\sqrt{a^4+1}\right)$

3.6 (1) 16π (2) 16π (3) 20π

3.8 $\mathbf{v}/3$

3.9 $(0, 0, (z_0 + z_1)/2)$

제 17 장

1.2 $12\pi/5$

1.4 U 의 임의의 점 P 에 대하여 P 를 포함하고 U 에 포함되는 임의의 공을 B 라고 하자. 그러면 주어진 조건에서 $0 = \iiint_B \mathrm{div}\,\mathbf{F}\,\mathrm{dV} = \mathrm{vol}(B)\mathrm{div}\,\mathbf{F}(P_*)$ 인 점 P_* 가 B 속에 존재한다. 그러므로 P 의 임의의 근방에는 발산도가 영인 점이 존재하고, 따라서 $\mathrm{div}\,\mathbf{F}$ 의 연속성에서 점 P 에서의 발산도도 영이다. 그러므로 $\mathbf{F}$ 는 비압축장이다.

1.5 만약 S의 내부에서 $\mathbf{F}$가 정의된다면, 발산정리 때문에 $\iint_S \mathbf{F} \cdot d\mathbf{S} = 0$이라야 한다.

2.1 2π, -2π, $\pi/4$

탐구문제.2 아니요.

탐구문제.6 바로 앞의 문제에서 $\iiint_R |\mathrm{grad}\, f|^2\, dV = 0$을 얻는다. 그러므로 $\mathrm{grad}\, f = 0$이고, 따라서 f는 R의 각 연결성분마다 상수함수이다. 한편 경곗값이 영이므로 f는 영함수이다.

제 18 장

1.1 (1) $\mathbf{0}$ (2) $2(5y - 4z, 3z - 5x, 4x - 3y)$

2.3 스토크스 정리 덕분에 답은 '예'

2.4 0

2.5 -12π

2.7 주어진 적분은 (구면좌표계 치환을 하면) $\int_0^a r \left(\iint_{\mathbb{S}(r)} \mathrm{curl}\, \mathbf{F} \cdot d\mathbf{S} \right) dr$ 인데, 속의 적분이 (발산 정리 또는 스토크스 정리 덕분에) 영이므로, 전체 적분값이 영이다.

탐구문제.8 (i) 이때 $\mathbf{F}$는 보존장이고, 따라서 비회전장이다.

(ii) z축 주위의 각원소 벡터장은 비회전장이지만 닫힌 곡선을 따르는 선적분값은 영이 아니다. 하지만 영역이 단순연결되어 있으면, 푸앵카레 정리 덕분에 $\mathbf{F}$는 보존장이고, 따라서 닫힌 곡선을 따르는 선적분값이 영이다.

참고문헌

강옥기, 이상구, *행렬이론의 발전과정과 현재*, 대한수학회 뉴스레터 **55** (1997), 20–27.

고영소, 김도한, 김홍종, *微積分學*, 수정판, 서울대학교출판부, 1993.

김명환, 김홍종, 김영훈, *현대수학입문*, 개정판, 경문사, 2021.

김병소, *식물은 알고 있다*, 경문사, 2003.

김성기, 김도한, 계승혁, *해석개론*, 서울대학교출판부, 1995.

김용운, 김용국, *지성의 비극 — 수학정신의 탐구, 피타고라스에서 괴델까지*, 一志社, 1992.

———, 數學序說, 祐成文化社, 1993.

김홍종, *공돌리기 재주의 수학*, 과학동아 1997년 10월호.

———, *문명, 수학의 필하모니*, 효형, 2009.

김홍종, 김희준, *과학으로 수학 보기, 수학으로 과학 보기*, 궁리, 2005.

이민섭, *도학연구*, 技文堂, 1999.

이일해 옮김, *힐버트 — 수학과 삶* (C. Reid 지음), 민음사, 1989.

이종우 편저, *기하학의 역사적 배경과 발달*, 京文社, 1997.

이현구, 김홍종, *인문·사회계 미적분학*, 서울대학교출판부, 1995.

정재명, 김명환, 김홍종, *미적분학을 위한 벡터와 행렬*, 서울대학교출판부, 1995.

지동표, *계산적 설계를 위한 곡선과 곡면론*, 서울대학교출판부, 1990.

A. Aaboe, *Episodes from the Early History of Mathematics*, Readings for Calculus, U. Dudley, ed., Math. Assoc. Amer., 1993.

V. Adamchik, S. Wagon, *A Simple Formula for* π, Amer. Math. Monthly **104** (1997), 852–855.

A. Aleksandrov, A. Kolmogorov, A. Lavrent'ev, eds., *Mathematics, Its Content, Methods, and Meaning*, 2nd ed., M.I.T. Press, 1969.

B. Anderson, J. Jackson, M. Sitharam, *Descartes' Rule of Signs Revisited*, Amer. Math. Monthly **105** (1998), 447–451.

G. Andrews, *The Theory of Partitions*, Addison-Wesley, 1976.

T. Apostol, *Mathematical Analysis*, Addison-Wesley, 1973.

T. Apostol, M. Mugles, D. Scott, A. Sterett, Jr., A. Watkins, *A Century of Calculus*, Math. Assoc. Amer., 1969, 1992.

W. W. Rouse Ball, *A Short Account of the History of Mathematics*, Dover Publ. Inc., 1908, 1960.

J. Barrow, *Theories of Everything*, Clarendon Press, Oxford, 1991.

M. Berger, *Geometry, I, II*, Springer-Verlag, 1987.

G. Birkhoff, *A Source Book in Classical Analysis*, Harvard Univ. Press, 1973.

G. Birkhoff, E. Kreyszig, *The Establishment of Functional Analysis*, Historia Mathematica **11** (1984), 258–321.

R. Boas, *A Primer of Real Functions*, Math. Assoc. Amer., 1996.

S. Bochner, *The Role of Mathematics in the Rise of Science*, Princeton Univ. Press, 1966, 1981.

W. E. Boyce, R. DiPrima, *Elementary Differential Equations and Boundary Value Problems*, John Wiley and Sons, Inc., 5th ed., 1992.

C. B. Boyer, *A History of Mathematics*, Princeton Univ. Press, 1985.

L. E. J. Brouwer, *Leven, Kunst en Mystiek*, 1905. (영문 번역, *Life, Art, and Mysticism*, Notre Dame J. Formal Logic **37** (1966), 389–429.)

J. Buhler, D. Eisenbud, R. Graham, C. Wright, *Juggling Drops and Descents*, Amer. Math. Monthly **101** (1994), 507–519.

F. Cajori, *A History of Mathematical Notations*, Dover, 1993.

H. Cartan, *Elementary theory of analytic functions of one or several complex variables*, Hermann, Paris, 1963, 1973.

Soo Bong Chae, *Lebesgue Integration*, 2nd ed., Springer-Verlag, 1995.

S.-s. Chern, *What Is Geometry?*, Amer. Math. Monthly **97** (1990), 679–686.

———, *From Triangles to Manifolds*, Amer. Math. Monthly **86** (1979), 330–349.

J. H. Conway, R. K. Guy, *The Book of Numbers*, Copernicus, 1996.

J. Coopersmith, *Energy, the subtle concept*, Oxford Univ. Press, 2015.

R. Courant, D. Hilbert, *Methods of Mathematical Physics I, II*, Interscience Publ. Inc., New York, 1953.

R. Courant, H. Robbins, *What is Mathematics?*, 2nd ed., Oxford Univ. Press, 1996. (Revised by I. Stewart)

D. Crowdis, S. Shelley, B. Wheeler, *Calculus for business, biology, and the social sciences*, Glencoe Press, 1976.

D. A. Danielson, *Vectors and Tensors in Engineering and Physics*, 2nd ed., Addison-Wesley Publ. Co., Inc., 1997.

H. Davis, A. Snider, *Introduction to Vector Analysis*, Wm. C. Brown Publishers, 1961, 1991.

M. Davis, *The Universal Computer: The road from Leibniz to Turing*, 3rd ed., W. W. Norton & Company, 2018.

K. Delvin, *Mathematics, The Science of Patterns*, Scientific American Library, 1994.

P. Diaconis, R. Graham, *Magical Mathematics*, Princeton Univ. Press, 2012.

J. Dieudonné, *Éléments d'Analyse* Vol. I, 1960.

______, *Mathematics — The Music of Reason*, Springer-Verlag, 1992.

C. T. J. Dodson, T. Poston, *Tensor Geometry — The Geometric Viewpoint and its Uses*, GTM 130, Springer-Verlag, 1977.

R. Driver, *Torricelli's law—an Ideal Example of an Elementary ODE*, Amer. Math. Monthly **105** (1998), 453–455.

W. Dunham, *Euler, The Master of Us All*, Math. Assoc. Amer., 1999. (윌리엄 던햄 지음, 김지영, 김영주 옮김, *우리 모두의 수학자 오일러*, 경문사, 2016.)

______, *The Calculus Gallery*, Princeton Univ. Press, 2005. (윌리엄 던햄 지음, 권혜승 옮김, *미적분학 갤러리*, 한승, 2011.)

Euclid, *The thirteen books of THE ELEMENTS*, Dover Publications, Inc., 1956.

H. Eves, *An Introduction to the History of Mathematics*, 6th ed., Saunders College Publ., 1990. (하워드 이브스 지음, 이우영, 신향균 역, *수학사*, 경문사, 1996.)

______, *Great Moments in Mathematics*, Math. Assoc. of Amer., 1983.

W. Faris, *Review of Roland Omnés, "The Interpretation of Quantum Mechanics"*, Notices of Amer. Math. Soc. **43** (1996), 1328–1339.

T. Fay, *A Study in Step Size*, Mathematics Magazine **70** (1997), 116–117.

R. Feynman, *Lectures on Physics*, vol. 1, Addison-Wesley, 1963.

______, *Surely You're Joking, Mr. Feynman*, Bantam Book, 1985.

H. Flanders, *Differential Forms with Applications to the Physical Sciences*, Dover, 1963, 1989.

G. Fløystad, *The Exterior Algebra and Central Notions in Mathematics*, Notices Amer. Math. Soc. **62** (2015), 354-371.

A. Fomenko, *Mathematical Impressions*, Amer. Math. Soc., 1990.

E. Frenkel, *Love & Math: The Heart of Hidden Reality*, Basic Books, 2013.

M. Gardner, *Mathematical Magic Show*, Math. Assoc. Amer., 1965, 1990.

______, *Penrose tiles to trapdoor ciphers... and the return of Dr. Matrix*, Math. Assoc. Amer., 1989, 1997.

______, *My best mathematical and logic puzzles*, Dover, 1994.

L. Goldstein, D. Lay, D. Schneider, *Calculus and its applications*, brief edition, Prentice-Hall Inc., 1980.

J. V. Grabiner, *Was Newton's Calculus a Dead End? The Continental Influence of Maclaurin's "Treatise of Fluxions"*, Amer. Math. Monthly **105** (1997), 393–410.

R. Graham, D. Knuth, O. Patashnik, *Concrete Mathematics — A Foundation for Computer Science*, Addison-Wesley, 1989.

J. Gullberg, *Mathematics: from the birth of numbers*, W. W. Norton & Company, Ltd., 1997.

W. K. C. Guthrie, *A History of Greek Philosophy: I. The earlier Presocratics and the Pythagoreans*, Cambridge Univ. Press, 1962, 1985.

J. Havil, *Gamma: Exploring Euler's Constant*, Princeton Univ. Press, 2003.

J. Henle, *Non-nonstandard Analysis*, The Mathematical Intelligencer **21**, No. 1 (1999), 67–73.

S. Hildebrandt, A. Tromba, *The Parsimonious Universe: shape and form in the natural world*, Copernicus, 1996.

L. Hoffmann, G. Bradley, *Calculus for Business, Economics, and the Social and Life Sciences*, McGraw-Hill Book Company, 1989.

H. Hopf, *Differential Geometry in the Large*, Lect. Notes in Math. **1000**, Springer-Verlag, 1983.

W. Y. Hsiang, *A concise introduction to Calculus*, World Scientific, 1995.

——, *The Geometry of Spheres*, Normat **1** (1994), 1–12.

J. Jean, *Science and Music*, Cambridge Univ. Press, 1937.

G. Jennings, *Modern Geometry with Applications*, Springer, Universitext, 1994.

W. Johnston, *The Lebesgue Integral for Undergraduates*, Math. Assoc. Amer., 2015.

J. Kappraff, *Connection, The geometric bridge between art and Science*, McGraw-Hill, Inc., 1991.

J. Kazdan, *Solving Equation, An Elegant Legacy*, Amer. Math. Monthly **105** (1998), 1–21.

H. Keisler, *Foundations of Infinitesimal Calculus*, Prindle, Weber & Schmidt, Inc., 1976.

O. Kellogg, *Foundations of Potential Theory*, Springer-Verlag, 1929, 1967.

V. Klee, S. Wagon, *Unsolved Problems*, Math. Assoc. Amer., 1991.

D. Knuth, *Surreal numbers*, Addison-Wesley, 1974.

——, *The TEXBook*, Addison-Wesley, 1986.

S. Lang, *Calculus of Several Variables*, 3rd ed., Springer-Verlag, 1987.

D. Laugwitz, *On the historical development of infinitesimal mathematics*, Amer. Math. Monthly **104** (1997), 447–455.

M. Livio, *The Golden Ratio*, Broadway Books, 2002.

G. W. Mackey, *Harmonic Analysis as the Exploitation of Symmetry — a historical survey*, Rice Univ. Studies **64** (1978), 73–228.

E. Maor, *To infinity and beyond*, Birkhüaser, 1987. (엘리 마오 지음, 전대호 옮김, *무한, 그리고 그너머*, 사이언스북스, 1997.)

E. Marchisotto, G-A. Zakeri, *An Invitation to Integration in Finite Terms*, The College Math. J. **25** (1994), 295–308.

J. Marsden, A. Tromba, *Vector Calculus*, 6th ed., W. H. Freeman, 2011.

S. Mazur, S. Uhlam, *Sur les transformations isométriques d'espaces vectoriels normés*, C. R. Acad. Sci. Paris **194** (1932), 946–948.

J. Milnor, *On the Geometry of Kepler Problem*, Amer. Math. Monthly **90** (1983), 353–365.

J. Milnor, J. D. Stasheff, *Characteristic Classes*, Princeton Univ. Press, 1974.

C. Misner, K. Thorne, J. Wheeler, *Gravitation*, Freeman, 1973.

A. Mizrahi, M. Sullivan, *Mathematics for Business and Social Sciences: An Applied Approch*, John Wiley & Sons, 1976.

E. Moise, *Elementary Geometry from an Advanced Standpoint*, Addison-Wesley, 1990.

R. A. Molin, *Prime-Producing Quadratics*, Amer. Math. Monthly **104** (1997), 529–544.

S. Nasar, D. Gruber, *Manifold Destiny: A legendary problem and the battle over who solved it*, The New Yorker, August 28, 2006.

A. Ostermann, G. Wanner, *Geometry by Its History*, Springer, 2012.

Ovidius, *Metamorphoses.* (오비디우스 지음, 이윤기 옮김, *변신이야기*, 민음사, 1998.)

T. Pappas, *The Joy of Mathematics*, 1989; *More Joy of Mathematics*, 1991, Wide World Publishing/Tetra.

———, *Mathematical Scandals*, Wide World Publishing, 1997. (테오니 파파스 지음, 고석구·이만근 옮김, *수학의 스캔들*, 경문사, 1999.)

H. Peitgen, H. Jürgens, D. Saupe, *Chaos and Fractals, New Frontiers of Science*, Springer-Verlag, 1992.

R. Penrose, *The Road to Reality: A Complete Guide to the Laws of the Universe*, Alfred A. Knopf, 2004.

Z. Pogoda, L. Skołowski, *Does Mathematics Distinguish Certain Dimensions of Spaces?*, Amer. Math. Monthly **104** (1997), 860–869.

G. Pólya, *Mathematical Discovery: On Understanding, Learning and Teaching Problem Solving*, Wiley 1962, 1981.

A. S. Posamentier, R. Geretschläger, *The Circle: A Mathematical Exploration beyond the Line*, Prometheus Books, 2016.

C. J. Posy, *Mathematical Intuitionism*, Cambridge Univ. Press, 2020.

R. Risch, *The problem of integration in finite terms*, Translations of Amer. Math. Soc. **139** (1969), 167–189.

W. Rudin, *Principles of Mathematical Analysis*, 3rd ed., McGraw-Hill, 1976.

H. M. Schey, *div, grad, curl and all that*, 2nd ed., W. W. Norton & Company, 1992.

M. M. Schiffer, L. Bowden, *The role of Mathematics in Science*, Math. Assoc. Amer., 1984.

S. Schwartzman, *The Words of Mathematics: An Etymological Dictionary of Mathematical Terms Used in English*, Math. Assoc. Amer., 1994.

K. Smith, *Power Series from a Computational Point of View*, Springer-Verlag, 1987.

M. Spivak, *Calculus*, 3rd ed., Publish or Perish, Inc., 1994.

S. Stein, *Archimedes, What Did He Do Besides Cry Eureka?*, Math. Assoc. Amer., 1999. (셔먼 스타인 지음, 이우영 옮김, *아르키메데스*, 경문사, 2006.)

I. Stewart, *Nature's Numbers*, Basic Books, 1995. (이언 스튜어트 지음, 김동광 옮김, *자연의 수학적 본성*, 동아출판사, 1996.)

———, *The Great Mathematical Problems*, Profile Books, 2013.

J. Strohmeier, P. Westbrook, *Divine Harmony, The Life and Teaching of Pythagoras*, Berkeley Hills Books, 1999, 2003.

D. W. Sumners, *The Role of Knot Theory in DNA Research*, Geometry and Topology, Lect. Notes in Pure and Appl. Math., Vol. 105, Marcel Dekker, 1987.

G. G. Szpiro, *The secret life of numbers: 50 easy pieces on how mathematicians work and think*, Joseph Henry Press, 2006. (조지 G. 슈피로 지음, 전대호 옮김, *수학자의 사생활*, 까치, 2008.)

R. Taschner, *The Continuum: A Constructive Approach to Basic Concepts of Real Analysis*, Vieweg, 2005.

C. Taylor, *Exploring Music*, Institute of Physics Publishing, 1992.

M. Tegmark, *Our Mathematical Universe: My Quest for the Ultimate Nature of Reality*, Vintage Books, 2014.

G. Thomas, R. Finney, *Calculus*, 9th ed., Addison Wesley, 1996.

S. Thompson, M. Gardner, *Calculus Made Easy*, Newly Revised, Updated, Expanded, and Annotated for its 1998 edition, St. Martin's Press, 1998.

V. M. Tikhomirov, *Stories about Maxima and Minima*, Amer. Math. Soc. and Math. Assoc. Amer., 1990.

G. Tomkowicz, S. Wagon, *The Banach-Tarski Paradox*, 2nd ed., Cambridge Univ. Press, 2016.

P. Tompkins, *Secrets of the Great Pyramid*, Harper & Row, 1971.

C. Truesdell, *Essays in the history of Mechanics*, Springer-Verlag, 1968.

C. Vamvacas, *Die Geburt der Philosophie*, Artemis & Winkler, 2006. (콘스탄틴 밤바카스 지음, 이재영 옮김, *철학의 탄생*, 알마, 2008.)

W. Weaver, *Lady Luck, The Theory of Probability*, Dover, 1963.

H. Weyl, *Symmetry*, Princeton Univ. Press, 1952.

J. H. White, *Self-linking and the Gauss integral in higher dimensions*, Amer. J. Math. **91** (1969), 693–728.

S. Wolfram, *Mathematica*, 3rd ed., Addison-Wesley, 1996.

E. Zeidler, *Quantum Field Theory I: Basics in Mathematics and Physics*, Springer, 2006.

찾아보기

제3개정판

미적분학 2

초　판 1쇄 발행　1999년 1월 30일
개정판 1쇄 발행　2000년 1월 20일
제2개정판 1쇄 발행　2016년 1월 25일
제3개정판 1쇄 발행　2023년 2월 10일
제3개정판 2쇄 발행　2024년 8월 10일

지은이　김홍종

펴낸곳　서울대학교출판문화원
주소　08826 서울 관악구 관악로 1
도서주문　02-889-4424, 02-880-7995
홈페이지　www.snupress.com
페이스북　@snupress1947
인스타그램　@snupress
이메일　snubook@snu.ac.kr
출판등록　제15-3호

ISBN 978-89-521-3186-7　94410
　　　978-89-521-3184-3　(세트)